NAHRUNG UND ERNÄHRUNG DES MENSCHEN

KURZES LEHRBUCH

VON

J. KÖNIG

DR. PHIL., DR. ING. h. c., DR. PH. NAT. h. c., GEH. REGIERUNGSRAT,
O. PROFESSOR AN DER WESTFÄL. WILHELMS-UNIVERSITÄT
MÜNSTER I. W.

GLEICHZEITIG 12. AUFLAGE DER „NAHRWERTTAFEL"

BERLIN
VERLAG VON JULIUS SPRINGER
1926

ISBN-13: 978-3-642-98484-6 e-ISBN-978-3-642-99298-8
DOI: 10.1007/978-3-642-99298-8

Softcover reprint of the hardcover 1st edition 1926

MEINER TREUEN GEFÄHRTIN

Vorwort.

Es kann auffällig erscheinen, daß ich, nachdem ich in lebenslanger Arbeit dicke Bände über die Chemie der Nahrungs- und Genußmittel herausgegeben habe, jetzt, am Ende der Lebenstätigkeit, noch mit einem kurzen Lehrbuch über Nahrung und Ernährung des Menschen hervortrete. Es haben mich hierzu aber drei nicht unwichtige Umstände veranlaßt. Als nämlich der 2. Band der Nahrungs- und Genußmittel (Gewinnung, Beschaffenheit und Zusammensetzung) 1920 in 5. Auflage erschien, war die neue Vitaminlehre noch nicht so weit gediehen, daß sie eine befriedigende Berücksichtigung finden konnte. Seit der Zeit hat sie aber eine solche Entwicklung angenommen, daß sie, wenn darin auch noch mancherlei unklar und lückenhaft ist, für die Beurteilung der Nahrungs- und Genußmittel nicht mehr unbeachtet bleiben darf. Das „Kurze Lehrbuch", worin die neuesten Fortschritte auf diesem Gebiete vollauf berücksichtigt sind, soll daher eine Art Ergänzung zu der 5. Auflage des umfangreichen 2. Bandes der Nahrungs- und Genußmittelchemie bilden.

Weiter ist die 11. Auflage der Nährwerttafel schon seit Jahren vergriffen. Eine Neuherausgabe während der Inflationszeit war (wegen der technischen Schwierigkeiten) nicht angängig und jetzt nach Auftreten der Vitaminlehre ist sie nicht mehr zweckentsprechend, weil sich bei einer Farbentafel der Gehalt und die Eigenschaften von nur verhältnismäßig wenigen Nahrungsmitteln zur Anschauung bringen läßt, während für die Anwendung der neuen Lehre auf die Ernährung tunlichst alle zur Verwendung gelangenden Nahrungs- und Genußmittel in Betracht kommen. Der Verfasser hat daher geglaubt, durch umfangreiche Zahlentafeln, neben kurzen Erläuterungen hierzu, mehr als durch eine beschränkte Farbentafel dem heutigen Stande der Wissenschaft und den Bedürfnissen der Praxis gerecht werden und einen vollen Ersatz für die frühere, viel begehrte Nährwerttafel bieten zu können.

Der dritte Grund, welcher zu dem „Kurzen Lehrbuch" über Nahrung und Ernährung des Menschen Veranlassung gegeben hat, liegt darin, daß es für die Studierenden an den Hochschulen (Chemiker, Mediziner, Pharmazeuten, Ingenieure u. a.), welche die Nahrungsmittelchemie nur als Nebenfach betreiben, ebenso wie für Besucherinnen der höheren Frauenschulen, bis jetzt an einem Wiederholungsbuch fehlt, welches ihnen für die Vorbereitung zu den Prüfungen den Lehrstoff in kurzer und übersichtlicher Anordnung darbietet. Die vorhandenen Lehrbücher über Nahrungsmittelchemie sind entweder zu umfangreich oder gleichzeitig mit den Untersuchungsverfahren verbunden, welche für diesen Zweck nicht in Betracht kommen. Das „Kurze Lehrbuch" soll daher auf seinem Gebiete auch eine Art Repetitorium bilden, welches nach meinen Erfahrungen selbst dem angehenden Nahrungsmittelchemiker nicht unwillkommen sein dürfte[1]). Die Studierenden dürfen dabei vor den umfangreichen Zahlenreihen nicht zurückschrecken, sie sollen nicht zum Auswendiglernen, sondern nur zum Nachschlagen dienen, um sich über Nährstoffgehalt und Eigenschaften eines Nahrungs- und Genußmittels in einem gegebenen Fall schnell unterrichten zu können. Da die Gehalte und Eigenschaften der allgemein gebräuchlichen Nahrungs- und Genußmittel sich im Laufe der Zeit nur wenig ändern, so dürften die Werte und Angaben in den Zahlentafeln noch lange Zeit ihre Gültigkeit für die praktische Nutzanwendung behalten. Ich hoffe daher, daß auch gerade diese umfassenden Zahlentafeln mit dazu beitragen werden, nicht nur das Verständnis, sondern auch das Interesse für Nahrung und Ernährung des Menschen zu heben und in immer weitere Kreise zu tragen.

Voraussichtlich wird dieses wohl die letzte selbständige Schrift sein, deren Bearbeitung mir vergönnt sein wird. Möge sie daher Derjenigen gewidmet werden, welche während nunmehr bald 50 Jahren meine Lebensarbeit durch stete, treue Fürsorge am meisten gefördert und unterstützt hat.

Münster i. W., im Februar 1926.

Der Verfasser.

---

[1]) Zu demselben Zweck bearbeitet Herr Dr. J. Grossfeld auf meine Veranlassung eine Anleitung zur Untersuchung der Nahrungs- und Genußmittel, welche in kurzer übersichtlicher Weise zunächst die gebräuchlichsten allgemeinen Untersuchungsverfahren und daran anschließend die besonderen Untersuchungsverfahren für die einzelnen Nahrungs- und Genußmittel behandeln wird. Diese für die Fachchemiker bestimmte Schrift wird demnächst in gleichem Verlage erscheinen.

Inhaltsverzeichnis.

Vorbegriffe.

Die Nahrung des Menschen setzt sich aus einer großen Anzahl tierischer wie pflanzlicher Stoffe zusammen und ist außerordentlich vielseitig. Nicht minder vielseitig sind auch die Bestandteile der einzelnen Nahrungsmittel. Daraus folgt schon, daß die Beurteilung des Wertes eines Nahrungsmittels für die Ernährung recht schwierig und die Festsetzung eines notwendigen Kostsatzes für den Menschen je nach Alter, Geschlecht und Arbeit recht unsicher ist. Die für die Zusammensetzung sowohl der Nahrungsmittel als der Kostsätze angegebenen Werte besitzen daher nur eine allgemeine, mehr oder weniger wahrscheinliche Gültigkeit und bedürfen im Einzelfalle der Abänderung oder Ergänzung.

In den einzelnen Nahrungsmitteln pflegen wir außer Wasser, welches als Lösungs- und Beförderungsmittel (Träger) der Nährstoffe zwar meistens zum Wesen eines Nahrungsmittels gehört, aber nicht besonders bewertet wird, weil es die Natur umsonst oder nur zu mäßigen Kosten bietet, folgende Nährstoffgruppen zu unterscheiden, nämlich: 1. die Proteine oder Stickstoffverbindungen, 2. die Fette, 3. die Kohlenhydrate, 4. die Rohfaser (Zellmembran), 5. die Mineralstoffe und neuerdings 6. die Vitamine.

a) Von diesen Bestandteilen bilden die Gruppen 1—5 die eigentlichen Nährstoffe, weil sie irgendeinen der wesentlichen stofflichen Bestandteile des Körpers zu ersetzen vermögen bzw. Körperwärme erzeugen. Die Gruppe 6, die Vitamine, welche den Nährstoffen anhängen oder sie begleiten, sind ebenso wie diese für die Ernährung des Menschen notwendig, weil die eigentlichen Nährstoffe nur bei ihrer Anwesenheit zur vollen Wirksamkeit gelangen.

b) Ein Nahrungsmittel setzt sich aus den verschiedenen Nährstoffen zusammen, es ist ein Gemisch verschiedener Nährstoffe, und ein Gemisch von mehreren Nahrungsmitteln mit sämtlichen 6 Nährstoffgruppen bildet die Nahrung[1]).

c) Diätetische Nahrungsmittel sind solche Erzeugnisse, welche die Nährstoffe für Kranke, Genesende, Schwache oder besondere Ernährungszwecke in besonders gehaltreicher oder leicht verdaulicher und wirksamer Form enthalten.

d) Lebensmittel. Unter Lebensmitteln sind alle Stoffe zu verstehen, welche zum Leben des Menschen erforderlich sind, also auch Luft, Kleidung und sonstige Bedarfsstoffe umfassen. Der Begriff geht also weiter als der von Nahrung bzw. Nahrungsmitteln.

e) In der Nahrung unterscheiden wir weiter noch die Genußmittel, welche im Sinne des Gesetzes vom Körper zwar auch verbraucht, aber nicht zu

---

[1]) Statt Nahrungsmittel- oder Nahrungslehre ist auch das Wort „Bromatologie" (von τὸ βρῶμα = Nahrung) vorgeschlagen (Paul), während mit „Bromatik" die Lehre von der Zubereitung der Nahrung verstanden werden soll.

dem Zwecke genossen werden, um irgendeinen Stoff im Körper zu ersetzen, sondern nur, um eine nervenanregende Wirkung hervorzurufen. Sie sind für die Ernährung des Menschen nicht unbedingt erforderlich, leisten aber für dieselbe wesentliche Dienste, insofern sie die Ausnutzung und Aufgabe der Nahrung wesentlich unterstützen.

f) Unter „Nährwert" versteht man die Gesamtmenge der den Wert eines Nahrungsmittels für die Ernährung des Menschen bedingenden Bestandteile und Eigenschaften. Vielfach wird unter Nährwert der Wärmewert, d. h. die Verbrennungswärme, ausgedrückt in Calorien, verstanden. Das erscheint aber nicht richtig. Denn hiernach würden Fette mit dem höchsten Verbrennungswert auch den höchsten Preiswert beanspruchen können, während im Handel unter sonst gleichen Verhältnissen die proteinreichen Nahrungsmittel höher bewertet und bezahlt werden als die fettreichen. Aber hiervon abgesehen, kann der Nährwert auch aus wissenschaftlichen Gründen nicht gleich dem Wärmewert gesetzt werden, weil letzterer einzig und allein durch den Gehalt an organischen Stoffen (Protein, Fett, Kohlenhydraten, Zellmembran u. a.) bedingt wird, diese aber für sich allein zur Ernährung nicht genügen, sondern von noch unbekannten, nicht wägbaren Stoffen (Vitaminen u. a.) begleitet sein müssen.

g) Neben dem Nährwert unterscheidet Kestner den Sättigungswert der Nahrungsmittel. Darunter versteht man die Zeit, während welcher die Nahrungsmittel bzw. Nahrung die Verdauungsorgane in Anspruch nehmen, d. h. das Gefühl der Sättigung hervorrufen. Fleisch von Warmblütern verweilt länger im Magen als mageres Fischfleisch, Fleischbrühe länger als Milch, hartgekochte Eier länger als weichgekochte, Brot und Kartoffeln länger als Gemüse usw.; entsprechend der längeren Verweildauer im Magen ist auch die Menge der abgesonderten Verdauungssäfte eine höhere. Der hohe Sättigungswert des Fleisches des Warmblüters, besonders in Gemeinschaft mit Kartoffeln, Zucker u. a., macht eine öftere Aufnahme von Nahrung entbehrlich, worauf die höhere Einschätzung des Fleisches mit zurückgeführt werden muß.

h) Verfälschung eines Nahrungs- und Genußmittels bedeutet, eine Änderung mit demselben sei es im Entstehungsvorgange sei es nach Fertigstellung vorzunehmen, derart, daß die Ware durch Entziehen, bzw. Zusetzen, bzw. Nichtentfernen eines oder mehrerer Bestandteile verschlechtert, oder daß einer minder guten Ware der Schein einer besseren Beschaffenheit erteilt wird.

i) Nachmachen heißt einen Gegenstand derartig herstellen, daß er ein bestimmtes Nahrungs- oder Genußmittel zu sein scheint, was er in Wirklichkeit nicht ist.

k) Verdorben ist ein Nahrungs- und Genußmittel, wenn seine Verwendbarkeit als solches infolge natürlicher Vorgänge unter den Normalwert vermindert ist.

A. Die chemischen Bestandteile der Nahrungsmittel.

I. Stickstoffverbindungen, Stickstoffsubstanz.

Diese Stoffgruppe ist die wichtigste, weil jegliches organische Leben, selbst das der kleinsten Zelle, in erster Linie durch Stickstoffsubstanz bedingt ist; außerdem pflegen die protein-, bzw. stickstoffreichen Nahrungsmittel unter sonst ähnlichen Verhältnissen am teuersten zu sein, weil sie in der Natur weniger verbreitet vorkommen als die stickstofffreien Nährstoffe. Die Gruppe umfaßt sehr verschiedenartige Verbindungen, nämlich:

Die Proteine[1]).

Die Proteine sind hochmolekulare Kolloide organischer Stoffe mit 50—54% Kohlenstoff, 6,8—7,5% Wasserstoff, 15,0—18,8% Stickstoff, 0,4—2,0% Schwefel, in einzelnen Fällen auch Phosphor (z. B. 0,9% im Casein der Milch), Eisen, Magnesium und Jod enthaltend.

Die tierischen Proteine enthalten 15—16% Stickstoff, die pflanzlichen 1—3% mehr.

Alle Proteine sind löslich in Alkalien und konzentrierten Säuren, nicht diffusionsfähig und drehen die Ebene des polarisierten Lichtes sämtlich nach links. Sie können ebenso wie die Aminosäuren H-Ionen und OH-Ionen abspalten und daher als amphotere Elektrolyte mit Basen wie mit Säuren Salze bilden.

Aus ihren Lösungen werden sie durch Alkohol, Säuren (auch durch Meta-, nicht durch Orthophosphorsäure) und durch Salze der Schwermetalle gefällt, womit sie unlösliche Verbindungen bilden.

Allgemeine Reaktionen sind die Biuretreaktion (blau- bis rotviolette Färbung der alkalischen Lösung mit einer Spur Kupfersulfat); die Millonsche Reaktion (Rotfärbung der Lösungen beim Kochen mit Quecksilbernitrat, das eine Spur Nitrit enthält) u. a.

---

[1]) Die Gruppe der Proteine (bzw. Stickstoffverbindungen) wird in den Lehrbüchern vielfach als Eiweiß bzw. Eiweißstoffe bezeichnet, weil das Eierklar oder Eiereiweiß fast ganz aus diesem Protein besteht. Das Eierweiß bzw. Eiweiß bildet aber eine eigenartige Gruppe unter den Proteinen, hat unterschiedliche Eigenschaften und eine unterschiedliche Konstitution unter den Proteinen, weshalb die Bezeichnung Eiweiß statt Protein zu Verwirrungen führen kann. Man pflegt ihre Menge in den Nahrungsmitteln dadurch zu bestimmen, daß unter der Annahme, daß die Proteine durchschnittlich 16% Stickstoff enthalten, die gefundene Menge Stickstoff mit $^{100}/_{16} = 6,25$ multipliziert wird. Weil aber schon die Proteine, noch mehr aber die sonstigen Stickstoffverbindungen in den Nahrungsmitteln einen von 16% vielfach nicht unwesentlich abweichenden Stickstoffgehalt haben, so liefert dieses Verfahren, das aber international vereinbart ist, nur einen annähernd richtigen Anhalt für den Gehalt an Protein bzw. Stickstoffsubstanz.

Die *Verbrennungswärme* für 1 g schwankt zwischen 5355—5949 und beträgt im Mittel etwa 5707 cal.

Das *Molekulargewicht* ist noch unbekannt, schwankend zwischen 4572 bis 16 730 (für 10 166 z. B. = $C_{450}H_{720}N_{116}S_6O_{140}$).

Eine *gemeinsame* Eigenschaft aller Proteine besteht darin, daß sie überall im Tier- wie Pflanzenreich von *Aminosäuren* begleitet werden, die entweder beim Abbau, sei es bei der Hydrolyse durch Säure oder Alkali, sei es bei der Einwirkung von proteolytischen Enzymen (Pepsin, Trypsin, Papain) oder Fäulnisbakterien, neugebildet werden oder beim Auf- bzw. Umbau unverwendet bleiben; als solche sind besonders folgende bis jetzt nachgewiesen:

Aliphatische Reihe:

1. Monoamino-monocarbonsäure: Glykokoll $CH_2(NH_2)$. COOH, δ-Alanin, δ-Valin, l-Leucin, δ-Isoleucin
2. Amino-oxy-monocarbonsäure: l-Serin (Aminomilchsäure)
3. Monoamino-dicarbonsäure (bzw. -amin): l-Asparaginsäure, Asparagin, δ-Glutaminsäure, Glutamin
4. Diamino-monocarbonsäure: Lysin (α-ε-Diaminocapronsäure), Ornithin (α-δ-Diaminovaleriansäure), Arginin (δ-Guanidin-α-Aminovaleriansäure)
5. Diamino-trioxy-dodekansäure
6. Schwefelhaltige Aminosäuren (Cystein und Cystin, Thioaminomilchsäuren)
7. Glykosamin (Chitosamin).

Homocyclische Reihe:

1. Phenol
2. Kresol
3. Phenylessigsäure
4. l-Phenylalanin
5. Paraoxyphenylessigsäure
6. Tyrosin (Paraoxyphenyl-α-aminopropionsäure).

Heterocyclische Reihe:

1. l-Tryptophan (β-Indol-α-Aminopropionsäure)
2. l-Histidin (1-β-Imidazol-α-Aminopropionsäure)
3. l-Prolin (α-Pyrrolidincarbonsäure)
4. l-Oxyprolin (1-Oxy-α-Pyrolidincarbonsäure)
5. Indol (aus einem Benzol- und Pyrrolring gebildet)
6. Skatol = Methylindol
7. Skatolcarbonsäure
8. Skatolessigsäure
9. Pyridin und Pyrrol
10. Pyrimidinbasen (Cytosin und Uracil).

Bei der Spaltung durch Säuren und Enzyme entstehen vorwiegend die *aliphatischen* Aminoverbindungen, bei der durch Alkali und Fäulnis die Verbindungen der *homo-* und *heterocyclischen* Reihe, wobei dann als sekundäre Spaltungserzeugnisse noch Ameisensäure, Essigsäure, Propionsäure, Valeriansäure, Oxalsäure u. a. auftreten. Bemerkenswert ist es, daß die Aminosäuren sämtlich *α-Aminosäuren* sind. Die durch *Säuren-* und *Enzym*spaltung auftretenden Verbindungen sind, mit Ausnahme von Glykokoll und Serin, sämtlich *optisch aktiv*, die durch *Alkali* und Erhitzen unter *Druck* auftretenden Verbindungen meistens *inaktiv*.

Die Aminosäuren werden noch weiter abgebaut, so durch *Hefe* zu Fettalkoholen (vgl. S. 113), durch *Fäulnisbakterien* zu Diaminen (S. 8, ε), im Tierkörper zu Zucker, Aceton (bei Diabetikern) usw.

Aus den beim Abbau entstehenden Aminosäuren lassen sich aber auch wieder *Proteine aufbauen*.

Diesen *Aufbau* denkt man sich als eine Verkettung von Aminosäuren. So konnte E. *Fischer* durch Lösen der Aminosäuren, z. B. von Glykokoll bzw.

Glycin $NH_2 \cdot CH_2 \cdot COOH$, in Alkohol und durch Einleiten von Salzsäure in die alkoholische Lösung den Ester, hieraus durch Erwärmen auf, 160—180° und weiter durch Aufspaltung mit Salzsäure, das Glycylglycin $NH_2 \cdot CH_2 \cdot CO \cdot | NH \cdot CH_2 \cdot COOH$ herstellen. Dadurch, daß dieses in Alkohol gelöst und in derselben Weise weiterbehandelt wird, läßt sich ein drittes Molekül anketten; man erhält das Diglycylglycin: $NH_2 \cdot CH \cdot CO \cdot | NH \cdot CH_2 \cdot CO | NH \cdot CH_2 \cdot COOH$ usw. E. Fischer nennt diese Verbindungen Peptide, und es gelang ihm, bis 7 Moleküle Aminosäuren miteinander zu verketten, ein Heptapeptid zu gewinnen und bis 70 verschiedene Polypeptide herzustellen. Die höheren Glieder derselben zeigen schon alle Eigenschaften der Peptone und lassen sich durch dieselben Mittel (nicht nur durch Säuren, sondern auch Enzyme) wieder abbauen wie die Proteine. Für die Richtigkeit dieser Ansicht spricht auch der Umstand, daß bei dem Abbau (bei der Verdauung) der Proteine durch Trypsin Tripeptide entstehen, die sich mit künstlich hergestellten als völlig gleich erwiesen haben. Zweifellos vollzieht sich der Auf- und Abbau in den Pflanzen in gleicher Weise. Denn beim Keimen der Samen bilden sich die Monoaminomonocarbonsäuren bzw. -dicarbonsäuren, die beim Wachsen der Pflanzen wieder verschwinden und zu Pflanzenprotein wieder aufgebaut werden.

Man glaubt auch Anhaltspunkte dafür zu haben, daß aus dem in den Pflanzen gebildeten Zucker und aus vorhandenem Ammoniak zunächst Aminozucker, dann Aminoaldehyde und Aminosäuren entstehen können.

Im menschlichen Körper vollzieht sich dieser Abbau bei der Verdauung im Darm und der Aufbau beim Übergang der Nahrungsbestandteile ins Blut und von diesem in die einzelnen Organe. Spritzt man ein Protein (z. B. Blut) eines Tieres mit Umgehung des Darmkanals unter die Haut eines anderen Tieres, so findet kein solcher Abbau statt, sondern es bilden sich im Blut des geimpften Tieres besondere Stoffe, sog. Antikörper aus, die in dem Blut des Tieres, von welchem das eingespritzte Blut entnommen war, kennzeichnende Reaktionen hervorrufen (Serumtherapie).

Im ganzen sind bis jetzt durch Abbau des Proteins gegen 20 verschiedene Aminoverbindungen als Bausteine nachgewiesen. Nimmt man das Molekulargewicht des Proteins zu 15000—17000 und das der Aminoverbindungen im Durchschnitt zu 120 an, so würden zum Aufbau eines Moleküls Protein bis gegen 140 verschiedene Bausteine gehören. Aus 5 verschiedenen Bausteinen lassen sich durch Verkuppelung schon 120 verschiedene, aus 100 zweifellos unzählige verschiedene Proteine aufbauen. Daher ist es wohl möglich, daß alle Pflanzen und Tiere, ja alle unzähligen Zellen ihr arteigenes Protein aus denselben Bausteinen besitzen (E. Abderhalden). Notwendig ist nur, daß für den jedesmaligen Aufbau alle erforderlichen Aminoverbindungen vorhanden sind.

Zum Aufbau für den tierischen Organismus sind unbedingt folgende Aminosäuren erforderlich: Valin, Leucin, Isoleucin, Cystin, Lysin, Arginin, Histidin, l-Phenylalanin, l-Tyrosin und l-Tryptophan, besonders die mit Ringschluß, da der tierische Organismus zum Ringschluß (Cyclopoiese) nicht geeignet ist. Wenn also einem Protein bei der Hydrolyse eine dieser Aminoverbindungen abgeht, so kann es für die tierische Ernährung nicht als biologisch vollwertig angesehen werden.

Die tierischen Proteine der Eier, Milch, des Blutes und Fleisches (auch des Fischfleisches), die ja auch für sich allein zum Aufbau und Wachstum des tierischen Organismus ausreichen, können als biologisch vollwertig angesehen werden, ebenso von den pflanzlichen Proteinen die in Baumwollsamen, den Nüssen und Kartoffeln u. a.; dagegen sind verschiedene Proteine (vorwiegend die Globuline) in den Getreidesamen, Leguminosen biologisch minderwertig, d. h. für sich allein nicht ausreichend, ein volles tierisches Wachstum zu unterhalten; sie bedürfen dazu der Zulage eines vollwertigen Proteins oder der ihm abgehenden Aminosäuren.

Osborne und Mendel einerseits und Mc Collum andererseits fanden die physiologische Wertigkeit der Proteine einiger Nahrungsmittel, wenn man die Milchproteine = 100 setzt, wie folgt:

Proteine in Milch,	Fleisch,	Hafer,	Hirse,	Weizen, Mais, Reis,	Bohnen, Erbsen
100	98	75	75	50	25

Dabei verhalten sich die einzelnen tierischen Organismen wieder verschieden. Das Hefenprotein unter Zusatz von Vitamin A in Butter reicht z. B. für die Fortpflanzung und das Wachstum von Ratten aus, für den Menschen aber wird es von C. Funk als sehr minderwertig bezeichnet.

Um daher bei der Versorgung des Körpers mit dem nötigen und geeigneten Protein sicher zu gehen, empfiehlt es sich, für die menschliche Ernährung ein Gemisch von verschiedenen pflanzlichen und auch tierischen Nahrungsmitteln zu wählen.

Die verschiedenen Proteine.

Auf Grund der chemischen Bestandteile läßt sich bis jetzt keine Einteilung der Proteine vornehmen; dafür ist das Trennungsverfahren für die einzelnen Aminoverbindungen noch zu umständlich und ungenau. Nur die einfachsten Proteine, die stark basischen Protamine (mit 25—30% N), die hauptsächlich im Fischsperma vorkommen, können durch die Enzyme Trypsin, Erepsin, Hefepreßsaft — nicht durch Pepsin — fast restlos in die Diaminosäuren (Hexonbasen Arginin, Ornithin und Lysin) aufgeteilt werden (A. Kossel). Auch bei den den Protaminen nahestehenden „Histonen“ (Verbindungen von Protaminen mit Nucleinsäuren), die im Verhältnis zu den Diaminosäuren nur mehr Monoaminosäuren enthalten, gelingt dieses noch einigermaßen.

Unter „Hormonen“ versteht man eigenartige, lebenswichtige Stickstoffverbindungen, die von Blutgefäßdrüsen (endokrinen Drüsen), die reichlich mit Blut versorgt werden, aber keinen Ausführungsgang besitzen, durch innere Sekretion gebildet und wieder an das Blut abgegeben werden. Die Stoffe besitzen stark reduzierende Eigenschaften und werden wahrscheinlich als Polypeptide aus Aminoverbindungen gebildet, z. B. das von den Nebennieren gebildete „Adrenalin“ aus Tyrosin bzw. Phenylalanin.

Hierher gehört auch das in besonderen Zellen (den Langerhansschen Zellen) der Pankreasdrüse gebildete Hormon, das sog. Insulin, welches, durch Einspritzen — nicht durch den Magen — ins Blut übergeführt, den Kohlenhydrat-Stoffwechsel befördert, besonders die Oxydation des Blutzuckers beschleunigt und daher als Heilmittel gegen Diabetes angesehen wird.

Die übrigen in den Nahrungsmitteln weitverbreiteten eigentlichen Proteine pflegen wir vorwiegend nach ihren physikalischen Eigenschaften zu unterscheiden, nämlich:

α. Einfache Proteine.

a) Albumine (Eiweiß, weil das Weiße des Eies, das Eiklar, vorwiegend aus diesem Protein besteht). Sie finden sich auch im Blut, in den Muskeln, in der Milch sowie in fast allen Pflanzen und haben die allgemeine Eigenschaft, daß sie in kaltem Wasser löslich sind, durch Erwärmen auf 70—80° gerinnen und durch Sättigen mit Ammonsulfat gefällt werden. Schwefelgehalt 1,5—2,04%; sie liefern bei der Hydrolyse kein Glykokoll.

b) Globuline (im Tier- wie Pflanzenreich weit verbreitet), löslich in 5- bis 15proz. Salzlösungen, fällbar durch Verdünnen mit Wasser oder durch Sättigung mit Salzen, durch Halbsättigung mit Ammonsulfat oder durch Erhitzen auf 35—50°.

Zu den Globulinen gehört auch das Fibrinogen des Blutplasmas, welches bei der Gerinnung des Blutes in unlösliches Fibrin umgewandelt wird. Die Muskelproteine (Myosin und Myogen) sind ebenfalls gerinnungsfähig und stehen den Globulinen nahe.

Viele Globuline der Ölsamen (Edestine genannt) u. a. liefern bei der Hydrolyse kein oder nur sehr wenig Cystin und Tryptophan, sind daher nicht „vollwertig“ (S. 5).

c) Kleberproteine (Prolamine). Sie kommen nur in Pflanzen vor und sind dadurch gekennzeichnet, daß sie in Alkohol von 10—80 Vol.-% löslich sind. Der Weizen enthält drei verschiedene alkohollösliche Proteine, die zusammen mit dem alkoholunlöslichen Glutencasein den Kleber bilden. In den anderen Getreidekörnern ist nur ein in Alkohol lösliches Protein enthalten. Sie liefern bei der Hydrolyse meistens nicht alle Aminosäuren, z. B. das Weizengliadin meistens kein Lysin, das Zein des Maises kein Cystin und Tryptophan (wegen dieses Mangels ist der Mais bei einseitiger Ernährung mit demselben wahrscheinlich die Ursache der Pellagra).

β. Zusammengesetzte Proteine (auch Proteide genannt).

Die Proteide enthalten neben dem Proteinkern eine anhängende sog. prosthenische Gruppe von ganz anderer Beschaffenheit. Hierzu gehören:

a) Phosphorproteine. Wahrscheinlich Kalksalze einer substituierten Aminophosphorsäure $NH_2 \cdot PO(OH)_2$ (Neuberg); unlöslich in Wasser, löslich in Alkali, fällbar durch Säuren, z. B. Casein in der Milch, Vitellin im Eigelb, Ichthulin in den Fischeiern; sie liefern bei der Verdauung mit Pepsinsalzsäure Nuclein, aber bei der Hydrolyse keine Nucleinsäure oder Purinbasen.

b) Nucleoproteine (in den Kernen der tierischen Zellen, auch in der Hefe); durch Abbau mit Säuren liefern die Nucleoproteine ein Albumin und Nuclein, letzteres weiter Albumin und Nucleinsäure, diese weiter Phosphorsäure und Purinbasen (Xanthin, Hypoxanthin, Harnsäure, Guanin u. a.).

c) Glykoproteine (in den tierischen Schleimen, Mucinen, im Ovalbumin); sie liefern bei der Spaltung durch Mineralsäuren neben Protein ein Kohlenhydrat, einige spalten auch Phosphorsäure ab, aber keine Xanthinkörper.

d) Chromoproteine. Hierzu gehören der rote Blutfarbstoff, das Hämoglobin, welches aus dem Protein „Globin“ und dem Hämatin, einem eisenhaltigen Pyrrolderivat besteht, und das Chlorophyll, eine Esterverbindung mit Phytol; es läßt sich zu dem Ätiophyllin abbauen, welches wie das Hämatin aus 4 Pyrrolderivaten besteht, aber statt des verkuppelnden Eisens Magnesium besitzt (R. Willstätter).

γ. Veränderte (denaturierte) Proteine.

Durch Behandeln mit verdünnten Säuren oder Alkalien erleiden die Proteine geringe Veränderungen; es entstehen Acidoproteine und Alkaliproteine; setzt man gleichzeitig Verdauungsenzyme zu, so geht die Veränderung schneller und tiefer um sich greifend vonstatten, indem an das Protein Wasser angelagert wird. So entstehen durch Einwirkung von verdünnter Salzsäure und Pepsin (des Magensaftes) die Proteosen (auch Albumosen genannt), die nicht mehr koagulieren, aber noch undiffusionsfähig sind und durch Sättigen mit Salzen ausgesalzen werden. Durch längere Einwirkung von verdünnter Salzsäure und Pepsin oder durch Trypsin (der Pankreasdrüse) und verdünntes Alkali entstehen unter Anlagerung von mehr Wasser die Peptone, die weder durch Wärme koaguliert, noch durch Neutralsalze gefällt werden und diffusionsfähig sind u. a.

δ. Gerüstproteine.

Die Gerüstproteine (früher auch Proteide genannt) kommen nur in den Tieren vor; sie machen die Hauptbestandteile des Körpergerüstes (der Knochen, Knorpel, Nackenband, Haut, Haare, Wolle, Nägel, Hufe, Hörner, Federn u. a.) aus. Hiervon dient das Gerüstprotein der Knochen und Knorpel, das Kollagen, auch zur menschlichen Ernährung. Letzteres geht durch anhaltendes Kochen in den in Wasser schwach löslichen Leim ($C_{67}H_{124}N_{24}O_{29}$, auch Glutin oder Kolla genannt) über und bildet in gepreßtem, getrocknetem Zustande die Gelatinetafeln. Auch das beim Kochen bzw. Braten von Fleisch (besonders Kalbfleisch) aus der Haut sich bildende Gelee (Gallerte, Sülze) besteht aus solchem Leim (Glutin). Bei der vollständigen Spaltung (Hydrolyse) des Leimes durch Säuren und durch Fäulnis entstehen dieselben Spaltungserzeugnisse wie bei den wahren Proteinen, nur kein Cystin, Tyrosin und Tryptophan und anscheinend auch kein Indol und Skatol. Deshalb kann Gelatine in der Nahrung das Protein wohl z. T. ersparen, aber nicht völlig ersetzen, d. h. es kann aus ihr allein kein Körperprotein aufgebaut werden (S. 5). Dagegen wirkt Gelatine, wenn sie neben cystinreichem Protein, z. B. aus Mais oder Erdnuß verzehrt wird, vollwertig oder sie macht wegen ihres Lysingehaltes (6%) lysinfreie oder lysinarme Proteine z. B. der Zerealien vollwertig.

Den Hauptbestandteil der Hornsubstanzen bilden die Keratine; sie sind reich an Cystin. Das Elastin der Sehnen steht dem Kollagen nahe. Hierher gehört das Fibroin der Seide, welches fast nur aus dem Anhydrid des Glycyl-d-Alanins besteht.

ε. Die durch Fäulnis der Proteine entstehenden Spaltungserzeugnisse.

Die Fäulnisbakterien spalten die Proteine in derselben Weise, wie die Verdauungsenzyme und siedende Säuren, aber die hierbei auftretenden Aminosäuren (S. 4) werden gleich weitergespalten, es entstehen Phenol, Kresol (aus Tyrosin), die Ptomaine (Leichengifte, Mono- und Diamine), Neurin, Muscarin, die Fleischgifte, aus Tryptophan Indol, Skatol u. a.

Unter Abspaltung von CO_2 entsteht aus Glykokoll $CH_2(NH_2) \cdot COOH$ Methylamin $CH_3 \cdot NH_2$; aus Phenylalanin $C_6H_5 \cdot CH_2 \cdot CH(CH_2) \cdot COOH$ Phenyläthylamin $C_6H_5 \cdot CH_2 \cdot CH_2 \cdot NH_2$ usw. Die Diaminosäuren gehen in derselben Weise in die Diamine über, so Lysin $H_2N(CH_2)_4 \cdot CH(NH_2) \cdot COOH$ in Pentamethylendiamin oder Kadaverin $H_2N \cdot (CH_2)_5 \cdot NH_2$.

Das in fauligem Fleisch aufgefundene Neurin (Trimethylvinylammoniumhydroxyd $C_2H_3 \cdot N(CH_3)_3 \cdot OH$) kommt auch regelmäßig im Gehirn vor; Muskarin ist ein Oxycholin; Methylguanidin, vielleicht aus Kreatin entstehend, soll schon in Mengen von 2 mg Meerschweinchen in 20 Minuten töten. Hierher gehören auch die durch pathogene Bakterien aus Proteinen gebildeten Gifte z. B. Typhotoxin ($C_7H_{17}NO_2$) durch Typhusbacillen, Tetanin ($C_{13}H_{30}N_2O_4$) durch Tetanusbacillen u. a. Letztere bilden sich durchweg nur im Anfang der Fäulnis (bis zum 3. Tage) und nehmen dann wieder ab.

ζ. Spaltungserzeugnisse der Nucleoproteine.

Bei der Spaltung der Nucleoproteine (S. 7) entstehen besondere Spaltungserzeugnisse, die zur Harnsäure in naher Beziehung stehen, und weil sie aus einem Alloxur- und Harnstoffkern bestehen, Alloxurbasen oder wegen ihrer Ableitung von dem Purin, einem Diazindazol $C_5H_4N_4$, auch „Purinbasen" genannt werden.

In dem Purin nimmt E. Fischer einen Kohlenstoff-Stickstoffkern an, in welchem die verschiedenen Wasserstoffatome durch Hydroxyl-, Amid- oder Alkylgruppen in folgender Weise ersetzt gedacht werden:

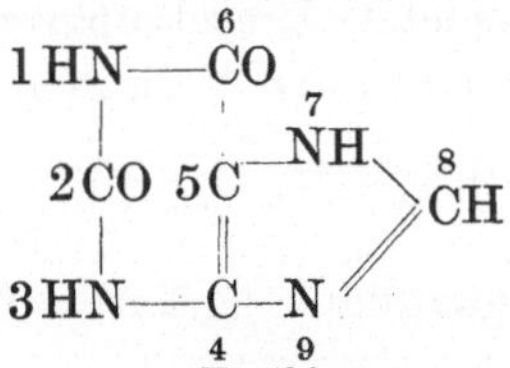

```
          6
  1HN----CO
   |      |   7
   |      |  NH   8
  2CO   5C<     >CH
   |      ||    /
   |      ||   /
  3HN----C--N
          4  9
```

Xanthin = 2, 6-Dioxypurin.

Hierzu gehören:

a) Xanthin $C_5H_4N_4O_2$ = 2,6-Dioxypurin. Es kommt sehr verbreitet vor in den Muskeln, Leber, Milz, Pankreas, Nieren, Karpfensperma, Thymus, Gehirn, bei den Pflanzen in den Keimlingen, Kartoffelsaft, Zuckerrüben, Tee usw.

b) Guanin $C_5H_3N_4O(NH_2)$ oder Aminohypoxanthin = 2 Amino-6-Oxypurin. Es kommt in vielen tierischen Organen, reichlich in den Spinnen- und Vögelauswürfen (Guano) vor.

c) Hypoxanthin oder Sarkin $C_5H_4N_4O$ = 2 Oxypurin; es ist ein ständiger Begleiter des Xanthins.

d) Adenin, $C_5H_3N_4(NH_2)$ = 6-Aminopurin, Hauptbestandteil der Zellkerne.

e) Das Theobromin $C_5H_2(CH_3)_2N_4O_2$ = 2, 6-Dioxy-1, 7-Dimethylpurin oder 1, 7-Dimethylxanthin, kommt vorwiegend in den Kakaosamen (Kernen wie Schalen) und in kleiner Menge auch in den Colanüssen vor.

f) Theophyllin, $C_5H_2(CH_3)_2N_4O_2$ = 2, 6-Dioxy-1, 3-Dimethylpurin oder 1, 3-Dimethylxanthin; das Theophyllin ist isomer mit dem Theobromin, die eine Methylgruppe hat nur eine andere Stellung im Purinkern.

g) Coffein oder Thein, Methyltheobromin $C_5H(CH_3)_3N_4O_2$ oder Trimethylxanthin = 2, 6-Dioxy-1, 3, 7-Trimethylpurin, in Kaffeesamen (sog. Bohnen) und Kaffeeblättern, Colanüssen, im chinesischen und Paraguaytee, in geringer Menge in Kakaosamen.

η. Die Gruppe des Harnstoffs.

Zur Gruppe des Harnstoffs werden Harnsäure, Allantoin, Harnstoff, Kreatin, Kreatinin und Carnin gerechnet, die durch die Harnsäure mit der vorhergehenden Gruppe, den Purin- oder Nucleinbasen in Verbindung stehen.

a) Harnsäure, $C_5H_4N_4O_3$ = 2, 6, 8-Trioxypurin, kann auch als Diharnstoff aufgefaßt werden, in welchen das Radikal Trioxyacryl $-OC-\overset{|}{C}=\overset{|}{C}-$ getreten ist, also $CO\left\langle\begin{matrix}NH-CO-C-NH\\ \qquad\qquad\ \Vert\\ NH\text{———}C-NH\end{matrix}\right\rangle CO$. Die Harnsäure kommt ausschließlich als Erzeugnis des Stoffwechsels vor, sei es in den Körperorganen oder Säften (Blut, Leber, und als harnsaures Natrium in Gichtknoten), sei es im Harn oder in den Auswürfen, besonders in dem breiigen Harn der Vögel (Guano), der Reptilien und wirbellosen Tiere (sowohl frei wie als harnsaures Ammon).

b) Allantoin, $C_4H_6N_4O_3 = CO\left\langle\begin{matrix}NH-CH-NH\\ \quad\ \ |\\ NH-CO\quad NH_2\end{matrix}\right\rangle CO$ (Glyoxyldiureid), findet sich im Harn der Kälber, der neugeborenen Kinder, der Schwangeren, ferner in den Trieben mehrerer Bäume.

c) Harnstoff oder Carbamid, $H_2N \cdot CO \cdot NH_2$, im Harn aller Säugetiere, besonders der Fleischfresser, der Amphibien usw.; Menschenharn enthält davon 2—3%. Da der Harnstoff das letzte Umsetzungserzeugnis der Proteinstoffe im Tierkörper ist, so findet er sich in allen tierischen Flüssigkeiten und Organen.

d) Kreatin, $C_4H_9N_3O_2$, leitet sich von Imidoharnstoff $C(NH)\left\langle\begin{matrix}NH_2\\ NH_2\end{matrix}\right.$ oder Guanidin ab und ist als Methylguanidinessigsäure $= C(NH)\left\langle\begin{matrix}NH_2\\ N(CH_3)(CH_2 \cdot COOH)\end{matrix}\right.$ oder Methylglykocyamin aufzufassen. Es kommt vorwiegend im Muskelsaft, Fleischextrakt vor, ferner in geringerer Menge im Blut, Gehirn, Amniosflüssigkeit und Harn.

e) Kreatinin, $C_4H_7N_3O$ oder $C(NH)\left\langle\begin{matrix}NH\text{———}CO\\ \qquad\qquad |\\ N(CH_3)-CH_2\end{matrix}\right.$, Glykolylmethylguanidin oder Methylglykocyanidin, d. h. ein Methylguanidin, in welchem 2 H-Atome der Aminogruppe durch den zweiwertigen Rest der Glykolsäure, das Glykolyl $-CH_2-CO-$, vertreten sind. Es findet sich vorwiegend im ermüdeten Muskel, im Fleischextrakt und nimmt überall seine Entstehung aus dem Kreatin durch Wasserentziehung. Umgekehrt kann es durch Erwärmen mit Basen und Wasseraufnahme wieder in Kreatin übergeführt werden.

f) Carnin $C_5H_2(NH_2)_2N_4O_3$ = 1, 3-Dimethylharnsäure oder 2, 6, 8-Trioxy-, 1, 3-Dimethylpurin; es ist zuerst im amerikanischen Fleischextrakt gefunden.

g) Guanidin CH_5N_3 = Iminoharnstoff $NH_2 \cdot C(NH) \cdot NH_2$. Es entsteht bei der Oxydation des Guanins und kommt auch in Pflanzen, besonders in den etiolierten Wickenkeimlingen natürlich vor.

ϑ. Sonstige Stickstoffverbindungen.

Außer den vorstehenden Gruppen von Stickstoffverbindungen gibt es noch eine große Anzahl derselben, die sich nicht unter eine einheitliche Gruppe unterbringen lassen, die aber z. T. in der Nahrung des Menschen eine nicht unwesentliche Bedeutung besitzen. Hierzu gehören:

a) Die Phosphatide, stickstoff- und phosphorhaltige organische Verbindungen, und unter ihnen die Lecithine (esterartige Verbindungen des Glycerins mit 2 Fettsäuren und 1 cholinhaltiger Phosphorsäure mit rund 4,0% Phosphor), z. B. für das Oleinpalmitinlecithin:

$$C_2H_5 \begin{cases} O \cdot C_{18}H_{33}O \\ O \cdot C_{16}H_{31}O \\ O \cdot PO \begin{cases} OH \\ O \cdot C_2H_4(CH_3)_3N \cdot OH\,. \end{cases} \end{cases}$$

Die Phosphatide gehören zu der Gruppe der Lipoide, die außer diesen noch die stickstoffhaltigen, aber phosphorfreien Cerebroside (Glykoside) und die stickstoff- und phosphorfreien Sterine (Cholesterine des Tier- und die Phytosterine des Pflanzenreiches) umfaßt. Die Phosphatide sind besonders wichtig im Leben der Zellen, vorwiegend des Nervensystems.

b) Das Cholin (Bilineurin) $C_5H_{15}NO_2$ (Trimethyloxyäthylammoniumhydroxyd); es bildet sich aus Lecithin, kommt aber durchweg vorgebildet in den Pflanzen vor. Auch das Betain (Oxyneurin) $C_5H_{11}NO_2 + H_2O$ (Anhydrid des Trimethylhydroxylglykokolls) ist (wahrscheinlich als Spaltungserzeugnis des Proteins in den Pflanzen, besonders Zuckerrübe) weit verbreitet.

c) Von den stickstoffhaltigen Glykosiden haben in der Nahrung eine Bedeutung: das Amygdalin in den bitteren Mandeln und Kernen der Obstfrüchte, Myronsäure im schwarzen, Sinalbin im weißen Senfsamen, Solanin in den Kartoffeln (diesen bei größerer Menge einen bitteren Geschmack verleihend), Glycyrrhizin in der Süßholzwurzel (dieser den süßen Geschmack verleihend), Vicin und Convicin in den Wicken und Saubohnen.

d) Giftige Stickstoffverbindungen, z. B. Lupanin und Lupinin in den Lupinen, Muscarin in den Pilzen, Blausäure (aus einem Glykosid entstehend) in indischen Rangoon- und Rundbohnen sowie in Mondbohnen von Java.

e) Auch noch unverarbeitete Salpetersäure wie auch Ammoniak kommen in den Pflanzen vor, aber in so geringer Menge, daß sie keiner besonderen Berücksichtigung bedürfen.

ι. Fermente (Enzyme).

Über die chemische Natur der Enzyme (wie auch der nachstehenden Vita mine) ist uns bis jetzt nichts bekannt, weil es noch nicht gelungen ist, sie von anderen Stoffen zu trennen und rein zu gewinnen[1]). Da sie aber meistens Stickstoff enthalten oder an Proteinen (Stickstoffsubstanz) gebunden sind, mögen sie an diese angeschlossen werden.

Fermente (Enzyme) sind kolloide organische Katalysatoren biologischen Ursprungs, d. h. Stoffe, welche von den Zellen abgesondert werden

[1]) K. Willstätter hat indes in den letzten Jahren (seit 1918) durch verschiedene Verfahren (Fällen der Enzymlösungen mit Alkohol, Adsorption an Aluminiumhydroxyd oder Kaolin u. a.) die Enzyme in einem Zustande erhalten, welcher der Reinheit sehr nahekommt.

und die Eigenschaft besitzen, unter gewissen Bedingungen bei anderen chemischen Verbindungen Umsetzungen zu bewirken bzw. Reaktionen zu beschleunigen, ohne selbst bei diesen Umsetzungen oder Reaktionen eine Umsetzung oder eine Einbuße zu erleiden. Man kann daher mit Hilfe von solchen Enzymen eine verhältnismäßig große Wirkung erzielen. Die Enzyme bzw. Fermente werden als amphotere Elektrolyte — z. T. mehr saurer, z. T. mehr basischer Natur — aufgefaßt, welche als Säure oder Base mit dem zu spaltenden Stoff in eine lockere, der Adsorption ähnliche Verbindung eintreten und dadurch das ganze Molekül zum Zerfall bringen.

Wenn der wirksame Stoff sich ohne Störung der Wirkung von der Zelle lostrennen läßt, so nennt man ihn „Enzym“ (wie z. B. Diastase, Pepsin, Trypsin, Invertase u. a.); wenn er dagegen nur in und durch die Organismenzelle seine Wirkung äußert, so wird er „Ferment“ genannt (die Fäulniserreger z. B. sind Fermente).

In vielen Fällen muß der Enzymträger durch einen anderen Stoff (Koferment, Aktivator) zerlegt und aktiviert werden.

Das Pankreas scheidet als Vorstufe des Enzyms Trypsin, ein Zymogen (Trypsinogen) aus, das erst durch den aus der Darmwandung ausgeschiedenen Stoff, die Enterokinase, in aktives Trypsin übergeführt wird. Die Zymase bedarf zur Vergärung des Zuckers eines Koferments, das aus leicht reduzierbaren Stoffen (Aldehyden, Ketonsäuren) besteht und als Acceptor für den freiwerdenden Wasserstoff dient.

Umgekehrt gibt es Stoffe, welche die Wirkung eines Fermentes hemmen, Paralysatoren genannt, z. B. hemmt Serumalbumin die Wirkung des Trypsins.

Jedes Ferment spaltet nur ein ganz bestimmtes Substrat, aber kein anderes; Invertase spaltet nur Saccharose, greift aber Maltose nicht an. Der zu spaltende Stoff und das Ferment müssen daher eine Konfiguration besitzen, die wie Schloß und Schlüssel zueinander passen (E. Fischer).

Man teilt die Fermente (Enzyme), deren chemische Struktur man noch gar nicht kennt, nach dem durch sie spaltbaren Stoff ein, indem man an den Stamm des Wortes des letzteren die Endsilbe „ase“ anhängt, z. B. bedeutet „Amylase“ das Ferment, welches Stärke (Amylum) zu spalten vermag.

Man teilt die Fermente (Enzyme) in zwei Gruppen, nämlich: Hydrolasen und Oxydoredukasen.

I. Hydrolasen, alle solche Fermente, bei denen durch Anlagerung von Wasser größere Komplexe in einfache Spalterzeugnisse zerfallen.

1. Carbohydrasen, welche die Di- und Polysaccharide in Monohexasen spalten, so die Saccharase (Invertase), welche Saccharose, die Maltase, welche Maltose, die Lactase, welche Lactose, die Melebiase, welche Melebiose, die Raffinase, welche Raffinose spaltet. Diese Fermente finden sich vorwiegend in den diese Kohlenhydrate vergärenden Hefen. Unter den Polysaccharasen ist das wichtigste Ferment die Amylase bzw. Diastase, welche Stärke in Dextrin, und die Dextrinase, welche letztere zu Maltose abbaut; die Cellulose wird durch ein besonderes Ferment Cellulase, die Hemicellulosen werden ebenfalls durch besondere Fermente (Hemicellulasen) abgebaut. Diese finden sich in Bakterien, Pilzen und auch Darmsaft.

2. Glykosidasen, welche die Glykoside, die Ester der Zuckerarten, zu spalten vermögen, z. B. das Emulsin der bitteren Mandeln das Amygdalin, das Myrosin der Senfsamen das myronsaure Kalium und Sinigrin, die Nucleinacidasen die Nucleinsäuren.

3. Esterasen, z. B. die Lipasen (Steapsin), welche Neutralfette, Lecidasen, die Phosphatide, und Phytase, die Phytin (S. 27) zerlegen.

4. Proteasen. Diese zerfallen in mehrere Untergruppen, nämlich:

a) Pepsinasen (Pepsin des Magensaftes, auch in Hefen und Pilzen), welche die Proteine bei verhältnismäßig stark saurer Reaktion bis zu Proteosen (Polypeptiden) abbauen,

b) Tryptase (Trypsin) des Pankreassaftes, welche die Proteine bei schwach alkalischer Reaktion ebenfalls nur bis zu Polypeptiden abbaut.

Dem Pepsin steht das Labferment des Kälbermagens, die Chymase, nahe, die Casein in Paracasein und Molkenproteose spaltet; dem Trypsin verhält sich ähnlich das Papayotin des Melonenbaumes.

5. Peptidasen und Amidasen. Die vorstehend gebildeten Polypeptide werden durch Peptidasen wie Erepsinase (Erepsin des Darmsaftes) weiter zu Aminosäuren und diese durch besondere Fermente wieder weiter abgebaut; Harnstoff z. B. durch die Urease zu Ammoniak und Kohlensäure.

II. Oxydoredukasen, d. h. Fermente, welche gleichzeitig eine Oxydation und eine dazu reziproke Reduktion bewirken. Bei einem H-haltigen Stoff wird H aktiviert und abgespalten. Der Stoff wird dehydriert oder auch oxydiert; der aktive H geht an einen Acceptor, meistens Sauerstoff; der Stoff wird hydriert, mithin reduziert. Früher wurden diese Fermente Oxydasen, bei denen Acceptor für H_2 freier O ist, und Peroxydasen genannt, bei denen die oxydative Reaktion nur bei Gegenwart von H_2O_2 als Acceptor verläuft.

1. Aldehydasen, welche die Aldehyde entweder zu Alkoholen reduzieren oder zu Säuren oxydieren oder beides womöglich gleichzeitig bewirken, z. B.:

$$\begin{matrix} CH_3 \cdot CHO \\ CH_3 \cdot CHO \end{matrix} + \begin{cases} H_2 \\ O \end{cases} = \begin{matrix} CH_3 \cdot CH_2OH \\ CH_3 \cdot COOH \end{matrix}$$

(Cannizaros Dismutation).

2. Gärungsfermente (Zymase, Carboxylase). Hierbei spielen Aldehydasen eine Rolle mit. Durch die Zymase mit ihrem Koenzym[1]) wird das Zuckermolekül in Methylglyoxal $CH_3 \cdot CO \cdot CHO$ und Brenztraubensäure $CH_3 \cdot CO \cdot COOH$ zerlegt, von denen ersteres durch Aufnahme von H_2O in Milchsäure $CH_3 \cdot CHOH \cdot COOH$ und letztere durch die Carboxylase in Acetaldehyd $CH_3 \cdot CHO$ und Kohlensäure übergeführt werden kann (vgl. unter Gärung S. 112).

3. Alkoholase, die Alkohol in verdünnten Lösungen in Essigsäure überführt, auch eine Fermentwirkung, weil sie mit abgetöteten Bakterienleibern erfolgen kann.

4. Phenolasen, welche aromatische Chromogene dehydrieren; hierauf beruht die Blaufärbung von Guajactinktur zum Nachweis von Enzymen.

5. Tyrosinase, die infolge einer Oxydoreduktion aus Tyrosin einen braunen Farbstoff bildet.

III. Katalase, eine Fermentgruppe für sich bildend, die den Zerfall von $2\,H_2O_2$ in $2\,H_2O + O_2$ bewirkt, ohne daß der freigewordene Sauerstoff oxydierend wirkt.

ϰ. Vitamine (Eutonine, Secretine).

Neben den eigentlichen Nährstoffen spielen nach neueren Forschungen auch die Vitamine in unserer Nahrung eine besondere Rolle[2]).

Man versteht unter „Vitamine" (Nutramine nach Abderhalden, „Komplettine" nach Berg, Lebensstoffe, akzessorische Nährstoffe nach F. Hofmeister, oder auch Ergänzungsstoffe genannt) solche Stoffe, welche den eigentlichen Nährstoffen (Protein, Fett, Kohlenhydraten und Mineralstoffen) anhaften, diese begleiten und ohne welche die eigentlichen Nährstoffe nicht zu

---

[1]) Wenn der Hefepreßsaft, die Zymase, der Dialyse unterworfen wird, so ruft der Dialyserückstand keine Gärung mehr hervor; setzt man ihm das Dialysat wieder zu, so tritt wieder Gärung ein. Das Koenzym der Hefe besitzt stark reduzierende Eigenschaften und besteht anscheinend aus Acetaldehyd oder Ketonsäuren.

[2]) Vgl. W. Stepp: Volkswohlfahrt Bd. 3, S. 422. 1922 u. Naturwissenschaften Bd. 11, S. 33. 1923; E. Abderhalden: Nahrungsstoffe mit besonderen Wirkungen, Berlin: Julius Springer 1922, und A. Juckenack: Unsere Lebensmittel vom Standpunkt der Vitaminforschung. Ebendort 1923; Cas. Funk: Die Vitamine. München und Wiesbaden: J. F. Bergmann 1922; Ragnar Berg: Die Vitamine. Leipzig: S. Hirzel 1922, u. a.

ihrer vollen Wirksamkeit für die Ernährung von Menschen und Tieren gelangen. Man kennt die Natur dieser Stoffe noch nicht, kann sie auch von den Nährstoffen noch nicht trennen und quantitativ bestimmen. Man schließt nur indirekt auf die Anwesenheit und Wirkungsart dieser Stoffe, indem man feststellt bzw. festgestellt hat, daß nach längerem Verzehr von gewissen, sei es ursprünglichen, sei es zubereiteten Nahrungsmitteln stets bestimmte Krankheiten (Mangelkrankheiten, „Avitaminosen"), z. B. 1. mangelhaftes Wachstum bzw. Knochenkrankheiten, 2. Beriberi bzw. Polyneuritide und 3. Skorbut (Barlowsche Krankheit) usw. auftreten, diese aber geheilt werden, wenn andere Nahrungsmittel oder diese im natürlichen, nicht zubereiteten Zustande verzehrt werden. Je nach der Art der Krankheit unterscheidet man z. Z. drei Gruppen von Vitaminen mit folgenden Eigenschaften:

Allgemeine Eigenschaften. Chemische Natur.	Avitaminosen, Krankheitserscheinungen bei Mangel. Der Mangel bewirkt:

Vitamin A

(Fettlösliches Vitamin A, Fettlöslicher Faktor A, Lipoider Faktor, Komplettin A, Antirachitisches Prinzip).

Löslich in Fett, Alkohol und Äther; gegen höhere Temperatur verhältnismäßig unempfindlich, dagegen sehr empfindlich gegen Licht, Sauerstoff und oxydierende Einflüsse (z. B. beim Braten und Rösten der Nahrungsmittel). Man rechnet zu dieser Gruppe verschiedene Stoffe: Phosphatide, Lecithine, Cholesterine[1]), Phytosterine und glykosidartige Lipoide.	Störung bzw. Aufhören des Wachstums, Körpergewichtszerfall, Xerophthalmie (Trocken- und Rissigwerden der Binde- und Hornhaut des Auges), Keratomalacie (Erweichung oder Verschwärung der Hornhaut), Störungen der Kalkaufnahme und der Knochenentwicklung, Rachitis (Knochenerweichung), Osteoporose (Auflockerung des Knochengewebes).

Vitamin B

(Wasserlösliches Vitamin B, Wasserlöslicher Faktor B, Wachstumskomplettin B, Antineuritin, Beriberi-Schutzstoff).

Leicht löslich in Wasser, z. T. auch in Alkohol und besonders in verdünnten Säuren (organischen). In den Stoffen, in denen es in der Natur vorkommt, ist es ziemlich beständig; von diesen losgetrennt aber sehr empfindlich; durch Erhitzen unter hohem Druck und durch alkalische Reaktion wird es leicht zerstört; auch gegen Trocknen, Pökeln und Räuchern empfindlich; in saurer Reaktion, auch bei längerem Kochen sehr widerstandsfähig. Es soll aus mehreren verschiedenen Individuen (anscheinend Purinen und Pyrimidinen)[2]) bestehen.	Störung des ganzen Stoffwechsels, der Zellatmung, der Funktion der Verdauungsdrüsen und der motorischen Tätigkeit von Magen und Darm; Störung der Funktion der Elemente des Nervensystems, der Ganglienzellen. Es treten auf: Appetitlosigkeit, ungenügende Nahrungsaufnahme, Lähmungen, Atmungsbeschwerden, Muskel- und Nervenschwund, Neuritis, Ansammlung von Wasser in der Haut u. a. (Beriberi).

[1]) K. Hotta gibt an, daß Tauben, die neben geschältem Reis Cholesterin erhalten, gegenüber den nur mit Reis gefütterten Tauben niemals von Krämpfen befallen werden und keinen verminderten Cholesteringehalt der Nebennieren aufweisen.

[2]) R. R. Williams will gefunden haben, daß synthetische Erzeugnisse dieser Körpergruppe, z. B. β-Oxypyridin, β-Methylpyridon (je 2 mg), 4-Phenylisocytosin (5 mg), ferner daß Betain, Nicotinsäure, die mit dieser Körpergruppe in naher Beziehung stehen, Wirkungen zeigen, die als antineuritisch gedeutet werden können.

Allgemeine Eigenschaften.	Avitaminosen.
Vitamin C (Wasserlösliches Vitamin C, Antiskorbutischer Faktor, Antiskorbutisches Komplettin C, Antiskorbutin).	
In Wasser, ebenso in Alkohol und Aceton löslich und dialysierbar. Es ist sehr empfindlich gegen Sauerstoff, wird durch längeres Kochen, durch Erhitzen unter Druck völlig zerstört und nimmt schon durch Trocknen oder bei längerem Aufbewahren wesentlich ab. In saurer Lösung bleibt es beim Trocknen während kürzester Zeit bei niederen Temperaturen (Vakuum) erhalten.	Auftreten des Skorbuts (fehlerhafte Blutmischung, Blutungen in den Gelenken der Unterhaut besonders im Zahnfleisch, Lockern der Zähne, Bleich- und Schmutzigwerden des Gesichts, Einsinken der Augen, Schwäche u. a.); Ursache der Möller - Barlowschen Krankheit (kindlicher Skorbut); fibröse Umwandlung des Knochenmarks und Schwund der Knochensubstanz.

Allgemein ist auch festgestellt, daß Tiere, die längere Zeit einseitig mit Nahrungsmitteln, die wie geschälte Getreidekörner u. a. Mangelkrankheiten (Avitaminosen) verursachen, die Fortpflanzungsfähigkeit verlieren.

Außer den genannten drei Vitaminen wird von einigen Seiten noch ein viertes, das wasserlösliche Vitamin D (Komplettin D), als Begleiter des Vitamins B, unterschieden, bei dessen Fehlen Degeneration der Muskeln, Marasmus (Entkräftung) auftreten soll. Das wasserlösliche Vitamin B soll die Lähmungen, das wasserlösliche Vitamin D den Zerfall der Muskeln verhüten oder heilen[1]).

Die Gruppe Vitamin B wird von einigen Seiten auch wohl in zwei Gruppen zerlegt, nämlich in B I, welches in Wasser löslich, aber stickstofffrei ist und wie A vorwiegend das Wachstum befördern soll, und B II, auch wasserlöslich aber stickstoffhaltig, das vorwiegend die Nervenerkrankungen verhüten soll.

E. Abderhalden nimmt außer den eigentlichen Vitaminen oder Nutraminen usw., welche bestimmte Mangelkrankheiten verhüten, noch eine besondere Gruppe von Stoffen an, welche allgemein die Absonderung der Verdauungssäfte begünstigen bzw. eine eigenartige, eine sekreto-exzitatorische bzw. eine dynamische Wirkung ausüben; er nennt diese Stoffe Eutonine bzw. Secretine.

Man braucht indes weder bei den Vitaminen noch bei den Eutoninen an eigenartige selbständige Stoffe zu denken. Es kann auch sein, daß es sich um labile Verbindungen handelt, die durch Kochen, Braten, Trocknen zerlegt, im natürlichen Zustande aber chemische Umsetzungen im Tierkörper einleiten oder unterstützen können. Scheiden doch die schwefel- (oder cystin-) haltigen Proteine beim Kochen Mercaptane ab, und das Lecithin (Phosphatid) zerfällt beim einfachen trockenen Aufbewahren in Cholin und Phosphorsäure (vielleicht auch Phosphorwasserstoff). Auch ist die Mitwirkung von Enzymen (Katalasen, Oxydoreduktasen) bzw. von Koenzymen wie bei der Zymase S. 12 nicht ausgeschlossen.

Die Vitamine kommen ursprünglich (vorgebildet) fast nur im Pflanzenreich[2]) vor, haften den pflanzlichen Nahrungsmitteln an und gehen von diesen

[1]) W. Tönnis hält die Annahme eines vierten Vitamins nicht für gerechtfertigt, behauptet aber, daß zum normalen Verlauf der Lebensvorgänge ausgewachsener Tiere (Ratten, Mäuse) alle drei Vitamine A, B und C (z. B. in Lebertran, Hefe, Citronensaft) gleichmäßig erforderlich seien.

[2]) Die Bildung in den Pflanzen scheint besonders durch das ultraviolette Licht hervorgerufen zu werden.

in die Tiere über. Der Gehalt der Pflanzen an Vitaminen, sowohl der Art wie der Menge nach, ist aber sehr verschieden (vgl. hierüber die Tabelle am Schluß).

Weil aber die Vitamine in den Nahrungsmitteln sehr verschieden verteilt sind, so empfiehlt es sich, die Nahrung des Menschen für die Beschaffung der erforderlichen Vitamine aus nicht minder wichtigen Gründen wie bei den Proteinen (S. 6) aus einem Gemisch von verschiedenen Nahrungsmitteln zusammenzusetzen und letztere, weil sie durch die Aufbewahrung und Zubereitung (Kochen, Braten, Trocknen, Einsalzen, Räuchern) mehr und mehr von den Vitaminen verlieren, tunlichst frisch oder in einem solchen zubereiteten Zustande anzuwenden, der sie von der natürlichen Beschaffenheit am wenigsten entfernt.

Zur Verhütung der Mangelkrankheiten (Avitaminosen) sind verhältnismäßig nur geringe Mengen vitaminhaltiger Nahrungsmittel erforderlich. Die Mengen werden, weil sich die Vitamine bis jetzt quantitativ nicht bestimmen lassen, in der Weise ausgedrückt, daß man angibt, durch welche Menge des Nahrungsmittels die Mangelkrankheit bei Verabreichung einer vitaminfreien Nahrung vermieden werden kann. So wurde nach Osborne und Mendel[1]) bei Affen, die ausschließlich mit vitaminfreiem Reis ernährt wurden, Beriberi durch Beigabe von folgenden Mengen verschiedener Nahrungsmittel verhütet:

Nahrungsmittel	frisch	getrocknet	Nahrungsmittel	frisch	getrocknet
Ochsenfleisch	20,0 g	5,0 g	Kuhmilch	. . 35,0 g	4,5 g
Herzmuskelfleich . . .	5,0 g	1,7 g	Käse	. . 8,0 g	5,6 g
Ochsenhirn	6,0 g	1,2 g	Eidotter	. . 3,0 g	1,5 g
Ochsenkleinhirn . . .	12,0 g	2,4 g	Schafshirn	6,0—15,0 g	1,6—3,5 g
Ochsenleber	3,0 g	0,9 g	Fischfleisch	. . 10,0 g	2,0 g

Das Wachstum von jungen Ratten bei einem völlig vitaminfreien Grundfutter wurde nicht gestört durch Beifütterung von:

15—20% getrocknetem Klee und Kohlblättern oder 10% Spinat oder 1—4% Milch.

Zur Erhaltung des Wachstums der Ratten waren erforderlich:

0,5 g Kastanien, Wal- und Pekanuß oder 2 g Pinien-, Hasel- und Paranuß oder 3,0 g Mandeln.

1 g Trockenmasse von Spinat enthielt ebensoviel Vitamin A als 2 g Trockenmasse von Weizen, Sojabohnen, Eiern und Milch (= 16 ccm frischer Milch); 1 g Spinat war gleichwertig 2 g Salat oder 3 g Weißkraut; 10 g frische Äpfel oder Birnen entsprachen bezüglich des Vitamingehaltes 150 g frischer Milch.

Anmerkung. Diese Wertigkeitszahlen können aber nicht als allgemeine Grundwerte angesehen werden, weil nach sonstigen Versuchen andere Werte gefunden wurden. So pflegt das Fleisch von Warmblütern vitaminreicher zu sein, als das der Kaltblüter, weil erstere mehr vitaminreiche Pflanzen verzehren als letztere; Grünfuttermilch enthält 2—3 mal mehr Vitamin als Trockenfuttermilch.

Auch gegen die Art des Trocknens verhalten sich die einzelnen Vitamine, wie schon angegeben, verschieden; ob das Trocknen bei Luftabschluß oder -zutritt, in saurer oder alkalischer Reaktion, in längerer oder kürzerer Zeit vorgenommen wird. Die Wertigkeitszahlen für die einzelnen Nahrungsmittel sind daher bis jetzt noch mit Vorsicht aufzunehmen.

---

[1]) Vgl. Kestner u. Knipping: Die Ernährung des Menschen, S. 38. Berlin 1924.

II. Fette und Öle.

Die zweite Stelle in der Nahrung des Menschen nehmen wegen ihrer hohen Verbrennungswärme die Fette ein; diese beträgt 9300 g-Calorien[1]) gegen rund 4000 g-Calorien der Kohlenhydrate. Die Fette[2]) bilden daher eine ausgiebige Wärmequelle und verringern, neben Kohlenhydraten, für die gleiche Wärmemenge das Volumen der Nahrung. Sie sind auch für die schmackhafte Zubereitung der Nahrung vonnöten und machen die Nahrungsbissen schlüpfrig. Die „Fette" bzw. „Öle" im engeren Sinne bestehen aus den neutralen Estern des dreiwertigen Alkohols, des Glycerins und der höheren Fettsäuren. Außer den Glycerinestern finden sich in geringen Mengen auch die Ester der einwertigen Sterine $C_{27}H_{45}(OH)$[3]).

Man pflegt den Verbindungen des Glycerins $CH_2OH \cdot CHOH \cdot CH_2OH$ mit den Säureresten z. B. der Palmitinsäure ($C_{16}H_{31}O$), Stearinsäure ($O_{18}H_{35}O$) und Ölsäure ($C_{18}H_{33}O$) folgende Strukturformeln zu geben:

I.	II.	III.	IV.
α $CH_2O \cdot C_{16}H_{31}O$	CH_2OH	$CH_2O \cdot C_{16}H_{31}O$	$CH_2O \cdot C_{18}H_{35}O$
β $CHO \cdot H$	$CHO \cdot C_{16}H_{31}O$	$CHO \cdot C_{18}H_{35}O$	$CHO \cdot C_{16}H_{31}O$
γ $CH_2O \cdot H$	$CH_2O \cdot C_{18}H_{35}O$	$CH_2O \cdot C_{18}H_{33}O$	$CH_2O \cdot C_{18}H_{33}O$
Mono-α-palmitin	β-Palmito-γ-stearin	α-Palmito-β-stearo-γ-olein	β-Palmito-α-stearo-γ-olein
Monoglycerid	Diglycerid	Triglyceride	

Je nachdem ein Säurerest die α- oder β-Stellung einnimmt, gibt es verschiedene stereoisomere Fette.

Ist in den Glyceriden nur eine und dieselbe Fettsäure vorhanden, so heißen sie „einfache", sind zwei oder drei verschiedene Fettsäuren vorhanden, so heißen sie „gemischte" Glyceride.

Mono- und Diglyceride kommen in den natürlichen Fetten und Ölen nicht oder nur vereinzelt vor; durchweg bestehen sie aus gemischten Triglyceriden.

1. Die Fettsäuren. Diese sind sowohl durch Säuren der gesättigten als ungesättigten Reihe vertreten. Wenn die ersten (meistens Palmitin- und Stearinsäure) vorwalten bzw. eine gewisse Höhe erreichen, sind die Fette fest, beim Vorwalten der ungesättigten Fettsäuren (meistens Ölsäure) flüssig. Außer diesen am weitesten verbreiteten Säuren kommen aber auch noch andere aus beiden Reihen vor.

---

[1]) Auch „calorien" geschrieben im Gegensatz zu Kilo-Wärmeeinheiten = Calorien geschrieben.

[2]) Unter Fett in den analytischen Angaben versteht man allgemein den Ätherauszug der Nahrungsmittel, der außer Fett auch noch geringe Mengen anderer Stoffe einschließt.

[3]) Die Fette und Öle in den Pflanzen sind häufig von geringen Mengen Wachs begleitet. Dieses besteht meistens aus den Estern höherer Fettsäuren mit höheren 1- oder 2wertigen Fettalkoholen. So enthält das Bienenwachs vorwiegend den Ester der Palmitinsäure ($C_{16}H_{32}O_2$) und den Myricylalkohol ($C_{30}H_{32}O$), nämlich: $C_{15}H_{31} \cdot COO \cdot C_{30}H_{61}$. Die Wachse haben für die menschliche Ernährung keine Bedeutung.

a) Säuren der gesättigten Reihe. Hiervon kommt als niedrigstes Glied, die Essigsäure, als Triacetin nur sehr wenig vor. Dagegen sind die

Buttersäure	$CH_3 \cdot (CH_2)_2 \cdot COOH$	in der Butter, die letzten 2 Säuren auch im Cocosnuß- und Palmfett
Capronsäure	$\frac{CH_3}{CH_3}\!\!>\!CH \cdot (CH_2)_2 \cdot COOH$	
Caprylsäure	$CH_3 \cdot (CH_2)_6 \cdot COOH$	
Caprinsäure	$CH_3 \cdot (CH_2)_8 \cdot COOH$	
Laurinsäure	$CH_3 \cdot (CH_2)_{10} \cdot COOH$	in Lorbeeröl, Cocosfett, Walratöl,
Myristinsäure	$CH_3 \cdot (CH_2)_{12} \cdot COOH$	in Muskatbutter, Palm- und Dikafett,
Palmitinsäure	$CH_3 \cdot (CH_2)_{14} \cdot COOH$	in den meisten Fetten,
Stearinsäure	$CH_3 \cdot (CH_2)_{16} \cdot COOH$	
Arachinsäure	$CH_3 \cdot (CH_2)_{11} \cdot COOH$	im Erdnußöl
Lignocerinsäure	$C_2H_3 \cdot (CH_2)_{22} \cdot COOH$	

häufiger vertreten.

b) Fettsäuren der ungesättigten Reihe. Die hierher gehörigen Fettsäuren enthalten auf gleiche Mengen Kohlenstoff 2 oder 4 oder 6 oder 8 Atome Wasserstoff weniger, als die der gesättigten Reihe. Man nimmt daher in ihnen Doppelbindungen an, z. B. bei der Ölsäure $C_{18}H_{34}O_2$ eine Doppelbindung zwischen dem 9. und 10. Kohlenstoffatom, nämlich $CH_3 \cdot (CH_2)_7 \cdot CH : CH \cdot (CH_2)_7 \cdot COOH$. Die fehlenden Wasserstoffatome lassen sich leicht durch Jod ersetzen, worauf die Bestimmung der Jodzahl bei den Fetten beruht, die um so größer ist, je mehr Wasserstoffatome fehlen. Durch Behandeln mit Jodwasserstoff oder mit Wasserstoff bei höherer Temperatur unter Druck mit Hilfe eines Katalysators (Platin, Palladium, Nickel) lassen sich die fehlenden Wasserstoffatome anlagern und gehen alle ungesättigten Fettsäuren mit 2—8 freien Valenzen in Stearinsäure über. Auf diese Weise werden aus den flüssigen die gehärteten Fette gewonnen[1]). Zu den in Fetten bzw. Ölen vorkommenden ungesättigten Fettsäuren gehören:

Hypogäasäure $C_{16}H_{30}O_2 = CH_3 \cdot (CH_2)_7 \cdot CH : CH \cdot (CH_2)_5 \cdot COOH$ im Erdnußöl;
Ölsäure $C_{18}H_{34}O_2$ (wie vorstehend) in fast allen Fetten;
Rapinsäure $C_{18}H_{34}O_2$ im Rüböl;
Eruca- oder Brassicasäure $C_{22}H_{42}O_2$ im Rüb- und Rapsöl u. a.;
Linolsäure $C_{18}H_{32}O_2$ in den trocknenden Ölen (Leinöl, Hanf-, Mohn-, Nußöl u. a.);
Linolensäure $C_{18}H_{30}O_2$ im Leinöl;
Clupanodonsäure $C_{18}H_{28}O_2$ im Sardinen-, Herings- und Walöl;

c) Die Ricinolsäure $C_{18}H_{32}(OH) \cdot COOH$ kommt im Quittensamenöl vor und wird als ungesättigte hydroxylierte Fettsäure angesehen.

d) Chaulmugrasäure $C_{18}H_{32}O_2$ im Samen von Taractogenus Kurzii King und die Hydnocarpussäure $C_{16}H_{28}O_2$ im Samen von Hydnocarpus Wigthiana Blume neben Chaulmugrasäure weisen statt der offenen Kohlenstoffkette der Fettsäuren eine cyclische Verkettung der Kohlenstoffatome auf und drehen das polarisierte Licht stark nach rechts. Die Chaulmugrasäure hat sich als giftig erwiesen.

2. Die Alkohole. a) Das Glycerin kommt fertiggebildet nur in den Fetten vor. Es wird daraus auf verschiedene Weise durch Lipase aus Ricinussamen, durch Kochen mit Wasser unter Druck oder durch Kochen mit Säuren bei Gegenwart von Fettspaltern oder durch Verseifen (Erhitzen mit Alkali) erhalten, indem die Reaktion in 3 Stufen unter Zwischenbildung von Di- und Monoglyceriden zu folgender Endreaktion verläuft:

$$C_3H_5(O \cdot C_{18}H_{33}O)_3 + 3\,KOH = C_3H_5(OH)_3 + 3\,C_{17}H_{33} \cdot COOK.$$

[1]) Die Sterine werden durch genügend lange Behandlung mit Wasserstoff in Dihydrosterine, das Lecithin der Fischrogenfette wird in ein hydriertes, dem Eigelblecithin ähnliches Lecithin umgewandelt.

Das Glycerin bildet sich auch regelmäßig bei der alkoholischen Gärung und kann hierbei in größerer Menge gewonnen werden, wenn man den entstehenden Acetaldehyd durch Zusatz von Natriumbisulfit abfängt (vgl. S. 112).

b) Die Sterine; sie sind in allen Fetten vorhanden und werden in den tierischen Fetten als Cholesterin[1]) und in den pflanzlichen als Phytosterin bezeichnet. Das Cholesterin ist in den tierischen Fetten (mit Ausnahme des Lebertrans) fast ganz in freiem Zustande vorhanden, das Phytosterin in den pflanzlichen bis zur Hälfte und mehr gebunden. So ergaben die letzteren (und Lebertran) in 100 g Öl von 79,8—549,4 mg Gesamtsterine und davon 17,3—296,4 mg gebundene Sterine. Die Cholesterine unterscheiden sich von den Phytosterinen durch ihre Krystallformen, die Schmelzpunkte (korr.) als freie Sterine und als Acetate, nämlich nach A. Bömer als:

	Phytosterine	Cholesterine
Alkohole, freie	148,4—150,8°	138,0—143,8°
Essigsäureester	114,3—114,8°	125,6—137,0°

Diese Unterschiede dienen zum Nachweise von Pflanzen- in Tierfetten und umgekehrt.

3. Unverseifbares und freie Fettsäuren. Die durch Pressen, Auskochen oder chemische Lösungsmittel (Schwefelkohlenstoff, Benzin, Aceton u. a.) technisch gewonnenen Fette und Öle enthalten meistens noch Verunreinigungen, wie Albumin, Schleim-, Farbstoffe u. a., wovon sie auf verschiedene Weise (durch Filtrieren, Klären, Bleichen u. a.) gereinigt werden. Es verbleiben in denselben aber noch

a) Unverseifbares. Darunter versteht man diejenigen Bestandteile, welche weder in Wasser löslich sind noch durch Verseifen mit Alkalien wasserlöslich werden. Hierzu gehören also die in Wasser unlöslichen Sterine. Die tierischen Nahrungsfette enthalten neben diesen noch geringe Mengen sonstiger unverseifbarer Stoffe (0,03—0,15%), die pflanzlichen dagegen bis 1,0% (Sheafett sogar 3,87%). Letztere Stoffe sind teilweise noch unbekannt; bei Sesamöl bestehen sie vorwiegend aus dem stark rechtsdrehenden Sesamin.

b) Freie Fettsäuren. Während Neutralfette geruch- und geschmacklos sind, beeinträchtigen freie Fettsäuren den Geschmack häufig so sehr, daß die Fette hiervon für den menschlichen Genuß besonders gereinigt werden müssen. Dieses trifft besonders bei den Pflanzenfetten zu, die vielfach mehrere Prozent freie Fettsäuren enthalten; selbst das beste Pflanzenöl, das Olivenöl, enthält 1—2% freie Fettsäure, als Ölsäure berechnet; die tierischen Fette dagegen weisen hiervon im frischen Zustande nur 0,2—0,7% auf; in ranziger Butter sind allerdings bis 3,5% und mehr freie Fettsäuren nachgewiesen.

4. Ranzigwerden der Fette. Beim Aufbewahren der Fette in feuchter Luft unter Einwirkung des Lichtes treten nicht selten Veränderungen ein, sie werden ranzig, und zwar um so schneller und stärker, je mehr Verunreinigungen mit anderen Stoffen (z. B. Casein, Albumin, Milchzucker bei Butter), ferner je mehr

---

[1]) Das Cholesterin ist nach Windaus ein einwertiger, ungesättigter, sekundärer Alkohol, wahrscheinlich ein komplexes Terpen von folgender Formel:

$$\begin{matrix}CH_3\\CH_3\end{matrix}\!\!>CH \cdot CH_2 \cdot CH_2 \cdot C_{17}H_{26} \cdot CH : CH_2$$
$$CH_2 \cdot CHOH \cdot CH_2 .$$

ungesättigte Fettsäuren sie enthalten. Die Ursache des Ranzigwerdens sind noch unbekannt, ob z. B. dabei ein Ferment, wie Lipase, für die Verseifung der Fette erforderlich ist, erscheint noch fraglich. Man nimmt eine Autoxydation der ungesättigten Fettsäuren an, wobei sich Wasserstoffsuperoxyd bzw. Fettsäureozonide, Aldehyde und Ketone sowie Oxysäuren, z. B. Oxystearinsäure und Stearolacton, bilden. Nachgewiesen sind anscheinend als aus der Ölsäure entstanden neben Wasserstoffsuperoxyd einerseits Nonylaldehyd [$CH_3(CH_2)_7COH$] und Acelainaldehyd [$COH \cdot (CH_2)_7 \cdot COOH$], andererseits Nonylsäure (Pelargonsäure) [$CH_3 \cdot (CH_2)_7 \cdot COOH$] und Acelainsäure [$HOOC \cdot (CH_2)_7 \cdot COOH$]. Der scharfe Geruch der ranzigen Fette rührt von den mit Wasserdämpfen flüchtigen Aldehyden oder Ketonen her.

Durch das Ranzigwerden der Fette wird die Jodzahl vermindert, die Verseifungszahl und Refraktion erhöht.

Bei Butter sind Ursache wie Erscheinungen des Ranzigwerdens andere; hier scheinen Kleinwesen (Bakterien und Schimmelpilze) bzw. deren Enzyme eine Rolle mitzuspielen.

5. Diätische Bestandteile der Fette. In Butter, Lebertran und Nierenfett sind reichliche Mengen Vitamin A (S. 14) vorhanden, in anderen tierischen Fetten (Talg, Schmalz, Speck) nur geringe Mengen, und die Pflanzenöle (vielleicht mit Ausnahme der Nußöle) sind völlig frei davon. Man hat auch den Lecithinen der Fette (S. 11) wohl eine besondere diätetische Wirkung zugeschrieben; damit kann aber der Vitamingehalt der drei genannten Fette nicht zusammenhängen; denn für Butter und Lebertran werden nur Spuren bis 0,014% Lecithin angegeben, während in vitaminfreien Fetten die 10fachen Mengen Lecithin gefunden worden sind.

III. Die Kohlenhydrate.

Die Gruppe der Kohlenhydrate macht in der menschlichen Nahrung, wie in der ganzen organischen Natur, die 5—6fache Menge von Stickstoffsubstanz und Fett aus. Auf je 70—100 g der beiden letzteren verzehrt der Mensch etwa 400—600 g Kohlenhydrate. Diese werden, wie auch z. T. Stickstoffsubstanz und Fett, in Glykogen als Reservestoff übergeführt und dieses unter Wiederüberführung in Glykose über Milchsäure als Zwischenstufe in den Muskeln zu Kohlensäure und Wasser verbrannt. Durch diese Umsetzung und Oxydation wird die Arbeitsleistung der Muskeln bewirkt, während Wärme dabei als Nebenerzeugnis auftritt. Die Kohlenhydrate als Brennstoffe sind hiernach die eigentliche Energie- und Wärmequelle für den Menschen.

Unter „Kohlenhydraten" im engeren Sinne versteht man alle stickstofffreien Verbindungen, welche wie die Zuckerarten neben 5 bzw. 6 Atomen Kohlenstoff oder Vielfachen hiervon Wasserstoff und Sauerstoff in solchem Verhältnis enthalten, daß sie Wasser bilden (z. B. Zucker = $C_6H_{12}O_6$). Im weiteren Sinne rechnet man zu dieser Gruppe indes alle sonstigen stickstofffreien organischen Verbindungen, welche neben den Stickstoffverbindungen, Fetten und der Zellmembran in der Natur vorkommen, auch unter der Bezeichnung „stickstofffreie Extraktstoffe" zusammengefaßt und jedesmal aus der Differenz von 100 — (Wasser + Stickstoffsubstanz + Fett + Zellmembran + Mineralstoffe) berechnet werden. Die Gruppe schließt daher die verschiedenartigsten Stoffe ein, deren Natur wir z. T. noch gar nicht kennen.

Zu den wichtigsten für die Nahrung des Menschen in Betracht kommenden Stoffen gehören:

1. Die Zuckerarten.

Die Zuckerarten werden als die Aldehyde und Ketone mehrwertiger Alkohole aufgefaßt; so kann Glykolaldehyd $HOH_2C \cdot CHO$ als erste und Glycerin (S. 17) als zweite Zuckerart bezeichnet werden. Ersteres kommt aber gar nicht, letzteres nur in den Fetten und im freien Zustande nur in Wein und Bier für die menschliche Ernährung in Betracht. Die nächstfolgende Zuckerart, die Erythrose $HOH_2C \cdot CH(OH) \cdot CH(OH) \cdot CHO$, findet sich nur als 4 wertiger Alkohol in nicht genossenen Flechten und Algen. Als Zuckerarten gewinnen erst die mit 5 und besonders die mit 6 Atomen Kohlenstoff eine besondere Bedeutung. Die an das Stammwort angehängte Endung „ose" bedeutet Zucker, die Endung „ane" die Anhydride derselben, d. h. Kohlenhydrate, gebildet durch Zusammenlagerung von 2 oder mehreren Zuckermolekülen unter Austritt von Wasser.

Wie durch Polymerisation von Formaldehyd mittels Alkali Zucker gebildet wird, so nimmt man auch an, daß bei der wachsenden Pflanze aus Formaldehyd als erstem Erzeugnis aus Kohlensäure und Wasser ($CO_2 + H_2O = H \cdot CHO + O_2$) durch Kondensation Zucker entsteht, der weiter in Di- und Polysaccharide umgewandelt wird.

Man legt den Zuckerarten folgende Strukturformeln bei:

	Hexosen				
Pentose	Aldosen			Ketose	Hexose Nicht vergärbar
	CHO	CHO	CHO	CH_2OH	CHO
CHO	HCOH	HOCH	HCOH	CO	HOCH
HOCH	OHCH	HCOH	HOCH	HOCH	HOCH
HCOH	HCOH	HOCH	HOCH	HCOH	HOCH
HCOH	HCOH	HOCH	HCOH	HCOH	HCOH
CH_2OH	CH_2OH	CH_2OH	CH_2OH	CH_2OH	CH_2OH
d-Arabinose	d-Glykose (Dextrose)	l-Glykose	d-Galaktose	d-Fructose	d-Talose
Nicht vergärbar	Vergärbar				Nicht vergärbar

Die Pentosen und Ketosen haben 3, die Hexosen 4 asymmetrische Kohlenstoffatome.

Aus dem Grunde sind nach der van't Hoffschen Regel bei den Aldohexosen $2^4 = 16$ [1]), bei den Ketohexosen und Pentosen $2^3 = 8$ stereoisomere Verbindungen möglich. Die Stereoisomerie beruht auf der Asymmetrie des zweiten Kohlenstoffatoms.

Die meisten Hexosen drehen die Ebene des polarisierten Lichtes je nach der Stellung der H- und OH-Atome entweder nach rechts oder links oder bilden durch racemische

[1]) Die obenstehenden Formelbilder sind mit offener Kette gedacht; nimmt man mit Tollens die nebenstehende Bindung an, so würde eine cyclische Bindung, eine Ringformel sich ergeben und statt der 16 noch weitere 16 Stereoisomere möglich sein, die auch z. T. wirklich dargestellt sind.

H · C · OH
H · C · OH >O.
HO · C · H
HC
H · C · OH
CH_2OH

Vereinigung der beiden aktiven Formen inaktive Modifikationen; man unterscheidet daher zwischen dextrogyren = d, lävogyren = l und inaktiven = d, l-Hexosen; jedoch beziehen sich die Vorzeichen nach E. Fischer nicht auf das wirkliche Drehungsvermögen, sondern auf die Lagerung der H- und OH-Atome, die sich wie ein Gegenstand zu seinem Spiegelbilde verhalten.

Die d-Fructose dreht die Ebene des polarisierten Lichtes in Wirklichkeit nicht nach rechts, sondern nach links.

Außer durch die verschiedene Lagerung der H- und OH-Atome ist auch eine Verschiedenheit dadurch bedingt, daß bei den Aldosen die Gruppen CHO und CH_2OH bald oben, bald unten stehen können.

Beachtenswert ist auch das verschiedene Verhalten der Zuckerarten gegen Hefe, ihr verschiedenes Vergärungsvermögen, nämlich:

1. Zunächst sind nur solche Zuckerarten vergärbar, welche 3 Atome C oder ein Vielfaches hiervon enthalten, also die Triosen, Hexosen und Nonosen; die zwischenliegenden Zuckerarten, die Tetrosen, Pentosen, Heptosen und Octosen vergären nicht.

2. Aber auch nicht alle Hexosen, auf welche es hier wesentlich ankommt, vergären mit Hefe. Von den 16 möglichen Aldohexosen haben sich bis jetzt nur drei die d-Glykose, d-Mannose und d-Galaktose, von den Ketohexosen nur eine, die d-Fructose, als vergärbar erwiesen; die d-Talose ist unvergärbar.

Die d-Fructose ist vergärbar, weil die noch vorhandenen 3 asymmetrischen C-Atome genau so angeordnet sind wie bei der d-Glykose und d-Mannose; wenn dagegen die Hydroxylgruppen alle oder zum größten Teil auf der einen Seite stehen wie bei der d-Talose, so sind die Hexosen, auch die der l-Reihe angehörenden von vorstehenden Hexosen, nicht vergärbar.

3. Nur die Monosaccharide (Hexosen) werden durch Hefe direkt vergoren; die Di- bzw. Polysaccharide werden vor ihrer Vergärung durch besondere Enzyme in Monosaccharide gespalten und dann erst vergoren.

So unterliegt die Saccharose erst der Spaltung in d-Glykose und d-Fructose durch die in der Hefe vorhandene Invertase (auch Invertin genannt), während die Maltose, die früher als direkt vergärbar angenommen wurde, durch die in der Hefe gleichzeitig vorhandene Maltase in 2 Moleküle d-Glykose zerlegt wird.

Die Milchzuckerhefe (Kefir) vergärt keine Saccharose und keine Maltose, enthält aber auch nicht die Enzyme Invertase und Maltase (oder Glykase), dagegen das Ferment Lactase, welches Milchzucker in d-Glykose und d-Galaktose spaltet.

Ebenso wie Alkohol durch Hefe, so können aus den Zuckerarten bzw. Kohlenhydraten durch besondere Kleinwesen auch organische Säuren, wie Milch-, Butter-, Citronensäure, erzeugt werden. Verschiedene Bakterien bewirken schleimige Gärung, der Bac. amylobacter Cellulosegärung.

Weitere bemerkenswerte Eigenschaften der Zuckerarten sind ihre optische Aktivität, ihre Bi- und Multirotation, d. h. in frischbereiteter Lösung stärker optisch aktiv zu sein als nach dem Stehen, ihre reduzierende Wirkung auf Metallsalzlösungen (Fehlingsche Kupfer-, Sachssche Quecksilber- und alkalische Wismutlösung) sowie die Bildung von Osazonen mit Phenylhydrazin.

α) Pentosen.

Fertiggebildete Pentosen kommen in der Natur frei nicht vor, wohl aber in komplexen Verbindungen (Pflanzenglykosiden und tierischen Nucleinen); nur Adonit $HO \cdot H_2C \cdot (CHOH)_3 \cdot CH_2 \cdot OH$ findet sich als Pentit (Alkohol) im Adonisröschen. Um so verbreiteter sind die Anhydride, die Pentosane, z. B. Araban und Xylan n $C_5H_8O_4$ in Gummi-, Schleimarten, Holz und der Zellmembran aller Pflanzen, wo sie als Reservestoff dienen. Sie werden auch bei der tierischen

Verdauung hochgradig ausgenutzt und zweifellos als Nährstoff verwendet. Durch Anlagerung von Methyl an die endständige Alkoholgruppe entstehen Methylpentosen $CH_3 \cdot HCOH(HCOH)_3 \cdot CHO$. Die Pentosen bilden Krystalle von süßem Geschmack, sind aber unvergärbar. Neben der Unvergärbarkeit zeichnen sie sich dadurch vor den Hexosen aus, daß sie beim Kochen mit Säuren (Destillation mit Salzsäure von 1,06 spez. Gew.) Furfurol, die Glykosen dagegen Lävulinsäure bilden.

$$\underset{\text{Pentosan}}{C_5H_8O_4} = \underset{\text{Furfurol oder Aldehyd der Brenzschleimsäure}}{C_5H_4O_2 \text{ oder } C_4H_3O \cdot CHO} + 2\,H_2O,$$

$$\underset{\text{Hexose}}{C_6H_{12}O_6} = \underset{\text{Lävulinsäure oder }\beta\text{-Acetylpropionsäure}}{C_5H_8O_3 \text{ oder } CH_3 \cdot CO \cdot CH_2 \cdot CH_2 \cdot COOH} + 2\,H_2O + CO.$$

Da das Furfurol mit Phloroglucin einen in Salzsäure und Wasser unlöslichen Niederschlag gibt, benutzen wir obige Behandlung zur quantitativen Bestimmung der Pentosane.

β) Die Hexosen.

Diese für die menschliche Ernährung wichtige Nährstoffgruppe wird, je nachdem das Molekül $C_6H_{12}O_6$ ein oder mehrere Male vertreten ist, in Mono-, Di- usw. bis Polysaccharide eingeteilt.

1. Monosaccharide, Monohexosen. Von dieser Gruppe kommen auch die 6wertigen Alkohole $H_2COH \cdot (HCOH)_4 \cdot HOCH_2$, nämlich Mannit, Sorbit und Dulcit vor. Als Zucker sind weit verbreitet:

a) Glykose (früher Dextrose, auch Traubenzucker oder, wenn künstlich aus Stärke dargestellt, auch Stärkezucker genannt) ist eine Aldohexose (S. 21); Drehungswinkel $+ 52{,}5°$; sie kommt mit

b) Fructose (auch Lävulose oder Fruchtzucker genannt), einer Ketohexose (S. 21), mit einem Drehungswinkel von $-92°$ bis $-93°$ zusammen in fast allen Pflanzenteilen, besonders in den süßen Früchten, reichlich in Weintrauben, Honig[1]) vor, und zwar in beiden letzten Erzeugnissen zu nahezu gleichen Teilen. Bei der Erwärmung einer Lösung von Saccharose mit verdünnten Säuren bzw. durch Einwirkung von dem Enzym Invertase entsteht der Invertzucker, in dem Glykose und Fructose ebenfalls in gleichem Verhältnis vorhanden sind. Bei der Gärung wird Glykose im allgemeinen schneller vergoren als Fructose, so daß in teilweise vergorenen Süßweinen letztere vorzuwalten pflegt.

Die Glykose ist auch weitverbreitet in den Glykosiden, d. h. Verbindungen, die bei der Hydrolyse durch Säuren und Enzyme in Glykose und eine andere Verbindung der aliphatischen oder aromatischen Reihe zerfallen. So zerfällt das in den bitteren Mandeln und Obstkernen vorkommende Amygdalin durch das Enzym Emulsin in Glykose und Bittermandelöl (Benzaldehyd und Blausäure), das im schwarzen Senfsamen vorkommende Sinigrin durch das Enzym Myrosin in Glykose, Allylsenföl und saures schwefelsaures Kalium.

c) Die d-Mannose oder Seminose wird durch Oxydation des gewöhnlichen d-Mannits;

d) die d-Galaktose durch Hydrolyse von Milchzucker (Lactose) und Galaktanen z. B. in Moos, Meeresalgen gewonnen;

während e) die d-Sorbose im natürlichen und vergorenen Saft der Vogelbeeren vorkommt. Sie liefert bei der Oxydation mit Salpetersäure Lävulinsäure, die Galaktose dagegen Schleimsäure.

---

[1]) Der beim Stehen des Honigs sich ausscheidende feste weiße Anteil besteht vorwiegend aus Glykose, der flüssige sirupöse Anteil aus Fructose.

2. Disaccharide oder Saccharobiosen ($C_{12}H_{22}O_{11}$). Diese Zuckerarten entstehen durch Zusammenlagern von 2 Molekülen Monohexosen unter Austritt von Wasser:

$$2\,C_6H_{12}O_6 - H_2O = C_{12}H_{22}O_{11} + H_2O\,.$$

Umgekehrt wird das Disaccharid durch verdünnte Säuren und das entsprechende Enzym, z. B. Saccharose durch Invertase wieder in 2 Monosaccharide zerlegt:

$$\underset{\text{Saccharose}}{C_{12}H_{22}O_{11}} + \underset{\text{(Invertase)}}{H_2O} \begin{cases} \rightarrow C_6H_{12}O_6 \ \ \text{d-Glykose} \ ([\alpha]_D = +52{,}5^\circ) \\ \rightarrow C_6H_{12}O_6 \ \ \text{d-Fructose} \ ([\alpha]_D = -93^\circ) \end{cases} \text{Invertzucker (linksdrehend).}$$

Die Disaccharide vergären erst mit Hefe, wenn sie durch ein Enzym in Monosaccharide umgewandelt sind (S. 22).

Zu den für die menschliche Ernährung wichtigen Disacchariden gehören:

a) Saccharose (Rohr- oder Rübenzucker, im Handel und Haushalt der Zucker schlechtweg genannt). Sie ist der wichtigste Zucker für uns; es entfallen im Deutschen Reich jährlich rund 40 kg davon auf den Kopf der Bevölkerung. Technisch wird die Saccharose als Rohrzucker in den Tropen aus Zuckerrohr, als Rübenzucker im gemäßigten Klima aus Zuckerrüben gewonnen. Da sie neben Stärke das erste Bildungserzeugnis im Chlorophyll ist, so kommt sie auch in allen grünen Pflanzen vor. Ebensowenig wie sie durch Hefe direkt vergärt, ebensowenig werden Metallsalzlösungen durch sie direkt reduziert. Sie liefert mit Hydrazin kein Osazon; ihr Drehungswinkel beträgt $+66{,}5^\circ$.

b) Lactose (Lactobiose oder Milchzucker $C_{12}H_{22}O_{11} + H_2O$) kommt nur in der Milch der Säugetiere vor und wird aus ihr (d. h. den Molken) gewonnen; sie zerfällt bei der Hydrolyse in 1 d-Glykose und 1 d-Galaktose; Drehungswinkel $+52{,}5^\circ$.

c) Maltose (Maltobiose oder Malzzucker $C_{12}H_{22}O_{11} + H_2O$) bildet sich durch Einwirkung von Diastase, Ptyalin und Pankreasferment aus Stärke und wird technisch durch Verzuckerung von Stärke mit Malzaufguß gewonnen. Sie liefert bei der Hydrolyse 2 d-Glykose, reduziert wie auch die Lactose direkt Fehlingsche Lösung, und beide liefern mit Phenylhydrazin ein Osazon.

d) Mykose (Trehalose $C_{12}H_{22}O_{11} + 2\,H_2O$) in der orientalischen Trehala, im Mutterkorn und in Pilzen.

Die hierher gehörige Melibiose und Turanose sind Zwischenerzeugnisse bei der Hydrolyse der Trisaccharide Raffinose und Melezitose.

3. Trisaccharide oder Saccharotriosen ($C_{18}H_{32}O_{16}$), entstanden aus 3 Mol. Monohexosen unter Austritt von 2 H_2O. Von diesen sind erwähnenswert:

a) Raffinose (Raffinotriose, Melitose, Melitriose, Gossypose, Pluszucker $C_{18}H_{32}O_{16} + 5\,H_2O$). Sie zerfällt bei der Hydrolyse in je 1 Mol. d-Glykose, d-Fructose und d-Galaktose, die durch Sauerstoff verkuppelt gedacht werden: $C_6H_{11}O_5 \cdot O \cdot C_6H_{10}O_4 \cdot O \cdot C_6H_{11}O_5$. Sie findet sich in der Zuckerrübe, besonders in der Melasse, in Baumwollesamen, Eucalyptus-Manna, gekeimtem Weizen. Sie wird durch Oberhefe nur bis zu Fructose + Melibiose, durch Unterhefe ganz aufgeschlossen und vergoren.

b) Melezitose $C_{18}H_{32}O_{16} + 2\,H_2O$ in der Manna von Brianzon, Turanibin, zerfällt bei der vollen Hydrolyse in 2 d-Glykose und 1 d-Fructose.

Die Gentianose $C_{18}H_{32}O_{16}$ im Wurzelsaft von Gentiana lutea und das Lactosin $C_{18}H_{32}O_{16}$ in der Wurzel der Carpophyllaceen mögen nur erwähnt werden.

4. Tetrasaccharide. Die in den Stachysknollen vorkommende Zuckerart Stachiose $C_{24}H_{42}O_{21} + 4\,H_2O$ wird mit der in der Eschenmanna vorkommenden Manneo-Tetrose für gleich gehalten und werden beide als Tetrosen (bestehend aus 1 d-Glykose, 1 d-Fructose und 2 d-Galaktose) angesehen, sind aber (wenigstens erstere) nach Verf. wahrscheinlich Trisaccharide.

5. Polysaccharide, Saccharo-Kolloide. Die Polysaccharide sind kolloidal lösliche hochmolekulare Stoffe, die das Anhydrid der Hexosane $C_6H_{10}O_5$ oder der Pentosane $C_5H_8O_4$ in größerer Anzahl (*n* mal) enthalten, ohne daß man hierfür eine bestimmte Größe angeben kann. Die Konstitution der Stärke, des Hauptvertreters dieser Gruppe, hat in letzter Zeit eine wesentliche Aufklärung erfahren.

Schardinger fand bei der Vergärung von Stärke mit Bac. macerans krystallisierte Dextrine, die aus 2 oder 3 Komplexen $C_6H_{10}O_5$ (vgl. untenstehende Konfiguration) bestehen und von Pringsheim Amylosen genannt werden. Diese sind nach Karrer die Anhydride eines Disaccharids, nämlich Maltoseanhydride, die sich durch Nebenvalenzen leicht miteinander verknüpfen (polymerisieren) und wieder in Diamylose zerfallen. Pringsheim nimmt 3 Maltoseanhydride an.

```
┌CH · CHOH · CH · CHOH · CHOH · CH ┐
│|           |________O_________|  │
│O                              O  │
│|________O_________|           |  │
└CH · CHOH · CHOH · CH · CHOH · CH2┘x.
```

Dem Inulin wird eine ähnliche Struktur aus Di- oder Trifructoseanhydriden zugeschrieben.

Die Polysaccharide sind in Wasser unlöslich oder doch sehr schwer löslich, können aber durch verdünnte Säuren und Enzyme wie die Di- und Trisaccharide hydrolytisch gespalten und in die löslichen (und vergärbaren) Monosaccharide übergeführt werden. Die Hydrolyse erfolgt nur schwieriger und langsamer. Hierzu gehören:

a) Stärke und die ihr nahestehenden Polysaccharide, welche durch Hydrolyse d-Glykose liefern.

α) Stärke. Die Stärke wird als das erste Umwandlungserzeugnis von Kohlensäure und Wasser unter dem Einfluß des Chlorophylls in den Blättern angesehen, indem sich erst Formaldehyd, daraus durch Kondensation Zucker oder Stärke bilden soll[1]). Die Stärke ist der wesentlichste Bestandteil der Hauptternährer der Menschheit, der Getreidekörner und -mehle, die 60—78%, und der Kartoffeln, die von 25% festen Stoffen 20% Stärke enthalten; sie überwiegt daher der Menge nach alle anderen Nährstoffe in unserer Nahrung. Sie kommt in den Pflanzen in einfachen oder zusammengesetzten runden oder länglichen Körnern von 2—140 μ Durchm. vor, die meistens einen Kern (auch mehrere) besitzen und um diesen geschichtet sind. Ihre eigenartigste Eigenschaft ist die Blaufärbung mit Jod.

Außer durch verdünnte Säuren wird die Stärke durch mehrere Enzyme, durch die Diastase oder Amylase in den keimenden Getreidearten (besonders der Gerste) und im Pankreas sowie das Ptyalin des Speichels in das Disaccharid Maltose und aus diesem durch das Enzym der Hefe, die Glykase (Maltase), in das Monosaccharid (die d-Glykose) übergeführt. Von dieser Verzuckerung der

---

1) Aus $CO_2 + H_2O$ soll erst $CH_2O + O_2$ entstehen und durch Kondensation $6\,CH_2O = C_6H_{12}O_6$ erst Zucker oder $n\,6\,(CH_2O) - n\,H_2O = n\,C_6H_{10}O_5$.

Stärke durch gekeimte Gersten-Diastase (Malz) macht man bei der Herstellung von Bier und Branntwein Gebrauch.

Durch heißes Wasser von 60—80° quellen die Stärkekörner auf, sie gehen als Kolloid von dem „Gel"- in den „Sol"zustand über; es entsteht eine gelatinöse Masse, der sog. Stärkekleister.

Die frühere Annahme vom stufenweisen Abbau der Stärke und der Annahme von mehreren Dextrinen (Amylo-, Erythro- und Achroodextrin) fällt nach vorstehender Strukturformel weg. Die Dextrine sind hiernach nur vorübergehende kolloidchemische Abbaustufen von verschiedenem Polymerisationsgrade.

β) Dextrine (Stärkegummi, Röstgummi). Sie werden durch Erhitzen der Stärke mit überhitztem Wasserdampf bei 150—160° oder Einwirkung von ganz verdünnten Säuren oder von Diastase auf Stärke gewonnen; sie bilden dickflüssige Sirupe oder nach dem Austrocknen amorphe Pulver.

γ) Glykogen, Aufspeicherungsstoff in den Zellen, vorwiegend in der Leber der Pflanzenfresser, ferner in einigen Pilzen. Es ist nach Karrer ebenfalls polymerisierte Diamylose.

δ) Licheninstärke (Moosstärke) im isländischen Moos und anderen Flechten.

b) Inulin und andere Polysaccharide, welche bei der Hydrolyse d-Fructose liefern, n $(C_6H_{10}O_5)$.

α) Inulin (S. 25), als Reservestoff im aufgelösten Zustande hauptsächlich in den unterirdischen Organen der Kompositen, Kampanilaceen u. a.; Dahlienknollen enthalten bis 42%, Zichorien bis zu 50% Inulin in der Trockensubstanz; im Frühjahre geht es z. T. in Lävulin über. Das durch kochendes Wasser gelöste Inulin scheidet sich beim Eindampfen der Lösung in Sphärokrystallen aus. Es wird durch Fermente und Hefe fast gar nicht angegriffen.

β) Lävulin; es entsteht z. T. durch Umwandlung aus dem Inulin, ist im Herbst neben rechtsdrehenden Zuckerarten bis 8—12% in den Topinamburknollen, auch in unreifen Roggenkörnern enthalten. Es vergärt leicht mit Hefe.

c) Pentosan- und Hexosan-Kolloide. Wie die Anhydride der d-Glykose und der Fructose, so sind auch noch die Galaktose und Mannose durch ihre Anhydride in den Pflanzen vertreten, z. B. die Galaktane in Leguminosensamen, Agar-Agar u. a., die Mannane in Kaffee, Datteln u. a. Noch weiter verbreitet sind die Anhydride der Pentosen, die Pentosane. Vielfach sind die Hexosane und Pentosane als Kolloide nebeneinander vertreten, z. B. in den gallertartigen Gummiarten (arabisches, Tragant-, Kirschengummi), von denen ersteres bei der Hydrolyse Galaktose und die Pentose Arabinose liefert; Pflanzenschleime (Leinsamen-, Quitten-, Althäaschleim), die z. T. bei der Hydrolyse auch Cellulose abscheiden; Pektine, Pektinstoffe (in Obstfrüchten und Wurzelgewächsen), aus denen sie durch Kochen mit Wasser gelöst werden, beim Erkalten gelatinieren und die Gelees bilden. Bei der Hydrolyse entstehen Glykose, Galaktose und vorwiegend Pentosen. Das Pektin wird für den Methylester der Pektinsäure gehalten, der durch Alkalien in letztere und Methylalkohol zerfallen soll.

2. Sonstige Kohlenhydrate bzw. stickstofffreie Extraktstoffe.

Außer den Zuckerarten und deren Abkömmlingen werden noch folgende verschiedenartige Stoffe zu den Kohlenhydraten bzw. den sog. stickstofffreien Extraktstoffen gerechnet:

1. **Cyclohexite, Cyclosen**; es sind Stoffe mit ringförmiger, geschlossener Kette von 6 mal CH_2, z. B. α) Inosit $C_6H_{12}O_6$ oder $C_6H_6(OH)_6$, Cyclohexan-Hexol, im Pflanzen- und Tierreich weit verbreitet. Phytin ist Inositphosphorsäure $C_6H_6[PO(OH)_2]_6$. β) d-Quercit $C_6H_7(OH)_5$ Cyclohexan-Pentol, in den Eicheln.

2. **Bitterstoffe**, weitverbreitete Stoffe von bitterem Geschmack, die größtenteils zu den Glykosiden (S. 23) gehören, z. B. Absinthiin in Blättern von Artemisium Absinthium, Digitalin und Digitonin in Blättern von Digitalis purpurea, Aloin in den Aloesorten, Capsonicin im spanischen Pfeffer, Hopfenbitter in den Hopfen (vgl. S. 115) u. a.

3. **Saponine**, Stoffe von brennendem, kratzendem, mitunter auch bitterem Geschmack, welche die Eigenschaft haben, in wässeriger Lösung seifenartig zu schäumen; sie gehören ebenfalls zu den Glykosiden und sind meistens giftig; hierher gehört das Saponin der Seifenwurzel und das Githagin in der Kornrade.

4. **Farbstoffe**, Die physiologisch wichtigen Farbstoffe, das Hämoglobin und Chlorophyll, werden zu den Proteinen gerechnet (S. 8), die Gallenfarbstoffe, Bilirubin und Biliverdin, ebenso die Melanine (schwarze bis schwarzbraune Pigmente) sind ebenfalls stickstoffhaltig und fallen unter die Proteine. Dagegen müssen die Lipochrome, gelbe und rote Farbstoffe in den Fettgeweben, im Eidotter Luteine genannt, ferner die große Anzahl der pflanzlichen Farbstoffe unter die Gruppe der Kohlenhydrate gerechnet werden. Das gelbe Carotin, ein Umsetzungserzeugnis des absterbenden Chlorophylls, ist ein ungesättigter Kohlenwasserstoff $C_{40}H_{56}$; sein Oxyd, das Xanthophyll, ein Isomeres von Lutein. Die große Gruppe der Anthocyane, z. B. das Cyanin der Kornblume, das Idanin der Preißelbeere, das Oenin der Weintrauben, der rote Farbstoff der Heidelbeere u. a. sind Glykoside, die durch Säuren in Glykose und den eigentlichen Farbstoffkomponenten, die Anthocyanidine (Stoffe von phenolischer Beschaffenheit) gespalten werden (R. Willstätter).

5. **Gerbstoffe** (Tannine, Ester der Digallussäure mit Zuckern), welche mit tierischen Proteinen eine unlösliche Verbindung (Leder) bilden, Protein- und Leimlösung fällen und zusammenziehend schmecken. α) Die in der Eichenrinde physiologisch gebildete, eisengrünfärbende Gerbsäure dient zum Gerben des Leders, die in den Eichengallen pathologisch gebildete, eisenbläuende Eichengerbsäure als Arzneimittel und zur Tintenbereitung.

β) Die Kaffeegerbsäure liefert bei der Hydrolyse Zucker- und Kaffeesäure (letztere weiter Oxalsäure, Brenzcatechin und Blausäure). Auch andere Gerbsäuren des Pflanzenreiches werden für Glykoside gehalten (E. Fischer).

6. **Organische Säuren.** Zu der Gruppe der Kohlenhydrate werden auch die organischen Säuren gerechnet, als welche in Betracht kommen:

a) Ameisensäure CH_2O_2, frei in den Brennhaaren der Nesseln, Fichtennadeln Schweiß u. a.

b) Essigsäure $C_2H_4O_2$, frei und als Salz im Saft vieler Bäume, Früchte, der Muskelflüssigkeit, als Triacetin im Sesamöl u. a.

c) Buttersäure $C_4H_8O_2$, frei in der Fleischflüssigkeit, im Schweiß, als gemischter Glycerinester (S. 17), nämlich als Butyrodiolein und als Butyropalmitoolein im Butterfett, Isobuttersäure, frei im Johannisbrot, als Äthylester im Crotonöl.

d) Valeriansäure $C_5H_{10}O_2$, frei und als Ester in der Baldrian- und Angelikawurzel.

e) Oxalsäure $C_2H_2O_4$, im Pflanzenreich weit verbreitet, als Kaliumsalz in den Oxalis-, Rumex- und Salsolaarten, als Calciumsalz (krystallinisches) in vielen Zellen, besonders reichlich im Rhabarber.

f) Glykolsäure (Oxyessigsäure $CH_2(OH) \cdot COOH$) in unreifen Weintrauben.

g) Milchsäure $C_3H_6O_3$, als Gärungsmilchsäure, erzeugt durch den Bacillus acidi lactici, in der sauren Milch, Kumys, Kefir, Joghurt u. a., im Sauerkraut, in den sauren Gurken, im Wein, Bier, Magensaft, als rechtsdrehende Milchsäure im Fleischsaft und Fleischextrakt.

h) Malonsäure $C_3H_4O_4$, als Calciumsalz in den Zuckerrüben.

i) Fumarsäure $C_4H_4O_4$, frei in Fumaria officinalis, im isländischen Moos, in einigen Pilzen, besonders im Champignon.

k) Bernsteinsäure $C_4H_6O_4$, frei im Bernstein, im Lattich und Wermut, in tierischen Säften, im Wein.

l) Äpfelsäure $C_4H_6O_5$, frei als linksdrehende Äpfelsäure, in den Äpfeln, Birnen und anderen Obstfrüchten, in unreifen Weintrauben, in Stachel-, Johannis- und anderen Beerenfrüchten, als saures Kaliumsalz im Rhabarber, als Calciumsalz im Tabak.

m) Weinsäure $C_4H_6O_6$, als gewöhnliche (rechtsdrehende) Weinsäure frei und als saures weinsaures Kalium in den Weintrauben.

n) Citronensäure $C_6H_8O_7$, als freie Säure in den Früchten der Citrone und Orange, neben Äpfelsäure in Johannis- und Stachelbeeren, als citronensaures Kalium oder Calcium im Kopfsalat, Gartenlattich u. a.; in geringer Menge ein regelmäßiger Bestandteil der Milch.

IV. Zellmembran.

Die Zellmembran, der in Wasser, Alkohol, Äther, verdünnten Säuren und Alkalien unlösliche Teil der Nahrungsmittel, auch Rohfaser genannt, deren Hauptbestandteil die Cellulose, das Anhydrid der Glykose (bzw. Maltose) ist, hat für die Ernährung des Menschen nur eine geringe Bedeutung, weil sie einerseits bei der Zubereitung der Nahrungsmittel, sei es durch Mahlen und Sieben (Mehl), sei es durch Entfernen von Schalen (Kartoffeln, Rüben, Obst u. a.), tunlichst entfernt zu werden pflegt, andererseits erst im Dünn- und Blinddarm, und zwar nur die zarte, nicht grobe Cellulose, durch Bakterien, die ein cellulosespaltendes Enzym, die Cytase enthalten, zersetzt und gelöst wird. Hierbei bilden sich Kohlensäure, Methan und Wasserstoff (etwa $^1/_3$ der Cellulose) und weiter (etwa $^2/_3$) organische Säuren, welche erst für die Ernährung in Betracht kommen[1]). Die anderen Teile der Zellmembran, das Lignin wird hierbei nur zum geringen Teil[2]), das Cutin wohl gar nicht angegriffen. Die Zellmembran bzw. Cellulose aber hat den Vorteil, daß sie die Peristaltik und damit die Entleerung des Darmes unterstützt.

Die Zellmembran besteht nämlich aus drei festen, mehr oder weniger löslichen Formgebilden, der wahren Cellulose als Hauptbestandteil, dem Lignin und Cutin, und zwar nicht nur bei den Holzarten, sondern bei den oberirdischen Teilen aller grünen Pflanzen[3]). Von diesen drei Bestandteilen läßt sich die Cellu-

---

[1]) Bei den Wiederkäuern geht die Aufschließung der Zellmembran (Lösung der Cellulose) durch Bakterien schon im Pansen vor sich; die Nahrung kommt dann wieder in die Höhe und wird nun erst durchgekaut. Auf diese Weise findet bei den Wiederkäuern eine höhere Ausnutzung und Verwertung der Cellulose statt.

[2]) Das Lignin wird als Muttersubstanz der von den Pflanzenfressern im Harn ausgeschiedenen Hippursäure angesehen.

[3]) Man nimmt wohl fünf verschiedene Zellmembranarten an, nämlich Lignocellulose, worin die Cellulose mit Lignonen oder Ligninsäuren, Pektocellulose, worin sie mit Pektinen, Mucocellulose, worin sie mit Schleimstoffen, Adipocellulose, worin sie mit Phellonsäure (Kork), Cutocellulose, worin sie mit Stearocutinsäure verbunden sein soll. Wir aber haben gefunden, daß Vertreter aller dieser Gruppen nach Behandeln mit verdünnten Säuren und Alkalien Rückstände (Rohfasern) hinterlassen, in denen die obigen drei Formelemente vorhanden sind.

lose durch 72 proz. Schwefelsäure oder durch 42 proz. Salzsäure quantitativ von Lignin und Cutin, und Lignin durch Oxydation mit Wasserstoffsuperoxyd und Ammoniak von Cutin trennen; die jedesmal verbleibenden Rückstände besitzen dieselbe Struktur wie die ursprüngliche Zellmembran, ein Beweis, daß die drei Bestandteile nicht chemisch miteinander verbunden, sondern mechanisch so innig durcheinander verwachsen bzw. geschichtet, gleichsam so verkittet sind, daß sie sich ohne chemische Eingriffe nicht erkennen lassen.

1. Die Cellulose n $(C_6H_{10}O_5)$. Sie besteht nach Herzog aus fadenförmigen Krystallen und wird nach Karrer aus den Anhydriden von je 2 oder 3 Mol. einer Zuckerart, z. B. dem Anhydrid der Cellulose, aufgebaut, ähnlich wie die Stärke (S. 25) aus Diamylose, das Protein (S. 5) aus Di- oder Tripeptiden.

Die Cellulose soll sich nur durch die Lage einer Sauerstoffbrücke von der Stäıke unterscheiden.

Hierbei ist nur zu berücksichtigen, daß das Cellosan (die Cellobiose) nicht allein aus dem Glykosan (Anhydrid der Glykose) besteht, sondern auch Mannane, Galaktane und besonders auch die Anhydride von Pentosen, die Pentosane (S. 22) einschließt.

Ferner befinden sich diese Anhydride in der Zellmembran in verschiedener Löslichkeitsstufe (verschiedener Polymerisation oder Kondensation); ein Teil der Anhydride wird schon durch Wasser allein unter Druck gelöst (hydrolisiert), von Verf. Protocellulose genannt, ein anderer und größerer Teil ist durch 2—3 proz. Säuren und durch Fermente hydrolysierbar, es sind die allgemein so bezeichneten Hemicellulosen, und der letzte, größte Teil der Cellulose bedarf zur Lösung (Hydrolyse) stärkerer Säure (72 proz. Schwefelsäure u. a.), von Verf. Orthocellulose genannt. Die Proto- und Hemicellulosen dürften vorwiegend vom Menschen verdaut werden.

2. Lignin. Die Lignine spalten reichlich Methyl ab und können als durch Einlagerung von Methyl bzw. Methoxyl in die Cellulose aufgefaßt werden, weil sie mit dem Wachstum der Pflanzen zunehmen. In den Holzstoffen werden an Phenole gebundene Methoxylgruppen angenommen; andererseits werden sie vom Tetramethylen abgeleitet und als Diguajacolderivate $(C_6H_4\langle {}^{O \cdot CH}_{OH}$ aufgefaßt; wieder andere schreiben ihr die Struktur der Flavone zu. P. Kason nimmt für das α-Lignin im Fichtenholz $(C_{22}H_{22}O_7)$ als Derivat von Coniferylparaldehyd 3 Benzolringe mit 3 Methoxylgruppen an. Die Lignine enthalten bis 70% Kohlenstoff. Auch von ihnen löst sich ein kleiner Teil[1]) durch Wasser unter Druck, ein anderer wie die Hemi-, ein weiterer wie Orthocellulose. Dann bleibt aber noch ein selbst in konzentrierten Säuren unlöslicher Teil zurück, der braun gefärbt aussieht.

3. Cutin unlöslich in allen genannten Lösungsmitteln, aber durch Alkali verseifbar; es ist ein wachsartiger Körper, wahrscheinlich Nonyl- bzw. Caprinsäure-, Cetyl- oder Nonylester. Cutin hat für die menschliche Ernährung jedenfalls keine Bedeutung.

In der Trockensubstanz der verschiedensten Pflanzenstoffe (Stroh, Kleie, Heu, Gespinstfasern, Holz usw.) fanden wir 9,98—75,29% Rohfaser und in Prozenten der letzteren 50 (Kleie) bis 90% (Hanf) Orthocellulose, 30 (Holz) bis 9% (Gras) Gesamt-Lignin und 0,3 (Holz) bis 18% (Apfelschale) Cutin.

Zu den Inkrusten von unverholzten Membranen können die Einlagerungen von Bitter-, Farb-, Gerb- und Pektinstoffen, bei den verholzten Membranen die Einlagerungen der aromatischen Stoffe Hadromal, Coniferin, Vanillin angesehen werden. Diese Inkrusten sind sämtlich in verdünnten Säuren und Alkalien löslich.

[1]) D. h. kohlenstoffreicherer als die Cellulose.

V. Mineralstoffe.

Die mineralischen Bestandteile der Nahrung sind für die Ernährung des Menschen, besonders des wachsenden jugendlichen Menschen, zum Aufbau des Knochengerüstes und zur Bildung des Blutes und der Organe, aber auch für den beständigen Stoffwechsel des ausgewachsenen Körpers nicht minder wichtig, als die organischen Nährstoffe.

Die mineralischen Bestandteile (oder die sog. Asche) der pflanzlichen und tierischen Nahrungsmittel sind der Art nach dieselben; sie bestehen vorwiegend aus: Kali, Natron, Kalk, Magnesia, Eisenoxyd, Mangan, Phosphorsäure, Schwefelsäure, Chlor, Kieselsäure, neben welchen sich vereinzelt geringe Mengen Tonerde, Kupfer, Zink, auch Jod, Brom, Fluor und ziemlich häufig Borsäure finden.

Im Verhältnis der Mineralstoffe zueinander sind jedoch zwischen dem Tier- und Pflanzenreich Unterschiede vorhanden.

1. Die Pflanzenaschen zeichnen sich vor den tierischen durch einen mehr oder weniger hohen Gehalt an Kieselsäure, durch einen geringeren Gehalt an Chlor und vorzugsweise dadurch aus, daß sie durchweg auf dieselbe Menge Natron viel mehr Kali enthalten. Da die Kaliumsalze nach G. Bunge auf ihrem Weg durch den Körper die Natriumsalze in erheblicher Menge mit ausführen, so kommt es, daß sich bei vorzugsweise pflanzlicher Nahrung ein erhöhtes Bedürfnis nach Kochsalz geltend macht, um den Körper auf seinem Natriumsalzbestande zu erhalten, während bei Völkern, die vorwiegend von tierischer Nahrung leben, ein solches Bedürfnis nicht hervortritt.

Das Kochsalz hat aber auch dadurch eine besondere Bedeutung, daß es, wie alle löslichen Mineralstoffe, den osmotischen Druck der Gewebesäfte und den Quellungszustand des Protoplasmas auf einer gewissen Höhe hält, daß es ferner beim Entstehen des Magensaftes wie auch bei der Bildung von Schweiß, Tränen, Schleim und sonstigen Sekreten eine Rolle spielt. Man schätzt daher je nach dem Obwalten dieser Verhältnisse den täglichen Bedarf des erwachsenen Menschen an Kochsalz auf 10—20 g.

2. Ebenso wichtig wie die Menge ist auch das Verhältnis der Mineralstoffe zueinander. Das Verhältnis von Kali : Natron soll wie 3 : 1, das von Kalk : Magnesia wie 6 : 1 sein, dabei müssen die Basenionen überwiegen, weil durch die Verbrennung des organisch gebundenen Schwefels und Phosphors deren Säuren entstehen, die gebunden werden müssen, wenn der tierische Organismus nicht an Säureüberschuß (Acidosis), an Osteomalacie, Rachitis u. a. erkranken soll (R. Berg).

Osborne hält z. B. folgendes Salzgemisch als zweckmäßig: 134,8 Calciumcarbonat, 24,2 Magnesiumcarbonat, 34,2 Natriumcarbonat (trocken), 141,3 Kaliumcarbonat, 103,2 H_3PO_4, 53,4 HCl, 9,2 H_2SO_4, 111,1 Citronensäure (krystallisiert), 6,34 Eisencitrat (krystallisiert), 0,02 Jodkalium, 0,079 Mangansulfat, 0,248 Fluornatrium und 0,0245 Kalialaun.

Man kann den geeigneten Basenüberschuß auch gerade wie bei den Proteinen und Vitaminen durch ein Gemisch von Nahrungsmitteln erreichen, in welchem diejenigen, welche eine basische, d. h. Asche mit ausgesprochener Alkalität liefern, vorwiegen. Einen Säureüberschuß besitzen z. B. alle tierischen Organe und Fleischsorten, die Fette, Eier, Samen und Blattknospen, einen Basenüberschuß dagegen Milch, Käse, Knollen, Wurzeln, Stengel, Blätter (Gemüsearten), Zwiebeln, Früchte (R. Berg).

3. Das zum Ersatz von fehlendem Kalk vielfach empfohlene Chlorcalcium ist hierfür nicht geeignet, weil es sich mit dem Natriumphosphat des Blutes zu Tricalciumphosphat, Chlornatrium und freier Salzsäure umsetzt, welche den Säuregehalt des Körpers noch erhöht. Als Kalkzusatzmittel, die auch gleich die Basizität erhöhen, kommen nur Calciumcarbonat, Tricalciumphosphat, Calciumlactat und Calciumcitrat in Betracht.

4. Eine besondere Bedeutung wird auch dem Eisen in der Nahrung zur Bildung des Hämoglobins zugeschrieben. Von dem durchschnittlichen Eisengehalt des erwachsenen Körpers von 3g sollen etwa $^1/_6$ auf Hämoglobin entfallen. Hiervon werden täglich 80—100 mg in Freiheit gesetzt. Diese werden von Leber, Milz und sonstigen Drüsen größtenteils gespeichert, so daß der tägliche Bedarf in der Nahrung nur 20—30 mg betragen soll. Solche Mengen Eisen sind auch wohl in einer gemischten Nahrung vorhanden. Die größten Mengen Eisen finden sich in grünen Gemüsen, nämlich in 100 g 30—60 mg Fe_2O_3 (die Höchstmenge im Spinat); andere Nahrungsmittel enthalten nur den 10. Teil und noch weniger.

B. Nahrungs- und Genußmittel aus dem Tierreich.

I. Milch und Milcherzeugnisse.

1. Milch.

Die Milch ist eines der wichtigsten Nahrungsmittel für den Menschen; nicht nur, daß sie in den ersten Lebensmonaten die ausschließliche Nahrung des Kindes bildet, sie nimmt auch beim erwachsenen Menschen bald als solche, bald in Form von daraus hergestellter Butter oder Käse usw. unter den Nahrungsmitteln eine hervorragende Stellung ein.

Man kann den Verbrauch an Milch als solcher im Durchschnitt der Bevölkerung zu $^1/_4$—$^1/_3$ l, den Verbrauch an Butter zu 20—30 g, den an Käse zu 8—15 g für den Tag und Kopf der Bevölkerung veranschlagen, welche letztere beiden Erzeugnisse etwa 1 l Milch entsprechen, so daß der Gesamtverbrauch rund $1^1/_4$ l für den Kopf und Tag beträgt.

Die Milch wird nach jedem Geburtsakte der Säuger aus dem der Milchdrüse reichlich zuströmenden Blut durch eine besondere Tätigkeit der Drüsenzellen gebildet, wobei ein Teil der Drüsenzellen sich abtrennt und zerfällt.

Im gewöhnlichen Leben und für den Handel versteht man unter Milch besonders die Kuhmilch, die überall und seit den ältesten Zeiten als menschliches Nahrungsmittel verwendet wird.

Zum Begriff „Vollmilch" oder „Handelsmilch" gehört noch besonders die Voraussetzung einer vollständigen Entnahme der aus dem Euter gesunder Kühe zur Melkzeit durch regelrechtes (d. h. ununterbrochenes und vollständiges) Ausmelken erhältlichen Milch. Die feilgehaltene und verkaufte Milch soll also das ganze Gemelke umfassen.

Die Milch ist eine weiße bis gelblichweiße Emulsion, d. h. eine Flüssigkeit, welche neben gequollenen und gelösten Proteinen, Milchzucker und Salzen fein verteiltes Fett in der Schwebe enthält.

Milchplasma ist Milchflüssigkeit ohne Fett (wie z. B. die vollständig entrahmte Milch).

Milchserum ist Milchflüssigkeit ohne Fett und Casein (z. B. die durchsichtige gelbliche Flüssigkeit nach dem Gerinnen der Milch). Das Serum von Voll-, Mager-, Buttermilch und Rahm ist gleich; die Erzeugnisse unterscheiden sich im wesentlichen nur durch den verschiedenen Fettgehalt.

Colostrum, Colostral- oder Biestmilch ist die in den ersten Tagen nach dem Jungen von der Milchdrüse abgesonderte Flüssigkeit, die gegenüber der gewöhnlichen Milch eine andere Zusammensetzung und einige Besonderheiten besitzt. Sie darf nicht in den Verkehr gebracht werden.

Wie in der Entstehung, so gleichen sich die Milcharten auch in den Eigenschaften.

1. Physikalische Eigenschaften. Die Milch reagiert gegen Lackmoid alkalisch, gegen Phenolphthalein sauer, gegen Lackmus amphoter, d. h. sowohl alkalisch wie sauer.

Spezifisches Gewicht schwankt zwischen 1,008—1,045, das der Kuhmilch zwischen 1,0270—1,0350.

Der Gefrierpunkt liegt zwischen — 0,54 bis — 0,65°, bei Kuhmilch zwischen — 0,54 bis — 0,56°.

Die elektrolytische Leitfähigkeit im Vergleich zu N-Chlorkaliumlösung beträgt 15—55 $\times 10^{-4}$, bei Kuhmilch zwischen 45,0—54,0 $\times 10^{-4}$.

2. Chemische Zusammensetzung. Die Art der Bestandteile ist bei allen Milcharten gleich; nur das Verhältnis derselben zueinander ist bei den einzelnen Milcharten verschieden. (Vgl. Tabelle Nr. 1—8.)

a) Proteine. Der Menge nach überwiegt bei den meisten Milcharten das Casein (Käsestoff, S. 7), das darin als Caseincalcium — in Verbindung mit Dicalciumphosphat — in gequollenem (kolloidem) Zustande vorhanden ist; das Albumin macht nur $^1/_{10}$—$^1/_5$ der Proteine aus; nur bei Frauen- und Eselinnenmilch ist es umgekehrt in größerer Menge enthalten als Casein. Zu diesen beiden Proteinen kommen noch geringe Mengen von sonstigen Stickstoffverbindungen (Globulin, Opalisin, sog. Reststickstoff). Die Proteine der Milch sind biologisch vollwertig, d. h. sie liefern bei der Hydrolyse alle Aminoverbindungen, die zum Wiederaufbau von Körperprotein notwendig sind (S. 5).

b) Das Fett, in Form von feinen Tröpfchen (Kügelchen) von 0,5—20 μ Durchm., enthält außer den gewöhnlichen Glyceriden der höheren Fettsäuren auch größere Mengen der Glyceride der niederen Fettsäuren (S. 18). Der Gehalt an Lecithin schwankt von 0,01—0,17%, der an Cholesterin von 0,3—0,5%. Beide steigen und fallen mit dem Fettgehalte.

c) Der Milchzucker oder die Lactose (S. 24) ist unter den Milchbestandteilen der beständigste und bei der Säuerung der Milch die Quelle für die Milchsäure. Neben Milchzucker kommt auch regelmäßig Citronensäure in den Milchsorten vor, nämlich 0,1—2,1 g in 1 l Milch.

d) Die Mineralstoffe bestehen vorwiegend aus Kalk und Phosphorsäure; die Kaliumsalze walten gegenüber den Natriumsalzen vor, während es im Blut umgekehrt ist. Die Basen überwiegen in der Milch (S. 30).

e) Die Fermente oder Enzyme der Milch rühren wie die Oxydasen, Katalase und Diastase von dem Protoplasma der Drüsenzellen her oder werden wie die Reduktase nachträglich in der Milch durch Bakterien gebildet. Sie werden durch Hitze zerstört, weshalb rohe Milch, direkt von der Kuh, besser bekömmlich und verdaulich sein soll als gekochte oder pasteurisierte bzw. sterilisierte Milch.

f) Auch werden in der Milch Antigene, Antikörper, Antitoxine, d. h. Stoffe angenommen, welche den durch Verzehr sonstiger Nahrung hervorgerufenen Vergiftungen entgegenwirken. Man schließt das daraus, daß Kinder, die von Muttermilch ernährt werden, weniger den Kinderkrankheiten ausgesetzt sind und eine geringere Sterblichkeit zeigen, als künstlich ernährte Kinder.

g) Aus demselben Grunde werden in der Milch auch die 3 Vitamine A, B und C angenommen, weil nach Verzehr von guter, reiner und tunlichst frischer Milch die S. 14 u. f. genannten Mangelkrankheiten (Avitaminosen) nicht auftreten oder, wenn sie aufgetreten sind, durch Verzehr von Milch geheilt werden können.

Die frische Milch aller Säuger, die sich direkt oder indirekt durch Pflanzen ernähren, enthält alle drei Vitamine, und zwar in um so größerer Menge, je mehr sie frische und junge

Pflanzen verzehren (bei Weidegang und Grünfütterung). Wenn man bis jetzt als Vorzugsmilch (für Kindernahrung) nur die mit bestem Trockenfutter gewonnene Milch zuließ, muß man jetzt im Sinne der Vitaminlehre die bei Weidegang und Grünfutter gewonnene Milch als die beste ansehen, was auch mit den praktischen Erfahrungen übereinstimmt; im Winter, wo es kein Grünfutter gibt, muß man mäßige Mengen Futterrüben oder noch besser gelbe Pferdemöhren (15—20 kg für ein Stück Großvieh und Tag neben tadellosem Heu und Kraftfutter als durchaus empfehlenswert bezeichnen.

Vielfach wird bei mangelhafter Entwicklung der Kinder infolge Genusses vitaminarmer Milch eine Gabe von frischen Gemüsen (vorwiegend Spinat) verordnet; weil aber die Gemüse von den Kindern bekanntlich nicht oder nur unvollkommen verdaut werden, dürfte es richtiger sein, diese und vielleicht Malzextrakt der stillenden Mutter oder Amme zu verordnen, um auf diese Weise den Vitamingehalt der Muttermilch zu erhöhen.

Durch Stehenlassen und Kochen nimmt der Vitamingehalt der Milch ab. Anhaltendes Kochen und Sterilisieren (letzteres bei hohen Temperaturen) sind daher zu vermeiden. Fehlerfreie und rein gewonnene Milch soll nur kurz aufgekocht und kühl aufbewahrt werden.

Trockenmilch enthält nur dann noch Vitamine, wenn sie bei tunlichst mäßigen Temperaturen unter Luftabschluß in kürzester Zeit gewonnen wird.

Magermilch enthält nur noch geringe Mengen Vitamine, weil die Hauptmenge derselben (besonders Vitamin A) mit dem Fett in die Sahne übergeht.

Sauermilch (aus Vollmilch gewonnen) enthält noch Vitamine und die künstlich hergestellten sauren Milcherzeugnisse, wie Kefir, Kumys, Joghurt u. a. wirken vielleicht deshalb diätetisch so günstig, weil die reiche Mikroflora derselben den Vitamingehalt wahrscheinlich noch erhöht.

Sahne und Butter sind, besonders bei Grünfütterung, sehr vitaminreich, weil vorwiegend das fettlösliche Vitamin A der Milch in sie übergegangen ist; daher die besondere Bedeutung der Sahne bei entkräfteten Personen und Fettkuren, daher die Bevorzugung der Butter vor allen anderen Fetten. Der Gehalt der Butter an Vitaminen scheint um so höher zu sein, je gelber sie durch den natürlichen Farbstoff des Grünfutters gefärbt ist.

3. Krankheiten und Fehler der Milch. Daß die Krankheiten der Mutter durch die Milch auf das Kind übertragen werden können, wird wohl als selbstverständlich vorausgesetzt. Aber auch Krankheiten eines anderen Säugers, z. B. die Rindertuberkulose, ist auf den Menschen übertragbar; auch wirkt die Milch von Kühen mit Euterentzündungen (Mastitis), Darmerkrankungen (Enteritis), mit Maul- und Klauenseuche krankheitenerregend auf den Menschen.

Auch kann die Milch nach Verlassen des Euters durch verschiedene, von außen in sie hineingelangende Bakterien, Hefen u. a. eine solche fehlerhafte Veränderung annehmen, daß sie für den Menschen nicht mehr genießbar ist.

Ebenso ist die Handelsmilch groben Verfälschungen ausgesetzt. Die häufigsten Verfälschungen bestehen in Zusatz von Wasser oder Entzug von Fett oder gleichzeitig in Entrahmung und Wasserzusatz. Daher ist eine ständige scharfe Kontrolle des Milchhandels von der größten Wichtigkeit.

Einige Milcharten.

1. Frauenmilch. Die Frauenmilch unterscheidet sich dadurch von Kuh- und anderer Milch, daß die alkalische Reaktion bei ihr vorwaltet, daß sie im Verhältnis zum Casein mehr Albumin und im Verhältnis zum Fett mehr Zucker enthält, daß sie ferner nicht oder nur feinflockig gerinnt. Das Colostrum hält 8 Tage an und ist besonders reich an Albumin. Die Milchmenge beträgt entsprechend dem Bedarf des Kindes etwa $^1/_2$ l und steigt bis zur 28. Woche mit dem Gewicht des Kindes auf 1—1,5 l (etwa $^1/_6$ des Körpergewichtes des Kindes) an. Vom 7. Monat an nach der Geburt nimmt die Menge der Milch ab, weshalb von da an das Kind eine Beigabe von Kuh- oder sonstiger Milch erhalten muß.

Von größtem Einfluß auf die Beschaffenheit der Frauenmilch ist die Nahrung; sie muß in erster Linie ausreichend, schmackhaft und sorgfältig zubereitet sein. Besonders wichtig für stillende Frauen sind vitaminreiche Nahrungsmittel (S. 14 u. 34). Alkoholische Getränke, mit Ausnahme von echtem alkoholarmem Malzextraktbier, sind zu vermeiden, ebenso Überanstrengungen und Gemütserregungen.

Die Muttermilch kann wegen ihrer eigenartigen Zusammensetzung und Eigenschaften durch keine andere Milch voll ersetzt werden. Es ist daher Pflicht jeder Mutter, die dazu in der Lage ist, ihr Kind selbst zu stillen.

2. Kuhmilch. Die vorstehend aufgeführten allgemeinen Eigenschaften der Milch beziehen sich vorwiegend auf Kuhmilch. Die Colostralmilch, die etwa 8 Tage anhält, ist bei geringem Gehalt an Fett und Milchzucker in den ersten Tagen reich an Stickstoffsubstanz, besonders an Albumin und Globulin. Das Fett hält sich im 1. Monat nach dem Kalben auf nahezu gleicher Höhe, nimmt dann vielfach etwas ab, um vom 5. Monat bis zum Schluß der Lactation regelmäßig ein wenig zu steigen, indem die anderen Bestandteile entsprechend abnehmen. Der geringste Fettgehalt fällt meistens in die Frühjahrsmonate, der höchste in die Herbstmonate. Im übrigen sind auf die Menge und Beschaffenheit der Kuhmilch von Einfluß:

a) Rasse und Eigenart der Einzelkuh. Höhenrassen liefern durchweg weniger, aber fettreichere, Niederungsrassen mehr, aber fettärmere Milch.

b) Melkzeit. Bei zweimaligem Melken pflegt die Abendmilch, bei dreimaligem die Mittagmilch am fettreichsten zu sein, d. h. nach der kürzeren Pause zwischen den Melkungen wird weniger Milch, aber mit etwas höherem Gehalt an Fett und Trockensubstanz entleert.

c) Gebrochenes Melken. Die zuerst ermolkene Milch ist fettarm, die zuletzt ermolkene bei weitem fettreicher, fast rahmartig.

d) Menge des Futters. Reichliche Fütterung von leichtverdaulichen, besonders von proteinreichen Futtermitteln, erhöht die Menge, ist aber im allgemeinen ohne Einfluß auf die Zusammensetzung (Fettgehalt) der Milch.

e) Beschaffenheit des Futters. Verdorbenes bzw. fehlerhaftes Futter erteilt auch der Milch, wenn auch erst von außen (der Stalluft aus) eine fehlerhafte Beschaffenheit; Schlempe und ähnliche wässerige Futtermittel liefern mitunter mehr und auch etwas wasserreichere Milch als Trockenfutter. Wohlriechende (Reiz-)Stoffe erhöhen wohl die Futteraufnahme, nicht aber den Fettgehalt der Milch. Weide- und Grünfutter erzeugen die wohlschmeckendste und vitaminreichste Milch.

f) Futterwechsel, plötzliche Temperatur- und Witterungsänderung, Brunst u. a. können unter Umständen den Gehalt der Milch, besonders an Fett, für mehrere Tage abnorm erniedrigen.

Alle diese Umstände und auch der, daß die Milch während des Versandes in den Gefäßen schon teilweise aufrahmt, also im oberen Teil fettreicher ist als im unteren, müssen bei der Marktkontrolle der Milch berücksichtigt werden.

3. Ziegenmilch. Die Ziegenmilch gleicht im allgemeinen der Kuhmilch; sie enthält indes etwas mehr Fett und Albumin, besitzt eine größere Klebrigkeit und rahmt schwerer auf als Kuhmilch. Der eigenartige Geruch und Geschmack rührt meistens aus der Stalluft her, tritt bei gehörnten Ziegen stärker als bei ungehörnten und bei sauber gehaltenen Tieren überhaupt nicht hervor. Die Ziegenmilch soll bei Kindern Blutarmut hervorrufen, was aber noch wohl weiterer Bestätigung bedarf. Die Zusammensetzung der Ziegenmilch wird durch dieselben Umstände beeinflußt wie die der Kuhmilch. Eine Ziege (von 35 kg Lebendgewicht) liefert die 10—12fache Menge Milch im Jahr, nämlich 350—420 kg, eine Kuh (von 500 kg Lebendgewicht) nur die 5—6fache Menge, nämlich 2500—3000 kg. Die Ziege frißt aber auch für gleiches Körpergewicht entsprechend mehr. Bezogen auf die gleiche Futtermenge liefert die Kuh mehr Milch als die Ziege.

4. Schafmilch. Die Schafmilch, von weißer bis gelblicher Farbe, ist wesentlich reicher an Trockensubstanz, Casein und Fett, letzteres auch reicher an wasserunlöslichen flüchtigen Fettsäuren als Kuhmilch. Das Milchschaf, das häufig 4 Lämmer wirft, liefert nach dem Absetzen der Lämmer etwa 2—3 Monate 3—5 l, von da bis Oktober 1—1,5 l Milch täglich, das Nichtmilchschaf durchschnittlich nur 0,55 l. Die Schafmilch dient nach teilweiser Entrahmung vorwiegend zur Käsebereitung (z. B. Roquefort).

5. Milch sonstiger Wiederkäuer. Von sonstigen Wiederkäuern gleicht die Milch des Zeburindes (Indien und Afrika), des Kamels (Asien, Afrika) und des Lamas (Peru und Chile) in der Zusammensetzung der Kuh- und Ziegenmilch, die Milch der Büffelkuh (Ungarn, Siebenbürgen u. a.), die jährlich bis 2000 l liefert, nähert sich in der Zusammensetzung der Schafmilch. Dagegen enthält die Renntiermilch in den Polargegenden bei gleichem Gehalt an Milchzucker noch 2mal mehr Stickstoffsubstanz und 3mal mehr Fett als Schafmilch.

6. Milch von Einhufern. Die Milch der Einhufer (Stute, Esel, Maultier) gleichen in der Zusammensetzung der Frauenmilch, und die Eselmilch, die wie die Frauenmilch auch mehr Albumin als Casein enthält, wird dort, wo sie genügend zu haben ist, als geeignetster Ersatz für Muttermilch angesehen. Das Casein gerinnt bei allen 3 Milchsorten feinflockig. Die Stutenmilch dient hauptsächlich zur Bereitung von Kumys.

2. Milcherzeugnisse.

Als gangbare Milcherzeugnisse (Tabelle Nr. 9—17) sind folgende zu erwähnen:

1. Pasteurisierte und sterilisierte Milch. Pasteurisierte Milch ist solche, die in geschlossenen Gefäßen 10 oder auch 30 Minuten auf 70°, sterilisierte Milch solche, die 1—3 mal 15 und mehr Minuten auf je 100° erhitzt ist. Da Dauersporen durch Erhitzen auf 100° nicht vernichtet werden, so bringt man diese durch Wiederabkühlen der Milch auf 40—50° zum Keimen und wiederholt das Erhitzen zum zweiten und womöglich zum dritten Male (fraktionierte Sterilisation). Durch das öftere Erhitzen auf 100° (und besonders auf mehr als 100°) wird aber der Nährwert der Milch (bzw. des Nahrungsmittels) und vorwiegend der Vitamingehalt (S. 34) vermindert. Das Pasteurisieren wirkt weniger ungünstig, macht die Milch aber nicht keimfrei und verzögert nur die Zersetzung. Im Haushalt wird dieser Zweck durch einfaches Aufkochen, sofortiges Abkühlen und kühles Aufbewahren unter Schutz vor Luftzutritt erreicht. Die beim Kochen der Milch sich bildende Haut besteht aus etwa 0,55% Protein (Casein), 0,50% Fett, 0,10% Milchzucker und 0,04% Mineralstoffen.

Die chemische Zusammensetzung der Milch wird durch die drei Verfahren aber nur unwesentlich verändert.

2. Kondensierte Milch ist Milch, die im Vakuum bei etwa 50° ohne und mit Zusatz von Zucker (0,5 kg auf 4—5 l Milch) auf $^1/_4$—$^1/_5$ ihres Volumens eingedickt worden ist. Außer Vollmilch werden auch Magermilch, Rahm und Molken in gleicher

Weise eingedampft. Der kondensierten Vollmilch sagt man nach, daß sie mitunter schwach entrahmt ist — erkennbar daran, daß sie weniger Fett als Stickstoffsubstanz (N × 6,37) enthält — und für Kinderernährung nicht günstig wirkt.

3. Trockenmilch, Milchpulver (aus Voll-, Halbfett-, Magermilch, Rahm und Molken hergestellt). Hierfür sind drei Verfahren in Gebrauch:

Nach dem N. Ekenbergschen Verfahren wird die Milch auf der Oberfläche eines auf 30—40° erhitzten rotierenden Zylinders unter vermindertem Druck, nach dem Just-Hatmakerschen Verfahren auf der Oberfläche von zwei durch überspannten Wasserdampf auf 120° erhitzten, in 1—$^1/_2$ m Entfernung gegeneinander rotierenden Zylindern unter gewöhnlichem Druck eingedunstet, als feste Haut von den Zylindern abgeschabt und gepulvert.

Nach einem dritten Verfahren (Truford Company Limited bzw. Krauseverfahren) wird Milch usw. in einer Vakuumpfanne eingedampft. Die eingedampfte Masse wird durch komprimierte Luft zerstäubt, gelangt als feiner Regen in von heißer Luft durchströmte Kammern, wird hier vollständig getrocknet und schließlich wieder in Sammelkammern als Pulver aufgefangen.

Ersteres und letzteres Verfahren dürften zur Erhaltung der Vitamine am zweckmäßigsten sein. Behufs Erhaltung der Quellbarkeit des Caseins pflegt man der Trockenmilch wohl 0,1—0,3% Natriumbicarbonat zuzusetzen. Gutes Milchpulver soll nur 4% Wasser enthalten und zum Schutz vor Wasseraufnahme in geschlossenen Gefäßen aufbewahrt werden. 125 g Vollmilchpulver + 875 g Wasser sowie 95 g Magermilchpulver + 905 g Wasser, zu 1 l aufgefüllt, müssen eine gleichmäßige, milchähnliche Emulsion liefern.

4. Homogenisierte Milch wird dadurch gewonnen, daß Milch auf 85° erwärmt und dann unter einem Druck von 250 Atm. durch feine Kanäle hindurchgepreßt wird, um die Fettkügelchen in feinste Tröpfchen zu zerteilen.

5. Buddisierte (Perhydrasemilch) Milch ist eine mit Wasserstoffsuperoxyd (Perhydrol) haltbar gemachte Milch. Beide Milchsorten haben im übrigen die Zusammensetzung der natürlichen Milch.

6. Saure Gärungserzeugnisse aus Milch. (Tabelle Nr. 18—20.) Hierzu gehören:

a) Kefir (Kefyr, Kafyr, Kephor u. a.) ist das mit Hilfe der Kefirkörner vorwiegend aus Kuhmilch, aber auch Ziegen- und Schafmilch hergestellte, dickflüssige, emulsionsartige Getränk (bzw. Speise). Die Umwandlung der Milchbestandteile wird durch die in den Kefirkörnern vorhandenen, in Symbiose wirkenden Kleinwesen (Milchsäurebakterien und Hefen) hervorgerufen.

b) Kumys ist das aus Stuten- (z. T. auch Kamel-) Milch mit Hilfe von altem Kumys (etwa $^1/_3$) oder von an der Sonne eingetrocknetem Kumysabsatz zubereitete dünnflüssige Getränk (Milchwein oder Lac fermentatum genannt). Auch zu seiner Gewinnung wirken Milchsäurebakterien (ein besonderer Kumys- oder Lactobacillus) neben einem Saccharomyces in Symbiose.

c) Joghurt (Ja-urt, Yaourte) ist eine auf den Balkanstaaten aus Büffel-, Schaf- und Ziegen- (auch Kuh-) Milch mit einem Rest älterer Joghurt (oder Maja) in der Wärme zubereitete Sauermilch.

In ähnlicher Weise werden der „Mazun“, das „Leben raib“ der Ägypter, Mezzoradu oder Gioddu auf Sizilien, Taette oder Tätmjölk in Skandinavien gewonnen.

In allen Fällen handelt es sich um eine größere oder geringere Säuerung (Überführung des Milchzuckers in Milchsäure) und daran sich anschließende teilweise alkoholische Vergärung des durch die gebildete Säure hydrolytisch gespaltenen Milchzuckers zu Alkohol und Kohlensäure durch Milchhefe, indem gleichzeitig eine teilweise Umbildung des Caseins in Caseose oder Pepton stattfindet. Die Milch wird durch diese Behandlung leichter verdaulich und gewinnt eine günstigere diätetische Wirkung. Der Vitamingehalt der Milch dürfte durch diese Behandlung eher erhöht als erniedrigt werden.

g) Nachgemachte Milch. Es ist in Zeiten der Milchnot vorgeschlagen worden, Vollmilch, auch Vollmilchpulver nachzumachen bzw. künstlich herzustellen.

Das eine Verfahren besteht darin, daß man Magermilch oder Magermilchpulver + Wasser und ungesalzene Butter durch besondere Vorrichtungen wieder zu einer Emulsion — daher Emulsionsmilch genannt — verarbeitet, also die ursprünglichen Milchbestandteile wieder zusammenmischt; das andere Verfahren darin, daß man fettreiche Samen (Mandeln, Paranüsse, Sojabohnen) mit kochendem Wasser brüht, von der Haut befreit und dann unter Zusatz von Wasser — unter Umständen auch von Zucker und Kaliumphosphat — zu einer milchähnlichen Emulsion zerreibt oder zermahlt (Mandelmilch, Sojamilch usw.). Ersteres Erzeugnis kann im Haushalt als Vollmilchersatz, aber nicht als Kindermilch Verwendung finden. Die Samenmilch-Emulsionen sind ebenso wie die Emulsionen aus Magermilch und Kunstspeisefett oder sonstigem Fett an Stelle von Butterfett reine Kunsterzeugnisse, die mit wirklicher Milch nichts mehr gemein haben und im Verkehr nicht geduldet werden sollten.

7. Erzeugnisse bei der Verarbeitung der Milch auf Butter. (Tabelle Nr. 21—28.) Ein großer Teil der erzeugten Milch wird auf Butter verarbeitet. Hierbei muß das Fett tunlichst von den anderen Bestandteilen der Milch getrennt werden. Das geschieht entweder durch Aufrahmung bei freiwilligem Auftrieb, d. h. bei ruhigem Stehen der Milch in Satten oder durch Schleudern der Milch in Zentrifugen, wobei sich infolge unfreiwilligen Auftriebs das Fett als der spezifisch leichteste Teil der Milch am nächsten der Zentrifugenachse ansammelt. Die so gewonnene Rahmschicht wird dann noch in der Regel erst einer natürlichen oder künstlichen Säuerung (Rahmsauer in Reinkultur) unterworfen und dann erst verbuttert, wobei weiter die Buttermilch abfällt.

a) Magermilch. Die durch Stehen der Milch in Satten gewonnene Magermilch ist mehr oder weniger sauer und geronnen; die nach Swartzschem Verfahren durch Kühlhaltung der Satten mittels kalten Wassers bleibt dagegen ebenso wie Zentrifugenmagermilch süß, d. h. weniger sauer, und läßt sich vielseitiger und höher verwerten. Die Sattenmagermilch enthält meistens noch 0,5—0,7% Fett, die Zentrifugenmagermilch durchweg nur mehr 0,1—0,2% Fett. Über den Vitamingehalt vgl. vorstehend S. 34.

b) Rahm oder Sahne (Obers oder Schmant). Einfache Sahne (Kaffeesahne) soll mindestens 10%, Doppelsahne (oder -rahm) 20%, Schlagsahne 25% Fett enthalten. Frischer Rahm wird auch wohl „süßer" genannt, „saurer" heißt solcher, der entweder auf natürlichem Wege oder durch Zusatz von Lab bzw. Säurebakterien sauer geworden ist. Über Vitamingehalt vgl. S. 34.

c) Butter. Butter ist das durch schlagende, stoßende oder schüttelnde Bewegung aus dem Rahm abgeschiedene innige Gemisch von Milchfett und wässeriger Milchflüssigkeit, welches durch Kneten und Waschen mit kaltem Wasser von der anhaftenden Milchflüssigkeit (Buttermilch) tunlichst befreit wird. Butter ist eine fettreiche Emulsion aus Milch bzw. Rahm, in welcher das Fett z. T. erstarrt, d. h. fest ist.

Um eine tunlichst hohe Butterausbeute zu erzielen, läßt man den Rahm säuern, nämlich entweder durch einfache Aufbewahrung bei 12—15° (Selbstsäuerung) oder durch Zusatz von Rahmsauer (Reinkultur von Milchsäurebakterien nach Weigmann), wodurch eine stets gleichmäßig gut beschaffene Butter erhalten werden kann. Der zu der sog. Süßrahmbutter verwendete Rahm ist in Wirklichkeit auch sauer, nur weniger sauer als der gesäuerte Rahm. Zur Gewinnung von 1 kg Butter gehören je nach dem Fettgehalt der Milch 25—35 l Milch. Je nach der Fütterung unterscheidet man Stall- und Grasbutter, je nach der Güte Tee-, Tafel-, Molkereibutter und Land-, Bauern-, Koch- u. a. Butter.

Zum Gelbfärben der Butter verwendet man den in Öl gelösten Farbstoff von Orlean oder Anatto oder Saflor u. a., zum etwaigen Salzen 1—4% (in der Regel 1,5%) Salinen- oder Meeressalz, kein Steinsalz. Die Butter ist vielen Fehlern und Mängeln ausgesetzt, die z. T. aus einer fehlerhaften Milch herrühren können. Verfälscht ist sie einerseits durch zu hohen Wassergehalt — ungesalzene Butter darf nur 18%, gesalzene nur 16% Wasser enthalten —, andererseits durch Zusatz von anderen Fetten (Margarine), von Quarg, Kartoffelbrei, Frischhaltungsmitteln u. a. Wiederaufgefrischte Butter (Renovated-, Prozeßbutter) wird durch Emulgieren von ranziger, verdorbener Butter mit frischer Milch und erneuter Ausbutterung erhalten.

Die Butter ist ebenso wie der Rahm reich an Vitaminen (besonders reich an Vitamin A).

Bei Grünfütterung ist der Gehalt hieran höher als bei Trockenfütterung (S. 16 u. 34). Das Vitamin wird als Begleiter des gelben Farbstoffs der grünen Pflanzen angesehen, und der Gehalt an Vitaminen soll um so höher sein, je stärker die Butter gelb gefärbt ist. Insofern würde die künstliche Gelbfärbung der Butter die Vortäuschung einer besseren Beschaffenheit bedeuten.

Beim Erhitzen (Braten) des Butterfettes unter Luftzutritt nimmt der Gehalt an Vitaminen erheblich ab; auch das Ranzigwerden der Butter (S. 19 u. f.) unter Luft- und Lichtzutritt hat eine allmähliche Verarmung an Vitaminen zur Folge.

Der Mensch kann unter Umständen große Mengen Fett, besonders große Mengen Butter ohne Beschwerden bewältigen, von Noorden ermittelte bei einem Diabetiker in einem Falle den Verzehr von 400 g Butter täglich.

d) Buttermilch. „Buttermilch" ist die beim Verbuttern von Milch oder Sahne nach Entfernung des Butterfettes übrigbleibende Flüssigkeit. Sie bildet das mehr oder weniger veränderte Serum des Rahmes und enthält teilweise geronnenes Casein, mehr oder weniger Fett (0,3—0,7% bei Verbutterung von saurem, 1,2—2,0% bei solcher von sog. süßem Rahm) teils in Form kleinster Butterklümpchen, teils in Form von Fetttröpfchen neben den sonstigen Milchbestandteilen. Der Milchzucker ist z. T. in Milchsäure (0,11—0,62%) übergeführt, wodurch die Buttermilch einen angenehm säuerlichen Geschmack und eine diätetische Bedeutung erlangt.

Die Seren von zugehöriger Vollmilch, Magermilch, Sahne und Buttermilch haben nahezu gleiche Zusammensetzung.

8. Erzeugnisse bei der Verarbeitung der Milch auf Käse. Bei der Verarbeitung der Milch auf Käse unterscheidet man vorwiegend zwei Vorgänge, nämlich das Dicklegen und das Reifen der Käse.

a) Das Dicklegen wird α) bei süßer Milch (Vollmilch) durch Zusatz von Lab (Auszug aus Kälbermägen) bewirkt, indem die Milch vorher auf 31—35° erwärmt wird. Das gerinnende Casein, welches eine Umwandlung in Paracasein und Molkenprotein (eine Proteose, S. 8) erfährt, reißt das Fett vollständig, auch das Kalkphosphat, dagegen den Milchzucker nur zum geringen Teil mit nieder.

Die überstehende Flüssigkeit, die Molken, wird abgeschöpft, der letzte Rest durch Pressen entfernt. Der von den Molken befreite Quarg wird zerkleinert, gesalzen, durch Käseformen in besondere Formen gebracht, diese werden nochmals gepreßt, dann meistens wechselweise in eine Kochsalzlösung gelegt und auf Brettern getrocknet, darauf schließlich im Käsekeller der Reifung überlassen. Diese dauert bei den einzelnen Sorten verschieden lange, einige (4—6) Wochen bis mehrere Monate.

Für Weichkäse wird zum Unterschiede von den Hartkäsen die Dicklegung bei niederen Temperaturen durch weniger Lab vorgenommen und die Käsemasse keinem oder nur einem gelinden äußeren Drucke ausgesetzt.

Zur künstlichen Färbung wird dem Bruche beim Dicklegen entweder Orleanfarbstoff (in alkoholischer Natronlauge) oder Safranfarbstoff (in alkoholischer Lösung) zugesetzt.

Man gewinnt aus 9—14 l Milch 1 kg Käse.

β) Bei saurer Milch wird die Dicklegung nicht durch Lab, sondern durch die vorhandene Milchsäure bewirkt, welche der Caseinkalkverbindung den Kalk entzieht und das Casein, ohne es in Paracasein zu verwandeln, als Gerinnsel zur Abscheidung bringt; das Gerinnsel wird dann wie bei süßer Milch weiterbehandelt.

Quarg, Quark oder Quargeln ist das aus saurer Magermilch durch Erwärmen auf 40° abgeschiedene Gerinnsel, das nach Abtropfen der Flüssigkeit (Quargserum) frisch gepreßt oder auch getrocknet in den Verkehr gebracht wird.

b) Das Reifen der Käse. Während der Reifung im Käsekeller gehen namhafte Veränderungen in der Käsemasse vor sich, die durch verschiedene Kleinwesen und von diesen abgeschiedene Enzyme bewirkt werden.

α) Milchzucker. Die Reifung beginnt mit der Umwandlung des Milchzuckers durch die Milchsäurebakterien. Aus den milchsauren Salzen entstehen unter Umständen Propionsäure, Valeriansäure u. a.

β) Fett. Das Fett erleidet durch Schimmelpilze, Bakterien oder Lipase eine Spaltung in freie Fettsäuren und Glycerin. Dieser Spaltung unterliegen besonders die niederen Fettsäuren und die Ölsäure. Hierbei tritt unter Umständen Buttersäure in Käsen auf, Glycerin aber wird weiter zersetzt bzw. veratmet.

γ) Casein. Das Casein erfährt einen Abbau wie bei der hydrolytischen Spaltung durch Säuren. Vorwiegend sind unter den Spaltungserzeugnissen Tyrosin und Leucin, Phenylaminopropionsäure und α-Pyrrolidincarbonsäure, auch Diaminosäuren mit Ausnahme von Arginin nachgewiesen.

Auf Gehalt an Vitaminen scheinen die Käse bis jetzt nicht geprüft zu sein, indes ist anzunehmen, daß die fetthaltigen Käse noch Vitamine A enthalten und daß, wenn eine geringe Abnahme eintreten sollte, durch die Tätigkeit der einzelligen Kleinwesen wieder neue Vitamine gebildet werden. Auch wirkt gut ausgereifter Fettkäse u. a. günstig auf die Verdauung.

Je nachdem man Rahm oder Milch von verschiedenem Fettgehalt verwendet hat, unterscheidet man bei Kuhkäse Rahm-, Vollfett- (oder Fett-), Halbfett-, Einviertelfett- und Magerkäse. Diese pflegen zu enthalten bzw. sollen enthalten in der Trockensubstanz an Fett:

Rahmkäse	Fettkäse	Halbfettkäse	Einviertelfettkäse	Magerkäse
50—65%	40—50%	20—30%	10—20%	unter 10%

Vgl. Tabelle Nr. 29—69.

Als Abfälle kommen bei der Käsebereitung in Betracht: Käsemilch (Abfallflüssigkeit von der Herstellung der Labkäse), Molken (Abfallflüssigkeit von der Verarbeitung der Käsemilch auf Ziegerkäse), Quargserum (Abfallflüssigkeit oder Molken von der Sauermilchkäserei). Die Molken liefern durch einfaches Eindampfen den Molkenkäse (Mysost); sie werden auch auf Milchzucker verarbeitet oder vergoren oder zur Brotbereitung oder zur Schweinefütterung verwendet.

Schichtkäse ist Sauermilchquarg, der schichtweise mit Rahm, Stippkäse ist Sauermilchquarg, der mit Salz und Kümmel versetzt ist.

Kräuterkäse ist das aus Magermilch-Quarg durch Zusatz von Ziegenklee (Melilotus coerulea) und Salz, Kochkäse ist das aus Sauerquarg oder auch aus Sauermilchkäse durch Mischen mit Butter und Gewürzen (Kümmel) sowie durch Erwärmen dieses Gemisches bis zum Schmelzen hergestellte Erzeugnis.

Margarinekäse wird aus Magermilch durch Emulgieren mit fremden Fetten hergestellt; für ihn gelten dieselben Vorschriften wie für Margarine (S. 57).

II. Eier (und eßbare Vogelnester).

Die Eier aller Vögel sind in der chemischen Zusammensetzung (Tabelle Nr. 73—76) mehr oder weniger gleich, nur das Verhältnis der einzelnen Teile zueinander ist verschieden. Sie bestehen aus rund 55% Eiklar, 34% Eigelb und 11% Eischalen.

Das Eiklar (Eiereiweiß) ist im wesentlichen nur eine Emulsion von Albumin mit rund 86% Wasser. Das bei seiner Hydrolyse sich bildende Glykosamin soll für das Wachstum dieselbe Bedeutung besitzen wie der Milchzucker der Milch.

Die größte Bedeutung liegt in dem Eigelb; es enthält als wesentlichstes Protein das Ovovitellin, ein Phosphorprotein wie das Casein der Milch, ferner rund 32% Fett, wovon etwa 10% Lecithin und 1,5% Cholesterin sind; es ist auch verhältnismäßig reich an Eisen.

Da im Ei reichlich Vitamin A nachgewiesen ist, so ist es sehr wahrscheinlich, daß die Lipoide (Phosphatide und Sterine) und der Farbstoff Träger des Vitamins A, wenn nicht dieses selbst sind. Wie bei den Kühen die gelbe Farbe der Milch und Butter vorwiegend von dem Grünfutter herrührt, so ist dies auch bei dem gelben Farbstoff, dem Lutein des Eidotters, der Fall; es ist ein Isomeres von dem in den Pflanzen vorkommenden Xanthophyll (Willstätter). Deshalb werden Eier zur Zeit und dort am meisten geschätzt, wann und wo den Hühnern neben Körnerfutter und Würmern auch reichlich Gras — im Winter gekeimte Körner — zur Verfügung steht. Die Eier enthalten auch Vitamin B, ob auch Vitamin C, ist fraglich.

Die Vitamine werden auch hier beim Kochen und Aufbewahren abnehmen und zweifellos bei nur weichgekochtem Eidotter weniger als beim hartgekochten.

Da aus den Eiern ein vollständiger tierischer Organismus entsteht, so folgt schon von selbst, daß die Proteine — und dieses gilt für das Eiklar wie Eigelb — biologisch vollwertig sind (S. 6). In den Mineralstoffen überwiegen die Säure-Ionen.

Trockenei ist ein aus Ganzei bei so niederen Temperaturen im Vakuum eingetrocknetes Erzeugnis, daß keine Gerinnung eintritt. Auch Eiklar und Eigelb werden für sich in derselben Weise hergestellt. Ein Ganzei liefert etwa 13 g

Trockenei und ein frisches Eigelb rund 8 g Trockeneigelb. Bei richtiger Herstellung und nicht zu langer Lagerung kann Trockenei im Haushalt weitgehend als Ersatz von frischem Ei verwendet werden.

Zur Frischhaltung der Eier im Haushalt gilt als bestes Verfahren, die Eier behufs Entfernung des anhängenden Schmutzes und der äußeren Bakterien erst 5 Sekunden lang in kochendes Wasser einzutauchen und dann in Kühlräumen oder in 10proz. Wasserglaslösung aufzubewahren. Im gefrorenen Zustande aufbewahrte Eier sollen kaum oder nur unwesentliche Mengen Vitamin verlieren.

Anmerkung. Den Vogeleiern können auch die eßbaren Vogelnester von der Salangaschwalbe (Collocalia fucifaga oder esculenta) angereiht werden. Die Schwalbe baut zwar ihr Nest aus Meeresalgen (vgl. S. 89) auf; weil aber die Nester zu 63—70% der Trockensubstanz aus Protein bestehen, so sieht man sie als ein Erzeugnis des Speichels bzw. wie die Vogeleier letzten Endes als ein Erzeugnis von Chylus und Blut an. Die Stickstoffsubstanz wird zu den Glykoproteinen gerechnet. Die eßbaren Vogelnester dürften demgemäß auch vitaminhaltig sein.

III. Fleisch.

Unter „Fleisch" im engeren Sinne versteht man die Muskeln bzw. das Muskelfleisch des tierischen Körpers, also hier aller eßbaren Tiere; unter „Fleisch" im weiteren Sinne alle zum Genuß für Menschen bestimmten und geeigneten Teile von Säugetieren, Vögeln, Fischen usw.

Das Fleisch besteht aus einzelnen Fasern (Schläuchen, Röhren), die durch Bindegewebe zusammengehalten werden. Jede Faser ist von einer glashellen Hülle (dem Sarcolemma) umgeben. Die Fasern sind bei willkürlichen Muskeln und beim Herzen quergestreift, bei den unwillkürlichen Muskeln (mit Ausnahme des Herzens) glatt. Die rote Farbe des Muskelfleisches rührt vom Blutfarbstoff her. Bei dem weißen oder blassen Muskelfleisch sind die Fasern meist breiter, ärmer an Sarcolemma, die Querstreifung dichter, die Menge der dem Sarcolemma anliegenden Kerne zahlreicher als in den roten Fasern.

1. Die chemische Zusammensetzung ist in erster Linie von dem zwischen den Muskelfasern eingelagerten Fett abhängig; je höher diese Menge ist, um so geringer ist der Wassergehalt und umgekehrt (vgl. Tabelle Nr. 82—113). Trennt man das eingelagerte Fett ab, so enthält das Muskelfleisch nur noch etwa 0,5—3,5% Fett, und das so erhaltene Fleisch fast aller Tiere hat im wesentlichen nahezu gleiche Zusammensetzung. Der Stickstoffgehalt des von anhängendem Fett befreiten Fleisches schwankt nur zwischen 3,1—3,5%, der Wärmewert der fett- und aschenfreien Fleischtrockensubstanz zwischen 5561—5735 cal. für 1 g.

a) Stickstoffverbindungen. Durch Pressen oder Behandeln des Fleisches mit 10—15proz. Neutralsalzlösungen erhält man:

α) als Rückstand das leimgebende Bindegewebe (2,0—3,5%) und das Sarcolemma (wahrscheinlich Elastin und Nucleoprotein);

β) das Muskelplasma mit verschiedenen Proteinen, dem Myosin (einem Globulin), Myogen (koagulierbar bei 55—65°, steht zwischen Myosin und Albumin), Myosin und Myogen zusammen etwa 12,0—14%, und Albumin (Serumalbumin), etwa 1,5—3,5%).

Die Proteine des Fleisches sind ebenso wie die des Blutes sowohl im frischen als gekochten, getrockneten, gepreßten oder mit Alkohol und Äther ausgezogenen

Zustande biologisch vollwertig (S. 6) bzw. höchstwertig. Auch die Organe Leber, Herz, ferner frisches und haltbar gemachtes Fischfleisch vermögen das tierische Wachstum genügend zu unterhalten.

γ) Fleischbasen, deren es 18 verschiedene geben soll; am meisten sind vertreten: Kreatin (und Kreatinin) mit 0,10—0,38%, die Purinbasen (Xanthin und Hypoxanthin) mit 0,13—0,26%, Inosin (eine Verbindung von Hypoxanthin und Pentose), Carnosin (ein Dipeptid aus Histidin und β-Aminopropionsäure) mit 0,07—0,25% u. a. Aus den Purinbasen von 100 g Fleisch können durchschnittlich 0,18 g Harnsäure gebildet werden; in den Harn sollen davon nur etwa 0,10—0,12 g übergehen.

Hierzu kann auch die Inosinsäure[1]) und Phosphorfleischsäure[2]) (0,06 bis 0,24%) gerechnet werden.

δ) An Aminosäuren (0,8—1,2%) sind im Fleischextrakt (Liebig) nachgewiesen: Alanin, Valin, Asparaginsäure, Phenylalanin u. a., im frischen Muskelsaft auch Diaminosäuren. Größere Mengen von Aminosäuren bilden sich erst bei der Zersetzung (Fäulnis) des Fleisches.

b) Fett. Das Fett besteht vorwiegend aus den Glyceriden der Palmitin-, Stearin- und Ölsäure; Rinds- und Hammeltalg enthalten z. B. 1,5—3,0% Tristearin und als gemischte Glyceride Palmitodistearin und Stearodipalmitin (A. Bömer); der Gehalt des Fleischfettes an Cholesterin beträgt 0,1—0,2%, des wasserfreien Muskelfleisches an Lecithin 2,6—3,0%.

c) Kohlenhydrate. Regelmäßig kommen vor Glykose (0,1—0,4%), Glykogen (0,05—0,18%), bei Pferdefleisch bis 0,9%, bei embryonalem Fleisch, Katzen- und Hundefleisch noch mehr; außerdem werden angegeben Pentosen (0,42% wahrscheinlich im Fleischprotein) und Inosit (S. 27).

Als Säure kommt die Fleischmilchsäure (α-Oxypropionsäure), die regelmäßig bei der Totenstarre auftritt, in Mengen von 0,05—0,07% in Betracht, ferner Bernsteinsäure (0,007%) u. a.

d) Mineralstoffe. Die Mineralstoffe (0,8—1,8% je nach Fett- und Wassergehalt) bestehen vorwiegend aus Kalium- und Calciumphosphat sowie Chlornatrium. In ihnen überwiegen die Säureionen.

e) Vitamine. Der Gehalt des Muskelfleisches an allen drei Vitaminen A, B, C wird nur als gering angegeben, immerhin aber so hoch, daß die Mangelkrankheiten (Avitaminosen) durch den Verzehr verhütet werden können und sogar Skorbut, der besonders nach anhaltendem Verzehr von gepökeltem und gesalzenem Fleisch aufzutreten pflegt, durch den Genuß von frischem, namentlich rohem Fleisch, geheilt werden kann.

Die inneren Organe Leber, Nieren, Herz, Hirn, Bauchspeicheldrüse und Hoden gelten als reich an Vitaminen, besonders an A und B.

Daß Grünfutter den Gehalt günstig beeinflussen wird, unterliegt wohl keinem Zweifel. Dagegen werden die Vitamine durch langes Kochen, starkes Braten mehr oder weniger vermindert oder beim Kochen in sodahaltigem Wasser, beim Einpökeln, Räuchern und Trocknen ganz zerstört.

---

[1]) Eine Nucleinsäure, die bei der Spaltung in je 1 Mol. Phosphorsäure, Hypoxanthin und Pentose zerfällt.

[2]) Ein Nucleon von verwickelter Zusammensetzung, das bei der Spaltung Fleischsäure (eine Art Antipepton), Paramilchsäure, Phosphorsäure, Kohlenhydrat u. a. liefern soll.

Eine besondere Bedeutung des Fleisches liegt aber auch in der nervenerregenden Wirkung seiner organischen Basen, und der Gehalt hieran ist beim Muskelfleisch im allgemeinen höher als bei den Schlachtabgängen.

2. Fehlerhafte Beschaffenheit des Fleisches. Als fehlerhaft bzw. genußuntauglich gelten:

a) Fleisch von vergifteten, krepierten oder zu Tode gehetzten Tieren.

b) Desgl. von parasitenhaltigen Tieren (z. B. von finnen-, trichinen-, ecchinokokkenhaltigen Tieren u. a.).

c) Desgl. von infektionskranken Tieren, die z. B. an Milzbrand, Rauschbrand, Rinderseuche, Tollwut, Rotz, Rinderpest, eitriger und jauchiger Blutvergiftung leiden bzw. gelitten haben oder hochgradig an Tuberkulose, Schweinerotlauf, -seuche und -pest, Paratyphuserkrankung des Rindviehes, Bac. enteritidis Gärtner, Starrkrampf, Gelbsucht u. a. erkrankt sind. Es handelt sich dabei meistens um das Fleisch notgeschlachteter Tiere. Häufige Krankheitserscheinungen sind Schwindel, Brechdurchfall, ruhrähnliche Enteritis.

d) Fleisch, das nach dem Schlachten schädlich verändert ist; durch Bakterien z. B. der Colityphusgruppe, Bac. botulinus v. Emergen u. a. werden die Fleisch-, Wurst- oder Muschelgifte erzeugt, durch verschiedene Anaerobier die Fäulnis hervorgerufen. Auch Schimmelpilze, Fliegenmaden und Milben können das Fleisch häufig nachteilig verändern.

e) Als Verfälschungen kommen vor: Unterschiebung minderwertigerer Fleischsorten unter höherwertige, Einarbeitung von Wasser in Hackfleisch und Wurst, künstliche Frischhaltung durch verbotene Mittel, z. B. durch Borsäure und deren Salze, durch schweflige Säure und deren Salze, Formaldehyd, Salicylsäure, unterschwefligsaure und chlorsaure Salze, Alkali- und Erdalkalihydroxyde und -carbonate.

1. Fleisch von Warmblütern (Säugetieren und Vögeln).

1. Frisches Muskelfleisch. Das Muskelfleisch[1]) macht durchweg 30—45% des Körpergewichtes oder 40—70% des Schlachtgewichtes aus. Letzteres beträgt 50—65% des Körper- (oder Lebend-) Gewichtes. Mit der Einlagerung von Fett bei der Mast nehmen das Fleisch und andere Körperteile prozentual an Gewicht ab.

Nach Abtrennung des zwischen- oder angelagerten Fettes ist die chemische Zusammensetzung des Muskelfleisches aller Warmblüter nahezu gleich (S. 42); es unterscheidet sich vorwiegend nur in der Struktur, dem Gehalt an Blut (Aussehen) und im Geschmack. Das Rindfleisch ist z. B. am meisten mit Blut angefüllt, hat ein dichteres Gewebe und wird deshalb für das nahrhafteste gehalten. Die Faser des Kalbfleisches ist zäher, es enthält mehr Bindegewebe

[1]) In Deutschland pflegt das Fleisch je nach den Körperstellen in folgende, bei allen landwirtschaftlichen Schlachttieren nahezu gleiche Klassen eingeteilt zu werden:

Klasse	Körperstelle	Mittlere Menge Abfälle (Knochen, Sehnen) %	Wertsverhältnis (annäherndes)
I.	Schwanz-, Lendenstück (Keule bei Schaf und Kalb, Schinken beim Schwein), Rücken- und Lendenwirbel (Kotelettenstück beim Schwein, Nierenbraten beim Kalb)	10—12	100
II.	Hochrippenstück, hinteres Halsstück bzw. Bruststück, Kamm und Vorderschinken beim Schwein	17—20	75
III.	Hals, Brust, Bauch	25—30	60
IV.	Kopf mit Backen, Beine	35—55	40

und liefert infolgedessen mehr Gelee. Das Schweinefleisch ist am meisten von Fett durch- und umwachsen, die Faser fein; dasselbe ist beim Hammelfleisch der Fall; es hat ein loseres Gewebe als andere Fleischsorten; das Fett ist an das Fleisch an-, nicht zwischengelagert. Das Pferdefleisch besitzt dunkelrote Farbe und wegen des hohen Glykogengehaltes einen süßlichen Geschmack.

Das Fleisch von Wild und Geflügel ist durchweg fettarm[1]) und zeichnet sich durch ein feinfaseriges und dichtes Gewebe vor den genannten Fleischsorten aus, weshalb es gern einer längeren Reifung (Hautgout) unterworfen wird. Im allgemeinen wird nur das Fleisch von grasfressenden Tieren genossen; es hat gegenüber dem Fleisch von fleischfressenden Tieren oder von mit Küchenabfällen und Fleischresten aufgezogenen gezähmten Tieren nicht nur einen besseren Geschmack, sondern auch einen höheren Gehalt an Vitaminen.

2. Schlachtabgänge. Von den vitaminhaltigen Schlachtabgängen (S. 43 und Tabelle Nr. 114—124) werden nur Nieren, Leber, Gehirn als solche zu Speisen zubereitet und genossen. Vom Herzen stellt man nur beim Kalb und Schwein selbständige Gerichte her. Das Herz der anderen Schlachttiere dient meistens mit Lunge, Schlund, Milz als sog. „Geschlinge“ mit Schweineschwarte u. a. zur Wurstbereitung. Vom Blut findet meistens nur das des Schweines zur Bereitung von Wurstebrot oder Blutwurst Verwendung. Die Kalbsbröschen bzw. Kalbsmilch (Thymusdrüse) dürften in ihrem Nährwert dem Kalbshirn und der Bauchspeicheldrüse gleich zu erachten sein. Sehr geschätzt als Nahrungsmittel wird auch die fettreiche Zunge fast aller Schlachttiere; die Knochen dienen vorwiegend zur Bereitung von Suppen; durch anhaltendes Kochen wird ein Teil des Kollagens (S. 8) in Leim umgewandelt und gelöst. Aus knorpelreichen Knochen z. B. Kalbsfüßen) werden auch selbständige Gerichte zubereitet.

Die Abfälle sind meistens ärmer an organischen Basen, aber reicher an Sterinen und Phosphatiden als Muskelfleisch. Das Mark der Röhrenknochen ergab z. B. in dem Fettgehalt von 40—98% 0,32—1,17% Lecithin neben kleinen Mengen Xanthinbasen.

3. Fleischdauerwaren. Die Fleisch- wie andere Dauerwaren werden in der Weise hergestellt, daß man den aufzubewahrenden bzw. aufzuspeichernden Gegenständen eine der Bedingungen entzieht, welche eine Zersetzung und ein Verderben zur Folge haben, nämlich:

a) Entziehung von Wasser bzw. Trocknen auf mindestens nur 14% Wassergehalt, sei es durch natürliche Sonnenwärme (Charque in Brasilien, Pemmican in Indien), sei es durch künstliche Wärme (Patentfleischmehl oder Carne pura). Bei einem höheren Gehalt als 14% Wasser können sich Kleinwesen entwickeln.

b) Anwendung von Kälte (Gefrierfleisch). Man läßt das Fleisch entweder durch 3 tägiges Aufbewahren bei —20° (Chicago) oder durch 12 tägiges Aufbewahren bei —6° (Australien) gefrieren und versendet es in Gefrier- oder Kühlräumen. Beim Gefrieren tritt Wasser und etwas Fleischsaft aus den Muskelzellen, sammelt sich zwischen den Muskelbündeln, und indem es dort gefriert, lockert es diese und zerreißt auch das Bindegewebe. Beim Wiederauftauen, das

[1]) Fleisch von zahmen Kaninchen enthält neben 21% Protein bis 14% Fett.

am besten im Eisschrank und langsam vorgenommen werden soll, besitzt das Gefrierfleisch eine weiche, teigige Beschaffenheit und unterliegt, weil es beim Auftauen eine erhöhte Keimzahl aus der Luft auf sich niederschlägt, rasch der Fäulnis. Es soll daher nach dem Auftauen rasch verbraucht werden. Beim Einfrieren und Lagern verliert das Gefrierfleisch in 6 Monaten etwa 6—7% Wasser durch Verdunstung.

c) Abhaltung von Luft nach Appert bzw. Weck (Büchsenfleisch), d. i. Einlegen in luftdicht schließende Büchsen oder Einmachgläser unter Abtötung der Keime durch Sterilisation, Kochen oder Braten sowie unter Zusatz von Salz, Pfeffer u. a. Das in der Kriegszeit viel eingeführte Corned beef wird in der Weise hergestellt, daß das Fleisch erst in Stücken gepökelt, dann halb gargekocht und in die Blechdosen gepreßt wird, in denen es nach Ausgießen der Hohlräume mit der Fleischbrühe und nach Verschließen der Dosen der Sterilisation unterliegt. Hierdurch wird das Fleisch ganz gargekocht, das Bindegewebe in Gelatine umgewandelt, so daß der Doseninhalt eine zusammenhängende Masse bildet und einen faden Geschmack annimmt.

d) Salzen, Pökeln und Räuchern. Dieses Aufbewahrungsverfahren ist bei Fleisch wohl das älteste und am weitesten verbreitet.

α) Salzen Einsalzen). Die Fleischstücke werden mit Kochsalz bzw. mit einem Gemisch [von z. B. 100 Teilen Kochsalz, 0,6 kg Kalisalpeter[1]), 0,6 g Zucker] eingerieben und unter Bestreuen mit weiterem Salz in Fässern übereinander geschichtet.

β) Pökeln. Die Fleischstücke werden in die fertige (15—25 proz.) Kochsalzlösung, der man auch noch 0,5—1,0% Kalisalpeter[1]) zusetzt, eingelegt.

Infolge osmotischer Vorgänge tritt in beiden Fällen Salz in das Fleisch und umgekehrt Wasser nebst gelösten Proteinen, Fleischbasen, Glykogen und Fleischsalzen (Kalium und Phosphorsäure) in die Salzlösung (Lake) über, und zwar um so mehr, je länger der Vorgang anhält, und beim Pökeln mehr als beim Salzen.

Der Nährwert des Fleisches wird durch Einsalzen und Einpökeln vermindert.

Das gesalzene oder gepökelte Fleisch wird meistens noch geräuchert.

Das Räuchern des gesalzenen Fleisches wird am besten mit Buchenholz und Wacholder vorgenommen. Wirksamer Bestandteil des Rauches ist das Kreosot. Schnellräucherung besteht darin, daß man die Fleischwaren mit Holzteer bestreicht oder in Holzessig oder in eine Lösung aus Glanzruß unter Zusatz von Kochsalz legt.

In den Fleischdauerwaren sind die Vitamine, zweifellos Vitamin C, zerstört.

Über fehlerhafte Beschaffenheit und Verfälschungen vgl. S. 44. Hier können auch noch durch mangelhafte Herstellung ungenießbare Dauerwaren entstehen. Büchsenfleisch in beulenartig aufgetriebenen (sog. bombierten) Büchsen ist von vornherein als verdorben vom Genuß auszuschließen.

4. Würste. Würste sind Fleischwaren, zu deren Bereitung gehacktes Muskelfleisch und Fett, ferner Blut und Eingeweide, d. h. Leber, Lunge, Milz, Herz, Nieren, Rindermagen und Gekröse sowie Hirn, Zunge, Knorpel

---

[1]) Der Kalisalpeter bewirkt die Salzungsröte. Die natürliche Fleischröte verschwindet erst beim Aufbewahren des Fleisches, geht allmählich in Grau über und wird erst nach einiger Zeit durch die Salzungsröte ersetzt.

(Schweinsohr) und Sehnen der verschiedensten Schlachttiere (Rind, Kalb, Schaf und Schwein) unter Zuhilfenahme von Salz, Gewürzen, Zucker, Wasser, Bier und Wein, unter Umständen auch Milch und Eiern, verwendet werden. Als weitere Zutaten sind bei einzelnen Wurstarten Zwiebel, Knoblauch, Schnittlauch, Citronenschalen, Trüffel, Sardellen und ähnliche Stoffe gebräuchlich.

Die Wurstmasse wird in Hüllen aus gereinigtem Darm, Magen oder Blase vom Rind, Schwein und Schaf oder in Hüllen aus Pergamentpapier eingefüllt.

Die Wurstfabrikation hat dadurch, daß sie die Verwendung der Schlachtabfälle aller Art ermöglicht, eine nicht geringe wirtschaftliche Bedeutung.

Die Fleischdauerwürste (Plock-, Mett-, Zervelat-, Salamiwurst u. a.) dürfen ebenso wie die mit Wasser abgeriebenen Anrührwürste (Koch-, Brat- und Brühwürste) kein Mehl oder keine Stärke enthalten.

Die Blutwürste (aus Blut, Speck und Schweinefleisch) und Leberwürste (aus Leber, Speck, Schweinefleisch und Geschlinge u. a.) enthalten in den billigen Sorten häufig auch Mehl bzw. Stärke.

Würste, die aus Pferdefleisch bzw. unter Mitverwendung von Fischfleisch hergestellt sind, müssen als solche bezeichnet werden.

Der Gehalt der Würste an Protein, Fett und Kohlenhydraten ist je nach den Mischbestandteilen sehr verschieden (vgl. Tabelle Nr. 136—153). Vitamine dürften in geringen Mengen nur bei solchen Würsten vorhanden sein, die aus frischem Fleisch und nennenswerten Mengen Leber, Nieren, Herz und Hirn hergestellt sind.

Wurstvergiftungen sind häufig festgestellt worden. Weiche und schmierige Würste mit grünlich verfärbtem Fett und widerlichem Geruch sind immer verdächtig.

Als unerlaubte Zusätze bzw. Verfälschungen sind anzusehen:

1. Verwendung von schlechtem und verdorbenem Fleisch oder Fett, die durch fäulniswidrige Mittel wieder aufgefrischt und mit gutem Fleisch bzw. Fett vermischt werden. Als verdorben gilt auch Fleisch von zu früh geborenen Kälbern, Hoden, Gebärmutter mit und ohne Früchte.

2. Zusatz von sog. Wurstbindemitteln: Mehl, Stärke, Eieralbumin, Quarg (Casein), Kleber, Agar-Agar u. a., um eine bessere Beschaffenheit vorzutäuschen. Anwendung von Stärkemehl soll bei gewissen Würsten, z. B. Leber- und Blutwürsten — nicht aber bei Fleischwürsten —, bei Deklaration bis zu 2% gestattet sein. Der Zusatz von proteinhaltigen Bindemitteln ist ebenfalls unzulässig.

3. Einarbeitung von Wasser. Dauerwürste sollen kein, Würste für den alsbaldigen Verzehr nicht mehr als 10% Fremdwasser enthalten.

4. Auffärbung mit fremden Farbstoffen und Anwendung von (wie bei Fleisch) verbotenen Frischhaltungsmitteln (S. 44).

5. Pasteten. Die Pasteten des Handels und die ähnlich hergestellten „Pains" bilden innige Gemenge von feinst zerhackten besten Fleischsorten mit bestem Fett und Gewürzen; sie werden in Metall- oder Porzellangefäßen, luftdicht verschlossen, aufbewahrt. Die weitverbreitete Straßburger Gänseleberpastete besteht aus zerkleinerter Gänseleber, unter Umständen auch Gänsefleisch, Gänsefett, Trüffeln und Gewürzen. (Vgl. Tabelle Nr. 154—157.)

2. Fleisch von Kaltblütern.

1. Frisches Muskelfleisch von Fischen. Die quergestreiften Fasern des Muskelfleisches der Fische pflegen im allgemeinen etwas dicker als bei den Warmblütern und meistens von weißem Blut weiß bzw. blaß gefärbt zu sein, einige Fische, z. B. Lachs, Karpfen, Stör, haben aber auch rot gefärbtes Blut. Das Fischfleisch enthält durchweg mehr Wasser und weniger Fett[1]), beschäftigt die Verdauungsorgane weniger lange und ruft daher eine gleiche Gewichtsmenge desselben nicht das gleiche Sättigungsgefühl (S. 2) hervor wie das Muskelfleisch von Warmblütern; es wird daher meistens geringwertiger als letzteres eingeschätzt. In Wirklichkeit hat es aber dieselbe chemische Zusammensetzung (S. 42) und ist auch gleich hoch ausnutzbar wie Warmblüterfleisch.

a) Chemische Zusammensetzung. Als außergewöhnliches Zersetzungserzeugnis der Stickstoffsubstanz kommt das Trimethylamin, vorwiegend in der Heringslake, in Betracht. Vitamine sind, wenn überhaupt, in nicht nennenswerten Mengen vorhanden. Nur die fettreichen Fische dürften Vitamin A enthalten. Die Fischdauerwaren, besonders die erhitzten und getrockneten, sind zweifellos als vitaminfrei anzusehen. Über die biologische Wertigkeit der Proteine vgl. S. 6.

Das Kali tritt im Fischfleisch gegen das Natron zurück, der Chlorgehalt ist entsprechend dem letzteren ebenfalls erhöht.

Im übrigen ist die Zusammensetzung des Fischfleisches wesentlich von der Art der Fische und ihrer Fangzeit abhängig. Da ihr Fett als Energiequelle dient, so sind ruhende (seßhafte) Fische fettärmer als Oberflächen- (schwimmende) Fische; während der Laichzeit, in welcher die Fische überhaupt keine Nahrung aufnehmen, verarmt das Muskelfleisch an Protein und Fett und wird reicher an Wasser.

b) Fehlerhafte Beschaffenheit. Die Fische werden nicht selten von Infektions- (Bakterien-) Krankheiten befallen, z. B. die Salamander von der Furunculose, die Cypriniden von der Rotseuche, die Karpfen von der Coccidiose und Pockenkrankheit, die Barben von der Beulenkrankheit u. a.

Hechte und Quappen enthalten mitunter die auch für Menschen gefährlich werdende Finne des breiten Bandwurmes.

In schmutzigen, verunreinigten Gewässern werden die Fische nicht selten ungenießbar.

Durch zu lange oder mangelhafte (zu warme) Aufbewahrung bildet sich das Fischgift (Ichthyosismus), das sich in drei Formen, nämlich in Brechdurchfall, in scharlachartigen Hautausschlägen oder in Nervenlähmung äußert.

2. Innere Teile der Fische. Von den inneren Teilen der Fische liefert die Leber des Dorsches u. a. den vitaminreichen Lebertran; die Leber von Hecht und Aalraupe gilt auch als besonders wohlschmeckend. Ebenso hoch wird der Rogen (vorwiegend der Kaviar) und das Sperma einiger Fische eingeschätzt.

a) Kaviar. Unter Kaviar versteht man die von Häuten und Sehnen befreiten eingesalzenen Fischeier (Rogen, Laich). Als wertvollster Rogen gilt der russische von Stör, Hausen und Sterlet.

In der Zusammensetzung (Tabelle Nr. 181—189) gleichen die Fischeier den Vogeleiern. Dem Ovovitellin entspricht das Phosphorprotein Ichthulin. Auch das Fett der Fischrogen und des Kaviars ist wie das der Vogeleier reich an Phosphatiden (z. B. in Prozent des Fettes 1,0—59,0%)[2]) bzw. Lecithinen und Cholesterin (4,0—14,0%). Aus dem Grunde dürfte der Kaviar reich an Vitamin A sein und ebenfalls Vitamin B und C enthalten. Wegen der reichlich

---

[1]) Nur Rheinlachs und Flußaal erreichen außergewöhnlich hohe Fettgehalte, nämlich 13—15% bzw. 25—30% Fett (vgl. Tabelle Nr. 158—180).

[2]) Der hohe Gehalt von 59,19% Lecithin in Prozenten des Fettes wurde von I. Grossfeld im Karpfenrogen gefunden.

vorhandenen Mengen an organisch gebundenem Schwefel und Phosphor überwiegen in den Mineralstoffen nach dem Veraschen die Säure-Ionen bedeutend die Basen-Ionen.

Das in Griechenland, Ägypten und der Türkei als Delikatesse dienende Aygotarachon, das aus Eiern der neugriechisch Kephalos und Lefkinos bezeichneten Fische gewonnen wird, hat eine dem Kaviar gleiche Beschaffenheit und Zusammensetzung (Pyriki).

b) Sperma. Das Sperma der Fische, das auch z. B. im Hering mitgenossen zu werden pflegt, ist einseitig reich an Protaminen und Histonen (S. 6). Beide liefern bei der Hydrolyse dieselben Mono- und Diaminosäuren als sonstige Proteine, nur von den Diaminosäuren erheblich mehr. Das Spermafett ist ebenfalls reich an Phosphatiden (Lecithin bis 20,5%) und Cholesterin (11,2 bis 17,9%). Bezüglich des Vitamingehaltes dürfte daher von ihm dasselbe gelten wie vom Rogen (Kaviar).

3. Fischdauerwaren. (Tabelle Nr. 190—216.) Bei der Herstellung der Fischdauerwaren kommen dieselben Grundsätze zur Anwendung, wie bei der Herstellung der Dauerwaren aus Warmblüterfleisch, nämlich:

a) Trocknen der Fische, vorwiegend bei fettarmen Fischen (Schellfisch bzw. Köhler, Kabeljau) in Gebrauch; wenn diese nach Abtrennung von Kopf und Eingeweide an Stangen bis zur stockharten Beschaffenheit getrocknet werden, heißen sie Stockfisch, wenn sie aufgeschlitzt werden und nur noch am Schwanz zusammenhängen, so heißen sie Rotscheer, wenn sie gleichzeitig gesalzen und dann auf Sand- und Felsenboden getrocknet werden, Klippfisch (früher Laberdan); Salzfisch ist ein halbfertiger Klippfisch, gesalzen, aber nicht getrocknet.

b) Salzen bzw. Marinieren, vorwiegend bei Heringen angewendet. Vollheringe (Rogner oder Milchner) sind ausgewachsene fettreiche Heringe. Leicht gesalzene und warm geräucherte frische Heringe heißen Bücklinge. Werden die Heringe entgrätet, ausgenommen und von den Köpfen befreit, so kommen sie als Bismarckheringe, wenn auch noch vom Schwanz befreit, als Rollmöpse in den Handel. Die etwas kleineren Heringe, die nicht entgrätet werden, heißen Delikateßheringe und die ganz kleinen Sardinen. Matjesheringe — Matjes = Mädchen — heißen die Heringe, die noch nicht gelaicht haben, die als besonders fettreich und wohlschmeckend gelten. Sardellen, wahrscheinlich dieselbe Fischart wie die Sardinen (Sardines à l'huile), werden vor dem Einsalzen ausgenommen. Sardellen enthielten nach A. Röhrig 0,80—3,13%, im Mittel 1,71% Fett, während der Fettgehalt der Sardinen zwischen 7—12% angegeben wird. Appetitsild sind enthäutete und entgrätete Sardellen (Brislinge) in besonderer feiner Zubereitung (Essig, Salz, Pfeffer u. a.); Sprotten sind Breitlinge (kleine junge Heringe).

Die Bratheringe werden nach dem Entfernen der Eingeweide und nach dem Waschen erst in Mehl eingetaucht, in Schweineschmalz gebraten, nach dem Abkühlen in Büchsen gelegt und darin mit 6—8 proz. Essig und Zwiebeln überschichtet. Auch andere Fische werden durch Eintauchen in heißes Speiseöl gebraten und als Bratfisch in den Verkehr gebracht.

Statt Essig und Salz wird zum Einlegen auch wohl Bouillon verwendet.

Durch das Salzen bzw. Marinieren geht hier dieselbe Auslaugung vor sich wie beim Warmblüterfleisch (S. 46).

c) Räuchern bzw. Salzen und Räuchern der Fische. Behufs Räucherns legt man die Fische (Heringe, Sprotten) entweder direkt oder wie Aale, Butte, Schellfische usw. nach vorheriger Entfernung von Eingeweiden in eine Salzlösung, trocknet sie dann (nach 2 Stunden) in geschlossenen Öfen über glühenden, wenig rauchenden Holzscheiten und weiter im Rauch, den man durch Überdecken des Feuers mit Holzspänen und Eichenlohe erzeugt. Hierzu gehören auch die Bücklinge (geräucherter Hering).

d) Einlegen in Gelee oder Öl od. dgl. Die Fische werden gereinigt, in Stücke zerlegt und dann in einer verdünnten Lösung von Essig und Salz regelrecht gekocht.

Nach dem Kochen werden die Stücke in kleine Dosen gelegt und mit einer heißen Lösung von Gelatine übergossen. Die beim Erkalten entstehenden Hohlräume werden vor dem Schließen der Dosen mit verdünntem Essig ausgefüllt.

Behufs Einlegens in Öl bleiben die Sardinen nach Entfernen der Köpfe und Eingeweide 12 Stunden in Salz liegen, werden dann auf Hürden in besonderen Öfen oder im Freien getrocknet, 2—3 Minuten in ein auf 200° erhitztes Ölbad getaucht, hierauf in Blechkästen verpackt, mit siedendem Öl übergossen und schließlich noch 1 Stunde in einem siedenden Wasserbade gekocht.

Durch Vermengen des Fischfleisches mit Fett bzw. Butter erhält man Pasteten, z. B. Anchovispastete bzw. die Sardellenbutter.

3. Fleisch von wirbellosen Tieren.

Von den Muschel- und Krustentieren dient eine große Anzahl für die Ernährung des Menschen, viele davon jedoch mehr als Leckerbissen denn als Nahrungsmittel. (Tabelle Nr. 217—227.) In dieser Hinsicht stehen

1. die wirbellosen Weichtiere (Mollusken) obenan und unter diesen:

a) die Auster (Ostrea edulis L.). Die Austern kommen mit Ausnahme der Ostsee an allen Meeresküsten Europas vor; sie siedeln sich haufenweise auf festem Gestein oder Erdreich an und bilden die sog. Austernbänke. Die auf felsigem Grund gewachsenen (die sog. Felsaustern) gelten für besser als die Sand- und Lehmaustern.

b) Miesmuschel (Mytilus edulis L.), ebenfalls weit verbreitet, verdirbt aber leicht, weshalb sie meistens gekocht und gebacken gegessen wird.

Von sonstigen Muscheln werden noch gegessen Herz-, Kamm-, Klaff- und Teichmuscheln u. a.

Auch gehören hierher der Tintenfisch, Seepolyp, Seeigel u. a.

Von den Weichtieren dienen als Nahrungsmittel Schnirkel-, Weinberg-, Burgunder- und Sumpfschnecke.

2. Krustentiere. Unter diesen findet am meisten das Fleisch des größten aller Krebse, des Hummers (Homarus vulgaris Edw.), Verwendung, und zwar frisch, gekocht, mariniert und in Büchsen eingelegt.

In derselben Weise wird das Fleisch von Garnelen, Flußkrebs, Krabbe u. a. verwendet.

Das Fleisch aller dieser Tiere hat eine dem Muskelfleisch der landwirtschaftlichen Nutztiere und Fische ähnliche Zusammensetzung. Auch von seinem Vitamingehalt dürfte dasselbe gelten, was von dem des Fleisches landwirtschaftlicher Nutztiere gesagt ist.

4. Erzeugnisse aus Fleisch und sonstigen tierischen Stoffen.

1. Fleischextrakt. Unter Fleischextrakt versteht man den eingedickten albumin-, leim- und fettfreien Wasserauszug des Fleisches.

Der Fleischextrakt wird durch Behandeln des tunlichst fett- und sehnenfreien, zerkleinerten Fleisches entweder mit kaltem oder etwa 80° heißem Wasser, durch Filtrieren und Eindunsten der Lösung im Vakuum erhalten; wenn das Fleisch mit kaltem Wasser ausgezogen wird, so muß es behufs Abscheidung des Albumins vor dem Eindampfen erst auf 80° erwärmt werden. Denn zum Begriff von Fleischextrakt bzw. einer guten normalen Beschaffenheit des Fleischextraktes gehört, daß er wie von Fett, so auch von Albumin und Leim tunlichst frei ist.

Der Fleischextrakt enthält aber außer den Fleischbasen, als welche man 18 verschiedene gefunden haben will, infolge der Hydrolyse der Proteine während der Bereitung mehr oder weniger Proteosen (5,0—17,5%) und Aminosäuren; ferner Phosphorfleischsäure, Inosit, Glykogen, Milchsäure, Bernstein- und Essigsäure (S. 42). Die Mineralstoffe bestehen vorwiegend aus Phosphaten und Chloriden der Alkalien. Der Fleischextrakt enthält etwas Vitamin B, aber nur Spuren von Vitamin A und C.

Der Fleischextrakt, von dessen fester Form höchstens 5 g im Tage für einen Erwachsenen verwendet werden sollen, soll nach M. Rubner keinen Nährwert, sondern nur einen Genußwert besitzen. Die Proteosen und Aminosäuren des Fleischextraktes dürften sich aber wie diese in anderen Nahrungsmitteln verhalten; zweifellos üben auch die Fleischbasen und Aminosäuren eine nervenanregende und als Säurelocker wegen des Eutoningehaltes (S. 15) eine sekreto-excitatorische Wirkung auf die Absonderung des Magensaftes aus. Dem Gehalt an Purinbasen glaubt von Noorden wegen der geringen anzuwendenden Menge Fleischextrakt keinen Einfluß auf Harnsäuregicht beilegen zu dürfen.

Der Wassergehalt soll 21%, der an Mineralstoffen 25% nicht übersteigen. (Vgl. hierüber Nr. 2—4 und Tabelle Nr. 233—257.)

2. Fleischsäfte. Fleischsaft ist der flüssige Teil der Muskelfaser, der entweder durch kaltes bzw. warmes Auspressen oder auf sonstige Weise erhalten und bei einer unter dem Gerinnungspunkt der löslichen Proteine liegenden Temperatur eingedickt wird. Er unterscheidet sich also von dem Fleischextrakt nur dadurch, daß er noch die löslichen und gerinnbaren Proteine des Fleisches enthält.

Wenn das Eindampfen bei saurer Reaktion, tunlichst niedriger Temperatur und tunlichst rasch im Vakuum erfolgt, werden die an sich geringen Mengen Vitamine des Fleisches in dem eingedickten Saft erhalten bleiben.

3. Bouillonwürfel bzw. **Fleischbrühwürfel.** Diese sollen aus Gemischen von Fleischextrakt mit Kochsalz, Fett, Gemüse- bzw. Suppenkräutern und sonstigen Würzen bestehen. Eine Mitverwendung der früheren Bouillontafeln, die nur Gelatineerzeugnisse waren, ist nicht gestattet. Ein Bouillonwürfel von 4 g soll mindestens 1 g Fleischextrakt und nur rund 2,5 g (65%) Kochsalz enthalten.

4. Speise- und Suppenwürzen. Die Speise- und Suppenwürzen, die denselben Zwecken wie Fleischextrakt und Bouillonwürfel dienen sollen, nämlich zur Bereitung von Suppen bzw. zum Würzen von Speisen, werden aus pflanzlichen und nur vereinzelt aus tierischen Stoffen hergestellt.

a) Speise- und Suppenwürzen aus abgebauten Proteinen und Pflanzenauszügen. Zu ihrer Herstellung werden Abfallproteine (Casein,

Kleber u. a.) durch Dämpfen mit und ohne Salzsäure verflüssigt (hydrolysiert, abgebaut) und diese Lösung mit Äuszügen aus Suppenkräutern, Gemüsen, Pilzen und mit Kochsalz gewürzt. Hierzu gehört u. a. Maggis Suppenwürze.

Eine große Anzahl derartiger Würzen enthält aber keine aufgeschlossenen Proteine, sondern besteht nur aus Pflanzenauszügen.

b) Hefenextrakte. Die Hefe ist wegen ihres hohen Gehaltes an Protein und Xanthinbasen im abgetöteten Zustande schon vielfach als Futter- und Nahrungsmittel (S. 53) vorgeschlagen. Zu dem hohen Gehalt an stickstoffhaltigen Nährstoffen tritt, wie die neueren Untersuchungen gezeigt haben, ihr hoher Gehalt an Vitamin B. Aus diesen Gründen wird sie jetzt vielfach zur Herstellung von Extrakten verwendet. Diese werden im allgemeinen durch Entbittern der Hefe (Waschen mit Wasser, Sodalösung oder Essigsäure), durch Dämpfen unter Zusatz von Kochsalz und Eindicken der Lösungen gewonnen. Hierzu gehören z. B. die Erzeugnisse Beduin, Bios, Pana, Obron, Ovos, Siris, Sitogen, Wuk u. a. Bei geeigneter Verarbeitung wird das Vitamin B z. T. erhalten bleiben.

c) Bratenbrühen (Tunken bzw. Saucen). Sie werden aus Auszügen von Pflanzen, Gewürzen und entsprechenden Fleischsorten der Warm- und Kaltblüter unter Zusatz von Mehl und Zuckercouleur gewonnen.

d) Japanische und chinesische Soja. Nach einem umständlichen und langwierigen Verfahren in der Weise gewonnen, daß man aus verkleistertem Reis mit einem Schimmelpilz (Aspergillus oryzae Cohn) den Koji herstellt, diesen, der ein kräftiges, Saccharose und Maltose invertierendes Enzym enthält, auf ein Gemisch von gedämpftem oder geröstetem Weizen und halbweich gekochten Sojabohnen einwirken und die hieraus durch Mischen mit Wasser und Kochsalz erhaltene Masse so lange ausreifen läßt, bis sie dünnflüssig geworden ist.

Es ist anzunehmen, daß die Soja z. T. die Vitamine des Weizens und der Sojabohne enthält.

5. Suppentafeln, sog. kondensierte bzw. gemischte Suppen. „Suppentafeln, kondensierte oder gemischte Suppen" sind Gemische von Mehl, Gemüsen, Gewürzen, Kochsalz mit Fleisch, Fleischextrakt und Fett (meistens Rind- und Schweinefett), dazu bestimmt, durch einfaches Kochen eine fertige, schmackhafte Suppe bzw. Speise zu liefern, also bloß um die Arbeit in der Küche zu erleichtern. (Vgl. Zusammensetzung Tabelle Nr. 258—287).

Die Mehle werden durchweg vorher durch Entschälen, Anfeuchten und Darren der Samen besonders zubereitet, die Gemüse sorgfältig gereinigt und gegebenenfalls gebrüht oder gedämpft oder geröstet; sie werden dann unter Zusatz von Gewürzen und Kochsalz mit Fett, gekochtem, zerkleinertem (gehacktem) Fleisch bzw. Fleischpulver oder mit Fleischextrakt in Rührmaschinen gemischt, durch Fülltrichter in Matrizenhöhlen gebracht und hier in die gewünschte Form (Tafel- oder Wurstform) gepreßt. Je nach dem Gehalt an Fleisch oder Fleischextrakt oder nur an Fett kann man diese Erzeugnisse in drei Gruppen teilen, nämlich:

a) Gemische von Fleisch, Mehl, Gemüsen und Fett. Hierzu gehören z. B. die frühere Rumfordsuppe, German Army food, Fleischzwieback u. a.

b) Gemische von Fleischextrakt mit Mehl, Fett und Gewürzen.

Sie geben sich durch einen Gehalt an Kreatin und Kreatinin zur Unterscheidung von den Gemischen der Gruppe c) zu erkennen.

c) Gemische von Mehl mit Fett allein und Gewürzen. Diese Mischungen sind gegenüber den beiden ersten wertvolleren Mischungen am weitesten verbreitet. Vitamine werden nur in geringen Mengen und so weit vorhanden sein, als sie aus den verwendeten Grundstoffen (Leguminosen, Fleisch, Fleischextrakt und Gemüsen) bei sachgemäßer Behandlung erhalten geblieben sind.

6. Protein- und Proteosen- (bzw. diätetische) Nährmittel. In den letzten Jahren sind eine Reihe von Protein- und Proteosennährmitteln in den Handel gebracht, die teils zur Anreicherung einer vorwiegend aus Pflanzen bestehenden Kost mit Protein, teils zur Ernährung von Kranken bei gestörter Verdauungstätigkeit dienen sollen; die ersteren enthalten die Proteine in mehr oder weniger natürlichem Zustande, bei den letzteren Nährmitteln sind dieselben aufgeschlossen, d. h. in eine in Wasser lösliche Form übergeführt. Diese Erzeugnisse werden meistens aus Abfällen (Blut), aus Fleisch, Milch und auch aus pflanzlichen Abfällen (der Stärkefabrikation) gewonnen.

Man kann diese Art Nährmittel in zwei Hauptgruppen einteilen, nämlich:

α) Proteinnährmittel mit unlöslichen oder genuinen Proteinen.

Hierzu gehören (vgl. Tabelle Nr. 288—309) unter anderen:

a) Erzeugnisse aus Fleischabfällen, z. B. Tropon Finklers, anscheinend durch Behandeln der Rückstände von der Fleischextraktherstellung mit sehr verdünntem Alkali (0.2—2proz. Natronlauge) und Fällen der gelösten Proteine mit Säure, Geruchlosmachen mit Wasserstoffsuperoxyd gewonnen; Soson durch Dämpfen von Fleischabfällen mit Alkohol; Mocqueras Fleischmehl (z. T. durch Papain aufgeschlossen) u. a.

b) Aus Magermilch (Plasmon oder Caseon, Nutrium, Lactarin, Eulactol).

c) Aus Blut (Euprotan, Protoplasmin, Prothämin, Hämose, Hämatinalbumin, Roborin, Hämogallol, Myogen u. a.).

d) Aus pflanzlichen Abfällen (Aleuronat oder Roborat aus Kleber, Plantose, Conglutin [aus Lupinen], Nährhefe, Mineralhefe u. a.).

Die sog. Mineralhefe wird in der Weise gewonnen, daß man die Hefe in verdünnten Zuckerlösungen unter Zusatz von Ammoniumsulfat (oder Harnstoff) und Mineralsalzen (Kaliumphosphat usw.) wachsen läßt und das Wachstum durch einen starken Luftstrom beschleunigt, so daß der Zucker nicht zu Alkohol und Kohlensäure zerfällt, sondern zum schnellen Wachstum verwendet wird. Auch die Brauereihefe wird für den Zweck verwendet. Sie wird entbittert und dann wie die Mineralhefe sorgfältig getrocknet. Beide Hefensorten sind reich an dem antineuritischen Vitamin B, das Hefenfett enthält auch Vitamin A; das Hefenprotein ist in Gemeinschaft mit Butter für das Wachstum und die Fortpflanzung von Ratten ausreichend (Osborne), dagegen nach anderweitigen Versuchen für den Menschen biologisch minderwertig, indem nur 10—25% des Nahrungsproteins beim Menschen durch Hefenprotein sollen ersetzt werden können.

β) Proteinnährmittel mit vorwiegend löslichen Proteinen.

Die Löslichmachung kann auf verschiedene Weise erreicht werden, nämlich:

a) Durch chemische Hilfsmittel (vorwiegend Alkalien oder Alkalisalze oder auch durch Säuren). Hierzu gehörten z. B. die Erzeugnisse aus Milch: Nutrose (Caseinnatrium), Sanatogen, Eucasin (Caseinammoniak), Galaktogen,

Eulactol u. a.; aus Blut: Fersan, Sicco, Ferratin, Hämalbumin, Sanguinol u. a. (Tabelle Nr. 310—321).

b) Durch überhitzten Wasserdampf mit und ohne Zusatz von chemischen Lösungsmitteln. Hierzu gehören die verschiedenen Fleischlösungen (Fleischsäfte, Fluidbeef, Meat juice, Kemmerichs, Kochs usw. Fleischpeptone), Somatose, Mietose, Bios (peptonisiertes Fleischprotein), Riba (wahrscheinlich aus Fischfleisch). (Vgl. Tabelle Nr. 322—332.)

c) Durch proteolytische Enzyme löslich gemachte Enzyme. Hierzu gehören die durch Pepsin oder Trypsin (oder Papain) und Erepsin hergestellten Peptone, (z. B. von Witte, E. Merck, C. Weyl, Antweiller, Finzelberg), Fortose (anscheinend aus Wittes Pepton hervorgegangen mit 32,3% löslichem Kohlenhydrat), Erepton der Höchster Farbwerke, Hapan Theinhardts u. a. (Vgl. Tabelle Nr. 333—341).

7. Gelatine. Die Gelatine des Handels ist ein besonders gereinigter Leim, der aus Knochen, Knorpeln, Haut u. a. meistens in der Weise gewonnen wird, daß man die Knochen und Knorpeln mit Salzsäure behufs Lösung des Calciumphosphats auszieht, das rückständige Kollagen (Ossein) bzw. das Chondrogen der Knorpel mit Wasser auswäscht, bis es farb-, geruch- und geschmacklos ist. Man läßt die Masse alsdann unter Wasser erweichen und aufquellen, preßt sie aus,übergießt wieder mit Wasser und schmilzt im Wasserbade bei mäßiger Temperatur.

Die verschiedenen Qualitäten der Gelatine werden nach dem auf den Originalumhüllungen angebrachten Druck mit Gold-, Silber-, Kupfer- und Schwarzdruck unterschieden; für Speisezwecke sollen vorwiegend die zwei ersteren besseren Sorten — Gold- und Silberdruck — Verwendung finden.

Über die Bedeutung für die Ernährung vgl. S. 8, δ).

Engelhardt hat aus entfetteten Knochen auch einen dem Fleischextrakt ähnlichen Knochenextrakt (Ossosan) hergestellt, der sich nach C. von Noorden als Zusatz zu Speisen bewährt hat.

8. Lecithine. Unter „Lecithin" versteht man fettähnliche esterartige Verbindungen der Glycerinphosphorsäure mit zwei Fettsäureradikalen einerseits und dem Cholin (Trimethyloxäthylammoniumhydroxyd) andererseits. Sie fallen unter die größere Gruppe der Phosphatide bzw. Lipoide (vgl. S. 11).

Sie werden aus lecithinhaltigen Nahrungsmitteln [Eigelb (S. 41), Fischrogen (S. 48), Leguminosensamen] durch Ausziehen mit Äthyl- oder Methylakohol erhalten, entweder durch direktes Ausziehen oder nach einer Vorbehandlung mit Essigester, der in der Kälte Fett, Fettsäure und Cholesterin, Lecithin aber nur wenig löst. Letzteres Verfahren liefert daher ein reineres Lecithin. Baumann und Großfeld gewinnen aus dem lecithinreichen Rogen dadurch ein dem Eigelblecithin ähnliches Lecithin, daß sie die eingedunsteten alkoholischen Auszüge mit Essigester aufnehmen und die Lösung wie bei der Härtung der flüssigen Fette teilweise hydrieren (S. 61). Reines Eigelblecithin enthält 3,7—3,9% Phosphor. Handelslecithine ergaben 2,51—3,94% Phosphor und 1,58—2,51% Stickstoff.

Für die lecithinhaltigen Fabrikate Klopfers, nämlich Glidine (Lecithineiweiß aus feinem Weizenmehl) und Materna (aus Roggen- und Weizenkeimen) werden 1—2% Lecithin angegeben.

Das Lecithin gilt als nervenstärkendes und wachstumförderndes Mittel; es fällt zweifellos unter die Gruppe der Stoffe von Vitamin A. Die Lecithine aber sind, selbst im reinen Zustande, wenig haltbar und dürften für die praktische Anwendung nur dann in

Betracht kommen, wenn es den Kranken nicht möglich ist, die lecithinreichen Nahrungsmittel, z. B. Eigelb, als solches direkt zu verzehren.

Eine besondere Eigenschaft des Lecithins ist die Bildung einer kolloiden Lösung mit Wasser.

IV. Speisefette und Speiseöle.

Unter den vielen Fetten und Ölen, welche aus dem Tier- und Pflanzenreiche zur menschlichen Ernährung verwendet werden (Tabelle Nr. 342—357), nimmt

1. das Butterfett den ersten Platz ein; es verdankt diese hohe Einschätzung seinem angenehmen Geschmack, seiner leichten Bekömmlichkeit und vielseitigen Verwendbarkeit sowie seinem bisher unerkannten hohen Vitamingehalt (vgl. S. 39). Wir verstehen unter „Butter" oder „Butterfett" schlechtweg das nur aus Kuhmilch hergestellte Erzeugnis (vgl. S. 38).

Butterschmalz (Schmelzbutter oder Schmalzbutter, in Süddeutschland auch Rindsschmalz oder einfach Schmalz genannt) ist das durch Schmelzen von Butter und durch größtmögliche Trennung des Fettes von den anderen Bestandteilen (Wasser, Casein, Milchzucker, Salze) erhaltene (zuweilen auch mit Kochsalz versetzte) Butterfett (mit nur 0,5% Nichtfett); Butteröl ist der klare ölige Anteil, der sich häufig aus vorsichtig geschmolzenem Butterfett beim langsamen Erkalten oben abscheidet.

Das Butterschmalz ist ärmer, das Butteröl unter Umständen reicher an Vitamin als Butter.

Das Butterfett unterscheidet sich dadurch von anderen tierischen Fetten — insbesondere auch vom Körperfette der Kuh —, daß es neben den Glyceriden der Ölsäure Palmitinsäure und Stearinsäure beträchtliche Mengen von Laurin- und Myristinsäure und ferner auch Buttersäure, Capron-, Capryl- und Caprinsäure enthält. Sowohl die niederen wie die höheren Fettsäuren kommen vorwiegend in Form von gemischten Glyceriden vor. C. Amberger konnte außer 2,4% Triolein in dem alkohollöslichen Teil des Butterfettes z. B. Butyrodiolein, Butyropalmitoolein und Oleodipalmitin nachweisen, während die unlöslichsten Glyceride des Butterfettes nach den Untersuchungen von A. Bömer aus Stearodipalmitin, Palmitodistearin (0,06—0,09%) sowie aus geringen Mengen Tristearin bestehen. Das Butterfett enthält wie alle tierischen Fette Cholesterin, doch ist sein Gehalt hieran (0,3—0,5%) wesentlich höher als der des Körperfettes von Rind, Schaf, Schwein usw. Der Säuregrad (Gehalt an freien Fettsäuren, S. 19) soll 8° nicht übersteigen.

2. Schweineschmalz. Unter Schweineschmalz — in Norddeutschland auch einfach Schmalz genannt — versteht man in der Regel bei uns vorwiegend nur das aus dem Bauchwandfett (Liesen, Flomen, Lünte, Schmer, Wammenfett) ausgeschmolzene Fett, im weiteren Sinne als Schweinefett auch das aus Rückenspeck und dem Fettgewebe von anderen Körperteilen ausgeschmolzene Fett.

Die Gewinnung des Schweineschmalzes geschieht z. T. über freiem Feuer, z. T. durch Wasserdampf in doppelwandigen Kesseln (wie bei Talg); meistens aber (z. B. in Amerika) in eisernen Kesseln unter Druck (2,5—2,7 Atm. bei 130°) durch unmittelbare Einwirkung von Dampf.

Je nach der Bereitungsweise, Güte und Herkunft unterscheidet man: Rohschmalz, Dampfschmalz, Neutralschmalz, raffiniertes Schweineschmalz, deutsches Schweineschmalz, amerikanisches Schweineschmalz usw.

Bratenschmalz ist das durch Erhitzen von Schweineschmalz unter Zusetzung von Gewürzen, Zwiebeln, Äpfeln u. dgl. gewonnene Erzeugnis.

Schmalzöl (Specköl) ist das aus Schweineschmalz bei niedriger Temperatur (10—15°) durch Pressung gewonnene Öl. Der dabei verbleibende Preßrückstand heißt Schmalzstearin (Solarstearin).

Raffiniertes Schmalz (Refined lard) ist ein Gemisch von vorstehendem Schmalzstearin mit Dampfschmalz, bis die gewünschte Steifigkeit erreicht ist.

Das Schmalzfett besteht aus den gemischten Triglyceriden der Palmitin-, Stearin-, und Ölsäure (auch etwas Leinölsäure); die festen Triglyceride aus α-Palmitodistearin und Stearodipalmitin (A. Bömer).

Es enthält nur wenig Vitamin A, weil die Depotfette der landwirtschaftlichen Schlachttiere an sich arm hieran sind, das Schwein bei der Mast auch kein Grünfutter mehr erhält und das Ausschmelzen des Fettes bei mehr als 100° den Vitamingehalt ebenfalls noch verringert.

Reines Schmalz enthält nur Spuren Wasser; wenn das bei 70° geschmolzene Fett trübe erscheint, so enthält es 0,3% und mehr Wasser oder sonstige Verunreinigungen. Mitunter wird der Gehalt an Wasser durch Einblasen von Wasserdampf in das mit etwas Alkali versetzte Fett künstlich erhöht. Als weitere unerlaubte Zusätze kommen Talg und Pflanzenöle vor.

3. Rindstalg und Hammeltalg. Rindstalg (Rindertalg, Rindsfett) bzw. Hammeltalg (Hammelfett, Schaffett) ist das aus fettreichen Teilen, dem Gekröse- (Micker-) Fett, Netzfett, Nierenfett, Herzfett, Mittelfellfett, Sackfett (Hodensackfett von Ochsen), Eingeweidefett (Magenfett, Darmfett, Lungenfett), von Rindern bzw. Schafen ausgeschmolzene Fett.

Der Rindstalg schmilzt bei 37—38°, der Hammeltalg etwas höher, bei 38 bis 40°. Beide enthalten nur Spuren Wasser.

Die Talge werden in gleicher Weise wie das Schweineschmalz gewonnen. Durch Reinigen des ausgeschmolzenen Talges mit Wasser und Kochsalz oder Wasserdampf erhält man den Feintalg (Premier jus) und, indem man diesen wiederum schmilzt und das geschmolzene Fett in 26—27° warmen Räumen stehen läßt, die schwer schmelzbaren Fette (Stearin usw.) und den bei 20—25° flüssigen Anteil, das Oleomargarin, das für Herstellung von Kunstbutter Verwendung findet.

Als unlöslichste Glyceride erkannte A. Bömer im Talg Tristearin (3%), Palmitodistearin (4—5%) und Dipalmitostearin (ebenfalls etwa 4—5%).

Der Talg enthält wenig Vitamin A, aber kein Vitamin B und C; Hammeltalg weniger als Rindstalg; Oleomargarin dagegen mehr als der schwer schmelzbare Anteil (der Preßtalg).

4. Gänseschmalz. Das Gänseschmalz wird in den Haushaltungen aus dem Eingeweide- und Brustfett der Gänse gewonnen. Es ist weiß bis gelb, von körniger Beschaffenheit und angenehmem Geschmack. Es enthält als schwerstlösliches Glycerid Stearodipalmitin. Über den Vitamingehalt ist bis jetzt nichts bekannt.

5. Fischfett, Lebertran. Von den Fischfetten im abgetrennten Zustande als solches kommt für die menschliche Ernährung nur der Lebertran in Betracht — andere Trane höchstens nach Härtung derselben. —

Unter Lebertran versteht man ausschließlich das aus den Lebern der drei Gadus-Arten, Kabeljau, Schellfisch und Dorsch gewonnene Fett. Das vom Dorsch gilt als das beste.

Der Lebertran wurde früher dadurch gewonnen, daß man die Leber faulen und das Fett freiwillig austreten ließ oder auch auspreßte (brauner Lebertran). Jetzt werden die Lebern frisch mit Wasser ausgekocht oder auch durch Einleiten von Wasserdampf entfettet, wobei man für besonders gute Sorten eine Kohlensäureatmosphäre statt Luft — die leicht eine Oxydation bewirkt — anwendet (blanker, heller Lebertran). Er ist ein alt- und allbekanntes Heilmittel besonders bei Kindern gegen mangelndes Wachstum und Skrofulose. Man schrieb die heilende Wirkung früher dem in geringen Mengen vorhandenen Jod oder den Gallenstoffen zu, jetzt aber seinem Gehalt an Vitaminen. Der Lebertran ist nämlich in seinem unverseifbaren Anteile sehr reich an Vitamin A, enthält auch Vitamin B, ob auch Vitamin C, ist zweifelhaft. Sehr lange aufbewahrter Lebertran verliert an Vitamin A; das Härten bei niedriger Temperatur (32°) hat keinen, dagegen das Härten bei 45° einen geringen Verlust an Vitamin zur Folge.

6. Knochenfett. Von den Knochenfetten wird das in den Röhrenknochen vorhandene Markfett meistens für sich genossen und sehr geschätzt. Nach S. Fränkel enthält es aber keine Vitamine.

7. Margarine. Unter „Margarine" (auch Kunstbutter oder früher Sparbutter, Kochbutter, holländische, Wiener Butter, Butterine usw. genannt) versteht man nach dem Gesetz sowohl vom 12. Juli 1887 als vom 15. Juni 1897 „diejenigen der Milchbutter bzw. dem Butterschmalz ähnlichen Zubereitungen, deren Fettgehalt nicht ausschließlich der Butter entstammt".

Zur leichteren Erkennbarkeit von Margarine und Margarinekäse müssen in 100 Gewichtsteilen der angewendeten Öle bei Margarine mindestens 10 Gewichtsteile, bei Margarinekäse mindestens 5 Gewichtsteile Sesamöl[1]) vorhanden sein.

Ursprünglich (1869) wurde nach der Vorschrift von Mège-Mouriès die Margarine nur aus Oleomargarin und Milch (30 kg Oleomargarin, 25 l Kuhmilch, 25 l Wasser und lösliche Teile von 100 g zerkleinerter Milchdrüse) durch Verarbeitung in einem Butterfaß, durch Salzen, Färben usw. hergestellt.

Seit der Zeit sind aber verschiedene andere Fette in Anwendung gekommen, nämlich: Premier jus, Neutral-Lard, Baumwollsamenöl (Cottonöl) oder Baumwollsamenstearin, Erdnußöl, Cocosfett, Palmkernfett und Sesamöl, zu den geringen Sorten auch gehärtete Öle, Preßtalg, Maisöl u. a.[2]).

Um der Margarine die der Butter eigene Eigenschaft des Bräunens und Schäumens beim Braten zu verleihen, werden verschiedene Zusätze (z. B. solche von Eigelb und Zucker) verwendet.

Durch Ausschmelzen der Margarine läßt sich wie bei der Butter das Butterschmalz, so hier das Margarineschmalz gewinnen.

Margarine wie Margarineschmalz sind zwar durch die Gelbfärbung und Streichfähigkeit butterähnliche Zubereitungen und besitzen bei gleichem Fett-

---

[1]) Während der Kriegszeit und noch jetzt ist statt Sesamöl auch Kartoffelmehl zulässig.

[2]) Daß bei Auswahl der zu verwendenden Pflanzenfette große Vorsicht geboten ist, zeigte ein Fall (1910), in welchem durch die Anwendung der Fette von Hydnocarpus-Arten („Cardamom"- oder „Maratti"fett genannt) zahlreiche Vergiftungen (Erbrechen usw.) hervorgerufen waren, die auf die in diesen Fetten vorkommende „Chaulmugrasäure" zurückgeführt werden mußten. Diese Säure zeichnet sich dadurch vor anderen Fettsäuren aus, daß sie die Ebene des polarisierten Lichtes stark nach rechts (+55°) dreht (S. 18).

gehalt denselben Calorienwert wie die Butter, besitzen aber nicht den Nähr- und Genußwert der Butter, weil ihnen, wenn nicht ausschließlich Oleomargarin und Milch zu ihrer Herstellung verwendet wurden, die wichtigen Vitamine der Butter fehlen.

8. Sana. Sana ist eine Margarine, welche, um eine von Krankheitskeimen freie oder hieran arme Masse zu erhalten, anstatt mit Kuhmilch oder deren Erzeugnissen mit Mandelmilch zubereitet ist (vgl. Mandelmilch S. 38).

9. Kunstspeisefett. Kunstspeisefette im Sinne des Gesetzes vom 15. Juni 1897 sind diejenigen dem Schweineschmalz ähnlichen Zubereitungen, deren Fettgehalt nicht ausschließlich aus Schweinefett besteht. Ausgenommen sind unverfälschte Fette bestimmter Tier- oder Pflanzenarten, welche unter den ihrem Ursprung entsprechenden Bezeichnungen in den Verkehr gebracht werden.

Jede dem Schweineschmalz ähnliche Fettmischung ist als Kunstspeisefett anzusehen, und jedes zum Mischen verwendete einzelne Fett muß unverfälscht, d. h. rein und unvermischt sein. Die Mischung muß wie Schweineschmalz weiß sein.

Aus dem Grunde werden die zu verwendenden Fette auch entweder vor oder nach dem Mischen entfärbt.

Als flüssige Fette kommen vorwiegend Baumwollsaatöl, Sesamöl, Erdnußöl u. a., als feste Talg, Preßtalg, geringwertige Schweineschmalze, Schmalzstearin, Cocosfett, gehärtete Fette u. a.) zur Anwendung. Die Fette werden geschmolzen und in solchem Verhältnis innig miteinander vermischt, daß eine schmalzähnliche, streichfähige Masse entsteht.

10. Pflanzenbutter, Cocosfett, Palmkernfett, Palmin. Unter den Namen „Pflanzenbutter“ oder Palmin und sonstigen verschiedenen Phantasienamen (Palmona, Kunnol, Lauraol, Gloriol, Molleol, Ceres, Vegetaline u. a.) werden jetzt vielfach Speisefette in den Verkehr gebracht, die vorwiegend aus Cocosfett, zuweilen auch aus Palmkernfett und anderen Pflanzenfetten hergestellt werden.

Cocosfett. Cocosfett (Cocosöl, Cocosnußöl, Cocosbutter) ist das aus dem getrockneten Kernfleisch (Kopra mit 60—68% Fett) der Frucht der Cocospalme (Cocos nucifera oder C. butyracea) durch Pressung gewonnene und gereinigte Fett.

Palmkernfett (Palmkernöl) ist das aus den Fruchtkernen der Ölpalme (Elaeis guineensis oder E. melanococca mit 45—50% Fett) durch Auspressung oder durch Ausziehung mit Lösungsmitteln gewonnene und gereinigte Fett.

Das aus dem Fruchtfleisch der Ölpalme (mit 46—66% Fett) gewonnene Fett wird Palmfett (Palmöl, Palmbutter) genannt. Es kommt für Speisezwecke nicht oder kaum in Betracht.

Die Verarbeitung des Cocosfettes, zu dessen Gewinnung an sich tunlichst nur reine, frische Früchte verwendet werden sollen, erstreckt sich auf Beseitigung der freien Fettsäuren (meistens durch Behandeln mit Alkalien), der Riechstoffe (durch überhitzten Wasserdampf) und auf besondere Zubereitung des gereinigten Fettes für den Verkehr.

Die Streichfähigkeit kann erreicht werden durch Kneten mittels Walzmaschinen mit Riffelwalzen oder durch Vermischen (Emulgieren) mit flüssigen Pflanzenölen, wozu besondere Vorrichtungen (Zentrifugalemulsoren) dienen.

Durch Verarbeiten (Emulgieren) des raffinierten Cocosfettes mit Milch, Eigelb, Zucker, Kochsalz und Farbstoffen in Birnen, wie sie bei der Herstellung der Margarine gebraucht werden, lassen sich auch ohne Mitverwendung tierischer Fette butterähnliche Erzeugnisse herstellen, die sich in ihren Eigenschaften (Geruch, Geschmack und Streichfähigkeit) nicht von der üblichen Margarine unterscheiden.

Die verschiedenen Erzeugnisse müssen aber im Handel durch entsprechende Benennungen unterschieden werden.

Cocos- und Palmkernfett sind frei von Vitaminen. Sie bestehen vorwiegend aus Glyceriden der Capryl-, Laurin-, Myristin- und Ölsäure; hierzu gesellen sich bei Palmkernfett noch Glyceride der Palmitinsäure.

An Glyceriden sind im Palmkernfett Caprylomyristoolein, Myristodilaurin, Laurodimyristin, Palmitodimyristin und Myristodipalmitin nachgewiesen (A. Bömer und K. Schneider).

11. Pflanzenöle. Außer den festen Cocos-, Palmkern- und anderen Fetten werden auch noch eine Reihe flüssiger Pflanzenöle zu Speisezwecken verwendet, von denen in zivilisierten Ländern in erster Linie Oliven-, Sesam-, Erdnuß-, Baumwollsamen-, Mohn- und Sonnenblumenöl, in zweiter Linie Rüb-, Lein-, Bucheckern-, Mais-, Kürbiskern- und Walnußöl in Gebrauch sind. In den exotischen Ländern werden noch viele andere Sorten Pflanzenöle genossen, die in Farbe, Geruch, Geschmack und Kältebeständigkeit unseren Anforderungen nicht entsprechen[1]).

Die Gewinnung und Verarbeitung der Pflanzenspeiseöle ist im allgemeinen gleich.

Die gereinigten Rohstoffe werden gemahlen bzw. gequetscht und entweder durch Pressen oder durch chemische Lösungsmittel (Schwefelkohlenstoff, Benzin u. a.) entfettet. Die Speiseöle werden durch Pressen gewonnen, weil dieses reinere Öle liefert und auch infolge des Fehlens von Verlusten an chemischen Lösungsmitteln billiger ist. Die durch kaltes Pressen bei niederen Temperaturen gewonnenen Fette gelten als die besseren.

Die Preßöle werden durch Filtration oder Zentrifugieren oder durch Fällen mit Gerbsäure, Alaun usw. von Eiweiß, Schleim, Harz befreit (gereinigt), durch Walkerde oder Kieselgur u. a. oder Oxydationsmittel (Ozon, Wasserstoffsuperoxyd usw.) entfärbt, durch Abkühlen auf 6—8° und tiefer von festen Glyceriden (Stearin) befreit, d. h. demargariniert.

Man unterscheidet Einmachöle, wozu nur die besten verwendet werden, wie ebenso zu den Tafel- und Salatölen, während an die Koch-, Back-, Brat- und Appreturöle (z. B. letztere für Brote und Kaffee) keine so hohen Anforderungen gestellt werden. Am meisten geschätzt wird unter den Pflanzenölen:

a) Olivenöl (Baumöl). Es wird aus dem Fruchtfleisch, meistens aus dem Fruchtfleisch und Samenkern des Olivenbaumes (Olea europaea L.) durch Auspressen gewonnen.

Das aus dem Fruchtfleisch freiwillig ausfließende oder durch schwache Pressung erhaltene Öl, das 75—80% der frischen Frucht ausmacht, heißt auch Jungfernöl, Provenceröl, Aixeröl oder Nizzaöl und wird für das beste gehalten. In Handelskreisen werden das aus dem Fruchtfleisch allein und das aus den Kernen gewonnene Fett für nicht wesentlich verschieden gehalten. Die Güte des Olivenöles hängt wesentlich von der Stärke der Pressung ab; das der ersten Pressung ist besser als das der Nachpressungen, welches auch Nachmühlenöl oder Höllenöl genannt wird.

---

[1]) Giftige Öle und Fette bzw. solche, die eine besondere Nebenwirkung besitzen, wie z. B. Ricinusöl, Crotonöl, Njamlungöl und Hydnocarpusfett, sind natürlich vom Genuß ausgeschlossen.

Ein mit Grünspan gefärbtes Olivenöl wird im Handel Malagaöl genannt. Olivenöl wird als vitaminfrei bezeichnet.

b) Sesamöl. Sesamöl ist das durch Pressen der schwarzen und weißen Samen von Sesamum indicum und S. orientale (mit 50—55% Fett) gewonnene Fett.

Es besteht aus den Glyceriden der Palmitinsäure, Stearinsäure, Ölsäure sowie Leinölsäure und enthält in dem Unverseifbaren (0,95—1,32%) außer Phytosterin zwei wohl gekennzeichnete Körper, von denen der eine, das Sesamin, schön krystallisierende, bei 123° schmelzende Nadeln bildet und die verhältnismäßig hohe Rechtsdrehung des Öles (+1,9° bis +4,6°) verursacht, während der zweite, ein Öl, das H. Kreis für einen phenolartigen Körper hält, dem er den Namen Sesamol gibt, die Ursache der Rotfärbung mit Furfurol und Salzsäure ist.

c) Baumwollsamenöl (Cottonöl, Baumwollsaatöl, auch Nigeröl genannt). Baumwollsamenöl ist das aus dem Samen verschiedener Arten der Baumwollstaude (Gossypium, mit 17—25% Fett) durch Pressung gewonnene und gereinigte Öl.

Das rohe Baumwollsaatöl ist dunkelorange bis rotbraun gefärbt; es findet als solches keinerlei Verwendung. Das raffinierte Öl besitzt in der Regel eine hellgelbe Farbe. Es wird in ihm Vitamin A, nach anderen auch Vitamin B angenommen.

d) Erdnußöl (Arachis-, Madras-, Erdeichel-, Achantinus- oder Katjanöl). Erdnußöl ist das aus den Samen der Erdnuß (Arachis hypogaea L. mit 35—50% Fett) nach Entfernung der Samenhaut und der Keime gewonnene Öl.

Die Reinigung beschränkt sich meistens nur auf eine Filtration.

Es ist vor allen anderen Speisefetten und Ölen chemisch dadurch gekennzeichnet, daß es neben Glyceriden der Ölsäure, Leinölsäure und Stearinsäure Arachinsäure ($C_{20}H_{40}O_2$) und Lignocerinsäure ($C_{24}H_{48}O_2$) in Mengen von etwa 5% enthält. Es wird als Vitamin A-haltig bezeichnet.

e) Mohnöl. Mohnöl ist das aus den Samen des Mohnes (Papaver somniferum L. mit 40—55% Fett) gewonnene Öl. Der Mohnsamen muß durch Bürstmaschinen vor der Pressung sorgfältig gereinigt und tunlichst frisch verwendet werden.

Das durch die erste kalte Pressung aus guter und gut gereinigter Mohnsaat erhaltene Öl bildet ein beliebtes Speiseöl; das durch die heiße Nachpressung erhaltene „rote Mohnöl" ist als Speiseöl nicht geeignet.

f) Sonnenblumensamenöl (Sonnenblumenöl). Sonnenblumenöl ist das aus den geschälten Samen der Sonnenblume (Helianthus annuus L. mit 25—35% Fett) gewonnene Öl.

Nur die erste kalte Pressung liefert ein gutes und beliebtes Speiseöl.

Es gehört wie das Mohnöl zu den trocknenden Ölen und enthält die Glyceride derselben Fettsäuren.

g) Rüböl (Rapsöl, Kohlsaatöl, Kolzaöl). Rüböl ist das aus Samen verschiedener Brassica-Arten (mit 33—42% Fett) gewonnene und gereinigte (raffinierte) Öl.

Die Brassicaöle sind gekennzeichnet durch den Gehalt des Öles an Erucasäure ($C_{22}H_{42}O_2$). Die früher als Rapinsäure ($C_{18}H_{34}O_2$) bezeichnete Säure ist eine Isomere der Ölsäure mit 2 Atomen O.

h) Leinöl (Flachsöl). Leinöl ist das aus dem Leinsamen (Linum usitatissimum L. mit 33—42% Fett) gewonnene Öl.

Das kalt gepreßte, gereinigte Leinöl dient im frischen Zustande in einigen Ländern als Speiseöl. Es ist citronengelb gefärbt, von eigenartigem Geruch, aber mildem Geschmack; bei der Aufbewahrung wird es bitterschmeckend.

Es gehört zu den trocknenden Ölen und enthält Vitamin A.

i) Bucheckernöl (Buchenkernöl, Buchelnußöl, Buchelöl). Bucheckernöl ist das aus den Samen der Rotbuche (Fagus silvatica L. mit 25 bis 30% Fett) gewonnene Öl.

k) Kürbiskernöl. Kürbiskernöl ist das aus den Samen des gemeinen Kürbisses (Cucurbita pepo L. mit rund 40% Fett) gewonnene Öl.

l) Maisöl (Kukuruzöl). Maisöl ist das aus den bei der Stärkefabrikation entfernten Samenkeimen des Maises (Zea Mais L.) gewonnene und gereinigte Öl.

Die Maiskeime, die im reinen Zustande 33—36%, im technisch gewonnenen Zustande 15—18% Fett enthalten, werden entweder gepreßt oder mit Fettlösungsmitteln ausgezogen.

Neben den drei üblichen Fettsäuren, Stearin-, Palmitin- und Ölsäure, werden auch Arachin- und Hypogäasäure, als flüssige Säuren Linol- und Ricinolsäure, als flüchtige Säuren Capron-, Capryl- und Caprinsäure angegeben.

m) Walnußöl (Nußöl) ist das aus den Samen der Walnuß (Juglans regia L. mit 54,0—64,0% Fett) gewonnene, sehr geschätzte Speiseöl. Die Nüsse müssen 2—3 Monate lang gelagert haben.

12. Gehärtete Öle. Unter „gehärteten Ölen" versteht man die durch Hydrierung, Anlagerung von Wasserstoff an die ungesättigten Fettsäuren, aus dem flüssigen in den festen Zustand übergeführten Öle bzw. Fette, indem die ungesättigten Fettsäuren (Ölsäure, Leinölsäure, Linolensäure) in Stearinsäure umgewandelt werden. Die Anlagerung von Wasserstoff geschieht allgemein mit Hilfe eines Katalysators (Kontaktsubstanz, meistens metallisches Nickelpulver, Nickeloxyde, auch Nickelsalze, Platin, Palladium, Iridium) bei Temperaturen, die zwischen gewöhnlicher Lufttemperatur bis 160° schwanken und um so niedriger sein können, je höher der Druck ist.

Je nach dem Grade der Hydrierung findet eine teilweise oder vollständige Sättigung der ungesättigten Fettsäuren statt; so kann z. B. aus Triolein Dioleostearin, Oleodistearin und Tristearin, aus Dioleopalmitin entweder Oleostearopalmitin oder Distearopalmitin entstehen und können Fette von verschiedener Konsistenz, wie Schmalz, Oleomargarine, Talg, hergestellt werden.

Die Sterine, Cholesterin, Phytosterin, und auch Vitamine werden durch mittelmäßiges Hydrieren bei niedriger Temperatur nicht oder nur wenig verändert. Durch starkes Hydrieren bei höherer Temperatur kann auch für diese eine Veränderung eintreten.

C. Nahrungs- und Genußmittel aus dem Pflanzenreich.

I. Mehle und ihre Rohstoffe.

Die Mehle werden fast ausschließlich aus den Getreide- (Zerealien-) Samen (einschließlich Buchweizen, einer Polygonacee) und Hülsenfrucht- (Leguminosen-) Samen, gewonnen. Hierzu gesellen sich noch vereinzelt Mehle von entfetteten Ölsamen (Sojabohnen), von Kastanien, Bananen u. a.

1. Die Rohstoffe.

1. Die Getreidesamen (Gramineen): Weizen, Roggen, Hafer, Gerste, Mais, Reis, Sorghohirse, Kolben- und Rispenhirse, ferner auch der Ähnlichkeit des Mehles wegen der Buchweizen (Knöterichgewächs).

Das Getreidekorn ist wie der Buchweizen von Spelzen umschlossen und besteht unter den Spelzen aus vorwiegend 4 Schichten bzw. Bestandteilen: a) der äußeren Haut, b) der Kleberschicht, c) dem Mehlkern, d) dem Keim. Während erstere 3 Bestandteile schichtweise übereinanderliegen, befindet sich der Keim seitlich in einer Mulde des Mehlkernes.

Die Samen kommen im Handel teils mit Spelzen, wie Speltweizen, Gerste (bespelzte), Hafer und Hirse von Spelzen umschlossen, oder wie Nacktweizen, Roggen, Nacktgerste, Mais und Reis entspelzt vor.

Das Getreidekorn wird vom Menschen stets in entschältem (entspelztem) Zustande, meistens auch von Haut, Kleberschicht und Keim befreit, verzehrt. Der jährliche Verbrauch an Getreide kann zu 100—130 kg für den Kopf der Bevölkerung oder zu 150—200 kg für den Kopf eines Erwachsenen angenommen werden.

Chemische Zusammensetzung. Die Getreidearten sind besonders reich an Stärke, wovon sie bei 10—13% Wasser 50—70% enthalten; der Gehalt an Protein schwankt zwischen 8—15%, der an Fett zwischen 1—2%, nur Hafer und Mais enthalten mehr Fett, nämlich 4—6%.

Die Mineralstoffe (Asche, 1—2%) bestehen vorwiegend aus phosphorsaurem Kali. Unter den Mineralstoffen walten die Säure-Ionen vor.

Die Getreidearten unterscheiden sich von allen Nahrungsmittelrohstoffen dadurch, daß sie in Alkohol lösliche Proteine enthalten; diese bestehen bei dem Weizen aus 3 verschiedenen Proteinen (Glutenfibrin, Gliadin und Mucedin), die zusammen mit dem alkoholunlöslichen Glutenin den Kleber bilden, der 60—85% des Gesamtweizenproteins ausmacht. Die anderen Getreidearten enthalten nur ein in Alkohol lösliches Protein und liefern keinen Kleber.

Aber auch sonst sind die Proteine der Getreidearten sehr verschieden; die meisten sind biologisch nicht vollwertig, indem ihnen der eine oder andere Aminobaustein (meistens Lysin oder Cystin oder beide) zum Aufbau des Körperproteins zum Wachstum fehlt (S. 5). Sie werden erst vollwertig durch geringe Beigaben tierischer Proteine (Milch, Eier, Fleisch) oder des fehlenden Aminobausteins. Indes wenige (Roggen, Gerste oder ein Gemisch mehrerer Getreidearten) scheinen imstande zu sein, das Stickstoffgleichgewicht beim Erwachsenen erhalten zu können. Das Protein des protein- und fettreichen Keimlings wird bei den Getreidearten als höchstwertig bezeichnet.

In ähnlicher Weise sind die Vitamine in den Getreidekörnern verteilt:

Vitamin	Ganzes Korn	Keim	Kleberschicht	Endosperm (Feinstes Mehl)	Spelzen, Hülsen
A	wenig	reichlich	wenig	Spur	0
B	z. viel	z. viel	z. viel	Spur	0
C	Spur	mäßig	Spur	Spur	0

Das Vitamin C bildet sich vorwiegend beim Keimen und ist im Keimling enthalten. Die Spelzen bzw. Schalen sind für die menschliche Ernährung völlig wertlos, und die wertvollen Bestandteile des Getreidekornes (Proteine und Fett) werden bei der Herstellung der Mehle durch Abtrennung der Haut- und Kleberschicht meistens entfernt.

2. Die Hülsenfrüchte. Hiervon kommen für den deutschen Lebensmittelmarkt vorwiegend in Betracht (Tabelle Nr. 358—365): Bohnen (Puff- oder Feldbohnen, Vicia Faba und Schmink- und Vitsbohnen, Phaseolus in vielen Spielarten), Erbsen, Linsen, Lupinen und Sojabohnen; in den letzten Jahren haben auch vielfach die Mondbohne (Phaseolus lunatus) von Java, die indische Rundbohne und die rote Rangoonbohne Anwendung gefunden. Diese 3 tropischen Bohnen enthalten 0,004—0,24% Blausäure (S. 11); wenn sie trotzdem meistens nicht schädlich gewirkt haben, so liegt das daran, daß sie beim Behandeln mit Wasser und beim Kochen die Blausäure zum größten Teile leicht verlieren.

Die gebräuchlichsten einheimischen Hülsenfrüchte werden sowohl als reife Samen als auch im unreifen Zustande (Puffbohnen und Erbsen) oder als grüne Hülsen (Salatbohnen, Schneidbohnen von Phaseolusarten) verwendet.

Im anatomischen Bau unterscheiden sich die Hülsenfrüchte von den Getreidearten dadurch, daß die Samen in einfächerigen, zweiklappigen Hülsen sitzen und nackt sind. Das Nährgewebe besteht aus zwei fleischigen, dicken, meist stärkereichen Keimblättern (Kotyledonen) des Embryos. Wie bei den Getreidearten die Aleuronschicht den Mehlkern, so umschließt auch hier den Stärkekörper eine proteinreiche Schicht, aber diese ist mit den Stärkezellen so fest verwachsen, daß sie beim Schälen mit ihnen verbunden bleibt und mit ins Mehl übergeht. Aus dem Grunde sind die Hülsenfruchtmehle so reich an Protein wie der natürliche Samen.

In chemischer Hinsicht sind sie dadurch von den Getreidearten verschieden, daß sie erheblich mehr Protein, nämlich Bohnen, Erbsen, Linsen, Wicken durchweg zweimal (23—25%), Lupinen, Sojabohnen rund dreimal (33 bis 37%) mehr Protein, dagegen entsprechend weniger Kohlenhydrate enthalten als die Getreidearten.

Die Proteine, wegen derer die Hülsenfrüchte besonders geschätzt werden, sind aber noch weniger als die der Getreidearten biologisch vollwertig (S. 6). Sie liefern bei der Hydrolyse reichliche Mengen Diaminosäuren (besonders Arginin), aber kein oder zu wenig Cystin. Die Proteine bestehen vorwiegend aus Globulinen (S. 7), die je nach der Hülsenfruchtart verschiedene Namen führen, aber in der Konstitution mehr oder weniger gleich sind.

Ob in den Hülsenfrüchten auch Albumin vorhanden ist, ist zweifelhaft. Dagegen befindet sich in ihnen verhältnismäßig viel Nuclein; die Nichtproteine betragen 6—15% des Gesamtstickstoffs.

Durch höheren Fettgehalt sind nur die Lupinen (3,0—7,5%) und Sojabohnen (15,0—23,0%) ausgezeichnet; die anderen Hülsenfrüchte enthalten nur 1,5—2,5% Fett, aber verhältnismäßig viel Lecithin (0,80—1,50% in der Trockensubstanz), das aus ihnen sogar technisch dargestellt wird.

Die Kohlenhydrate sind auch hier vorwiegend durch Stärke vertreten; nur ist letztere in geringerer Menge als in den Getreidearten vorhanden; in den reifen Sojabohnen fehlt sie vielfach ganz.

Die Hülsenfrüchte sind reicher an Asche und in dieser reicher an Kali und Kalk, dagegen etwas ärmer an Natron, Magnesia und Phosphorsäure als die Getreidearten; indes überwiegen in den Mineralstoffen auch hier die Säure-Ionen, so daß sie erst durch Zusatz von Calciumcarbonat und Kochsalz ein richtiges Verhältnis von Basen und Ionen annehmen.

Die Hülsenfrüchte gelten allgemein als schwer verdaulich; das bezieht sich aber vorwiegend nur auf die Stickstoffsubstanz. Durch Kochen mit kalkreichem, hartem Wasser soll sich nach früherer Ansicht eine unlösliche Legumincalciumverbindung bilden oder eine Membranverhärtung auftreten; nach anderweitigen Versuchen soll die aus Pektinen bestehende Mittellamelle, welche die einzelnen Zellen zusammenklebt, nicht durch Kochen mit hartem Wasser, wohl aber nach Zusatz von Ammoniak oder Natriummono- oder -bicarbonat gelöst werden. Durch die alkalische Beschaffenheit des Kochwassers werden aber auch die Vitamine vernichtet. Man soll daher zum Kochen der Hülsenfrüchte nur destilliertes Wasser oder filtriertes Regenwasser anwenden.

Die reifen Hülsenfrüchte enthalten geringe Mengen Vitamin A, genügende Mengen Vitamin B, während sich Vitamin C erst beim Keimen bildet, wodurch auch die Verdaulichkeit der Proteine erhöht werden soll. Die unreifen Samen von Erbsen und Bohnen, ebenso die unreifen Schoten (Schneid- und Salatbohnen) sind ungleich reicher an Vitamin A und B und enthalten auch Vitamin C. Durch Kochen, Trocknen und Lagern nehmen die Vitamine wie überall ab.

3. Ölgebende Samen. Von diesen (Tabelle Nr. 366—378) werden einige direkt (z. B. die Nußarten, Mandeln, Bucheckern, Mohnsamen), andere erst nach Entfettung und nach Vermischung mit anderen Mehlen (z. B. Erdnüsse, Baumwollesamen, Sesamsamen, Sojabohnen) genossen. Sie sind durch hohen Fett-, aber auch durch hohen Proteingehalt ausgezeichnet; die Kohlenhydrate treten gegen Fett und Protein zurück. Die Hasel-, Walnuß, der Samenkern der Cocosnuß u. a. können als Ersatz der Mandeln dienen.

Die Proteine (Globuline) von Haselnuß, Walnuß, Zembranuß, Paranuß, Erdnuß, Mandeln und Baumwollsamen werden als biologisch vollwertig

(S. 5 u.f.) bezeichnet. Von dem Vitamin A enthalten die Ölsamen nur wenig, von B genügende Mengen, von C nur Spuren oder gar nichts.

4. Seltenere Samen und Früchte. Hierzu sind zu rechnen: Kastanien (Maronen, Castanea vesca L.), Johannisbrot (Karoben, Seratonia siliqua), Banane [unreife[1]) Frucht von Musa paradisiaca, wovon das Bananenmehl gewonnen wird], Reismelde (Chenopodium Quinoa), Zuckerschotenbaum (Gleditschia glabra), Dschugara (Körnergewächs), Wassernuß (Fruchtkerne von Trapa natans L.) u. a.

Von den Kastanien, aus denen Mehl hergestellt zu werden pflegt, heißt es, daß sie reichlich Vitamin B, Vitamin A und C aber nur in Spuren enthalten.

Die Behauptung, daß das Bananenprotein biologisch unzureichend sei, findet ihre Widerlegung darin, daß in den Erzeugungsländern Genesende, die am gelben Fieber erkrankt waren, durch 30—40 Bananen wieder zu Kräften kamen und daß man nach Angewöhnung von Bananen und Butter recht wohl leben kann. Über den reichlichen Gehalt der reifen[1]) Bananenfrucht an Vitaminen vgl. unter Früchten.

2. Mehle.

Unter „Mehl" im engeren Sinne versteht man die durch den Müllereibetrieb hergestellten feinpulverigen Mahlerzeugnisse der Getreidesamen. Im weiteren Sinne und im Sinne des Nahrungsmittelgesetzes rechnet man aber zu den Mehlen alle von Schalen, Hülsen und Gewebsresten tunlichst befreiten Mahlerzeugnisse von solchen Samen, die zur Ernährung des Menschen dienen.

Bei den Getreidearten bestehen die hochfeinen Mehle fast nur aus dem Nährgewebe; bei den Leguminosen aus den Keimlappen, weil bei ihnen ein besonderes Nährgewebe fehlt.

Aus dem Grunde ist die Verarbeitung der beiden Rohstoffarten nicht nur verschieden, sondern die Zusammensetzung der Mehle im Vergleich zum Samen verhält sich ebenfalls verschieden (S. 63).

1. Das Mahlverfahren. Das frischgeerntete Getreide ist meistens noch nicht zum Mahlen geeignet. Es wird durch Lagerung oder auch durch künstliche Wärme erst von überschüssigem Wasser befreit, d. h. von 15—20% Wasser des frischen Getreides auf 12—14% gebracht. Das gelagerte und getrocknete Getreide wird dann der Vor- und Hauptreinigung unterworfen. Bei der Vorreinigung dienen z. B. Schrollensiebe zur Entfernung von Stroh, Spagat usw., Tarar (Aspirator) zum Wegblasen von gebrochenen, tauben Körnern, Staub, Trieurs zum Absieben vom Ausreuter (Unkrautsamen), Magnetapparat zur Beseitigung von Eisenteilen.

Bei der Hauptreinigung, welche sich auf das Korn selbst erstreckt, werden durch besondere Vorrichtungen Staub, Samenschale bzw. -haut, Haare (Bart), Keim und rohfaserreiche Spitze entfernt. Erst das so vorgereinigte Korn wird der Mahlung unterworfen, und zwar:

a) der Flach- oder Mehlmüllerei; sie ist vorwiegend bei Roggen in Gebrauch. Bei dem Flachmahlverfahren sind die Mahlsteine oder Walzen nahe zusammengerückt, und das gereinigte Korn wird durch eine Mahlung zerquetscht, worauf die erhaltene Masse durch verschiedene Siebzylinder und Separationstrommeln in Mehl, Dunst, Grieß und Kleie zerlegt wird. Nach diesem Verfahren wird daher im wesentlichen nur eine Mehlsorte gewonnen.

---

[1]) Die unreife Bananenfrucht enthält reichlich Stärke, die bei der Reife in Zucker übergeht.

b) Hoch- oder Grießmüllerei. Hierbei stehen die Mahlsteine oder Walzen weiter voneinander ab; das Korn durchläuft nach und nach Mahlvorrichtungen mit näher gestellten Steinen bzw. Walzen, indem eine stufenweise Zerkleinerung des Kornes angestrebt wird.

Das geputzte und geschälte Korn wird zunächst durch Annäherung der Mahlsteine in Schrot, Grieß, Dunst und Mehl (Bollmehl) zerlegt, welche durch Sortierzylinder getrennt werden. Der Grieß und Dunst, welche noch mit Kleieteilchen vermengt sind, werden in Putzmaschinen einem Luftstrome ausgesetzt, wodurch die leichtere Kleie entfernt wird und die schweren Grieße und Dunste zurückbleiben.

Diese letzteren liefern bei weiterer Zerkleinerung 8 verschiedene Mahlstufen und zuletzt das feinste Mehl, auch „Auszugsmehl" genannt.

c) Entschälungs- (Dekortikations-) Verfahren. Da bei den beiden ersten Verfahren die protein- und fettreichsten Teile (Kleberschicht und Keim) des Getreidekorns mit in die Kleie übergehen, so hat man auch vielfach versucht, diese beiden wichtigen Teile dadurch für die menschliche Ernährung mit zu gewinnen, daß man das Getreidekorn (Weizen und Roggen) bloß von der Samenschale befreit, entschält (Verfahren von Steinmetz, Uhlhorn u. a.). Nach letzterem wird das Korn angefeuchtet, die losgelöste Schale durch Schälgänge abgetrennt, durch Luftstrom weggeblasen und schließlich das entschälte Korn durch Luftstrom getrocknet.

Unter normalen Verhältnissen ist indes nach M. Rubner die Verwendung eines kleiehaltigen bzw. -reichen Mehles oder Brotes nicht notwendig, weil das Tier die Kleie für Erzeugung von Fleisch und Fett höher ausnutzt als der Mensch und die Summe der bei verschiedenen Ausmahlungsgraden gewonnenen ausgenutzten Calorien nahezu gleich ist, wenn die Mehle bzw. das Brot daraus vom Menschen, die Abfälle dagegen vom Tiere verzehrt werden (vgl. unter Ausnutzung der Nahrung S. 145).

d) Sonstige Verfahren. Das Getreidekorn (Roggen) wird gereinigt, mit Wasser gewaschen, dann völlig eingeweicht, in einer Walzenmaschine zerquetscht, der Teig mittels Pressen durch Scheiben von 2,0 und 1,5 mm Maschenweite getrieben, so von Kleie befreit und schließlich nach Säuerung mit Sauerteig verbacken (Gelinck). Das Simonbrot erhält noch einen Zusatz von 10% gemälzten Weizenkörnern. Klopfer zerkleinert wie das ganze Korn schließlich auch die Kleie stufenweise auf trockenem Wege und erhält so das Kernmark- oder Karabrot aus ganzem Korn.

Finkler behandelt die abfallende Kleie erst mit 1proz. Kochsalzlösung in kalkhaltigem Wasser, zerkleinert sie dann auf Raffineuren oder Walzen, setzt die zerkleinerte Kleie dem Mehl wieder zu und erhält so sein Final- oder Finklanmehl.

Die Hülsenfrucht- (und auch Hafer-) Mehle werden durchweg in der Weise gewonnen, daß man die Körner entweder mit Wasser durchfeuchtet oder dämpft, entschält, dann darrt und erst nach dem Darren vermahlt. Nur so läßt sich der meist zähe Mehlkern in ein feines Mehl überführen.

2. Mahlerzeugnisse. Die Mahlerzeugnisse (Tabelle Nr. 379—409) sind je nach dem Mahlverfahren wie auch nach der angewendeten Samenart nicht wenig verschieden.

a) Weizenmehl. Beim Vermahlen des Weizens, der nach Rubners Versuchen von 1 ha 20% mehr verdauliche Stoffe und 70% mehr verdauliches Protein liefert als Roggen, unterscheidet man 8—12 verschiedene Mahlerzeugnisse, nämlich außer den Abfällen:

Boll- oder Pollmehl (gewebsreiches Mehl), Kehr- oder Fußmehl (das auf dem Fußboden sich ansammelnde Mehl), Kleie, nämlich Schalenkleie (aus Schalen und Hülsen), Grandkleie (mit mehr Mehlanteil und feinpulveriger), Keimkleie (Hülsen mit Keim) und wertlose Flugkleie (Oberhautschicht und Bart),

6—8 verschiedene Mehlsorten, nämlich: in Deutschland Kaiserauszugmehl (bis 30% des Korns) Nr. 000 als feinste Sorte, Auszugmehle, helle (Nr. 00), dunkle (Nr. 0), Bäckerauszug Nr. 1 und 2, Mundmehl Nr. 3, Semmelmehl Nr. 4 (bis 70% des Korns) und Nachgang; in Österreich-Ungarn dagegen hat man von Kaiserauszug 00 anfangend mit den weiteren Nr. 0 bis Nr. 9 (Futtermehl) 12 verschiedene Weizenmehltypen eingeführt.

Man unterscheidet ferner:

feines, glattes oder geschliffenes Mehl: ein feinstkörniges Mehl (Nr. I), welches sich zwischen den Fingern flaumig, schlüpfrig und außerordentlich weich anfühlt; es dient vorwiegend für den Küchengebrauch;

griffiges (einfach- und doppeltgriffiges) Mehl: ein grobkörnigeres bzw. gröberes Mehl, welches sich zwischen den Fingern rauh, körnig und feingrießig anfühlt; es wird von den Bäckereien vorgezogen, weil es leichter Wasser aufnimmt.

Grünkernmehl oder Grünkerngraupen werden aus unreifem, gedörrtem Spelzweizen gewonnen.

Auf den verschiedenen Gehalt der einzelnen Teile des Getreidekornes an Vitaminen habe ich schon oben S. 63 hingewiesen; aber auch im Gehalt an Nährstoffen sind sie sehr verschieden; man kann wohl sagen, daß die Weizenmehle, die vorwiegend nur aus dem Endosperm des Kornes bestehen, um so ärmer an Protein, Fett, Mineralstoffen (Kalk und Phosphorsäure), an katalytischer Kraft und Vitaminen sind, je feiner und weißer sie aussehen.

Die anderen Getreidearten verhalten sich ähnlich wie der Weizen; nur werden von ihnen nicht soviel und andere Mahlerzeugnisse als vom Weizen gewonnen.

b) Roggenmehl. Man unterscheidet beim Roggen außer der Kleie (23% des Kornes) meistens nur 2 Mehlsorten, Vordermehle (0) und Vollmehle (0/I). Selbst das feinste Roggenmehl (30% des Kornes) sieht immer noch weniger weiß aus als die mittleren Sorten Weizenmehl.

c) Gerstenmehl. Die Gerste wird in der Küche meistens nur als Gerstengraupen (Rollgerste = geschälte, polierte, rundliche Teilkörner) oder als Gerstengrieß (feinere, rundliche oder eckige Bruchstücke von harten Körnern), seltener als Gerstenschleimmehl (feinst gemahlenes Gerstenmehl) verwendet.

d) Hafermehl. Der Hafer findet in der Küche meistens nur als Hafergrütze (enthülste, gebrochene Körner) bzw. als Grützemehl oder als Haferflocken bzw. gewalzte Haferkerne bzw. Quäker Oats (aus geschälten, mit Maschine zerquetschten Haferkörnern) Verwendung.

e) Maismehl. Das Maiskorn wird von der äußeren Hülle, dem Keim und dem dunkeln Häutchen befreit und dann außer auf verschiedene andere Stoffe (Stärke, Maltose, Alkohol u. a.) wie die einheimischen Getreidearten auf Grieß und Mehl (Polentagrieß, Polentamehl u. a.) verarbeitet.

f) Reismehl bzw. Kochreis. Kochreis ist entschälter und polierter Reis, d. h. das von der äußeren Hülse und der darunter befindlichen Silberhaut befreite Reiskorn. Die Bruchkörner bilden den sog. Bruchreis, der als Grieß und Mehl oder zur Stärke- und Branntwein- und Bierfabrikation Verwendung findet.

g) Hirsemehl. Die Hirsen pflegen wie die Gerste auf Grieß und Mehl verarbeitet zu werden.

h) Buchweizenmehl. Dasselbe ist beim Buchweizenkorn der Fall. Ein mit Reismehl oder einem anderen Getreidemehl versetztes Buchweizenmehl wird vielfach auch Buchweizengrützemehl oder einfach „Grützenmehl" genannt.

i) Hülsenfruchtmehl. Von den Hülsenfrüchten wird nur eine Sorte Mehl gewonnen, welches, wie schon S. 63 gesagt ist, die gleiche Zusammensetzung wie der ganze Samen besitzt. Aus dem Grunde enthalten die Hülsenfruchtmehle zum Unterschiede von den Getreidemehlen dieselbe Menge Vitamine als die ursprünglichen Samen. Beim Lagern nehmen diese ab. Die Erbsen kommen auch in entschältem Zustande in den Handel.

k) Sonstige Mehle. Die Ölsamen, die, wie z. B. Sojabohnen, Erdnüsse, Baumwollsamen u. a., zur Mehlbereitung verwendet werden, werden vorher entfettet; Haselnußmehl wird auch ohne Entfettung verwendet, Kastanien werden vorher gedämpft.

„Paniermehl" ist als ein ausschließlich aus Weizenmehl durch Einteigen, Backen, Rösten (Trocknen) und Mahlen herzustellendes Erzeugnis aufzufassen.

Streu- oder Staubmehle sind die in der Bäckerei zum Bestreuen des Teiges bzw. der Brotlaibe beim Umwenden oder Einbringen desselben in den Backofen verwendeten Mehle; es sind großenteils geringwertige Weizen-, Mais- oder Kartoffelmehle bzw. Kleien; unter Umständen verwendet man auch gepulvertes Holz oder die Abfälle von der Bearbeitung des sog. „vegetabilischen Elfenbeins", das sog. Korossusmehl, oder auch entleimtes Knochenmehl (Futterkalk) oder Kieselgur.

Als Verunreinigungen kommen in den Mehlen vor: Ton, Sand, Staub, Pilze, Pilzsporen und Teile von Unkrautsamen. Als verdorben sind anzusehen: Mehle aus ausgewachsenem Getreide, verschimmeltem oder mit Milben bzw. mit Kleinwesen durchsetzte Mehle.

Als Verfälschungen sind zu bezeichnen:

1. Untermischung geringwertiger Mehle unter bessere, ohne daß aus der Bezeichnung die Mischung hervorgeht.
2. Zusatz von Alaun, Kupfer- und Zinksulfat zur Verbesserung der Beschaffenheit des Klebers und zur Erhöhung der Backfähigkeit.
3. Anwendung von Poliermitteln (Talkerde u. a.) bei Graupen in solcher Weise, daß noch wägbare Mengen des Poliermittels an den Graupen haften bleiben.
4. Bleichen mittels ozonisierter Luft, schwefliger Säure, Chlor, Kaliumpersulfat oder Kaliumbromat. Von letzteren beiden Bleichmitteln (bzw. Mitteln zur Erhöhung der katalytischen Kraft und der Backfähigkeit) sollen indes schon äußerst geringe Mengen (10—20 mg für 1 kg) genügen, so daß deren Mengen nicht schädlich wirken. Aus dem Grunde ist neuerdings auch die Anwendung von Benzoylsuperoxyd und Nitrosylchlorid, die im Auslande gebräuchlich sind, zum Bleichen der Mehle gestattet worden (vgl. auch unter Brot S. 76).
5. Auffärbung mit künstlichen Farbstoffen wie Anilinblau u. a.
6. Beschwerung mit Mineralstoffen (Gips, Kreidemehl u. a.); Bariumcarbonat auch sehr giftig.

3. Besonders zubereitete Mehle, Mehlextrakte.

1. Kindermehle. Unter „Kindermehle" versteht man im allgemeinen Gemische von eingedickter (kondensierter) Milch mit aufgeschlossenen, d. h. verzuckerten bzw. dextrinierten Mehlen. Die Zubereitung der Mehle wird in sehr verschiedener Weise zu erreichen gesucht, entweder nach der ursprünglichen v. Liebigschen Vorschrift durch Verzuckern der Stärke des Weizenmehles mit Malz oder durch Behandlung der Mehle mit verdünnten, nicht sehr flüchtigen Säuren bei einer Temperatur von 100—125°, wodurch die Stärke in Dextrin übergeführt wird. In beiden Fällen wird die Säure durch Zusatz von Natrium- oder Calciumcarbonat wieder abgestumpft.

Auch pflegt man die Mehle wohl in der Weise aufzuschließen, zu dextrinieren, daß man die Körner (Weizen-, Hafer- und Leguminosenkörner) mit Wasser durchfeuchtet, unter 2 Atmosphären Druck im Wasserdampf kocht, mehr oder weniger stark darrt, von Schalen befreit, vermahlt und siebt. In anderen Fällen dickt man die Milch erst ein, rührt mit Mehl zu einem Teig an, verbackt zu Zwieback und verarbeitet diesen weiter.

Vielfach wird indes gar keine Milch mitverwendet oder der Mehlbestandteil erfährt gar keine Aufschließung, die Kohlenhydrate bestehen fast ganz aus roher Stärke (unlöslichen Kohlenhydraten).

Ohne Mitverwendung von Vollmilch lassen sich überhaupt keine einigermaßen befriedigenden Kindermehle herstellen, weil alle Getreide- und auch Hülsenfruchtmehle keine biologisch vollwertigen Proteine, keine basischen Mineralstoffe und keine bzw. nicht genügende Mengen Vitamine enthalten.

Ein Kindermehl soll neben 12—14% Protein, mindestens 5% Fett und 50% löslichen Kohlenhydraten nur etwa 20% unlösliche Kohlenhydrate und 0,5% Rohfaser enthalten. Auch der Gehalt an Kalk und Phosphorsäure (je etwa 0,5%) ist von Bedeutung. Die Vitamine, besonders das wachstumfördernde Vitamin A, wird nur bei sachgemäßer Eindampfung der Milch in genügender Menge vorhanden sein. (Vgl. Tabelle Nr. 410—425.)

2. Suppenmehle. Außer den mit Fleisch, Fleischextrakt und tierischem Fett versetzten und gepreßten Mehlen, die meistens Suppentafeln genannt werden (S. 52), gibt es im Handel noch verschiedene Erzeugnisse, die keine fremden Zusätze erhalten haben, oder Gemische von Mehlen unter sich (Hülsenfrucht- mit Getreidemehlen) oder mit Suppenkräutern bilden, also rein pflanzlichen Ursprungs sind. Durchweg sind die Mehle auch noch auf eine besondere Weise hergestellt, wodurch eine wenn auch nur geringe Dextrinierung und Verzuckerung der Stärke bewirkt und damit die Menge der in Wasser löslichen Stoffe erhöht wird.

Die Kraft- oder Eiweißsuppenmehle werden meistens aus Getreidemehl unter Zusatz von Klebermehl (Aleuronat aus Weizen), oder Roboratmehl (Reisprotein) oder Glutenmehl (Maisprotein), die bei der Stärkefabrikation abfallen, hergestellt.

Tapioka-Julienne oder Julienne sind Mischungen von Tapioka oder anderen Stärkemehlen mit verschiedenen Suppenkräutern.

Grünkernmehl oder Grünkernextrakt wird aus unreifem Spelzweizen gewonnen.

Zu den Suppenmehlen kann auch die Nährhefe gerechnet werden (vgl. hierüber S. 53).

Die unter den Namen „Kraftsuppenmehl", „Suppentafeln", sog. „Kraft und Stoff", „Revalesciere" u. a. vertriebenen Handelswaren sind nach ihrer Zusammensetzung nichts weiter als einfache Leguminosenmehle mit Salz und Gewürzen.

Die unter der Bezeichnung „Leguminose", Biskuit-Leguminose", Malto-Legumin", „Malto-Leguminose" von verschiedenen Fabriken angefertigten Nährmittel haben dieselbe Zusammensetzung und scheinen in derselben Weise, nämlich durch mehr oder weniger starkes Dämpfen, gewonnen zu werden. Leguminosenmalzmehl ist ohne Zweifel ein Gemisch von Hülsenfruchtmehl mit Malzmehl; Hygiama ein Gemisch von aufgeschlossenem Leguminosenmehl und Kakao; Odda[1]) ein Gemisch aus eingedickter Milch,

---

[1]) Odda gehört nach seinen Mischbestandteilen eher zu den Suppentafeln S. 52 oder Kindermehlen als in diese Gruppe.

aufgeschlossenem Weizen-, Hafermehl, Eidotter, Kakao und Rohrzucker; Racahout (aus dem Orient) desgl. aus Zucker, Kakao, Stärke, Mehl, Mandelmehl u. a.

3. Backmehl. Unter Backmehl versteht man ein mit Lockerungsmitteln versetztes Mehl, das ohne Zusatz von Hefe direkt eingeteigt und gebacken werden kann.

Die Lockerungsmittel sind meistens mineralischer Art, z. B. Natriumbicarbonat und primäres Calciumphosphat (J. v. Liebig), Natriumbicarbonat und Kaliumbitartrat oder statt dessen auch Weinsäure oder Citronensäure, mit und ohne Zusatz von Kaliumbitartrat, oder auch aus Hefe und Natriumbicarbonat u. a.

4. Puddingmehl und Cremepulver. Puddingpulver sind Gemische von Mehl oder Stärkemehl mit Gewürzen (Vanille, Gewürznelken, Zimt usw.), zuweilen unter Mitverwendung von etwas Mandelmehl und Eierpulver.

Die Cremepulver dagegen sind Gemische von Maisstärke usw. mit Streuzucker, trockenem Leimpulver und entsprechendem Pflanzenaroma (z. B. Himbeer, Citronen usw.), gefärbt mit roten bzw. gelben Anilinfarbstoffen.

5. Paniermehl. (Vgl. S. 68.)

6. Dextrinmehle. Es sind meistens dextrinierte Stärkemehle; die Dextrinierung geschieht entweder durch Darren der nur mit Wasser angefeuchteten Stärke bei 212—275° oder durch Darren der mit schwach angesäuertem Wasser versetzten Stärke bei 100—125°. Erstere Dextrinmehle sind meistens braun, letztere hellgelb bis weiß gefärbt.

7. Mehlextrakte. Die Mehlextrakte werden durch Ausziehen verzuckerter Mehle und Eindampfen der Auszüge im Vakuum hergestellt. Die Verzuckerung wird entweder durch die in den Getreidemehlen fast stets vorhandene Diastase oder durch Zusatz von Malzmehl oder Malzaufguß bewirkt. Der aus Gerstenmalzmehl selbst hergestellte Extrakt in fester Form, der Malzextrakt, darf nicht mit dem flüssigen Malzextraktbier, worin ein Teil der Maltose vergoren ist, verwechselt werden. Der Gerstenmalzextrakt, der als „Maltyl" in Mischungen mit Milch, Proteinen u. a. im Handel vorkommt, gilt nicht nur wegen seines angenehmen Geschmacks und seiner Wärmewerte, sondern auch wegen seines Gehaltes an Vitaminen, die sich beim Keimen der Gerste bilden, als ein besonderes Kräftigungsmittel.

Über die Zusammensetzung vorstehender Erzeugnisse vgl. Tabelle Nr. 426—458.

4. Stärkemehl.

Unter „Stärkemehl" versteht man die nicht nur von Spelzen bzw. Schalen bzw. Fasern bzw. sonstigen Zellelementen, sondern auch die von Stickstoffsubstanz, Fett und mineralischen Bestandteilen tunlichst befreiten, nur aus fast reiner Stärke bestehenden Erzeugnisse, die sowohl zur menschlichen Ernährung als zu technischen Zwecken verwendet werden. (Zusammensetzung vgl. Tabelle Nr. 459—464.)

Die Fabrikationsverfahren haben für alle Rohstoffe das gemeinsam, daß man die Rohstoffe vorher zerreibt oder zerquetscht und aus dem milchigen Brei die kleinen Stärkekörnchen durch feine Haarsiebe von den anhaftenden Schalen und Zellen des Rohstoffes abseiht und die sog. Stärkemilch durch häufiges Absetzenlassen in Bottichen (Dekantieren) oder durch Schlämmen mit Wasser auf einer schiefen Ebene (in langen Rinnen) oder in der Zentrifuge reinigt. Die gereinigte feuchte Stärkemasse wird dann in Trockenkammern getrocknet. Nach diesem allgemeinen Verfahren werden

1. Kartoffelstärke und auch die Stärke aus tropischen Gewächsen (Wurzelstöcken und Palmenstämmen) gewonnen.

Bei der Gewinnung der sonstigen Stärkesorten bedürfen die Rohstoffe noch besonderer Vorbehandlungen, nämlich:

2. Weizenstärke. Die Gewinnung der Weizenstärke wird vorwiegend nach zwei Verfahren bewirkt, nämlich 1. nach dem sog. Halleschen oder Gärungsverfahren und 2. nach dem Verfahren ohne Gärung bzw. Säuerung. Nach dem ersten Verfahren, welches sich nur für kleberarmen Weizen eignet, wird der Weizen unter zeitweiser Erneuerung des Wassers eingequollen, während nach dem zweiten Verfahren der zerquetschte oder gemahlene Weizen gleich mit Wasser ausgewaschen und der Kleber als solcher gewonnen wird.

3. Maisstärke. Das Maiskorn wird entweder vor der Verarbeitung auf Stärke der Länge nach von der breiten Seite nach der spitzen, der keimführenden Seite gespalten und dadurch der Keim mechanisch abgetrennt, der weiter auf Maisöl verarbeitet wird; oder das Maiskorn wird von Anfang an vor Entfernung des Keimes durchschnittlich 60 Stunden mit etwa 60° warmem Wasser, welches $^1/_4$—$^1/_3$% schweflige Säure (SO_2) enthält, eingeweicht und gequetscht, wobei Keim und Schale nicht mit zerkleinert werden. Statt der schwefligen Säure wird auch zum Einweichen des Kornes $^1/_{10}$ proz. Natronlauge verwendet. Der keim- und schalenfreie Mehlkern wird naß gemahlen, durch Sieben von Fasern gereinigt und der Brei weiter auf Stärke verarbeitet, wobei auch das Protein (Gluten genannt) besonders gewonnen wird.

4. Reisstärke. Das entschälte und polierte Reiskorn (meistens Bruchreis von der Tafelreisfabrikation) wird in hölzernen Bottichen mit 0,3—0,5 proz. Natronlauge oder einer entsprechend starken Sodalösung etwa 18 Stunden unter dreimaligem Umrühren eingequollen; dann wird die Flüssigkeit abgezogen und durch neue Lauge ersetzt, mit welcher der Reis noch etwa 12 Stunden in Berührung bleibt.

5. Arrowroot, Tapioka. Die Arrowrootstärke wird aus verschiedenen knolligen Wurzelstöcken tropischer und subtropischer Pflanzen gewonnen. Sie bildet ein sehr feines Mehl, gibt einen geruchlosen Kleister und ist leicht löslich. Wegen dieser Eigenschaften wird sie mit Vorliebe sowohl für medizinische Zwecke als auch zu Speisen und Backwaren sowie als Kindernahrungsmittel verwendet.

Unter Tapioka versteht man die im feuchten Zustande auf heißen Platten getrocknete Arrowrootstärke. Diese wird hierdurch körnig, teilweise verkleistert und in Wasser löslich. Meistens wird sie aus westindischem Arrowroot gewonnen.

Die Tapioka erfährt behufs Bereitung von Suppen und Mehlspeisen allerlei Zusätze; so besteht „Tapioca Crey“ aus Tapioka und gepulverten gelben Möhren, „Tapioca Julienne“ (vgl. S. 69) aus Tapioka und Suppenkräutern, während der „Tapioca au Cacao“ entfettetes Kakaopulver beigemischt ist.

6. Palmenstärke, Sago. Die Palmenstärke wird in Ost- und Westindien, Brasilien und Australien usw. aus dem Stammarke mehrerer Palmen (Sagus Königii, S. laevis Rumphii, der Zuckerpalme Arenga saccharifera usw.), wenn sie eine gewisse Höhe erreicht haben, gewonnen.

Die getrocknete Stärke wird wieder mit etwas Wasser angerührt und hieraus (wie aus Cassava- und Marantastärke Tapioka) der Sago gewonnen, indem man den Teig durch ein Metallsieb reibt, welches unmittelbar über erhitzten, mit einem pflanzlichen Fett bestrichenen kupfernen und eisernen Pfannen angebracht ist. Beim Erhitzen schwillt ein Teil des Stärkemehls an, wird in Kleister verwandelt, wodurch die übrigen Stärkekörnchen zusammenkleben, während das Wasser entweicht.

Der inländische oder Kartoffelsago als Ersatz des echten Sagos wird in ähnlicher Weise wie dieser aus Kartoffelstärke hergestellt.

5. Teigwaren.

Unter dem Namen „Teigwaren" faßt man eine Reihe von Erzeugnissen, wie Nudeln, Makkaroni, Gräupchen und Suppeneinlagen, zusammen, welche aus einem Teige von kleberreichem Weizenmehl oder Grieß ohne einen Gärungs- oder Backvorgang lediglich durch Trocknen hergestellt werden.

Der Teig aus Weizenmehl oder Grieß (Hartweizen) wird dünn ausgewalzt, in Streifen zerschnitten oder durch besondere Maschinen mit durchlöcherter Bodenplatte in Faden oder eine andere Form gepreßt und schließlich bei erhöhter Temperatur getrocknet. Durch Zusatz von Eiern erhält man die Eierteigwaren. Letztere mit dem regelrechten Zusatz von wenigstens 5—6 Eiern auf 1 kg Mehl werden aber bei hohen Eierpreisen immer seltener (vgl. Tabelle Nr. 465—467).

Für die Untersuchung und Beurteilung, ob Eier vorhanden sind, ist besonders wichtig die Bestimmung der Lecithinphosphorsäure (alkohollöslichen)[1]), des Fettes und auch des Proteins; hierbei kann auch die Prüfung auf Lutein und Cholesterin gute Dienste leisten.

6. Brot.

Unter Brot versteht man ein aus Mehl, Wasser und Salz oft unter Zusatz von Fett, Milch, Magermilch und Gewürzen, mit Anwendung von Auflockerungsmitteln, wie Hefe, Sauerteig, Backpulver, hergestelltes Gebäck.

Zwar lassen sich aus allen Mehlen Gebäcke herstellen, aber vorwiegend liefern nur Weizen- und Roggenmehl lockeres und schmackhaftes Brot. Deshalb werden auch diese Mehle fast ausschließlich zur Bereitung von eigentlichem Brot verwendet. Je nach den verwendeten Mehlsorten oder ihren Mischungen, der Art der Einteigung und Lockerungsmittel unterscheidet man eine große Anzahl Brotsorten; man kann hauptsächlich 4 Gruppen unterscheiden (vgl. Tabelle Nr. 468—497):

1. Ganzbrot oder Vollkornbrot, Schrotbrot, die aus ganzem Korn unter Entfernung nur der äußeren Haut hergestellt sind (Graham-Brot bei Weizen, Lollus-, Gelinck-, Simons-, Kernmark-, Schlueter-, Finalbrot u. a. aus Roggen) (vgl. S. 66).

2. Schwarzbrot, bei dem nur die gröbsten Schalenkleien (etwa 15—20%) entfernt sind (hierher gehören Pumpernickel, Soldatenbrot, schwedisches Knäckebrot, ein aus grobem Roggenschrot durch schwache Gärung mit Hefe hergestellter Roggenzwieback) u. a.

---

[1]) 100 g Trockensubstanz Weizenmehl oder -grieß enthalten 25—30 mg Lecithinphosphorsäure; durch Zusatz von 2 Eiern auf 1 Pfd. Mehl wird der Gehalt verdoppelt, durch Zusatz von 4 Eiern verdreifacht usw. Auch der Gehalt an Fett, Cholesterin, Protein und Asche erfährt eine Zunahme, wenn auch in geringerem Verhältnis als die Lecithinphosphorsäure.

3. Graubrote, Mittelbrote, aus Mehl, bei dem ein größerer Anteil Kleie (25—30%) entfernt ist; oder auch Mischungen aus mittelfeinem Roggen- und Weizenmehl.

4. Feinbrot aus den feinsten Mehlen vielfach unter Einteigung mit Milch [Semmel, Wecken, Schrippen, Milchbrot[1])], vorwiegend aus Weizenmehl (vgl. S. 67).

Zwiebacke sind die nochmals gerösteten Scheiben eines laibförmigen feinen Weizenbrotes, das, durch Hefegärung hergestellt, besonders locker ist und einen Zusatz von Zucker oder Milch erhalten hat.

Es werden aber auch aus gesäuertem Mehl durch einfaches Backen des Wasserteiges Zwiebacke hergestellt, so der Armee- und Schiffszwieback, der aus einem Teig von etwa 1 Teil Wasser und 6 Teilen Mehl gewonnen wird. Der Fleischzwieback erhält gleichzeitig einen Zusatz von Fleisch.

Biskuits (von biscotta, zweimal gebacken) sind Zwiebacke, die einen Zusatz von Eiern, Butter und Zucker erhalten haben; sie heißen auch Cakes und gehören zu den Feinbackwaren.

1. Herstellung des Brotes. Für die Herstellung des Brotes kommen verschiedene Umstände in Betracht, nämlich:

a) Art und Beschaffenheit des Mehles. Mehl aus Landsorten von Weizen und Roggen, welche sich dem Boden, der Düngung und dem Klima angepaßt haben, sowie gut abgelagerte Mehle verbacken sich im allgemeinen besser als fremde und frische Mehle. Kleberreiche Weizenmehle liefern im allgemeinen ein lockereres Brot als kleberarme Mehle. Außer dem Kleber haben aber auch andere Bestandteile bzw. Eigenschaften des Mehles einen Einfluß auf die Backfähigkeit.

b) Teigbereitung. Die zum Einteigen erforderliche Wassermenge richtet sich nach der Beschaffenheit der Mehle; gut abgelagerte Mehle nehmen mehr Wasser auf als frischgemahlene Mehle. Aus 100 Teilen Mehl entstehen 155 bis 170 Teile Teig. Das einzuteigende Mehl soll etwa 25°, die Teigflüssigkeit (Wasser oder Milch) 35° warm sein.

c) Teiglockerung. Zur Lockerung des Teiges bedient man sich verschiedener Verfahren:

α) Teiggärung (Lockerung durch Coli- oder wilde Milchsäurebakterien und wilde Hefen aus dem Mehl, dem Wasser oder der Luft).

β) Sauerteiggärung (stufenweises Vermengen von frischem Mehl mit altem Sauerteig von früherem Gebäck. Hier wirken saure Gärung durch Milchsäurebakterien und alkoholische Gärung durch Hefen nebeneinander).

γ) Hefenteiggärung, früher durch obergärige Bierhefe, jetzt allgemein durch Bäckereihefe (auch Preß- oder Lufthefe genannt). Die Substanzverluste (Kohlensäure und Alkohol) bei Teiggärung werden auf durchschnittlich 2% geschätzt.

δ) Sonstige Lockerungsmittel, wie z. B. Kohlensäure, Ammoniumcarbonat, Rum, Arrak, geschlagenes Eiweiß, Fett (Blätterteig), Pottasche, aus welcher die sich bildende Milchsäure Kohlensäure freimacht, Backpulver (vgl. unter Backmehl S. 70).

---

[1]) Unter Milchbrot ist immer ein unter Zusatz von Milch eingeteigtes Brot zu verstehen, mißbräuchlicherweise wird aber vielfach ein sehr weißes Brot, das aus den feinsten weißen Weizenmehlen hergestellt ist, ebenfalls als Milchbrot bezeichnet.

Als gärungbefördernde Mittel werden dem einzuteigenden Mehle auch wohl 1—2% Gersten- oder Walzmehl, Salasarin, Diamalt (Maltose)[1]) u. a. zugesetzt.

d) Das Backen des Teiges. Die Hitze des Backofens soll bei großen Broten (besonders festem Roggenbrot) 250—270° erreichen, bei kleinen Broten (Weißbroten) 200° nicht übersteigen. Große Brote von 4 kg brauchen etwa 60—80 Minuten, solche von 1,5 kg 50 Minuten, kleineres Gebäck verhältnismäßig kürzere Zeit zum Garwerden.

Die Temperatur wird in den Backöfen auf verschiedene Weise erreicht; am zweckmäßigsten ist die Wasserdampfheizung. Der Backofen muß zur besseren Verteilung der Wärme von vornherein genügend Wasserdampf (Wrasen) enthalten, sonst wird die Kruste rauh und rissig. Bildet sich zu schnell eine undurchlässige Kruste, so daß das Wasser des Brotteiges — zumal wenn zuviel davon vorhanden — nicht genügend schnell entweichen kann, so bilden sich Wasserstreifen, das Brot wird glitschig.

Aus 100 Teilen Mehl gewinnt man je nach dem Wasserverluste zwischen 120—140 Teile Brot. Das Verhältnis zwischen Krume und Kruste, d. h. zwischen dem weicheren Inneren und dem härteren Äußeren, ist gewissen Schwankungen unterworfen. Sie betragen:

	Mengen im Brot		Wassergehalt	
	Schwank.	Mittel	Schwank.	Mittel
Krume	87,5—64,5%	76,5%	37,0—50,0%	44,0%
Kruste	12,5—35,5%	23,5%	15,0—25,6%	19,5%

Beim ganzen Brot schwankt der Wassergehalt zwischen etwa 30,0—45,0%, und beträgt im Mittel etwa 38%.

2. Veränderung des Brotes beim Backen und seine Eigenschaften. Die braune Farbe der Rinde (Kruste) rührt teils von einer Veränderung des Klebers, teils von der Umwandlung der Stärke in Dextrin und einer Caramelisierung des letzteren her.

Die Bestandteile des Mehles erfahren durch das Backen eine teilweise Veränderung.

a) Das Albumin wird in den geronnenen unlöslichen Zustand übergeführt, die Kleberproteine erleiden eine derartige Umänderung, daß sich der Kleber aus dem Brot nicht mehr wie aus dem Mehl auswaschen bzw. von der Stärke trennen läßt.

b) Fette[2]), Rohfaser und Mineralstoffe unterliegen keiner nennenswerten Veränderung, um so mehr aber die Kohlenhydrate.

c) Ein Teil der Stärke wird schon bei der Teiggärung infolge der gleichzeitig auftretenden Säure in Zucker und dieser in Säuren, Alkohol und Kohlensäure umgewandelt. Alkohol und Kohlensäure werden beim Backen z. T. verflüchtigt und bewirken eine weitere Lockerung des Brotes; ein Teil derselben verbleibt im Brot, z. B. von Alkohol 0,05—0,40%, je nach dem Verlaufe des

---

[1]) Die im Malzmehl zugesetzte Maltose bewirkt einerseits eine lebhaftere Kohlensäureentwicklung und damit eine größere Lockerung des Teiges bzw. Brotes, andererseits befördert sie die Bildung einer braunen Kruste beim Backen, verringert also die Backzeit und beläßt eine größere Menge Wasser im Brot.

[2]) Nur in der stark erhitzten Kruste dürfte das Fett eine teilweise Spaltung erfahren.

Backvorganges, während die eingeschlossene Kohlensäure beim Aufbewahren des Brotes nach und nach durch Luft ersetzt wird. Die sonstigen Säuren des Brotes (Essigsäure, Milchsäure und eine geringe Menge höherer Fettsäure) machen, je nach der Brotsorte, 0,1—0,75% aus.

Ein kleiner Teil der Stärke wird in Dextrin übergeführt, der Rest gesprengt und verkleistert.

d) Von der biologischen Wertigkeit und dem Vitamingehalt der Brote gilt das, was oben S. 63 und 67 von den verschiedenen Mehlen gesagt ist. Beide Werte sind um so niedriger zu veranschlagen, je mehr die Mehle von der Samenhaut, von der Kleberschicht sowie dem Keim befreit worden sind. Wie sehr die einzelnen Brotsorten im Enzymgehalt verschieden sind, zeigt z. B. auch ihre katalytische Kraft; so entwickelten je 5 g frisches Brot aus einem 3proz. Wasserstoffsuperoxyd:

Weißbrot	Graubrot	Schwarzbrot (Pumpernickel)
0 ccm	9,0 ccm	40,0 ccm Sauerstoff

Daß die Hefe dem Brot Vitamin zuführt, wird vielfach angenommen; es kann das aber wohl nur Vitamin B sein, woran die Hefe besonders reich ist. Allgemein wird behauptet, daß nach Genuß von Weißbrot leicht Polyneuritis auftritt, und M. Rubner schreibt dem Vitamingehalt des Brotes überhaupt keine Bedeutung zu.

3. Veränderungen des Brotes beim Aufbewahren (Brotkrankheiten).

a) Altbackenwerden des Brotes. Man nimmt an, daß zwischen den kolloiden Stoffen des Brotes (Kleber und Stärke) im frischen Zustande eine kolloidchemische Verbindung besteht, die beim Aufbewahren unter teilweisem Wasserverlust gelockert wird, d. h. daß die Stoffe aus dem Sol- in den Gelzustand übergehen. Durch einfaches Erhitzen auf 70—80° soll die ursprüngliche Verbindung zwischen Kleber, Stärke und Wasser wieder hergestellt werden, vorausgesetzt, daß der Wassergehalt nicht unter 30% gesunken ist.

b) Glitschige Beschaffenheit der Krume, Wasserstreifen, Löcherbildung und Abbacken der Kruste von der Krume; meistens dadurch hervorgerufen, daß das Mehl (besonders von schlecht eingeerntetem Getreide) mit zu vielem Wasser eingeteigt ist oder beim Einsetzen in den Backofen von Anfang an zu stark erhitzt wurde, daß das Wasser im letzteren Falle wegen zu schneller Krustenbildung nicht genug entweichen konnte.

c) Verschimmeln des Brotes. Das Brot ist ein besonders guter Nährboden für Schimmelpilze, wodurch es verschiedene Farben annehmen kann; Mucor mucedo bzw. Botrytis grisea erzeugen eine weißliche, Aspergillus glaucus bzw. Penicillium glaucum eine bläulichgrüne, Oidium aurantiacum (bzw. das Thamnidium von Mucor mucedo) eine gelblichrötliche Färbung und Rhizopus nigricans schwarze Flecken. Die Schimmelpilze verzehren vorwiegend die Kohlenhydrate (Stärke), und dadurch, daß die Proteine wohl umgewandelt, aber nicht zersetzt werden, nehmen letztere relativ zu, so daß ein stark verschimmeltes Gramineenbrot einen höheren prozentualen Gehalt an Protein annehmen kann, als wenn es aus Leguminosen hergestellt ist.

d) Rotfleckig- bzw. Blutigwerden des Brotes („blutendes Brot", „blutende Hostie"), meistens vom Sommer bis Herbst auftretend und verursacht durch den Micrococcus prodigiosus Cohn (auch Bacterium prodigiosum genannt), der einen roten Farbstoff ausscheidet.

e) Fadenziehendwerden des Brotes. Die Krume des (meistens im Sommer) befallenen Brotes ist meistens etwas verfärbt, klebrig und läßt sich zu langen Fäden ausziehen, wenn man einen Finger in das Brot drückt und dann wieder herauszieht. Das Brot nimmt einen äußerst unangenehmen muffig-säuerlichen Geruch und widerlichen Geschmack an. Verursacht wird die Krankheit durch verschiedene und solche Bakterien, welche wie der Kartoffelbacillus (Bac. mesentericus vulgatus Flügge) hitzebeständige Sporen bilden. Die Bakterien bzw. Sporen haften häufig den Getreidekörnern an und gelangen von diesen ins Mehl. Bäckereien, in denen sich die Krankheit eingestellt hat, müssen häufig längere Zeit stillgelegt und gründlich (Wände und alle Gerätschaften) desinfiziert werden. Auch läßt sich durch Einteigen des Mehles mit Milchsäure oder Sauermilch die Krankheit vermeiden.

f) Die sog. Kreidekrankheit des Brotes, bei der das Brot weiße Flecken zeigt, wird nach P. Lindner durch den Pilz Endomyces fibuliger n. sp. hervorgerufen.

4. Verunreinigungen und Verfälschungen des Brotes. Alle unzulässigen Verunreinigungen und Beimengungen der Mehle und Backhilfsmittel übertragen sich auf das Brot und müssen wie dort (S. 68) beurteilt werden. Auch die Bezeichnung des Brotes muß seiner Wesensbeschaffenheit entsprechen. Außerdem sind als unzulässig zu bezeichnen:

a) Verwendung von Mineralöl an Stelle von fetten Ölen zum Bestreichen von Brot;

b) Verwendung von fremden Fetten an Stelle von Butter bei Gebäcken, die nach ihrer Bezeichnung als Buttergebäcke angesehen werden müssen;

c) Verwendung von Seife (Natronseife) oder Zwiebacksüß (Mischungen von Fett, Zucker mit etwas Alkalicarbonat) bei der Herstellung von Zwieback;

d) Weißmachen (Bleichen) und Färben von Nährteigen (Speiseteigen) mittels schwefliger Säure bzw. Anilinfarbstoffen;

e) Verwendung von Brot- und Teigresten;

f) Verwendung fremdartiger Streumehle (S. 68). Zur Verhütung des Anbackens sollen nur Weizen- bzw. Roggenkleie verwendet werden.

Eigentümlicherweise soll das Bleichen der Mehle mit Benzoylsuperoxyd (Novadelox-Verfahren) und einem Gas aus Chlor und wenig (0,5%) Nitrosylchlorid bestehenden Gasgemisch (Golo-Verfahren) erlaubt sein, weil dadurch dem Mehl nicht der Schein einer besseren Beschaffenheit erteilt werde, sondern die Bleichwirkung nur als ein nach der Rechtsprechung des Reichsgerichts zulässiges Schönen anzusehen sei, eine eigenartige Unterscheidung, die in diesem Falle (für Mehl) wohl von fachkundiger Seite kaum anerkannt werden dürfte. (Vgl. auch unter Mehl S. 68.)

7. Feinbackwaren, Zuckerwaren (Konditorwaren, Kanditen).

Unter Feinbackwaren, Zuckerwaren (allgemein Konditorwaren) versteht man solche Erzeugnisse, die angenehm süß bzw. süßaromatisch schmecken, bald fast nur aus Zucker bestehen, bald neben diesem auch größere Mengen Fett, Stärke, Früchte, Fruchtsäfte u. a. Gewürze aller Art enthalten und teils mit, teils ohne Backvorgang hergestellt werden (vgl. Tabelle Nr. 498—549).

I. Zu der Gruppe der letzten Art, die neben dem Zucker die mannigfaltigsten anderen Stoffe enthalten, gehören:

1. Zuckerwaren ohne gleichzeitigen Backvorgang: z. B. Gefrorenes (Speiseeis,) Creme-, Frucht-, Sahneeis; Cremes und Sulzen (Zucker, Eiweiß, Fruchtsäfte mit und ohne Rahmzusatz).

2. Zuckerwaren mit Backvorgang, hergestellt aus Zucker, Mehl, Butter und sonstigen Fetten, fettreichen Samen, Eiern u. a., z. B. Cakes, Waffeln, Biskuits, Spekulatius, Teebackwaren, Blätterteig, Kuchen, Torten, Makronen (Mandeln, Zucker, Eiweiß), Marzipan (2 Teile Mandeln, 1 Teil Zucker) u. a. Andere Erzeugnisse dieser Art, wie Honig-, Leb-, Frühstückskuchen, Aachener Printen, Pfeffernüsse, sind fettarm.

II. Gruppe, vorwiegend nur Zucker als Hauptbestandteile enthaltend. Karamellen (geschmolzener und parfümierter Zucker), gefüllte Karamellen (mit Fruchtmarmeladen oder Likören gefüllt), Morsellen (geschmolzener Zucker, der vor dem Gießen mit zerkleinerten Haselnüssen, Mandeln u. a. vermengt ist), Pralinés (Pralinen, Erzeugnisse von Kernen, die einen Überzug von aromatisiertem, gefärbtem oder ungefärbtem Zucker oder von Schokolade erhalten haben), Lakritzenbonbons (aus Zucker, Gummi und Süßholzsaft hergestellt).

III. Gruppe. Eine dritte Gruppe der Zuckerwaren bilden die mit einer Zuckerschicht überzogenen Früchte (glasierte oder kandierte Früchte) behufs Frischhaltung derselben.

Die Zuckerwaren sind Nahrungs- und Genußmittel, aber wie der Zucker selbst verhältnismäßig teuer und wegen Mangels an Stickstoffsubstanz und Mineralstoffen besonders bei Kindern nur in mäßigen Mengen zu empfehlen.

Vitamine sind in ihnen nur anzunehmen, wenn Milch, Rahm, Butter und Früchte mitverwendet sind.

Statt des Milchfettes werden aber nicht selten sonstige Fette (Palmin), statt Honig auch Invertzucker und Stärkesirup verwendet. Selbstverständlich sind derartige Ersatzstoffe bei den Zuckerwaren, bei denen man nach althergebrachter Herstellungsweise die echten Naturstoffe voraussetzt, als Verfälschungen anzusehen.

II. Natürliche Süßstoffe.

Zu den Süßstoffen gehören im allgemeinen alle Stoffe, welche einen süßen Geschmack besitzen. Man muß aber zunächst zwischen den von Pflanzen (Rüben, Zuckerrohr u. a.) und Tieren (z. B. Bienen, Blattläusen) erzeugten, natürlich vorkommenden Süßstoffen, die alle einen mehr oder minder hohen Nahrungs- und Genußwert besitzen, und den künstlich (nur fabrikmäßig) hergestellten Süßstoffen unterscheiden, die keinen Nährwert besitzen und unter Umständen sogar schädlich sind.

Die natürlich vorkommenden Süßstoffe werden auch Zucker genannt. Aber nicht alle natürlich vorkommenden süß schmeckenden Stoffe (wie Glycerin, Glycyrrhizin im Süßholz u. a.) gehören zu den Zuckerarten, sondern nur die wahren Kohlenhydrate (S. 21), nämlich: Rohr- oder Rübenzucker, Ahorn-, Palmen-, Mais- und Hirsezucker (Saccharose), Traubenzucker (Glykose), Fruchtzucker (Invertzucker, Gemisch von gleichen Teilen Glykose und Fructose (letztere wohl allein Fruchtzucker genannt), Milchzucker (Lactose), Malzzucker (Maltose), Sirupe; auch die zugehörigen Anhydride dieser Zuckerarten, die Dextrine, sowie ihre entsprechenden Alkohole (Mannit, Dulcit usw.) können hierzu gerechnet werden.

Im gewöhnlichen Leben (Handel) versteht man unter Zucker den in Zuckerrohr und Rüben vorkommenden Zucker, die Saccharose.

Die Zuckerarten, auch der Honig, sind zwar frei von Vitaminen, besitzen aber als Erfrischungs- und verdauungbeförderndes Mittel sowie als Kraftquelle eine große Bedeutung für die Ernährung des Menschen. In Deutschland entfallen auf den Kopf der Bevölkerung 16—19 kg Zucker jährlich, in England die $2^1/_2$fache Menge. Viele Physiologen sind daher der Ansicht, daß auch bei uns der Verbrauch an Zucker in Form von gesüßten Mehl- und Milchmehlspeisen nach den Mahlzeiten oder in Form von Marmeladen (Jams) eine größere Ausdehnung erfahren sollte.

1. Rohr- und Rübenzucker.

Der im tropischen Zuckerrohr vorkommende und der in den Zuckerrüben des gemäßigten Klimas vorkommende Zucker sind völlig gleich, nämlich Saccharose. Beide Rohstoffe haben auch fast gleichen Gehalt an Saccharose, nämlich 15—20%; das Zuckerrohr enthält neben dieser noch deutliche Mengen Glykose (0,3—1,8%), sonst ist sein Saft reiner, so daß er sich leichter verarbeiten läßt als der Zuckerrübensaft. Die maschinellen Verbesserungen in der Gewinnung und Reinigung des Zuckers aus den Rohstoffen sind daher zuerst bei der Verarbeitung der Zuckerrübe ausgeführt worden und werden jetzt auch allmählich auf die Verarbeitung des Zuckerrohrs, welche bis jetzt recht einfach war, ausgedehnt. Die Verarbeitung zerfällt in vorwiegend drei Abschnitte:

I. Gewinnung des Rohzuckers, und diese wieder in mehrere Stufen, nämlich:

1. Reinigung und Zerkleinerung der gereinigten Rüben;
2. Gewinnung des Saftes [jetzt fast nur noch durch Auslaugen der Rübenschnitzel in geschlossenen Zellen (Diffuseure) mit heißem Wasser oder mit 95 bis 98° heißem Rohsafte nach Steffen];
3. Reinigung des Rohsaftes [Fällen (Scheiden) mit Kalk, Sättigen (Saturieren) mit Kohlensäure oder schwefliger Säure, Entschlammen und Entfärben];
4. Einkochen des Dünnsaftes zu Dicksaft in Vakuumapparaten;
5. Verarbeitung der Füllmasse auf mehrere Produkte.

II. Reinigung des Rohzuckers und Herstellung des Verbrauchszuckers.

Reinigung des Rohzuckers durch Deck- oder Kochkläre und Herstellung der verschiedenen Verbrauchszuckersorten (harte Zucker, Krystallzucker, Kandis, Farin u. a.).

III. Reinigung und Verwertung der Abfälle. Sowohl die bei der Herstellung des Roh- als auch des Rein- (Verbrauchs-) Zuckers verbleibende Endlauge (Melasse), die noch viel Saccharose enthält, wird entweder nach dem Osmose-, Kalksaccharat- oder Strontianverfahren weiter auf Zucker und die Lauge hiervon außer direkter Verwendung zur Düngung auf Kaliumcarbonat verarbeitet oder sie dient zur Gärung behufs Gewinnung von Alkohol, von sog. Lufthefe, Futter- oder Nährhefe, während die Schlempe durch Eindampfen und Veraschen auf Cyankalium verarbeitet wird, oder die Melasse wird auch entweder direkt oder nach Vermischen mit Trockenfuttermitteln zur Fütterung verwendet.

2. Seltene Pflanzenzucker.

Verschiedene Bäume und Pflanzen außer Zuckerrohr und Zuckerrüben ent halten im Saft ebenfalls viel Saccharose und werden, wenn auch nicht auf reine Saccharose, so doch auf Rohzucker oder zuckerreiche Sirupe verarbeitet, z. B. der

Saft von Zuckerahorn (mit 2,0—3,5%), Palmenzucker (Cocos nucifera L.), Birkenzucker (durch Anzapfen der Stämme gewonnen), der Saft von Zuckermais (in der Milchreife mit etwa 8,0%) und von Zuckerhirse (mit 11,3—13,0% Saccharose).

Da diese Pflanzensäfte neben der Saccharose auch noch mehr oder weniger Glykose enthalten, so lassen sie auch aus diesem Grunde sich nicht lohnend auf Saccharose verarbeiten.

3. Sonstige Zuckerarten.

Zu der Gruppe der wahren Zuckerarten gehören weiter:

1. Invertzucker und ähnliche Erzeugnisse. Unter Invertzucker versteht man das durch Inversion von Saccharose mittels verdünnter Säuren (Weinsäure, Citronensäure) oder saurer Salze hergestellte Gemisch von Glykose und Fructose.

„Calorose" ist ein Erzeugnis von 73—76% Invertzucker mit noch 4 bis 6% unzersetzter Saccharose; „Flüssige Raffinade" ist ein etwa zur Hälfte invertiertes Erzeugnis; „Goldensirup" ein Gemisch von invertierter Saccharose mit Stärkesirup; setzt man diesem Gemisch oder auch dem Invertzucker (Calorose) käufliches Honigaroma oder auch etwas natürlichen Honig zu, so erhält man den sog. Kunsthonig.

Speisesirupe sind die reineren (Rest-)Melassen der Kandisfabrikation aus Rüben- und Zuckerrohrzucker, die neben Saccharose ebenfalls viel Invertzucker und auch Salze enthalten.

Ebenso besteht der in den Früchten, besonders den Weintrauben, vorkommende Zucker aus einem Gemisch von Glykose und Fructose, aus Invertzucker, neben mehr oder weniger Saccharose.

2. Glykose, Stärkezucker und Stärkezuckersirup. Früher wurde die Glykose wohl in der Weise gewonnen, daß man den Saft (Most) der Weintrauben mit Kreide (Calciumcarbonat) neutralisierte, mit Rinderblut klärte, das Filtrat etwas eindunstete und die Glykose auskrystallisieren ließ. Die Glykose wird daher auch jetzt noch vielfach „Traubenzucker" oder „Krümelzucker" genannt. In ähnlicher Weise läßt sich die Glykose aus Honig und Invertzucker gewinnen.

Jetzt stellt man die Glykose indes billiger durch Verzuckerung der Kartoffel- oder Maisstärke, durch Erhitzen mit verdünnter Schwefelsäure unter Druck sowie durch Neutralisieren und weiteres Reinigen der Zuckerlösung her. Die gereinigte Glykose heißt daher auch Stärkezucker.

Verwendet man eine schwächere Säure und kocht man kürzere Zeit ohne Überdruck, so erhält man eine dextrinreichere Zuckerlösung, den Stärkezuckersirup (Syrop capillair).

Durch Erhitzen des Stärkezuckers (seltener des Rübenzuckers) unter Zusatz von organischen Säuren oder etwas Natriumcarbonat in eisernen Kesseln auf 175—200° erhält man die Zuckercouleur (Färbecaramel).

Wie aus Kartoffel- oder Maisstärke, so wird aus dem Inulin der Zichoriewurzeln oder Topinamburknollen durch Erhitzen mit verdünnten Säuren die Fructose (früher Lävulose genannt) gewonnen, deren Anwendung aber ausschließlich auf Diabetiker beschränkt ist, welche sie viel besser vertragen als die Glykose.

3. **Maltose** (Malzzucker). Durch Hydrolyse der Stärke mit Diastase kann wie aus Gerstenmalz der Malzextrakt, so auch aus sonstiger Stärke (Kartoffel in Deutschland, Mais in Nordamerika, Reis in Japan) durch Behandeln mit Gerstenmalz eine Verzuckerung, Überführung in Maltose, herbeigeführt werden. Je nachdem man die Malzlösung verschieden lange (60 bis 72 Stunden) bei etwas höherer oder niederer Temperatur (60—70°) einwirken läßt, erhält man maltosereichere bzw. -ärmere Lösungen. Diese werden in offenen Kesseln oder im Vakuum bis zum Sirup eingedampft, als solcher verwendet oder der Krystallisation überlassen. Der Malzzucker besitzt einen würzigen Geschmack und nur 40% der Süßkraft des Rohr- oder Rübenzuckers.

4. **Milchzucker** (Lactose). Der Milchzucker (S. 24) wird aus den bei der Käseherstellung abfallenden Molken (S. 41) gewonnen, indem man sie aufkocht, filtriert, eindampft und der Krystallisation überläßt. Der Rohmilchzucker wird durch wiederholtes Umkrystallisieren gereinigt. Er wird wegen seiner geringeren Süßkraft an Stelle des Rohrzuckers bei der künstlichen Ernährung der Kinder, besonders als Zusatz zu Kuhmilch oder wegen seiner leicht abführenden Eigenschaft vielfach nüchtern (15—40 g Milchzucker, 200—250 g Wasser) empfohlen.

4. Bienenhonig.

Honig ist der süße Stoff, den die Bienen erzeugen, indem sie Nektariensäfte oder auch andere in lebenden Pflanzenteilen sich vorfindende Säfte aufnehmen, in ihrem Körper verändern, sodann in den Waben (Wachszellen) aufspeichern und dort reifen lassen.

Der Honig kommt noch eingeschlossen in den Waben (Waben-, Scheibenhonig) oder als Tropf-, Leckhonig (freiwillig aus den Waben ausgeflossen), oder als Schleuderhonig (durch Zentrifugen ausgeschleudert), oder als Preß- bzw. Stampfhonig u. a. in den Handel.

Je nach den Pflanzen, von denen der Honig stammt unterscheidet man Lindenblüten- Raps- Heidehonig u. a. Der Blütenhonig wird aus den Nektariensäften zubereitet, denen auch noch ein Teil des Blütenstaubes, des Pollens, beigemischt ist. Der Hauptbestandteil des Blütenhonigs ist der Invertzucker, der bei einem Gehalt von rund 17—20% Wasser zwischen 70—78% beträgt; daneben kommen noch Spuren bis 5% und mehr Saccharose, 5% und mehr zuckerfreier Trockenrückstand (Dextrin u. a.) mit etwa 0,3% Stickstoffsubstanz, 0,1—0,2% organischen Säuren und 0,1—0,35% Mineralstoffen vor. So gering die neben den Zuckern noch vorhandenen organischen Stoffe auch sein mögen, so bedingen sie doch wesentlich den Genußwert des Honigs. Er ist nach verschiedenen Angaben zwar frei von Vitaminen, aber verschiedene Enzyme, die wahrscheinlich den Drüsensekreten der Bienen entstammen, ebenso die Aromastoffe aus den Nektariensäften bedingen zweifellos einen hohen diätetischen Wert.

Honigtauhonig ist der aus Honigtau (den süßen, klebrigen, meist von Blattläusen herrührenden Abscheidungen) von den Bienen erzeugte Honig, während Coniferenhonig von Abscheidungen von Coniferen stammt. Sie sind durch dunkle Farbe, gewürzhaften, harzigen Geruch und Geschmack sowie durch hohen Dextringehalt von Blütenhonig verschieden. Der Zuckerfütterungshonig bzw. der von den Bienen in der Nähe von Zuckerlägern abgesonderte Honig besitzt eine weiße bis hellgelbe Farbe, faden Geschmack, kein Aroma und einen erhöhten Saccharosegehalt. Eucalyptushonig rührt von einer schwarzen, stachellosen Biene, Tagmahonig von einer Art Moskitos in Äthiopien her.

Über Kunsthonig vgl. S. 79.

Als Verfälschungen kommen vorwiegend Zusätze von Invertzucker und Stärkesirup bzw. -zucker vor.

III. Künstliche Süßstoffe.

Hierzu werden zur Zeit vorwiegend folgende 3 künstlich hergestellte organische Erzeugnisse gerechnet, nämlich:

1. Saccharin (Orthobenzoesäuresulfimid $C_6H_4\langle{CO \atop SO_3}\rangle NH$), aus Toluol durch schrittweise Überführung in Toluolsulfosäure, toluolsulfosaures Natrium, in Orthotoluolsulfochlorid, Orthotoluolsulfamid, sulfaminbenzoesaures Kalium und Orthobenzoesäuresulfimid oder Saccharin. Reines Saccharin hat die 550fache Süßkraft des Zuckers. Gewöhnlich wird das leicht lösliche Natriumsalz angewendet. Tägliche Gaben von 0,08 bis 0,16 g — z. B. für Diabetiker und Fettleibige — wirken nicht schädlich; größere Gaben können die Verdauung beeinträchtigen; 80—90% des eingenommenen Saccharins erscheinen als solches wieder im Harn.

2. Dulcin oder Sucrol (Paraphenetolcarbamid). Es hat die 400fache Süßkraft des Zuckers und keinen so unangenehmen Nachgeschmack als Saccharin. Kleine, zum Süßen erforderliche Mengen sind harmlos, größere Mengen giftig.

3. Glucin ist das Natriumsalz der Di- oder Trisulfosäure des Triazins. Die Süßkraft wird 300 mal höher als die des Zuckers angegeben. Die Unschädlichkeit ist noch nicht erwiesen. Hierzu kommt unter anderen:

Hediotit (α-Glykoheptonsäurelacton). Es leitet sich von einem wahren Kohlenhydrat mit 7atomiger Kohlenstoffkette ab, hat aber selbst für Diabetiker nur geringe Bedeutung, weil seine Süßkraft (wie die vieler anderer organischen Stoffe) geringer ist als die des Zuckers, und weil es, wenn auch tägliche Gaben von 100 g keine giftigen Wirkungen äußern, schwer verdaulich ist, als solches teils im Harn, teils im Kot auftritt und auch bei manchen Personen leicht Durchfall verursacht.

IV. Gemüse.

Zu den „Gemüsen" rechnet man die verschiedenartigsten Gewächse, die durchweg im kleinen angebaut werden, einer besonderen Pflege bedürfen und im allgemeinen auch nur als Zutaten in kleineren Mengen genossen werden. Nur die hierher gehörige Kartoffel bildet ein Massennahrungsmittel. Mit Ausnahme der letzteren und einiger Rübensorten sind die Gemüse wegen ihres geringen Gehaltes an Nährstoffen und ihrer geringen Ausnutzbarkeit weniger Nahrungs-, als Reiz- und Gewürzmittel, die aber als solche eine hohe Bedeutung in unserer Nahrung haben und Wechsel in dieselbe bringen.

1. Der Wassergehalt der Gemüse schwankt von rund 75% (Kartoffeln) bis 95% (Spargel, Gurken, Spinat, Salat u. a.). Letztere haben nur die Hälfte der Trockensubstanz der Milch (mit rund 12%).

2. Der Gehalt an Stickstoffsubstanz tritt bei den Wurzelgewächsen (1—2%) gegen den an Kohlenhydraten zurück; er ist bei den Blattgemüsen und genußreifen Hülsenfrüchten zwar höher (3—6% in der frischen Masse),

aber besteht auch hier zu 25—50% nicht aus Proteinen, sondern Amiden. C. Böhmer fand von 100 Teilen Stickstoff bis 11% in Form von Aminosäuren und bis 50% in Form von Aminosäureamiden.

Th. v. Fellenberg gibt den Gehalt der frischen Gemüse an Purinbasen-Stickstoff (S. 9) zu 0,0010% (Zwiebel) bis 0,023% (Rosenkohl, Spinat); H. Wageler den der trockenen Gemüse an Phosphatiden (Lecithin) zu 0,147 bis 0,367% an.

Beim Kochen, Trocknen sowie der trockenen Destillation spalten die Gemüse neben Schwefelwasserstoff Mercaptan ($CH_3 \cdot HS$) ab; M. Rubner fand für die Trockensubstanz der Gemüse 0,230—0,895% Gesamtmercaptan und 0,074 bis 0,286% Methylmercaptan.

3. Die Kohlenhydrate sind in einigen (Kartoffeln, Bataten) fast ausschließlich durch Stärke, in den Rüben (Zucker-, Mangoldrübe und Möhren) durch Zucker (Saccharose neben etwas Glykose und Fructose) vertreten; in den Topinamburknollen, Schwarzwurzeln, Zichorienwurzeln findet sich an Stelle von Stärke Inulin und Lävulin. Gummi und Dextrin fehlen, wie in keiner Pflanze oder deren Teilen, so auch hier nicht. In Schnittbohnen, Blumenkohl, Wirsing, Sellerie findet sich auch etwas Mannit. Das Pektin, ein wesentlicher Bestandteil der Zellkittsubstanz (Zwischenlamelle), soll die Muttersubstanz des nach Genuß von Gemüse im Harn auftretenden Methylalkohols sein (S. 26). Aus 100 g Gemüse-Trockensubstanz konnte v. Fellenberg 425 mg (Blumenkohl) bis 1989 mg (Sellerie) Methylalkohol gewinnen. Oxalsäure findet sich in Spuren bis 0,27% (Sauerampfer), 0,29% (Spinat) und 0,32% (Rhabarber).

4. Die Zellmembran (Rohfaser) besteht aus den Hemicellulosen (Hexosanen, Pentosanen), der wahren Cellulose, den Ligninen und dem Cutin (S. 29). An Pentosanen sind in den natürlichen Gemüsen 0,19% (Gurke) bis 3,11% (Meerrettich) oder 5—20% der Trockensubstanz gefunden worden.

5. Mineralstoffe. Die Gemüse sind durchweg reich an Mineralstoffen und den Getreidearten gegenüber besonders reich an Kali. Die unorganischen Basenäquivalente herrschen gegenüber den unorganischen Säureäquivalenten im allgemeinen vor, so daß der Harn nach reichlichem Genuß von Gemüse (und Obst) wie beim Pflanzenfresser eine alkalische Reaktion annimmt.

Unter den Mineralstoffen wird auch dem Eisen der grünen Gemüse wegen der blutbildenden Eigenschaft eine besondere Bedeutung zugeschrieben. R. Berg fand in 100 g frischem Gemüse Spuren (Wirsing) bis 150 mg Eisen (Bleichsellerie); E. Haensel 3,9 mg (Zwiebel) bis 68,9 mg Eisen (Kohlrabiblätter) oder 31—37,9 mg Eisen in 100 g Trockensubstanz.

6. Chlorophyll und Lipochrome. Dem Chlorophyll der Gemüse schreibt man wegen seiner nahen Beziehung zum Hämoglobin (S. 8) eine besondere Bedeutung für die Blut- (Hämoglobin-) Neubildung[1]) zu, und die Farbstoffe „Lipochrom" (Carotin, Lykopin) sollen die Ausgangsstoffe für die gelben Farbstoffe des Blutserums, des Eidotters und der Milch, bilden.

7. Vitamine und Sekretine. Die Gemüse sind im natürlichen Zustande besonders reich an Vitaminen und durchweg an allen 3 Vitaminen (S. 14).

[1]) Man hat auch aus dem Chlorophyll ein besonderes Präparat, das „Chlorosan", für diesen Zweck hergestellt.

Außerdem enthalten die natürlichen Gemüse reichliche Mengen von Katalasen und Sekretinen (Eutoninen S. 15), durch welche letztere sie günstig auf die Absonderung von Magen-, Pankreas- und Darmsaft wirken; auch befördern die Gemüsesäfte die Hefengärung. Durch Kochen, Dämpfen, Trocknen u. a. erleiden die Gemüse eine Einbuße an diesen Stoffen, zumal wenn das Koch- oder Brühwasser weggegossen wird (vgl. unter Zubereitung der Nahrungsmittel S. 137).

8. Verdaulichkeit. Die Gemüse, besonders die Stickstoffsubstanz, gelten im allgemeinen als schwer verdaulich (vgl. unter Ausnutzung der Nahrung S. 145).

Über den Nährstoffgehalt der Gemüse vgl. Tabelle Nr. 564—629. Die mannigfaltigen Arten derselben lassen sich in folgende Gruppen einteilen:

A. Wurzelgewächse. Unter den Wurzelgewächsen nimmt für die Ernährung des Menschen jetzt den ersten Platz ein:

1. Die Kartoffel (Solanum tuberosum L.); sie wird durchschnittlich in Mengen von 200—500 g, aber in Arbeiterkreisen bis 1000 g für den Tag und Kopf verzehrt. Diese führende Rolle in der Nahrung des Menschen verdankt sie neben ihrem Nährstoffgehalt auch ihrem Wohlgeschmack und den vielen Zubereitungsmöglichkeiten.

Der Nährstoffgehalt ist vorwiegend durch Stärkemehl (20%) vertreten. Der Gehalt an Stickstoffsubstanz beträgt nur rund 2,0%, wovon durchschnittlich 1/3 (0,7%) aus Amiden und 2/3 (1,3%) aus wahren Proteinen besteht. Dieses soll aber nach einigen Versuchen biologisch vollwertig sein. Der Gehalt an Purin wird zu 57,0 mg, der an Solanin zu 20—350 mg in 1 kg Kartoffeln angegeben. Unter Umständen [bei anormaler Witterung, durch Belichtung[1]) und beim Austreiben im Frühjahr] können sich größere Mengen Solanin bilden, die dann Kratzen und Brennen im Halse, Übelsein und Erbrechen hervorrufen. Durch Kochen der geschälten Kartoffeln mit Salzwasser und Weggießen des letzteren wird ein erheblicher Teil des Solanins und damit eine gesundheitsschädigende Wirkung beseitigt.

Die Kartoffeln enthalten nur Spuren von Vitamin A, aber genügend von B und C, wovon auch nach dem Kochen, besonders wenn die Kartoffeln in der Schale gekocht werden, genügend in ihnen verbleibt.

Die Angaben über die Verdaulichkeit (Ausnutzung) der Stickstoffsubstanz lauten sehr verschieden; nach einigen Angaben werden davon nur 68—75%, nach anderen 81—92% (im Mittel 85%) ausgenutzt (S. 146), während die Stärke bei zweckmäßiger Zubereitung der Kartoffeln fast ganz, bis zu 99%, verdaut wird.

Am günstigsten für den Gehalt und die Beschaffenheit der Kartoffeln ist ein gut gedüngter, genügend lockerer Boden (Sandboden) und warme sonnige Witterung.

Krankheiten bzw. Feinde der Kartoffeln sind: Krebs, Schorf, Grind, Naß- und Trockenfäule, Ringkrankheit und Coloradokäfer.

Beim Aufbewahren erleiden die Kartoffeln durch Bildung von Zucker aus der Stärke mit Hilfe einer Diastase und durch Veratmung des Zuckers einen

[1]) Man soll daher Kartoffeln beim Aufbewahren vor Einwirkung des Tageslichtes schützen.

Gewichtsverlust; bei zweckmäßiger (trockener und kühler) Aufbewahrung betragen die Verluste den Winter über 2—5%; bei Null- und tieferen Minusgraden kann sich in den Kartoffeln, weil keine Veratmung statthat, so viel Zucker anhäufen, daß sie süß schmecken. Durch weiteres Lagern verliert sich der süße Geschmack von selbst. Bei nasser Witterung gewachsene Kartoffeln oder feucht eingekellerte Kartoffeln leiden viel unter Fäulnis. Deshalb werden sie zur Vermeidung von Verlusten jetzt vielfach in rein gewaschenem Zustande künstlich getrocknet. Kartoffelscheiben und -schnitzel sind in der zweckentsprechenden Zerkleinerung durch direkte oder indirekte Heizgase getrocknete Kartoffeln. Kartoffelflocken werden aus gedämpften Kartoffeln durch Trocknen auf Walzenapparaten hergestellt; Kartoffelwalzmehl ist das aus besten Kartoffelflocken hergestellte schalenfreie feine Mehl.

2. Batate, Igname (Dioscorea batatas Sec.) unterscheidet sich von der Kartoffel durch süßen Geschmack und höheren Gehalt (30%) an Trockensubstanz.

3. Topinambur (Helianthus tuberosus L.), enthält an Stelle von Stärke als Kohlenhydrat vorwiegend Inulin (10—20%); wird selbständig nach Zerschneiden und Kochen und als Zusatz zu Gemüse und Suppen genossen; darf nicht zu lange gekocht werden.

4. Zichorie (Cichorium Intybus L.). Die Trockensubstanz der Wurzel enthält 50—65% Inulin; die Wurzel dient zur Herstellung des bekannten Zichorienkaffees; die Blätter werden auch als Gemüse und Salat benutzt.

5. Zuckerrübe (Beta altissima), eine Abart der Runkelrübe. Besonders wichtig zur Gewinnung der Saccharose (Rohrzucker), wovon sie infolge fortwährender höherer Zuchten bis 20% bei etwa 25% Trockensubstanz enthält. Die Nichtproteine betragen 40—50% der Gesamt-Stickstoffsubstanz und bestehen aus Betain (0,1—0,25%), Asparagin, Gutamin, Glutaminsäure und verschiedenen Xanthinbasen; Vanillin, Oxalsäure 0,045—0,065%, auch Glykol-, Malon-, Äpfel-, Wein- und Citronensäure sind nachgewiesen; Pentosan 1,4—2,4%.

Die Zuckerrübe erfordert guten Boden und starke Düngung; sie ist vielen Krankheiten (Schorf, Fäule, Rost und besonders der Nematode) ausgesetzt. Über die Verarbeitung auf Zucker vgl. S. 79.

6. Rote Rübe (Beta vulgaris conditiva), auch eine Abart der Runkelrübe, wird in Scheiben geschnitten und gekocht als Gemüse genossen oder direkt auch zur Bereitung von Suppen, Fleischbrühen oder von einer Essigdauerware.

7. Steckrübe, Kohlrübe, Wrucke, Unterkohlrabi, auch Türnips genannt, wovon man 2 Abarten unterscheidet, die wiederum in zahlreichen Spielarten angebaut werden, nämlich:

a) Brassica napus esculenta Dc. Die großknollige Sorte von gelblicher Farbe dient schon lange neben Kartoffeln als Gemüse, mußte aber wegen der schlechten Kartoffelernte 1916 im Winter 1916/17 als völliger Ersatz der Kartoffel dienen und hat damals nicht nur viel Widerwillen erregt, sondern auch Unterernährung bewirkt[1]). Von der kleinknolligen Sorte werden auch die Stengel als sog. Stengelmus genossen.

[1]) Nach M. Rubner gingen bei einer Gabe von 1500—2000 g Steckrübe unter Beigabe von Zucker, Fett und Mehl durch den Kot verloren:

Stickstoffsubstanz	Pentosane	Zellmembran	Organ. Stoffe	Calorien
66,2%	11,7%	17,4%	16,1%	21,9%

b) Br. rapa rapifera Mezger. Die kleinen weißen Knollen haben einen wässerigen Geschmack. Beide Rübenarten enthalten in löslichen Kohlenhydraten verhältnismäßig mehr Glykose als Saccharose. Zu dieser Abart gehören auch die durch besondere Zucht entstandenen

c) Teltower Rübchen (Br. rapa teltoviensis), die verhältnismäßig viel Stickstoffsubstanz (rund 20% der Trockensubstanz) enthalten.

8. Oberkohlrabi (Br. oleracea caulorapa). Von den zahlreichen Spielarten dieser Gruppe von Kohlarten werden neben Knollen auch die Blätter und Stengel als Gemüse benutzt.

9. Möhren, gelbe (Daucus carota L.). Sie werden in zahlreichen Spielarten als großknollige und kleinknollige Sorten angebaut, welche ziemlich viel Zucker (rund 4% Glykose und 2% Saccharose) enthalten, ferner den gelben Farbstoff Carotin, der mit dem reichen Vitamingehalt in Beziehung gebracht wird.

10. Rettich (Raphanus sativus tristis), Radieschen (Raph. sativus D. C.) und Meerrettich (Cochlearia armoracia vulgaris). Ihr scharfer Geschmack wird durch Allyl- und Butylsenföl verursacht.

11. Sellerie (Apium graveolens L.). Hiervon werden auch die Blätter als Gewürz verwendet; die zur Bereitung von Salat in Gemeinschaft mit Kartoffeln dienenden Knollen enthalten 0,5% Asparagin und Tyrosin, ferner als Kohlenhydrate Stärke und Mannit.

12. Schwarzwurzeln (Scorzonera hispanica glastifolia). Die Kohlenhydrate sind durch Inulin vertreten.

13. Japanknollen (Stachys Sieboldii Miqu.) enthält unter den reichlich (54% der Stickstoffsubstanz) vorhandenen Amiden Glutamin, Tyrosin und Stachydrin, ferner als Kohlenhydrat das Tri- oder Tetrasaccharid, die Stachyose.

14. Kerbelrübe (Chaerophyllum bulbosum L.) wird ähnlich wie Kartoffeln zu Kohl und Spinat genossen; von der Stickstoffsubstanz sind rund 30% Amide, von der Trockensubstanz reichlich 50% Stärke.

B. Zwiebeln. Von den verschiedenartigen Zwiebelgewächsen finden bei uns Verwendung:

Perlzwiebel (Allium cepa lutea n.); blaßrote Zwiebel (A. cepa rosea n.); Lauch, Porree (A. porrum latum n.); Knoblauch (A. sativum vulgare); Schnittlauch (A. Schoenoprasum vulgare).

Sie enthalten als eigenartige Bestandteile Alkylsulfide, so das Allylsulfid (Allyldi-, Allyltri- und Allyltetrasulfid), Propylallyldisulfid und Vinylsulfid im Knoblauchöl (Alliumarten).

C. Früchte, Samen und Samenschalen. 1. Kürbisartige Pflanzen.

Hierzu gehören: 1. Kürbis (Cucurbita Tepo L.) und 2. Gurke (Cucumis sativus L.), zu welcher letzteren auch 3. die Melone (Cucumis melo L.) als besondere Spezies zu rechnen ist. Von jeder Art werden sehr viele Spielarten angebaut.

Die Kürbisfrüchte gehören zu den wasserreichsten Gemüsen (bis 95% Wasser). Von dem Kürbis dient das Fruchtfleisch (6,2—16,0% der Frucht) zum Verzehr, der Samen (58,0—80,0 der Frucht) zur Gewinnung von Öl. Das Fruchtfleisch der Gurken enthält bis 5,90% Zucker (vorwiegend Glykose); da hiervon bei der Einsäuerung die Gärung abhängt, die großen Gurken aber mehr

Zucker als die kleinen zu enthalten pflegen, so werden die ersteren den letzteren zur Einsäuerung vorgezogen. Die kleinen Gurken sind verhältnismäßig reicher an Stickstoffsubstanz als die großen.

2. Tomate, Liebesapfel (Lycopersicum esculentum vulgare). Sie findet in der verschiedensten Zubereitung, auch roh, eine stetig wachsende Verbreitung. Die Frucht (50—60 g) besteht aus etwa 3,7% Haut, 10,9% Samen und 85,4% Fruchtfleisch; sie liefert 90—96% Saft. Als besondere Bestandteile sind nachgewiesen: 0,13% Glutaminsäure, Phosphatide (0,247% Phosphor in der Trockensubstanz), 2% Zucker (vorwiegend Fructose), 0,55% Säure (vorwiegend Citronensäure) und der Farbstoff (Lycopin), der mit dem Carotin verwandt ist und wie dieses in Beziehung zu dem hohen Vitamingehalt gebracht wird.

3. Rosenpappel, Gombo (Hibiscus esculentus L.). Die grünen Früchte werden in ähnlicher Weise wie die Tomaten verwendet, die Samen als Kaffee-Ersatz.

4. Wickenartige Samen und Hülsen. Hiervon werden als Gemüse verwendet:

a) die unreifen Samen von Erbsen (Pisum sativum L.), von einigen Sorten auch die unreifen Hülsen;

b) die unreifen Samen von Puffbohnen (Vicia Faba major);

c) die unreifen Hülsen von Vitsbohnen (Phaseolus vulgaris L.) als Schnitt- und Salatbohnen.

Sie enthalten in der Trockensubstanz bis 30% Protein, die Zuckererbsen auch bis 30% Zucker, und sind verhältnismäßig reich an Phosphatiden (Lecithin); unter den in ihnen vorhandenen 3 Vitaminen waltet Vitamin B vor.

D. Die Kohlarten (Spinat und Rübenstengel). Die Kohlarten sind sämtlich aus der Spezies Brassica oleracea hervorgegangen. Hierher gehören:

1. Blumenkohl (Brassica oleracea var. botrytis L.); 2. Butterkohl (Br. oleracea var. luteola L.); 3. Winterkohl (Grünkohl, krauser Grünkohl) (Br. oleracea var. perscripa Al.); 4. Rosenkohl (Br. oleracea var. gemmifera Al.); 5. Savoyerkohl (Herzkohl, Wirsing) (Br. oleracea var. bullata Dc.); 6. Rotkohl (Br. oleracea var. rubra Al.); 7. Zuckerhut (Br. oleracea var. conica Al.); 8. Weißkraut (Kabbes) (Br. oleracea capitata alba Al.).

Hieran mögen angereiht werden: 9. Blattrippen (Stengel) der Steckrüben (Br. napus rapifera M.); 10. Spinat (Spinacia oleracea L.); 11. Mangold (Beta vulgaris var. Cicla).

Von den Kohlarten gilt alles das, was von Gemüsen (S. 81 u. ff.) im allgemeinen, besonders auch über den Vitamingehalt, gesagt ist. Blumenkohl und Savoyer Kohl enthalten unter den Kohlenhydraten auch Mannit. Beim Grünkohl bildet sich beim Gefrieren Zucker (von 1,41% auf 4,17% im gefrorenen Zustande); in ihm sind auch Hexonbasen nachgewiesen. Der Spinat enthält nicht mehr Eisen als andere chlorophyllhaltige Gemüse (S. 82).

E. Salatkräuter. Man unterscheidet:

1. Endiviensalat (Cichorium Endivia var. crispa L., var. pallida, krause und glatte Varietät); 2. Kopfsalat oder Gartenlattich (Lactuca sativa vericeps n.) in vielen Varietäten: frühe, späte, braune, grüne, gelbe usw.; 3. Feldsalat oder Rapunzel (Valerianella Locusta olitoria L.); 4. den sog. römischen Salat.

Den erfrischenden Geschmack verdanken die Salatkräuter den darin vorhandenen organischen Säuren (als saure Salze); im Saft des Lattich- oder Kopfsalats ist citronensaures Kalium nachgewiesen.

F. Salatunkräuter. Außer kultivierten Salatkräutern werden auch hier und da einige wildwachsende Unkräuter als Salatpflanzen benutzt (z. B. die Blätter von Löwenzahn, Wegebreit, Nesseln u. a.).

G. Sonstige Gemüse. 1. Spargel (Asparagus officinalis L.). Derselbe enthält 93—95% Wasser und 2,0% Stickstoffsubstanz, wovon über die Hälfte (54%) Amide sind; der Gehalt an Asparagin, das von ihm seinen Namen hat, macht 6—10% der Stickstoffsubstanz (0,15—0,19% des natürlichen Spargels) aus. Der Vitamingehalt ist noch nicht sicher festgestellt.

2. Artischocke (Cynara Scolymus L.), wovon der Blütenboden (sog. Käse) und der verdeckte untere Teil der Hüllschuppen genossen werden; sie enthalten in der Trockensubstanz rund 23% Stickstoffsubstanz, wovon etwa 11% Amide sind, ferner 12% Saccharose und 2% Inulin.

3. Rhabarber (Rheum officinale Baill.), wovon die Blattrippen (Stiele) als Gemüse sowie zur Kompott- und Marmeladebereitung dienen; sie sind durch einen außergewöhnlich hohen Oxalsäuregehalt (14,23% der Trockensubstanz) ausgezeichnet; in letzterer auch 0,333% in Form von Phosphatiden; Vitamin C ist vorhanden, ob auch A und B, ist noch zweifelhaft.

Gemüsedauerwaren.

Zur Herstellung der Gemüsedauerwaren dürfen im allgemeinen nur die besten und reinsten Waren verwendet werden. Schlechte und durch Parasiten, Insektenfraß beschädigte Gemüse bzw. Gemüseteile müssen ausgeschlossen werden; auch müssen mit Ausnahme der durch kühle Lagerung aufzubewahrenden Gemüse einerseits durch Verlesen, Putzen, Schälen, Enthülsen alle nicht eßbaren Teile, andererseits jegliche anhängenden Schmutzteile (Staub, Erde, Sand, Steine) vor der Haltbarmachung entfernt werden. Im übrigen beruhen die zur Herstellung von Gemüsedauerwaren angewendeten Verfahren auf denselben Grundsätzen wie die für Fleischdauerwaren (S. 45), nämlich:

1. Kühle Lagerung. Grünkohl, Rosenkohl, Schwarzwurzeln überwintern als solche im freien Felde; Kartoffeln, Rüben, Möhren, Weißkohl u. a. halten sich durch Lagerung in frostfreien Mieten oder Kellern genügend frisch.

2. Trocknung. Die gereinigten Gemüse werden meistens erst abgebrüht oder 5—8 Minuten gedämpft und dann entweder auf Darren durch einen gereinigten heißen Luftstrom oder in Vakuumapparaten so lange getrocknet, bis der Wassergehalt auf wenigstens 14% heruntergegangen ist. Die getrockneten Gemüse werden meistens zu Blöcken gepreßt.

3. Luftabschluß. Die Gemüse werden auch hierfür erst gekocht oder gedämpft (blanchiert) und nach dem Einfüllen in Büchsen oder Gläsern nach Appert oder Weck so lange in Salzwasser oder Autoklaven erhitzt, bis alle Bakterien vernichtet sind, wozu je nach der Größe der Einmachgefäße verschieden lange Zeit erforderlich ist.

Beim Kochen oder Dämpfen werden manche Gemüse (Spargel, Blumenkohl, Sellerie, Schwarzwurzel) durch Natriumsulfit, Citronensäure, Alaunlösung, Milch u. a. gebleicht oder bei Grüngemüse durch Kupfersulfat (40—50 g in 200 l Wasser auf 100 kg Gemüse) grün gefärbt.

4. Einsäuern mit und ohne Salzzusatz. Die Gemüse werden zerschnitten und mit oder ohne Zusatz von Kochsalz und Gewürzen (Dill, Kümmel, Fenchel,

Wacholderbeeren u. a.) in ein Faß eingelegt oder eingestampft. Die eingestampfte Masse wird mit einem Tuch und einem durchlöcherten Brett bedeckt, das durch Steine oder eine Presse festgehalten wird.

a) Sauerkraut. Bei der Sauerkrautgärung sind nach E. Conrad Hefen und ein dem Bacterium coli ähnliches Bacterium brassicae acidae tätig, die in Symbiose wirken. Das Bacterium erzeugt die Säure (Äthylidenmilchsäure), die Hefe die aromatischen Stoffe (wahrscheinlich Ester aus dem gebildeten Alkohol und der Säure). Säuregehalt im Mittel etwa 1,45%.

b) Saure Gurken. Man unterscheidet die Jungsäuerung, äußerlich gekennzeichnet durch die Schaumbildung, die Reifesäuerung, d. h. die Zeit, wo der höchste Säuregrad erreicht wird, und die Überreife, d. h. den Abschnitt, wo die Säure wieder abzunehmen beginnt.

Auch hier ist wie beim Sauerkraut die Gärung eine Milchsäuregärung, hervorgerufen durch Bacterium Güntheri var. inactiva bzw. Bacterium lactis acidi, B. coli und Oidium lactis, von denen das erstere auch höhere Säuregrade als 0,5% hervorbringen kann. Die Milchsäurebakterien greifen in erster Linie die Glykose an. In der Regel bilden sich 0,19—0,39% Säure. Außer den Milchsäurebakterien wirken auch Hyphen-, Sproßpilze und Bakterien anderer Art.

c) In ähnlicher Weise werden auch die unreifen Hülsen von Bohnen (Phaseolus) als Schnittbohnen, rote Rüben, Tomaten, Erbsen u. a. eingesäuert.

5. Anwendung von frischhaltenden Mitteln. Zum Einmachen von Gurken, roten Rüben usw. wird auch Essig, vorwiegend Weinessig, mit und ohne Zusatz von Gewürzen benutzt.

Die so haltbar gemachten „Mixed Pickles“ bestehen aus kleinen Gurken, jungen Zwiebeln, jungen Maiskolben, Möhrenschnitten und unreifen Vitsbohnen.

Die Gemüse erleiden bei der Herstellung zu Dauerwaren geringere oder größere Verluste an wichtigen Stoffen. Beim Kochen und Weggießen des Kochwassers gehen die Vitamine und wichtige Nährstoffe großenteils verloren; bei kurzem Dämpfen sind die Verluste geringer, steigern sich aber weiter beim Trocknen. Das Einsäuern und Einlegen in organische Säuren hat geringere Verluste im Gefolge (S. 14 u. 15) und dürfte, wo es angeht, den Vorzug verdienen.

Beim Aufbewahren können Gemüsedauerwaren noch weiter sich verschlechtern. Getrocknete Gemüse mit 14% und mehr Wasser schimmeln leicht oder können bei höherem Feuchtigkeitsgehalt der Fäulnis anheimfallen. Büchsengemüse erleidet häufig Zersetzungen durch Bakterien; Auftreiben (Bombage) wird durch bakteriell erzeugte Gase, das Weichwerden durch Bakterien hervorgerufen, welche die Mittellamellen der Zellen auflösen. Durch Bact. coli und Bact. paratyphi B sollen die giftigen Stoffe in Büchsengemüsen erzeugt werden.

Das künstliche Grünfärben und Bleichen sind zwar in verschiedenen Staaten geduldet, in Wirklichkeit aber, wenn keine Verfälschung, mindestens eine Unsitte.

Über die Zusammensetzung der Gemüsedauerwaren vgl. Tabelle Nr. 630 bis 655.

V. Flechten und Algen.

Die Flechte „isländisches Moos“ (Cetraria islandica), die Alge „irisches oder Caragheenmoos“ (Chondrus crispus), das dem ersten ähnliche Renntiermoos (Cladonia rangiferina), die Meeresalgen (-lattich) (Porphyra, Enteromorpha, Cystoreira, Gelidium u. a.) werden an den Fundorten nur selten direkt als Gemüse verwendet. Das isländische und irische Moos dienen zur Darstellung von Gallerten, das Caragheenmoos zu desgleichen von Caragheenschleim, die Meeresalgen (vorwiegend Gelidium cornuum) zu desgleichen von Agar-Agar ((Isingglas, Nori), die zur Bereitung von Puddings u. a. verwendet werden. Die Gewächse sind meistens arm an Stickstoffsubstanz; isländisches und irisches Moos enthalten als Kohlenhydrate die Moosstärke (Lichenin), Renntiermoos und Meeresalgen die Hexosane (Glykosan, Fructosan und Galaktan) sowie Pentosane und Methylpentosane. Die Flechten sind reich an den Flechtensäuren, wovon man bis 140 verschiedene nachgewiesen haben will.

VI. Pilze und Schwämme.

Unter den Pilzen und Schwämmen gibt es fast ebenso viele giftige als genießbare Sorten. Fast jedes Jahr kommen Fälle von Vergiftungen durch von Unkundigen gesammelte Pilze vor. Es sollten daher auf den Märkten nur solche Pilze zugelassen oder im Haushalt verwendet werden, die sich als sicher nicht giftig und als genießbar erwiesen haben, nämlich:

1. Von Blätterpilzen: Champignon (Agaricus oder Psalliota campestris L.), echter Reizker (Lactarius deliciosus L.), Eierpilz oder Pfifferling (Cantharellus cibarius), Brätling (Lactarius volemus), Knoblauchpilz (Marasmius alliatus), Nelkenschwindling (Marsm. caryophylleus), Grünling (Trichoma equestre).

2. Von Röhren- (Löcher-) Pilzen: Butterpilz (Boletus luteus), Steinpilz (B. edulis), Kapuzinerpilz (B. scaber), Ziegenlippe (B. subtomentosus), Kuhpilz (B. bovinus), Semmelpilz (Polyporus confluens).

3. Von Stachelpilzen: der Habichtschwamm oder Rehpilz (Hydnum imbricatum).

4. Von Korallenpilzen (Hirschschwämmen): Krauser Ziegenbart (Sparassis crispa), Roter Hirschschwamm (Clavaria Botrytis) und Gelber Hirschschwamm bzw. Korallenpilz (Cl. flava Pers.). Letztere beiden Pilze sind nur im jugendlichen Zustande genießbar.

5. Von Bauch- (Staub-) Pilzen ist nur der Eierbovist (Bovista plumbea oder B. nigrescens Pers.) im jugendlichen Zustande genießbar.

6. Von Schlauchpilzen, Morcheln gilt nur die Morchel (Morchella esculenta Pers.) als unbedenklich genießbar. Die Speiselorchel (Helvella esculenta Pers.) wird wegen der darin enthaltenen Helvellasäure im frischen Zustande als giftig angesehen. Von Morcheln wie Lorcheln soll das Kochwasser weggegossen werden.

7. Die Trüffeln sind neben den Champignons unter den Pilzen die geschätztesten; sie wachsen auf Wurzeln von Eichen.

Man unterscheidet je nach der Farbe des Fleisches weiße und schwarze Trüffeln. Unter den weißen Trüffeln besitzen die italienische Trüffel (Tuber magnatum Pico oder Tuber album Balb. oder Tartufo bianco) und die schlesische oder deutsche weiße Trüffel (Tuber album Bull. oder Chaeromyces maeandriformis Vitt.) einen geringen Wert; nur die weiße afrikanische Trüffel (Tuber niveum Desf. oder Terfezia Leonis Tul.) kommt der französischen Trüffel an Wert gleich. Unter den schwarzen Trüffeln ist die französische Trüffel (Tuber melanospermum Vitt., Truffe violette) die beste und teuerste.

Andere als die angegebenen Pilze und Schwämme sollten nicht genossen werden. Auch soll man stets nur frische und möglichst junge, keine angefressenen oder schmierigen Pilze verwenden. Die vielfach angegebenen Erkennungsmittel, wie Schwärzung von silbernen Löffeln beim Hineinhalten in kochende Pilze oder Entgiftung derselben durch Mitkochen von Zwiebeln, sind völlig trügerisch und verwerflich.

Als besonders giftig gilt das Muscarin des Fliegenschwammes (S. 9); ferner ist die Helvellasäure der Speiselorchel als giftig bezeichnet.

Die Stickstoffsubstanz besteht zu 20—35% aus Amiden, unter denen alle Aminosäuren vertreten sind, die sich bei der Hydrolyse oder Zersetzung der Proteine bilden.

Unter den Kohlenhydraten fehlt, weil die Pilze kein Chlorophyll besitzen, die Stärke, jedoch sind darin die Trehalose (0,5—10,0%) und dementsprechend Mannit (9,6—10,0% der Trockensubstanz) nachgewiesen worden.

Außer der vielfachen giftigen Beschaffenheit der Pilze beeinträchtigt die schwere Verdaulichkeit der Stickstoffsubstanz ihren Wert; hiervon wurden nach verschiedenen Versuchen nur 50—75% ausgenutzt (S. 143); von den Gesamtkohlenhydraten etwas mehr. Wegen der Schwerverdaulichkeit gerade der Stickstoffsubstanz können die Pilze daher nicht als Fleischersatz angesehen werden. Die Pilzbrühen von nichtgiftigen Sorten — besonders von Champignons und Trüffeln — besitzen dagegen als Würzemittel einen hohen diätetischen Wert. Wegen des Fehlens der Stärke haben die Pilze als solche auch für Diabetiker eine Bedeutung.

Wahrscheinlich enthalten alle Pilze Vitamin B (verschiedene auch A), aber kein Vitamin C. (Vgl. Tabelle Nr. 662—685.)

VII. Obst- und Beerenfrüchte.

Die Obst- und Beerenfrüchte sind wegen ihres Gehaltes an Zucker und Vitaminen ebenso wichtige Nahrungsmittel als wegen ihrer aromatischen Stoffe und organischen Säuren viel begehrte Genußmittel.

Es gehören zu dieser Gruppe sehr verschiedenartige Gewächse:

1. Schalenobst: Wal-, Haselnuß, Kastanien, Mandeln (S. 64);
2. Kernobst: Apfel, Birne, Quitte, Mispel, Hagebutten, Eberesche, Speierling;
3. Steinobst: Kirsche, Pflaume, Zwetsche, Aprikose, Mirabelle, Pfirsich, Schlehe;
4. Beerenobst oder Beerenfrüchte: Weinbeere, Stachelbeere, Johannisbeere, Preißelbeere, Heidelbeere, Himbeere, Brombeere, Maulbeere.

Ferner sind hierzu zu rechnen: Ananas, Apfelsine, Banane (S. 65), Citrone, Datteln, Liebesapfel (S. 86).

Man unterscheidet bei den Obst- wie Beerenfrüchten außer den Stielen drei Teile: die Schalen (Fruchthaut), Fruchtfleisch und Kerne. Im allgemeinen kommt für den direkten Verzehr und die Herstellung von Marmeladen nur das Fruchtfleisch in Betracht; bei den Beerenfrüchten werden aber die Kerne für diese Zwecke auch meistens mitverwendet; für die Herstellung der Fruchtsäfte oder Gärerzeugnisse (Wein, Branntwein) gelangt dagegen durchweg die ganze Frucht zur Verwendung.

Das Fruchtfleisch (68—96% der Früchte) enthält fast ausschließlich den Zucker, die Säuren und Vitamine, die Schalen (0,5—32% der Frucht) sind durch höheren Gehalt an Zellmembran (Cellulose), Pentosanen und Cutin (S. 29), die Kerne (0,1—6,8% der Frucht) durch hohen Protein- und Fettgehalt sowie Amygdalin ausgezeichnet. Die Kerne von Pflaumen, Aprikosen, Pfirsichen, welche wie die bitteren Mandeln das Aroma Benzaldehyd liefern, können als Ersatz der letzteren verwendet werden.

a) Stickstoffsubstanz. Diese ist in den Obst- und Beerenfrüchten nur in untergeordneter Menge (2,5—8,0% der Trockensubstanz) vorhanden; das Protein (etwa die Hälfte hiervon) besteht vorwiegend aus Albumin; der Purinstickstoff wird zu 0,05 mg (Weintraube) bis 1,63 mg (Kastanie) in 100 g angegeben.

b) Fett. Fett ist im Fruchtfleisch meistens nur spurenweise vorhanden; die Kerne und die nuß- wie mandelartigen Früchte sind reicher an Fett und auch an Stickstoffsubstanz.

c) Kohlenhydrate. Die Kohlenhydrate sind in den reifen Früchten fast ausschließlich durch Invertzucker und Saccharose vertreten; letztere ist verschieden hoch, aber nicht von der Säure abhängig. Daneben kommt, besonders in nicht ganz reifen Früchten, Stärke vor; beim Reifen nimmt diese mehr oder weniger ab. Aus den fast stets vertretenen Pektinen (0,090—0,657%) kann im Körper Methylalkohol entstehen (nach v. Fellenberg 0,22—1,12% aus 100 g Trockensubstanz).

d) Säuren. Die Säure bei Kern- und Steinfrüchten besteht anscheinend vorwiegend aus Äpfelsäure, bei Beerenfrüchten aus Äpfelsäure und Citronensäure, bei Weinbeeren (nicht ganz reifen) aus Äpfelsäure und Weinsäure, dagegen bei Citronen, Ananas, Apfelsinen aus Citronensäure. Gerbsäure (0,03% Birne bis 2,43% Hagebutten) fehlt in keiner Frucht; Salicylsäure ist in verschiedenen Obst- und Beerenfrüchten von Spuren bis 0,57 mg in 1 kg, Benzoesäure in Preißelbeeren (0,04—0,10%) und in Tomaten, Ameisensäure spurenweise in Himbeeren, Blausäure im Samen der Kern- und Steinfrüchte vorhanden.

e) Ester. Das Aroma der Obst- und Beerenfrüchte wird vorwiegend durch Ester der niederen Fettsäuren, durch Äthylester, Amylacetat, Äthylbutyrat (Ananas), Isovaleriansäure-Isoamylester (Banane) hervorgerufen. Der Citronensaft enthält Äthylcitronensäure $C_6H_7O_7 \cdot (C_2H_5)$ als Estersäure. Die Ester sind als Erzeugnis der Pflanzenzelle, nicht einer Bakterientätigkeit anzusehen.

f) Die Mineralstoffe der Obst- und Beerenfrüchte, besonders die des Fruchtfleisches, bestehen zur Hälfte bis zwei Drittel aus Kali. In den Kernen tritt der Kaligehalt zurück und macht einem höheren Gehalt an Phosphorsäure und Kalk Platz. Zu den fast regelmäßigen Aschebestandteilen der Obst- und Beerenfrüchte gehören auch Borsäure und Mangan. Im allgemeinen überwiegen wie bei den Gemüsen die Säureäquivalente, mit Ausnahme von Preißelbeeren, die Basenäquivalente.

g) Vitamine. Wegen ihres regelmäßigen hohen Gehaltes an Vitaminen sind die Obst- und Beerenfrüchte besonders wertvoll.

Durch die Verarbeitung der Früchte auf Dauerwaren erleiden die Vitamine eine größere oder geringere Abnahme. Die geringsten Verluste dürften bei der Herstellung der Muse und Marmeladen auftreten.

Beim Nachreifen werden die Früchte allgemein süßer. Das beruht aber nicht auf einer Vermehrung des Zuckers, sondern auf einer stärkeren Veratmung der Säure gegenüber dem Zucker durch Pilze. Bei Weintrauben entsteht auf diese Weise durch den Pilz Cinerea Botrytis die Edelfäule.

Über die Zusammensetzung der vielerlei Obst- und Beerenfrüchte vgl. Tabelle Nr. 686—714.

Obstdauerwaren.

Aus den Obst- und Beerenfrüchten werden mannigfaltige Dauerwaren hergestellt, bei denen entweder die ganze Frucht in ähnlicher Weise wie bei Fleisch und Gemüse oder nur Teile derselben (das Fruchtfleisch oder die Fruchtsäfte) verwendet werden.

1. Kälteverfahren. Die meisten Obst- und Beerenfrüchte, sogar die empfindlichen Erdbeeren, lassen sich genügend lange im Kälteraum frisch erhalten. Bei vielen Früchten, wie Äpfeln, Birnen, Tomaten u. a., genügt eine kühle Aufbewahrung bei 0—6°. Andere Früchte, wie Quitte, Mispel, Hagebutten, Schlehe u. a., werden durch Frost (nach der Reife) erst weich und genießbar, indem die in den Zellen vorhandene, herbe schmeckende Gerbsäure durch den Reifungsvorgang unlöslich wird (Griebel).

2. Trockenverfahren. Die Früchte, Äpfel und Birnen, werden hierbei entschält, in Viertelstücke oder Scheiben (Äpfelschnitte, Ringäpfel) zerlegt, Zwetschen (Prünellen), Aprikosen, Pfirsiche entkernt und plattgedrückt; letzteres findet auch bei den Tafel- bzw. Sultaninrosinen statt. Korinthen (kleine Rosinen) sind die kernlosen Früchte einer auf den Jonischen Inseln gebauten Spielart.

3. Anwendung von Frischhaltungsmitteln und Abschluß von Luft. Verschiedene Früchte werden mit Zucker durchtränkt oder mit Zucker überzogen (kandiert); andere nach Entschälung und Entkernung im natürlichen oder gekochten Zustande mit und ohne Zusatz von etwas organischen Säuren (Essigsäure, Benzoesäure, Salicylsäure u. a.) in Zuckerlösungen eingelegt oder nach Apperts Verfahren in verdünnter Zuckerlösung auf 100° erhitzt und in luftdicht schließenden Gefäßen — am besten in Weck-Gläsern — aufbewahrt.

4. Muse, Latwergen, Marmeladen, Jams, Konfitüren und Pasten. a) Unter „Muse" versteht man durchweg das ohne Zucker — aber unter Umständen unter Zusatz von Gewürzen — bis zur dickbreiigen Beschaffenheit eingekochte Fruchtfleisch.

b) Latwerge ist ein Erzeugnis aus Birnenmost und Äpfeln; die Masse wird unter Zusatz von Gewürzen wie bei Mus so lange eingekocht, bis sie klumpt.

c) Marmeladen, Jams (auch Konfitüren genannt) werden durch Einkochen oder kaltes Vermischen der Früchte mit Zucker (und Capillärsirup) hergestellt, und zwar wendet man bei

„Marmeladen" zerkleinertes (passiertes) Fruchtfleisch an; bei

Jams (Konfitüren) (breiig-stückige Zubereitungen) meistens auch ganze Früchte, z. B. Erdbeeren u. a.

Zu den Marmeladen können auch die Kompottfrüchte (Preißelbeeren, Heidelbeeren), die aus mehr oder weniger ganzen Früchten in ähnlicher Weise wie Marmelade zubereitet werden und wie diese zu beurteilen sind, gerechnet werden.

d) Unter **Pasten** versteht man diejenigen Erzeugnisse aus Fruchtmark und Zucker, die so weit eingekocht sind, daß die Masse nach dem Erkalten erstarrt.

5. Fruchtsäfte, Fruchtkraut, Fruchtsirup, Fruchtgelees oder -sülzen. Wie zu den vorstehenden Obstdauerwaren das Fruchtfleisch, so werden zu diesen

Erzeugnissen die Fruchtsäfte verarbeitet, und je nachdem man diese als solche (einfache Fruchtsäfte) verwendet oder bis zur dickbreiigen Beschaffenheit eindunstet, erhält man

a) Fruchtsäfte. „Fruchtsaft ist das durch Pressen aus frischen oder vergorenen Früchten erhaltene Erzeugnis. Ein aus gedörrten Früchten durch Auslaugen gewonnener Auszug (Extrakt) ist nicht als Fruchtsaft anzusehen.“

Die Fruchtsäfte enthalten fast ausschließlich die wertvollen Bestandteile der Obst- und Beerenfrüchte.

b) Frucht- (Obst-) Kraut. Unter Obstkraut versteht man Erzeugnisse, welche in der Regel aus dem Safte von frischen Äpfeln oder Birnen, besonders von Süßäpfeln (Fallobst), bisweilen unter Mitverwendung von Birnen, durch Einkochen bis zur dickbreiigen Beschaffenheit hergestellt werden.

Dem fertigen Äpfelkraut darf ein Zusatz von Rüben- oder Rohrzucker bis zu 20% ohne Deklaration zugesetzt werden, wenn sich dieser Zusatz als erforderlich erweist, d. h. wenn der Säuregehalt des eingedickten Saftes zu hoch ist.

Das in gleicher Weise aus Zuckerrüben oder Möhren gewonnene Erzeugnis heißt Rüben- bzw. Möhrenkraut, während das sog. Malzkraut (auch Maltose genannt) durch Verzuckerung des Maismehles bzw. der Maisstärke u. a. mittels Diastase und durch nachheriges Eindicken der Lösung hergestellt wird.

Die häufigste Verfälschung des geschätzten Obstkrautes besteht in der Vermischung mit Stärkesirup und Rübensirup.

c) Fruchtsirupe. Fruchtsirupe sind dickflüssige Mischungen von aufgekochten, unvergorenen oder vergorenen Fruchtsäften mit Rohr- oder Rübenzucker — meistens auf 7 Teile Saft 13 Teile Zucker.

d) Fruchtgelees oder -sülzen. Es sind eingedickte Fruchtsirupe, d. h. stichfeste Mischungen von (meistens pektinreichen) Fruchtsäften und Rohr- oder Rübenzucker.

e) Limonaden und alkoholfreie Getränke. Limonaden und alkoholfreie Getränke sind nach ihrer Gewinnung und ihren Bestandteilen gleichartige Erzeugnisse; dem Zwecke nach sollen beide durststillende und diätetisch wirkende Mittel sein, ohne dem Körper Alkohol zuzuführen.

α) „Limonaden“ sind mit Wasser verdünnte Fruchtsirupe oder Mischungen von unvergorenen oder vergorenen Fruchtsäften mit Wasser und Zucker. Die vergorenen Fruchtsäfte dürfen aber nur 0,5 Vol.-% oder 0,42 g Alkohol in 100 ccm enthalten. Wird statt des gewöhnlichen Wassers kohlensäurehaltiges Wasser angewendet oder wird Kohlensäure in die Lösung eingepreßt, so erhält man die Brauselimonaden.

β) Unter „alkoholfreien Getränken“ im engeren Sinne versteht man alkoholfreie Weine oder alkoholfreie Biere.

„Alkoholfreie Weine“ werden durch Pasteurisieren entweder von Trauben- oder Obstmost, wohl selten durch Entgeisten der hieraus gewonnenen Weine unter nachherigem Zusatz von Zucker und gegebenenfalls unter Imprägnieren mit Kohlensäure hergestellt; erstere heißen daher richtiger „alkoholfreier Trauben- (bzw. Wein-) Most.

„Alkoholfreie Biere“ sind im allgemeinen nur aus Wasser, Malz und Hopfen unter Imprägnation mit Kohlensäure, oder aus Malz, Hopfen und Wasser von nur etwa 1,5% Stammwürze hergestellte Gärerzeugnisse, bei denen der Alkoholgehalt 0,5 Vol.-% in 100 ccm nicht übersteigt. Ersteren kommt daher richtiger die Bezeichnung „alkoholfreie Bierwürzen" zu.

Da diese Getränke, um sie haltbar zu machen, pasteurisiert bzw. sterilisiert werden müssen, so sind in ihnen Enzyme und Vitamine kaum mehr anzunehmen.

Über die Zusammensetzung der Obstdauerwaren vgl. Tabelle Nr. 715 bis 790.

VIII. Gewürze.

Unter „Würzen" oder „Gewürzen" im weiteren Sinne verstehen wir alle diejenigen Stoffe, welche, sei es durch Zusatz von süßen oder bitteren, salzigen oder sauren Stoffen zur Nahrung, sei es durch die Behandlung bei der Zubereitung (Kochen, Rösten, Braten), den Geschmacks-, Geruchs- und Gesichtssinn in stärkerem und zusagenderem Grade zu erregen imstande sind.

Unter „Gewürze" im engeren Sinne dagegen werden nur einige besondere Pflanzenteile verstanden, welche den Speisen einen angenehmen, zusagenden Geruch und Geschmack verleihen und dadurch die Ausnutzung und Wirkung der Nahrung erhöhen.

Bei den meisten Gewürzen sind es flüchtige ätherische Öle, bei einigen, wie beim Pfeffer und Senf, scharf schmeckende Stoffe (das Piperin bzw. Senföl usw.), welche diese Wirkungen hervorrufen. Die in den Gewürzen gleichzeitig vorhandenen Nährstoffe und auch etwaige Vitamine spielen hierbei schon deshalb keine Rolle, weil die angewendeten Mengen Gewürze an sich nur sehr gering sind.

Zu den Gewürzen im engeren Sinne gehören u. a.:

α) Gewürze von Samen.

1. Senfmehl, Senf. „Senfmehl" ist das durch feines Vermahlen der natürlichen oder entfetteten — meistens der gepreßten, entfetteten — Samen von Brassica nigra L., Br. juncea Hook. und Sinapis alba L. hergestellte Mehl.

Unter „Senf" (Tafelsenf, Mostrich) versteht man das aus dem unentfetteten oder entfetteten Senfmehl durch Vermischen mit Wasser, Essig, Wein, Kochsalz, Zucker und verschiedenen aromatischen Stoffen hergestellte Gewürz. (Schweiz. Lebensmittelbuch.)

Die unterschiedliche Zusammensetzung zwischen Senfmehl und Senf wird zunächst durch den verschiedenen Wassergehalt bedingt. Es enthält u. a.:

	Wasser	Stickstoffsubstanz	Ätherisches Öl	Fett
Senfsamen . . .	3,5—10,5%	25,0—39,0%	0,10—1,80%	20,0—38,5%
Senf	74,0—81,5%	6,0— 6,6%	0,18—0,25%	2,5— 8,5%

Den scharfen Geschmack und Geruch verdankt der Senf dem Senföl ($C_3H_5 \cdot NCS$), das sich (0,3—1,0%) erst beim Verreiben desselben mit warmem Wasser aus dem vorhandenen myronsauren Kalium oder Sinigrin ($C_{10}H_{18}KNS_2O_{10} + H_2O$) bildet, indem letzteres durch das Ferment Myrosin in Senföl, Zucker und saures schwefelsaures Kalium gespalten wird nach der Gleichung:

$$C_{10}H_{18}KNS_2O_{10} = C_3H_5 \cdot NCS + C_6H_{12}O_6 + KHSO_4.$$

Im weißen Senfsamen nimmt man statt des Sinigrins das Sinalbin $C_{30}H_{44}N_2S_2O_{16}$ an.

Andere Brassicaarten (Raps und Rübsen) liefern ebenfalls mehr oder weniger Senföl, nämlich 0,032 bis 0,452%.

2. Muskatnuß. Unter „Muskatnuß" (Banda-Muskatnuß) versteht man den von der harten Samenschale und dem Samenmantel (Arillus) befreiten Samenkern (das Endosperm) des echten, auf den Molukken einheimischen Muskatnußbaumes (Myristica fragans Houtt.).

Die Kerne sind in der Regel gekalkt und deshalb weiß gefärbt, 2,5—7,7 g je 1 Stück schwer und durchschnittlich 25 mm lang. Die Bombaymuskatnuß vom wilden Muskatnußbaum (Myr. malabarica Sam.) ist länger (bis 50 mm lang), hat eine zylindrische Form und feinere, zahlreichere Streifungen.

In der chemischen Zusammensetzung sind die echte und Papua-Muskatnuß nicht wesentlich verschieden, indem der Gehalt der echten und Papuanuß an ätherischem Öl 3,6 bzw. 4,7%, an Fett (Ätherauszug) 34,4 bzw. 35,5%, an Stärke 23,7 bzw. 29,3% beträgt.

3. Macis. Macis (sog. Macisblüte bzw. sog. Muskatblüte) ist der getrocknete Samenmantel (Arillus) der echten oder Banda-Muskatnuß (Myristica fragrans Houtt.).

Dagegen hat der Samenmantel der „wilden" oder Bombay-Macis von Myristica malabarica Lam. wegen des fehlenden Aromas als Gewürz keine Bedeutung.

Die echte Banda-Macis ist hellgelb, die wilde rötlich gefärbt. Die echte Banda-Macis ist durch höheren Gehalt an ätherischem Öl (6,0—7,5% bei echter und nur wenig bei unechter Macis), die Bombay-Macis durch einen höheren Gehalt an ätherlöslichem Harz (1,0—5,0% bei echter und 27,5—37,5% bei unechter Macis) ausgezeichnet.

β) Gewürze von Früchten.

4. Sternanis (Badian). Der Sternanis ist der aus je 8 rosettenförmig um ein Mittelsäulchen gelagerten Fruchtblättern bestehende Fruchtstand des im südlichen China einheimischen Baumes Illicium anisatum L. oder Illicium verum Hook (echter oder chinesischer Sternanis).

Hiervon ist die ähnliche Frucht des giftigen oder japanischen Sternanis (Ill. religiosum Sieb., auch Shikimi genannt) zu unterscheiden.

Der erste hat einen angenehmen anisartigen, der letzte einen unangenehmen wanzenartigen Geruch. Die Fruchtblätter des echten Sternanis haben eine nur wenig geschnäbelte, glatte schief aufsteigende Spitze, die des giftigen Sternanis einen aufwärts gebogenen Schnabel.

5. Vanille. Vanille ist die nicht völlig ausgereifte, geschlossene, aber ausgewachsene, nach einem Fermentationsprozeß getrocknete, einfächerige und schotenförmige Kapselfrucht von Vanilla planifolia Andrews.

Die beste Vanille kommt aus Mexiko, wo der Vanillestrauch, der, mit Luftwurzeln klimmend, auf Bäumen schmarotzt, in Kakaobaumwäldern gezogen wird, um einen doppelten Nutzen zu erzielen. Die Frucht reift erst im zweiten Jahre; sie wird nach der Ernte in Tücher u. a. eingeschlagen und sorgfältig an der Sonne getrocknet.

Der wichtigste Bestandteil (1,16—2,75%) der Vanille ist neben Vanillin- und Benzoesäure das Vanillin [Methylprotocatechualdehyd, $C_6H_3(O \cdot CH_3)(OH)(CHO)$], welches auch den krystallinischen Überzug der Kapseln bildet.

Seit der künstlichen Herstellung des Vanillins aus Coniferylalkohol und Guajacol hat die Einfuhr der Frucht wesentlich abgenommen.

6. **Kardamomen**, die Früchte der kleinen Malabar- und der langen Ceylon-Kardamomen (Elettaria cardamomum), haben als Gewürz bei uns kaum noch eine Bedeutung. Dagegen gehört

7. **Pfeffer,** Beerenfrucht von Piper nigrum L., zu den verbreitetsten Gewürzen. Man unterscheidet im Handel zwischen schwarzem und weißem Pfeffer.

Der schwarze Pfeffer ist die unreife (bzw. vor der völligen Reife gesammelte), noch grüne, an der Sonne oder über Feuer rasch getrocknete, durch Schrumpfung gerunzelte Frucht.

Der weiße Pfeffer ist nach früherem Gebrauch die reife, nach einem 2—3tägigen Fermentationsvorgang von der äußeren Fruchtschale befreite und getrocknete Frucht.

Neuerdings wird aber Weißpfeffer aus dem schwarzen Pfeffer dadurch hergestellt, daß man letzteren entweder in Meer- oder Kalkwasser (auch in Salzsäure?) aufweicht und die Schalen mit den Händen abreibt oder auch durch besondere Schälmaschinen von der Schale befreit.

Chemisch unterscheiden sich beide Pfefferarten dadurch, daß der schwarze Pfeffer durchweg weniger Stärke (bzw. in Zucker überführbare Stoffe) und mehr Rohfaser enthält, nämlich:

Schwarzer Pfeffer . . .	30,0—47,8%	Stärke und	8,7—17,5%	Rohfaser
Weißer „ . . .	50,0—62,0%	„ „	3,5— 7,8%	„

Den scharfen Geschmack verdankt der Pfeffer dem ätherischen Öl ($C_{10}H_{16}$) und Piperin

$$CH_2\left\langle\begin{matrix}CH_2 \cdot CH_2\\ CH_2 \cdot CH_2\end{matrix}\right\rangle N \cdot CO \cdot CH : CH : CH : CH : C_6H_3\left\langle\begin{matrix}O\\ O\end{matrix}\right\rangle CH_2 .$$

Von beiden Bestandteilen enthalten schwarzer wie weißer Pfeffer mehr oder weniger gleich viel, nämlich ätherisches Öl 1,0—3,5%, Piperin 4,5—10,0%.

Der gemahlene Pfeffer ist unter den Gewürzen den meisten Verfälschungen ausgesetzt, besonders mit den Abfällen von der Pfefferherstellung selbst und von der Öl- und Fettgewinnung (den Ölkuchenmehlen, besonders Palmkernmehl).

8. **Langer Pfeffer,** die getrockneten, walzenförmigen, kätzchen- oder kolbenartigen Fruchtstände von Piper longum L., hat denselben Geruch wie schwarzer Pfeffer und wird meistens dem Pulver des letzteren zugesetzt.

9. **Nelkenpfeffer.** Der Nelkenpfeffer (Piment oder Neugewürz oder Englisch-Gewürz, Jamaikapfeffer) ist die nicht völlig reife, an der Sonne getrocknete Beere des kleinen Baumes Pimenta officinalis Berg (Eugenia Pimenta D. C.). Derselbe ist durch das Nelkenpfefferöl (2,0—5,2%) und die eisenbläuende Gerbsäure (8,0—14,0%) ausgezeichnet. Das Nelkenpfefferöl besteht aus einem Kohlenwasserstoff ($O_{10}H_{16}$) und der Nelkensäure bzw. dem Eugenol (Allyl-4-3-guajacol $C_6H_3(OH)(O \cdot CH_3)(CH_2 \cdot CH : CH_2)$).

10. **Spanischer und Cayennepfeffer** (Beißbeere). a) Spanischer Pfeffer (Paprika) ist die reife, saftlose, getrocknete, großfrüchtige Beere von Capsicum annuum L., C. longum).

b) Cayenne- (Guinea-) Pfeffer dagegen stammt von kleinfrüchtigen Capsicumarten (C. frutescens L., C. fastigiatum).

Der gepulverte Paprika des Handels wird meistens von den kleinfrüchtigen Capsicumarten gewonnen. Die Früchte setzen sich bei den großfrüchtigen Arten aus Grünteilen (Stielen) 5,5%, Fruchtschale (Perikarp) 58,0%, Samenlager (Placenten) 4,5% und Samen 32,0% zusammen.

Der wichtigste Bestandteil, das sogar in Verdünnungen von 1 : 100 000 äußerst scharf schmeckende Capsaicin ($C_{18}H_{26}NO_2$), kommt in den Placenten, und zwar in Mengen von etwa 0,03% bei dem spanischen und 0,05—0,07% bei dem Cayennepfeffer vor.

11. Mutternelken (Anthophylli). Es sind die völlig ausgereiften Früchte des Gewürznelkenbaumes (Nr. 16); sie enthalten dieselben würzenden Bestandteile wie die Gewürznelken, aber in geringerer Menge, und werden nur selten als Gewürz benutzt.

12. Anis. Der Anis — nicht zu verwechseln mit Nr. 4 S. 95 — ist die trockene Spaltfrucht von Pimpinella anisum L., Familie der Umbelliferen[1]), wie die 3 folgenden Gewürze. Als bester Anis gilt der aus Italien und Frankreich. Das ätherische Öl (2,0%) besteht zu etwa 10% aus einem Terpen ($C_{10}H_{16}$) und zu 90% aus Anethol ($C_{10}H_{12}O$).

13. Fenchel. Der Fenchel ist die reife, trockene, meist in ihre Teilfrüchtchen zerfallene Spaltfrucht von Foeniculum vulgare Miller. Kammfenchel ist der von Stielen befreite, Strohfenchel der gewöhnliche Fenchel. Er enthält dasselbe ätherische Öl wie der Anis.

14. Koriander. Der Coriander ist die reife, getrocknete Spaltfrucht der einjährigen Doldenpflanze Coriandrum sativum L.

15. Kümmel. Hiervon unterscheidet man 2 Sorten, nämlich:

a) den gewöhnlichen Gewürzkümmel, die reife, getrocknete Spaltfrucht von Carum Carvi L., der um so geringer geschätzt wird, je dunkler die Farbe ist; das ätherische Öl (2,0—3,0%) besteht aus einem Carven ($C_{10}H_{16}$) und Carvol ($C_{10}H_{14}O$).

b) Römischer (auch Mutter-) Kümmel ist die getrocknete Spaltfrucht von Cuminum cyminum L. Das ätherische Öl (rund 2,0%) besteht aus dem campherartig riechenden Cymol ($C_{10}H_{14}$) und dem kümmelartig riechenden Cuminol (Cuminaldehyd $C_6H_4 \cdot C_3H_7 \cdot CHO$).

γ) Gewürze von Blüten und Blütenteilen.

16. Gewürznelken. Die Gewürznelken (Gewürznagerl, Nelken oder Nägelchen) sind die vollständig entwickelten, aber noch nicht völlig aufgeblühten, getrockneten Blütenknospen des auf den Gewürzinseln einheimischen, in verschiedenen heißen Ländern angebauten Gewürznelkenbaumes Eugenia aromatica Baillon.

Der Gewürznelkenbaum blüht zweimal im Jahre (Juni und Dezember). Die Blüten bilden eine dreifach dreigabelige Trugdolde und besitzen einen dunkelroten, beim Trocknen dunkelbraun werdenden sog. Unterkelch (Hypanthium) und weiße Blumenblätter, welche beim Trocknen gelb werden. Die Trugdolden werden vor dem Aufblühen abgepflückt, auf Matten ausgebreitet und an der Sonne getrocknet.

[1]) Die 4 Umbelliferengewürze (Anis, Coriander, Fenchel, Kümmel) haben auch fast die gleiche Zusammensetzung, nämlich: 9,5—13,0% Wasser, 11,5—18,0% Stickstoffsubstanz, 9,5—19,0% Fett und 1,0—2,5% ätherisches Öl.

Als beste Sorten gelten die Amboina- und Molukkennelken. Die Gewürznelken sind von allen Gewürzen am reichsten an ätherischem Öl, wovon sie durchweg 15,0—20,0% neben 6,0—15,0% fettem Öl enthalten. Das ätherische Öl besteht zu 80—86% aus Eugenol (S. 96 Nr. 9).

Eigenartig ist auch der hohe Gehalt an eisenbläuender Gerbsäure (durchweg 16—19%). Stärke fehlt in den Gewürznelken.

17. Safran. Der Safran bildet die getrockneten Narben der zu den Iridaceen gehörenden, im Herbst blühenden Pflanze Crocus sativus L.

Der Anbau ist langwierig und erfordert viel Pflege; die im August und September ausgepflanzten Kiele (Külle-Zwiebel) liefern erst im zweiten und dritten Jahre reichliche Blüten; zu 100 g Safran gehören 45 000—64 000 Narben, die einzeln gepflückt werden müssen. Daher der hohe Preis. Als beste Sorte gilt der französische Safran.

In dem Safran sind verschiedene eigenartige Stoffe enthalten:

a) Ätherisches Öl, das nur 0,4—1,3% ausmacht, ihm aber seinen eigenartigen Geruch und Geschmack verleiht.

b) Pikrocrocin, ein Bitterstoff, der bei langem Ausziehen mit Äther mit in diesen übergeht, auch in Wasser und Alkohol löslich ist und beim Behandeln mit Säuren in Zucker (Crocose) und ätherisches Öl (Safranöl) zerfällt.

c) Safranfarbstoff (Crocin oder Polychroit genannt), der sich in Wasser, verdünntem Alkohol leicht löst, ist ein Glykosid, das bei der Behandlung mit verdünnter Salzsäure in Zucker (Crocose) und Crocetin zerfällt.

$$\underset{\text{Crocin oder Polychroit}}{C_{58}H_{86}O_{31}} + 4\,H_2O = \underset{\text{Crocetin}}{C_{34}H_{46}O_{11}} + \underset{\text{Crocose}}{4\,C_6H_{12}O_6}.$$

d) Reduzierender Stoff; er ist nach Pfyl und Scheitz in Chloroform löslich und reduziert Fehlingsche Lösung.

Der in Wasser lösliche Zucker (Invertzucker) des Safrans wird zu 22,0 bis 25,0% angegeben.

Wegen seines hohen Preises ist er sehr vielseitigen Verfälschungen ausgesetzt.

Die Verfälschungen bestehen in der Wiederauffärbung von bereits gebrauchtem Safran mit Dinitrokresol und anderen gelben Farbstoffen oder in der künstlichen Beschwerung mit organischen und unorganischen Stoffen aller Art oder in dem Zusatz von ähnlichen Blütenteilen anderer Pflanzen.

18. Kapern. Kapern, Kappern oder Kaperl sind die noch geschlossenen, abgewelkten, (in Essig oder Salzwasser) eingemachten Blütenknospen des Kapernstrauches (Capparis spinosa L.), der im Mittelmeergebiet wild vorkommt, aber auch kultiviert wird. Die abgepflückten Knospen werden erst einige Stunden welken gelassen, dann in Essig oder Salzwasser oder in salzhaltigem Essig in Fässern von 5—60 kg eingelegt.

Sie enthalten als eigenartigen Bestandteil den in den Drüsenzellen vorkommenden gelben Farbstoff Rutin ($C_{25}H_{28}O_{15} + 2^1/_2\,H_2O$), der durch verdünnte Säuren in 47,84% eines gelben, nicht näher untersuchten Körpers und in 57,72% Zucker, der wahrscheinlich „Isodulcit-Rhamnose" ist, zerfällt.

Als Ersatzstoffe sind anzusehen:

Blütenknospen des Besenpfriemens (Spartium scoparium L.), auch deutsche, Ginster- oder Geißkapern genannt, der Kapuzinerkresse (Tropaeolum majus L.) und der Dotterblume (Caltha palustris L.).

19. Zimtblüten. Zimt- oder Cassiablüten (Flores cassiae) sind die nach dem Verblühen gesammelten und getrockneten Blüten oder, besser gesagt, unreifen Scheinfrüchte eines Zimtbaumes, wahrscheinlich Cinnamomum Cassia (Nees) Bl.

Sie haben nur einen schwachen Zimtgeruch und kaum eine Bedeutung als Gewürz.

δ) Gewürze von Blättern und Kräutern.

Von der großen Anzahl Blätter, die als Gewürz gebraucht werden, z. B. Lauch, Schnittlauch, Sellerieblätter, Bohnen- bzw. Pfefferkraut, Thymian, Salbeiblätter, Dill, Petersilie, Estragon, Bimbernell, Sauerampfer, kommen für den Handel vorwiegend nur in Betracht:

20. Lorbeerblätter (getrocknet) von dem immergrünen Lorbeerbaum (Laurus nobilis L.), dessen Blätter neben dem noch unbekannten ätherischen Öl (1—3%) reichlich Gerbstoff enthalten.

21. Majoran, das getrocknete blühende Kraut (Blumenähren und Blätter des Stengels) der Pflanze Majorana hortensis Much.

Man unterscheidet deutschen und französischen Majoran im Handel. Der deutsche Majoran besteht aus zerschnittenen sämtlichen oberirdischen Teilen der Pflanze, also aus Blättern und Stengelteilen; er besitzt meistens eine graugrüne Farbe. Der französische Majoran enthält meistens nur die abgestreiften Blätter (abgerebelte Ware genannt) und besitzt infolgedessen eine grünere Farbe.

ε) Gewürze von Rinden.

Von Rinden verwenden wir nur eine Art als Gewürz, aber als eines der verbreitetsten, nämlich:

22. Zimt. Unter Zimt versteht man die von dem Periderm (Kork und primärer Rinde) mehr oder weniger befreite, ihres ätherischen Öles nicht beraubte getrocknete Astrinde verschiedener, zu der Familie der Laurineen gehörenden Cinnamomumarten.

Zimt oder das Pulver desselben muß ausschließlich aus den von ihrem ätherischen Öl nicht befreiten Rinden einer der 3 genannten Cinnamomumarten bestehen und muß den kennzeichnenden Zimtgeruch und Zimtgeschmack deutlich erkennen lassen, nämlich:

1. Ceylonzimt (edler Zimt, Kanehl) von Cinnamomum ceylanicum Breyne. Er ist zur Herstellung von Zimttinkturen und Zimtöl für Apotheken vorgeschrieben.

2. Chinesischer Zimt (Zimtcassia, gemeiner Zimt, Cassia vera, in den Preislisten der Gwürzhändler auch Cassia lignea genannt) von Cinnamomum Cassia Blume.

3. Malabarzimt, Holzzimt (auch Holzcassia, Cassia lignea, in den Gewürzlisten auch Cassia vera genannt) von Cinnamomum Burmanni Blume, ferner die in Südostafrika angebauten Sorten, die noch weniger sorgfältig abgeschabt sind als der chinesische Zimt.

Der Malabarzimt wird vorwiegend zur Herstellung von Zimtpulver verwendet.

Der eigentliche Wertbestandteil des Zimts ist das ätherische Öl, das im wesentlichen aus Zimtaldehyd ($C_9H_8O = C_6H_5 \cdot CH : CH \cdot CHO$) sowie einem Kohlenwasserstoff besteht und in Mengen von 1,0—3,8% für die einzelnen lufttrockenen Zimtsorten angegeben wird. Aber nicht die Menge des ätherischen Öles ist für die Güte entscheidend, sondern die Art seines Geruchs und Geschmacks. Denn der beste Zimt, der Ceylonzimt, enthält durchweg weniger ätherisches Öl und mehr Rohfaser als der chinesische und Holzzimt.

Ein weiterer wesentlicher Bestandteil ist die Stärke (10,5—27,0%); daneben 3,5—5,0% Protein, 0,5—2,0% direkt reduzierender Zucker, 19,5—49,0% Rohfaser und 3,0—5,0% Asche.

Die häufigste Verfälschung besteht in der Unterschiebung von gemahlenen Zimtabfällen, Zimtbruch (Astteilen) unter reines Zimtpulver.

ζ) Gewürze von Wurzeln.

23. Ingwer. Ingwer oder Ingber ist der ungeschälte, einfach gewaschene und getrocknete (bedeckte) oder der geschälte (von den äußeren Gewebsschichten befreite) und getrocknete Wurzelstock (Rhizom) der im heißen Asien und Amerika angebauten Ingwerpflanze (Zingiber officinale Roscoe, Familie der Zingiberaceen).

Man unterscheidet im Handel Jamaica-, Conchin-, Bengal- und afrikanischen Ingwer u. a., die eine verschiedene Größe besitzen. Das ätherische Öl (1,0 bis 4,0%) besteht im wesentlichen aus einem Terpen; die Stärke macht den Hauptbestandteil (49,0—64,0%) aus.

24. Galgant. Der Galgant besteht aus den einfach getrockneten Wurzelstöcken des Galgant (Galanga oder Alpinia officinarum Nance, Familie der Zingiberaceen), einer dem Ingwer ähnlichen Pflanze, die vorwiegend in Siam angepflanzt (daher auch Siamingwer genannt) wird.

25. Zitwer. Der Zitwer besteht (nach dem Deutschen Arzneibuch, V. Ausg.) aus den getrockneten Querscheiben oder Längsvierteln der knolligen Teile des Wurzelstockes von Curcuma zedoaria Roscoe, einer zu der Familie der Zingiberaceen gehörenden Pflanze, die in Südasien und Madagaskar angebaut wird.

26. Kalmus. Unter Kalmusgewürz versteht man nach dem Cod. alim. austr. den geschälten oder ungeschälten, frischen oder getrockneten Wurzelstock von Acorus calamus L., einer an Gewässern bei uns wildwachsenden Pflanze. Derselbe enthält 35—45% Stärke und etwa 2% ätherisches Öl von angenehmem Geruch.

27. Süßholz. Zu den Wurzelgewürzen pflegt auch das Süßholz, die getrockneten, ungeschälten oder geschälten Wurzeln und Ausläufer von Glycyrrhiza glabra L. (Familie der Papilionaceen) gerechnet zu werden. Unter Radix liquiritiae glabra versteht man spanisches, unter Radix liquiritiae mundata russisches (meistens geschältes) Süßholz. Das spanische Süßholz (Katalonien) gilt als das beste.

Der wichtigste, seine Eigenschaft bedingende Bestandteil des Süßholzes ist der sog. Süßholzzucker, das Glycyrrhizin, eine Ammoniakverbindung der Glycyrrhizinsäure $C_{44}H_{63}NO_{18} \cdot NH_4$, welche etwa 8% des Süßholzes ausmacht. Die Glycyrrhizinsäure zerfällt bei der Hydrolyse mit verdünnter Schwefelsäure in Glycyrrhetin $C_{22}H_{44}NO_4$ und in Parazuckersäure $C_6H_{18}O_8$, ist also ein Glykosid. Außerdem sind darin 6,0—7,0% direkt reduzierender und 2,0—10,0% invertierbarer Zucker sowie 1—2% Asparagin gefunden worden.

IX. Die alkaloidhaltigen Genußmittel.

Die alkaloidhaltigen Genußmittel wirken nur vereinzelt durch kleine Mengen ätherischer Öle oder sonstiger Geschmacksstoffe in ähnlicher Weise direkt erregend auf die Geruchs- sowie Geschmacksnerven und unterstützen dadurch die Verdauungstätigkeit wie die Gewürze; ihre Hauptwirkung und -bedeutung verdanken sie einem Alkaloid, das indirekt, erst nach dem Übergang ins Blut, das Zentralnervensystem erregt und von diesem aus auf weiten Umwegen andere Nerven beeinflußt.

Sie erhöhen die Herztätigkeit und den Blutkreislauf; sie lassen Hunger-, Durst- und Müdigkeitsgefühl vergessen und bewirken vorübergehend eine erhöhte körperliche und geistige Tätigkeit auch ohne Nahrungszufuhr. Diese günstigen Wirkungen äußern sie aber nur bei mäßigem Genuß; in übermäßigen Mengen genossen dagegen rufen sie das Gegenteil hervor, wirken berauschend, erschlaffend, bis zur Bewußtlosigkeit einschläfernd, ja tödlich. Trotz der mit dem übermäßigen Genuß verbundenen nachteiligen Folgen sind indes diese Genußmittel in irgendeiner Art jetzt allgemein bei allen Völkern verbreitet.

1. Als **purinhaltige Genußmittel** finden u. a. Verwendung:

a) Kaffee, Tee, Kakao, Mate, von denen erstere drei in der ganzen Welt, besonders in Europa, letzterer vorwiegend in Südamerika in der Weise verwendet werden, daß ein aus ihnen nach dem Trocknen (bzw. Rösten beim Kaffee) ein wässeriger Auszug hergestellt und genossen wird.

b) Guaraná, Samen von Paulinia Cupana Kunth, im Amazonengebiet; der Samen, der 6,5% Coffein und 5,0% Gerbsäure enthalten soll, wird geröstet, zerstoßen und zu einem Teig verarbeitet; letzterer wird in Formen gebracht, getrocknet und dient dann zur Herstellung eines wässerigen Aufgusses wie bei uns der Kaffee.

c) Colanuß von dem Baum Cola vera Schum. in Senegambien, mit 1,5—3,0% Coffein; sie wird frisch und getrocknet gekaut oder auch gemahlen in Milch und Honig genossen.

2. Alkaloidhaltige Genußmittel, die vorwiegend **geraucht** werden:

a) Tabak, über die ganze Erde verbreitet, dient zum Rauchen, Kauen, Schnupfen (vgl. S. 108).

b) Opium, der getrocknete Milchsaft der unreifen Kapsel des Schlafmohns (Papaver somniferum L.), mit mehreren Alkaloiden (z. B. 3,0—7,5% Morphin, 3,0—4,5% Narkotin u. a.); es wird für Zwecke des Rauchens besonders zubereitet, verliert dabei einen Teil der Alkaloide, behält aber noch soviel, daß es wegen seiner einschläfernden, erschlaffenden und verdummenden Wirkung zum größten Völkergift wird; sein Verbrauch war bis jetzt vorwiegend auf die mohammedanischen Länder und China beschränkt; man sucht seine verderbliche Verbreitung in andere Länder durch gesetzliche Verordnungen zu verhüten.

c) Haschisch (Hanf); das aus den Drüsenhaaren austretende Harz und die zerschnittenen Blätter des aus dem Cannabis sativa L. hervorgegangenen indischen Hanfes werden wie das Opium zum Rauchen verwendet und hat ähnliche Wirkungen (Einschläfern bis zum todähnlichen Zustande während mehrerer Tage und Wochen). Der wirkende Stoff soll ein phenolartiger Körper Cannabinol ($C_{21}H_{30}O_2$) sein.

3. Sonstige alkaloidhaltige Genußmittel mit verschiedener Anwendungsweise von nur örtlicher Bedeutung.

a) Betel oder Sirih oder Betelbissen. Das Betelblatt (Piper Betle L.) wird mit Kalk bestrichen und in dieses ein Stückchen der Arecanuß (Areca catechu L.) eingewickelt. Durch Kauen färbt sich der Speichel blutrot, der wirksame Stoff soll Arecolin ($C_8H_{13}NO_2$) sein; vorwiegend in Südasien und Ostafrika in Gebrauch.

b) Cocablätter. Diese werden von den südamerikanischen Völkern in ähnlicher Weise wie vorstehend die Betelblätter verwendet. Die fermentierten und getrockneten Blätter werden mit etwas Kalk oder Quinoaasche gekaut. Der wirksame Stoff (etwa 0,1—0,2%) ist das Cocain ($C_{17}H_{21}NO_4$), dessen salzsaures Salz auch in der Chirurgie zur Hervorrufung von Gefühllosigkeit der Schleimhäute benutzt wird.

c) Paricá, Niopo, Schnupfpulver der Indianer durch Zerkleinern der frischen oder gegorenen Samen der Leguminose (Piptadenia peregrina Benth.) erhalten.

d) Peyotl, aus den oberen, vom Haarkissen befreiten Teilen der Cactusart (Ancalonium Lewinii) hergestellt; von Indianern direkt genossen oder zur Herstellung eines Getränkes benutzt.

e) Kat (Gad, Chaad); die Blätter von Catha edulis Forskal werden in Arabien und Ostafrika entweder frisch gekaut oder zur Herstellung eines wässerigen Auszuges benutzt, der getrunken wird.

f) Kawa - Kawa; aus der Wurzel einer Pfefferart (Piper methysticum Forster) auf den polynesischen Inseln in derWeise zubereitet, daß dieWurzel von sauberen Knaben und Mädchen zerkaut werden; die mit Speichel vermischte Masse wird einige Zeit in einem Gefäß aufbewahrt, dann nach Verdünnen mit Wasser zur Herstellung eines Getränkes für Männer benutzt.

g) Fliegenschwamm (Amanita muscaria L.) wird in Sibirien von Frauen vorgekaut und die gekaute Masse zu Würstchen geformt, die von Männern genossen werden und einen trunkenen Zustand hervorrufen. Der wirksame Stoff geht anscheinend unzersetzt in den Harn über, weil dieser dieselbe Wirkung äußert.

Von vorstehenden alkaloidhaltigen Genußmitteln besitzen folgende eine weite Verbreitung und auch besondere Anwendung in Europa.

1. Kaffee.

„Kaffee (Kaffeebohnen) sind die von der Fruchtschale vollständig und der Samenschale (Silberhaut) größtenteils befreiten, rohen oder gerösteten, ganzen oder zerkleinerten Samen von Pflanzen der Gattung Coffea. Bohnenkaffee ist gleichbedeutend mit Kaffee.“

Man unterscheidet den Kaffee nach der örtlichen Herkunft. Als beste Sorte gilt der arabische (Mokka-)Kaffee; von Coffea arabica stammen die besseren Sorten; Coffea liberica (Liberiakaffee von einer Tiefpflanze) unterscheidet sich von ihm durch größere Samen. Die Kaffeefrucht hat zwei Samen; Perlkaffee stammt von einsamig entwickelten Kaffeefrüchten. Diese müssen, um die Samen (sog. Bohnen) zu gewinnen, von Fruchtfleisch, Fruchtschalen und Samenhaut befreit werden, was auf dreierlei Weise geschieht, entweder durch vorheriges Trocknen, Gärenlassen oder Waschen mit Wasser.

Rösten des Kaffees. Die Kaffeesamen müssen für den Genuß erst bei 200 bis 250° bis zur lichtbraunen Färbung geröstet werden, wobei sie, wenn das Rösten fabrikmäßig geschieht, behufs Erhaltung des Aromas mit einem Überzug (von Zucker, Harz, Firnis, Öl, Borax u. a.) versehen (glasiert) zu werden pflegen.

Durch das Rösten nehmen sämtliche Bestandteile des Kaffees ab, nur die in Äther löslichen und dextrinartigen Stoffe erfahren eine Zunahme. Der Gesamtverlust beträgt 13—21%, im Mittel 18%. Es bildet sich hierbei das stickstoffhaltige Kaffeeöl, der eigentliche Träger des Kaffeearomas, welches neben dem Coffein die physiologische Wirkung des Kaffees mit bedingen soll; weiter sind unter den Rösterzeugnissen vorhanden: Ammoniak, Pyridin, Essigsäure, Valeriansäure, Furfurol, Furanalkohol, Phenol u. a. Durch das Rösten soll auch Vitamin gebildet werden, was aber noch wohl der Nachprüfung bedarf.

Coffeinfreier Kaffee. Außer den beiden Kaffeesorten Coffea arabica und C. liberica gibt es noch Kaffeearten wie Coffea bourbonica, C. stenophylla u. a., die im natürlichen Zustande coffeinfrei sind bzw. sein sollen. Um aber den echten Kaffee, der besonders durch seinen Coffeingehalt die Herztätigkeit anregt, für herzschwache Menschen genußfähig zu machen, wird den Samen vor dem Rösten der größte Teil des Coffeins dadurch entzogen, daß man die Samen mit überhitztem Wasserdampf oder sonstwie aufweicht und mit Lösungsmitteln des Coffeins (Äther, Alkohol, Benzol, Aceton u. a.) auszieht. Es bleiben in den behandelten Samen in der Regel noch 0,05—0,30% Coffein von den 1,0—1,5% ursprünglich vorhandenen Mengen zurück. Die Bildung des Röstaromas soll durch die Coffeinentziehung nicht leiden.

Unter den Bestandteilen des Kaffees ist das Coffein, das zu der Xanthingruppe (S. 9) gehört, der wichtigste; es ist wahrscheinlich an Chlorogensäure gebunden, im Rohkaffee als chlorogensaures Kaliumcoffein $[C_{32}H_{36}O_{19}K_2(C_8H_{10}N_4O_2)_2]$ vorhanden; von seiner durchweg 1,0—1,5% betragenden Menge gehen beim Rösten 4—5% verloren. Der Zucker geht, auf Trockensubstanz berechnet, von 8,5% auf 3,0% und tiefer, die Gerbsäure (ein Glykosid, S. 27) von 9,4% auf 4,8% herunter.

Die Wirkungen des Kaffees bestehen in der Erregung der Nerven, Hebung der Herztätigkeit und damit des Gesamtstoffwechsels (Hebung der Verdauungs- und Darmtätigkeit); der Kaffeeaufguß bewirkt ein Sättigungsgefühl (Kestner), beseitigt vielfach Kopfschmerzen und dient auch als Gegenmittel gegen übermäßigen Alkoholgenuß.

Bei der Bereitung des Kaffeeaufgusses gehen von den Stoffen der Trockensubstanz des gerösteten Kaffees 25—33% in Lösung und darunter je nach der Art der Zubereitung 80,0—98,5% des Coffeins, 90—95% der Mineralstoffe. Von 100 g geröstetem Kaffee werden durchschnittlich gelöst:

Gesamtmenge der gelösten Stoffe	Coffein	Rösterzeugnisse (Öl)	Stickstofffreie Extraktstoffe	Asche	Darin Kali
25,40%	0,90%	5,18%	15,80%	3,56%	1,95%

In einer Portion Kaffee, wozu man 15 g Kaffeebohnen auf etwa 200 ccm Wasser verwendet, genießen wir daher etwa:

3,80 g	0,14 g	0,78 g	2,87 g	0,53 g	0,29 g

In 100 ccm eines sorgfältig zubereiteten Kaffeeaufgusses sind hiernach rund die Hälfte der vorstehenden Stoffe zu erwarten.

In Wien verwendet man zu dem sog. Piccolokaffee 30 g, in Arabien sogar 80 g statt 15 g gerösteten Kaffee auf 200 ccm Wasser. Letztere Mengen verursachen bei Europäern häufig schon Schwindel, Zittern, Herzklopfen, Angstgefühl und Brechreiz.

Kaffee-Ersatzstoffe und -Zusatzstoffe.

Eine der günstigsten Wirkungen des Kaffees besteht, wie vorstehend schon angegeben ist, in dem durch die Rösterzeugnisse bewirkten Erfrischungs- und Sättigungswert. Weil aber der Kaffee verhältnismäßig teuer ist, so hat man von jeher aus einer Reihe von Rohstoffen ähnliche Rösterzeugnisse — man hat gegen 431 verschiedene Marken gezählt — hergestellt, die zwar sämtlich von dem eigentlichen Wertbestandteil des echten Kaffees, dem Coffein, frei sind, aber im Geruch und Geschmack dem echten Kaffeee sich ähnlich verhalten. Das Reichsgesundheitsamt unterscheidet zwischen Kaffee-Ersatzstoffen und Kaffee-Zusatzstoffen.

„Kaffee-Ersatzstoffe“ sind Zubereitungen, die durch Rösten von Pflanzenteilen, auch unter Zusatz anderer Stoffe, hergestellt sind, mit heißem Wasser ein selbständiges kaffeeähnliches Getränk liefern und bestimmt sind, als Ersatz des Kaffees oder als Zusatz zu dienen.“

„Kaffee-Zusatzstoffe (Kaffee-Gewürze) sind Zubereitungen, die durch Rösten von Pflanzenteilen oder Pflanzenstoffen oder Zuckerarten oder Gemischen dieser Stoffe, auch unter Zusatz anderer Stoffe, hergestellt und bestimmt sind, als Zusatz zu Kaffee oder Kaffee-Ersatzstoffen zu dienen.“

Hierbei ist indes zu berücksichtigen, daß die Kaffee-Ersatzstoffe auch als Zusatzstoffe verwendet werden, während das Umgekehrte nicht der Fall ist.

Zu den gangbarsten Ersatzstoffen (vgl. Tabelle Nr. 800—828) gehören:

α) Kaffee-Ersatzstoffe aus Wurzelgewächsen.

1. Zichorienkaffee. „Zichorienkaffee (Zichorie) ist das aus den gereinigten Wurzeln der kultivierten Zichorie (Cichorium Intybus), auch unter Zusatz von Zuckerrüben, geringen Mengen von Speisefetten und von kohlensauren Alkalien, durch Rösten, Zerkleinern und Behandeln mit Wasserdampf oder Wasser gewonnene Erzeugnis.“

Der Zichorienkaffee, einer der verbreitetsten Ersatzstoffe, der unter den verschiedensten Bezeichnungen in den Handel kommt, enthält in der Trockensubstanz 7,5—21,5% Fructose und 6,0—25,5% Inulin. Der eigenartige Bitterstoff der Zichorie, das Intubin, soll durch das Rösten zerstört und dafür ein neues Röstbitter (Assamar) gebildet werden.

2. Rübenkaffee aus Zuckerrüben (S. 84) und

3. Löwenzahnwurzelkaffee. Beide werden wie Zichorienkaffee hergestellt. Letzterer enthält auch Inulin (in der frischen Wurzel etwa 24%).

β) Kaffee-Ersatzstoffe aus zuckerreichen Stoffen.

4. Gerösteter Zucker. Derselbe wird wie die Zuckercouleur (S. 79) hergestellt und dient vorwiegend nur dazu, um dem Kaffeeaufguß eine dunklere Färbung zu geben. Er enthält noch 13—35% Zucker (Saccharose).

5. Feigenkaffee (Karlsbader Kaffeegewürz). Durch Rösten der entbasteten und zerkleinerten Scheinfrüchte des Feigenbaumes unter Zusatz von 1—2% Natriumbicarbonat hergestellt; in der Trockensubstanz 25—60% Zucker (Invertzucker).

6. Karobbekaffee, aus den Hülsen des Johannisbrotbaumes (Ceratonia siliqua L.) hergestellt.

γ) Kaffee-Ersatzstoffe aus Getreidefrüchten.

7. Gersten- und Gerstenmalzkaffee. Dem aus natürlicher, nicht besonders vorbehandelter, aber gereinigter Gerste, auch nach Behandlung mit Wasserdampf oder Wasser, gewonnenen Rösterzeugnis kommt der Name „Gerstenkaffee“ zu.

Unter Gerstenmalzkaffee oder einfach „Malzkaffee“ (auch Kneippkaffee genannt) ist dagegen das aus gereinigter, gemälzter und von den Keimen befreiter Gerste durch Rösten, auch nach Behandlung mit Wasserdampf oder Wasser, gewonnene Erzeugnis zu verstehen.

Die Mälzung ist genügend, wenn der Blattkeim mindestens die halbe Kornlänge erreicht hat. Wird das Malz feucht geröstet, so erhält man 30—40% Extraktausbeute von mildem Geschmack und kaffeebrauner Farbe; wird dagegen das Malz nach dem Trocknen geröstet, so beträgt die Extraktausbeute 60—65% und ist von scharfem, bitterem Geschmack und grauvioletter Farbe nach Zusatz von Milch.

8. Roggen- und Roggenmalzkaffee. Sie sind in derselben Weise wie vorstehend die beiden Gerstenerzeugnisse zu unterscheiden. Der Roggenkaffee ist ein noch älteres Rösterzeugnis als der Gerstenmalzkaffee und hat vorwiegend im letzten Kriege eine weite Verbreitung gefunden.

Ebenso wird aus Weizen und Mais ein Korn- und Malzkaffee hergestellt.

δ) Kaffee-Ersatzstoffe aus Leguminosensamen.

Auch verschiedene Leguminosensamen dienen zur Herstellung von Kaffee-Ersatzstoffen, z. B. Puffbohnen, Erdnüsse, Lupinen (nach dem Entbittern), Sojabohnen, Kichererbsen (Cicer arietinum), Kaffeewicken (Astragalus baëticus L.); der Sudankaffee wird durch Rösten des Samens von Parkia africana, Mogdadkaffee desgleichen von Cassia occidentalis, Kongokaffee desgleichen von einer Phaseolusart gewonnen. Die Extraktausbeute ist bei den gerösteten Leguminosensamen verhältnismäßig gering.

ε) Kaffee-Ersatzstoffe aus sonstigen Samen und Rohstoffen.

Hierzu gehört der Eichelkaffee, Rösterzeugnis der Früchte von Quercus pedunculata und Q. sessiliflora, vorwiegend wegen seines Gerbsäuregehaltes im Gebrauch. Ebenso werden verwendet die Früchte des Weißdornes (Crataegus oxyacantha), die Scheinfrucht von Rosa canina (Hagebutten), die Kerne von Birnen, Weintrauben, Spargelsamen, Datteln u. a.

Sakka- oder Sultankaffee wird durch Rösten des Fruchtfleisches und der zerkleinerten Fruchtschalen des Kaffeesamens hergestellt; obschon er coffeinhaltig ist — die Fruchtschalen enthalten 0,50% Coffein —, so muß er doch zu den Kaffee-Ersatzstoffen gerechnet werden.

Die Kaffee-Ersatzstoffe wirken nur durch ihre Rösterzeugnisse günstig, indem sie den durststillenden und Sättigungswert erhöhen und als Säurelocker oder durch sekretinähnliche Stoffe die Verdauung unterstützen.

2. Tee.

Unter der Bezeichnung „Tee“ versteht man die auf verschiedene Weise zubereiteten Blattknospen und jungen Blätter der Teepflanze (Thea sinensis) und einer ihrer Varietäten (Thea sinensis var. Assamica Sims.).

Der Teestrauch ist immergrün und treibt 3—4mal im Jahre neue Blätter. Die Blattknospen mit höchstens dem ersten Blatt gelten als die feinsten; sie sind stark behaart.

Die Bezeichnungen des Tees bedeuten nicht die Herkunft, sondern Alter und äußere Beschaffenheit des Blattes:

Pecco = weißes Haar, Bai-chao = weißer Flaum (d. h. stark behaarte, also beste Sorte schwarzen Tees), Souchong = kleine Pflanze, Congu oder Congfu = gerollt, Oolong = schwarzer Drache, Haysan oder Hysan = Frühling (d. h. beste Sorte grünen Tees), Gunpowder = Schießpulvertee (aus kleinen Kügelchen bestehend) usw.

Je nach der Zubereitung werden unterschieden: grüner und schwarzer, gelber, roter, Ziegel-, Bohen-, Bruch- und Lügentee.

a) Grüner Tee wird in der Weise gewonnen, daß die Blätter sofort nach dem Pflücken und Welken (durch Dämpfen) gerollt, in der Sonne getrocknet und dann in Pfannen über Feuer schwach geröstet werden.

Für gelben Tee werden die abgewelkten Blätter nicht in der Sonne, sondern im Schatten getrocknet.

b) Für schwarzen Tee werden die gepflückten Blätter im allgemeinen 1—2 Tage sich selbst überlassen, wodurch sie welken und ihre Elastizität verlieren, so daß sie gerollt werden können. Die noch feuchten gerollten Blätter werden in etwa 5 cm dicker Schicht angehäuft und machen eine Gärung durch, wodurch die Gerbsäure z. T. zerstört und Aroma gebildet wird. In ähnlicher Weise wie schwarzer wird roter Tee bereitet.

c) Ziegeltee besteht aus den in Backstein- oder Tablettenform („Tiptop Tablet Tea“) gepreßten Abfällen der Teebereitung.

d) Der „Bruchtee“ wird aus den Bruchstücken der Teesorten durch Absieben und Ausklauben gröberer Teile (Stiele u. dgl.) gewonnen; wenn er in viereckige Würfel gepreßt wird, heißt er „Würfeltee“.

e) Der „Lügentee“ (Lietee) besteht angeblich aus dem Staub der Teekisten, aus Teebruch und den gepulverten Stielen und Zweigspitzen (den sog. „Wurzeln“) der Teepflanze, die mit Hilfe eines klebenden Stoffes zusammengepreßt werden.

Grüner Tee wird mitunter mit wohlriechenden Blüten beduftet.

Der Tee enthält denselben wirksamen Bestandteil, das Thein [$C_5H(CH_3)_3 \cdot N_4O_2$, Trimethylxanthin] wie der Kaffee und ein Dimethylxanthin, das Theophyllin. Das Thein ist im frisch gepflückten Blatt fast ganz in gebundenem Zustande vorhanden, beim Welken, Fermentieren bzw. Rösten geht es mehr und mehr in den freien Zustand über. Seine Menge beträgt in der Trockensubstanz 1,2—5,0%, im Mittel rund 3,0% neben 20—42% Gesamt-Stickstoffsubstanz. In dem beim Fermentieren sich bildenden ätherischen Öl ist Methylalkohol, Methylsalicylat und Aceton nachgewiesen. Der grüne Tee enthält durchweg 17,0% Gerbsäure (Eichengerbsäure) und 42,5% Wasserauszug, der schwarze Tee dagegen nur 12% Gerbsäure und 35,0% Wasserauszug (d. h. wasserlösliche Stoffe) in der Trockensubstanz. Der Tee ist vitaminfrei. Zu einem gewöhnlichen Teeaufguß rechnet man 5 g — zu einem starken 8 g, zu Samowartee (sehr verdünntem) 0,5 g Tee — auf 250 ccm Wasser. In dem gewöhnlichen Teeaufguß sind rund enthalten:

Extraktstoffe im ganzen	Thein bzw. Coffein	Gerbsäure	Mineralstoffe
1,45 g	0,10 g	0,55 g	0,12 g

Die Wirkungen des Tees sind denen des Kaffees ähnlich; es fehlen ihm nur die auf Magen- und Darmtätigkeit günstig wirkenden Rösterzeugnisse und der Sättigungswert des Kaffees; der Teeaufguß verweilt meistens nur halb solange im Magen als der vom Kaffee (Kestner).

Übermäßiger Teegenuß hat Schwindel, Muskelzuckungen u. a. zur Folge.

Eine häufige Verfälschung des Tees besteht in dem Trocknen und Wiederauffärben von gebrauchtem Tee und Vermischen mit Tee-Ersatzblättern, z. B. von Epilobium, Spiraea (Kaporka, Iwantee), von Preißelbeeren (kaukasischer Tee); die Blätter von Lithospermum officinale L. bilden den böhmischen oder kroatischen Tee; die Blätter von Angraecum fragans den Fahamtee; auch die Blätter von sonstigen Pflanzen (Heidelbeeren, Weiden u. a.) dienen als Tee-Ersatzstoffe.

Paraguaytee (Mate). Paraguaytee [Mate[1]] besteht aus den gerösteten Blättern und jungen Zweigen der in Südamerika angebauten Stecheiche (Ilex paraguayensis).

Die Gewinnung und Zubereitung wird denen des echten Tees mehr und mehr angepaßt. Gehalt wie Wirkung sind dem echten Tee ebenfalls ähnlich, nur geringer. Der Paraguaytee enthält 0,5—1,8% Thein, 4,0—10,0% Gerbsäure, 24,0—40,0% Wasserauszug.

3. Kakao und Schokolade.

Kakao und Schokolade werden aus den Samen — auch Bohnen genannt — des Kakaobaumes (Theobroma Cacao L.) gewonnen. Die Samen sitzen zu 25—40 Stück in der 12—20 cm langen Frucht und sind in einer rötlichen Marksubstanz (Fruchtmus) eingebettet, wovon sie durch Sieben befreit und dann entweder direkt an der Sonne getrocknet (Sonnenkakao) oder nach Bedecken mit Erde einer Selbstgärung unterworfen werden (gerotteter Kakao).

Die Samen werden weiter gereinigt, ausgelesen und sortiert, darauf geröstet (gebrannt), entschält (auch entkeimt) und feinst gemahlen, wodurch die Kakaomasse, die Ausgangsmasse der Kakaoerzeugnisse (Tabelle Nr. 832—847), erhalten wird.

a) Kakaomasse ist also das durch Mahlen und Formen der ausgelesenen, gerösteten und entschälten Kakaosamen (Bohnen) erhaltene Erzeugnis.

b) Entölter Kakao ist Kakaomasse, welcher durch Pressen in der Wärme ein Teil ihres Fettes entzogen ist[2]), wobei bisweilen Gewürze zugesetzt werden.

Wenn die entfettete Kakaomasse mit Carbonaten von Kalium, Natrium, Magnesium und Ammonium (bzw. mit Ammoniak) oder mit Wasserdampf unter Druck behandelt wird, so nennt man das Erzeugnis löslichen Kakao.

c) Schokolade ist ein Gemisch von Kakaomasse mit Rüben- oder Rohrzucker und würzenden Stoffen, nötigenfalls, um das Formen zu erleichtern[3]), unter Zusatz von Kakaobutter. Die Menge des zuzumischenden Zuckers schwankt zwischen weiten Grenzen, soll aber 68% nicht überschreiten.

Wenn die Kakaomasse mit besonderen Zusätzen, wie Milch, Sagomehl, Hafermehl u. a., vermischt wird, so müssen die Erzeugnisse als Milch-, Sago-, Hafer- usw. Kakao oder Schokolade bezeichnet werden.

d) Kuvertüre oder Überzugsmasse ist eine Mischung von Kakaomasse, Zucker, Gewürzen mit Mandeln, Haselnüssen u. dgl.

e) Fondants sind Kakaoerzeugnisse mit hohem Gehalt an Fett.

Die wichtigsten Bestandteile des Kakaos sind das Theobromin (Dimethylxanthin, S. 9) und das Coffein (S. 10). Ersteres macht 1,25 bis 2,50% der Trockensubstanz der schalenfreien Kerne aus; die Hälfte desselben ist im freien Zustande, die andere Hälfte als Kakaoglykosid vorhanden, welches beim

[1]) Mate bedeutet das Gefäß, woraus der Aufguß getrunken wird.

[2]) Durch das warme Pressen wird der Fettgehalt, der in den ursprünglichen Samen 48—55% in der Trockensubstanz beträgt, auf rund 28% oder noch tiefer, auf 14% herabgemindert.

[3]) Die Kakaomasse wird für den Zweck in besonderen Maschinen (Walzmaschinen, Melangeuren) auf 35—40° erwärmt.

Trocknen oder Rotten der Samen durch ein Enzym in die genannten Basen, Glykose und Kakaorot zerfallen soll. Der Gehalt an Coffein beträgt 0,06 bis 0,40% der Trockensubstanz; der an Asparagin rund 0,2%, an Ammoniak 0,02—0,08% (im Kakaopulver). Das Reinprotein, welches rund 75% der Gesamt-Stickstoffsubstanz (13,5—16,5% der Trockensubstanz) ausmacht, gilt als schwer verdaulich; der Ausnutzungskoeffizient wurde zu rund 40% (25—63%) gefunden.

Dagegen wurde das Kakaofett, welches nach Amberger und Bauch aus den Glyceriden Tristearin, β-Palmito-$\alpha\gamma$-distearin, Oleodistearin, Oleopalmitostearin und Palmitodiolein besteht, zu 96% verdaut.

Das beim Trocknen und Rotten sich bildende Kakarot gilt als der eigentliche Träger des Aromas und Geschmackes des Kakaos.

Weitere kennzeichnende Bestandteile des Kakaos sind Stärke (4,0 bis 10,0%), Säure, vorwiegend Weinsäure (4,0—6,0%). Vitamine sind in ihm nicht enthalten. Die Menge der in Wasser löslichen Stoffe beträgt bei gewöhnlichem Kakao rund 16,5%, beim aufgeschlossenen 17,5%, also nicht wesentlich mehr als bei ersterem. Wenn dennoch der aufgeschlossene Kakao löslicher erscheint, so rührt das daher, daß seine Bestandteile sich in erhöhtem Maße in der Schwebe erhalten und nicht so schnell zu Boden setzen wie bei gewöhnlichem Kakao.

Der Gehalt der Schokolade an vorstehenden Stoffen beträgt infolge des Zuckers und sonstiger Zusätze nur rund $^1/_4$ bis $^1/_3$ von dem des gepulverten (Puder-) Kakaos.

Die Wirkungen des Theobromins, von dem etwa 20% als solches und 25% als Methylxanthin in den Harn übergeht, sind denen des Coffeins in Kaffee und Tee (vgl. S. 103 u. 106) ähnlich, nur schwächer; der Sättigungswert des Kakaos ist dagegen größer als beim Kaffee.

In einer mittleren Menge von 25 g Kakao, die als solche gleichzeitig mit der zum Kochen verwendeten Flüssigkeit (Milch oder Wasser) genossen werden, befinden sich etwa 0,4—0,7 g Theobromin und 0,02—0,10 g Coffein. Der Genuß von 100 g und mehr Kakao kann jedoch Schweißausbruch, Pulsverlangsamung, Zittern u. a. verursachen (O. Neumann).

Die hauptsächlichsten Verfälschungen des Kakaos bestehen in der Beimengung von gepulverten Kakaoschalen, von Mehlen, Stärke (ohne) Deklaration, fremden Fetten, Auffärben, Beschweren mit Mineralstoffen.

4. Tabak.

Unter Tabak versteht man die reifen, einer für Zwecke des Rauchens, Kauens oder Schnupfens besonderen Zubereitung unterworfenen Tabakpflanzen bzw. -blätter, als welche vorwiegend drei Sorten, der rotblühende virginische Tabak (Nicotiana Tabacum L.), der Marylandtabak (N. macrophylla Spr.) und der gelbblühende Veilchen- oder Bauerntabak (N. rustica L.) in Betracht kommen.

Die besten Tabake kommen aus den Tropen. Da bei uns im gemäßigten Klima die Wärme nicht ausreicht, den Tabak auf dem Felde selbst aus Samen zur genügenden Entwicklung zu bringen, so läßt man den Samen in Mistbeeten vorkeimen und pflanzt die Pflänzlinge, wenn sie das 5.—6. Blatt getrieben haben, zeitig im Frühjahr aufs Feld aus. Der Tabak erfordert nicht nur besten Boden und reichliche Düngung, sondern auch sorgfältigste Pflege. Die Ernte wird vorgenommen, wenn die dunkelgrüne Färbung der Blätter in eine lichtgrüne bzw. gelbliche übergeht. Die geernteten Blätter werden erst auf Schnüre gefädelt, getrocknet und dann im Haufen einer längeren Gärung (Fermentation) unterworfen. Letztere wird auch durch eine längere künstliche Trocknung bei 27° ersetzt. Bei der Fermentation werden allerlei Zusätze gemacht, die aber meistens ihren Zweck verfehlt haben. Jedenfalls aber erleiden die chemischen Stoffe der Tabakblätter hierbei wesentliche Veränderungen, die den Tabak für seine Genußzwecke erst geeignet machen.

Das Protein wird beim Trocknen und Fermentieren in hohem Grade abgebaut; es geht in Prozenten der Gesamt-Stickstoffsubstanz (23% der Blatttrockensubstanz) von 83% auf 43% herunter, während die Amide von 13% der Gesamt-Stickstoffsubstanz auf 33% steigen und sich gleichzeitig Ammoniak und Salpetersäure bilden.

Auch das Nicotin[1]) ($C_{10}H_{14}N_2$, ein Kondensationserzeugnis von Pyridin und Methylpyrolidin) nimmt beim Trocknen und Fermentieren, weiter auch beim Lagern ab. Es ist in den frischen Blättern wahrscheinlich an Äpfelsäure gebunden, wird aber beim Fermentieren z. T. frei.

Das Fett (0,5—3,5% der Trockensubstanz) wird beim Fermentieren teilweise gespalten; das Harz (4,0—15,8%) in geringem Grade oxydiert (etwa 1%). Eine namhafte Abnahme erfährt die Stärke (40,0—45,0% in den frischen Blättern); sie wird beim Fermentieren durch Diastase in Zucker übergeführt und dieser veratmet.

Der Tabak ist reich an organischen Säuren, z. B. in der Trockensubstanz Pektinsäure (6,0 bis 12,0%), Äpfelsäure (3,5—13,5%), Citronensäure (0,5—8,5%), Oxalsäure (1,0 bis 3,5%), Gerbsäure (0,3—2,4%), Buttersäure und Essigsäure, welche letztere beiden sich beim Fermentieren bilden dürften.

Wichtig für die Beschaffenheit des Tabaks sind auch die Mineralstoffe, die 12,0—30,0%, im Durchschnitt 20% der Trockensubstanz mit 0,5—5,5% Kaliumcarbonat ausmachen.

Die Güte des Tabaks hängt nicht allein vom Nicotingehalt ab; die guten Tabake enthalten vielfach weniger Nicotin als die schlechten. Das Nicotin bedingt die Schärfe, nicht aber den Wohlgeschmack und Wohlgeruch.

Die vielen Vorschläge zur Entnicotinisierung des Tabaks (wie Erwärmen unter Zusatz von Alkali, Oxydation mit alkalischem Wasserstoffsuperoxyd, Behandeln mit elektrischem Strom, Durchleiten von Luft usw.) sind von zweifelhaftem Wert.

Die Beschaffenheit des Tabaks für Rauchzwecke ist durchweg um so besser, je mehr die Proteine abgebaut und die schwer verbrennlichen Kohlenhydrate (Stärke) veratmet sind. Die Verglimmbarkeit wird durch hohen Gehalt an Mineralstoffen, besonders an Kali, unterstützt, durch viel organische Säuren vermindert.

Die Rauchtabake werden meistens aus den sortierten ganzen Blättern hergestellt (bei den besseren Sorten nach Entfernung der Rippen).

---

[1]) Außer dem Nicotin sollen nach Pictet und Kotschy noch drei weitere Basen, Nicotein ($C_{10}H_{12}N_2$), Nicotinin ($C_{10}H_{14}N_2$) und Nicotellin ($C_{10}H_8N_2$) vorhanden sein.

Für Zigarren dienen die flachgepreßten Rippen als Einlagen, die Längsstreifen des nicht entrippten Blattes als Umblatt, die entrippte Blattfläche als Deckblatt.

Die Zigaretten werden meistens aus feingeschnittenen türkischen und persischen Tabaken hergestellt; Kau- und Schnupftabake aus fetten, schlecht brennbaren Kentucky- und Virginia-Tabaken, die vielfach auch mit Tabak- und sonstigen Pflanzenauszügen sauciert werden.

Im Tabakrauch sind enthalten als feste Bestandteile Paraffin, Harz, Brenzcatechin; als flüssige Nicotin, Pyridine, Buttersäure; als gasige Kohlenoxyd, Cyanwasserstoff, Schwefelwasserstoff, Ammoniak. Die flüssigen und gasigen Bestandteile sind sämtlich giftig.

Trotz der giftigen Bestandteile kann das Tabakrauchen in mäßigem Grade bei gesunden Menschen günstig anregend wirken; es unterdrückt Hunger- und Durstgefühl, fördert die Entleerung. Übermäßiger Genuß bewirkt aber Übelkeit, Erbrechen, Kopfschmerz, Schwindel, Muskelzittern, Sehstörung, Schlaflosigkeit, Herzschwäche usw. Solche Nachteile können schon für gesunde Menschen beim täglichen Verrauchen von 20—25 g Tabak oder 4—5 Zigarren auftreten; bei herz- und nervenschwachen Menschen wirken schon weit geringere Mengen schädlich.

Als Ersatzstoffe für geringwertige Rauchtabake sind bis zu einer gewissen Grenze Kirsch-, Rosen- und Weichselkirschenblätter erlaubt. Während der Kriegszeit wurden auch Rauchtabake aus 30% Tabak- und 70% sonstigen Blättern der verschiedensten Art hergestellt.

X. Alkoholhaltige Genußmittel.

Der eigentlich wirksame Bestandteil in den alkoholischen Genußmitteln ist der Äthylalkohol — allgemein nur Alkohol genannt —, wozu in den alkoholischen Getränken einerseits noch flüchtige Nebenerzeugnisse (sonstige Alkohole, Ester, Geruch- und Geschmackstoffe), welche den Genußwert des Alkohols mehr oder weniger unterstützen, andererseits noch mehr oder weniger feste Extraktstoffe hinzutreten, welche als Nährstoffe aufzufassen sind. Den Alkohol nebst Nebenerzeugnissen kann man, obschon alle im Körper zu Kohlensäure und Wasser verbrennen, also Wärme liefern, nicht zu den Nährstoffen rechnen, weil sie keinen Stoff im Körper ersetzen.

Der Alkohol (Äthylalkohol) kommt als solcher (frei oder als Ester) nur spärlich in einigen Pflanzen und tierischen Organen vor; er muß für den menschlichen Genuß künstlich aus anderen Stoffen hergestellt werden, und das geschieht in der ganzen Welt aus den verschiedensten zuckerhaltigen oder zuckerbildenden Stoffen mit Hilfe von fast ausschließlich Saccharomyceten oder Hefen.

A. Rohstoffe für die Alkoholgewinnung. Hierzu dienen allgemein nur Kohlenhydrate, die durch die Hefen in Alkohol und Kohlensäure zerlegt bzw. vergoren werden. Aber wie schon S. 22 gesagt ist, werden nur die Monosaccharide, und zwar nur die Hexosen d-Glykose, d-Fructose, d-Galaktose und d-Mannose, direkt vergoren. Alle anderen Kohlenhydrate müssen, ehe die Zerlegung (Vergärung) in Alkohol und Kohlensäure vor sich gehen kann, in eine von diesen Hexosen umgewandelt werden. Dieses geschieht durch besondere Enzyme.

Von den Disacchariden wird die Saccharose durch die Invertase oder Sucrase in Glykose und Fructose, die Lactose durch das Enzym Lactase in Glykose und Galaktose, die Maltose durch das Enzym Maltase oder Glykase in 2 Glykosen gespalten. Die Trisaccharide werden durch Enzyme erst in eine Monose und ein Disaccharid und letzteres weiter in 2 Monosen übergeführt. Die zu dieser Hydrolyse erforderlichen Enzyme finden sich meistens in den verschiedenen Hefensorten selbst — auch die Dextrinase, die Dextrin in Glykose überführt, findet sich in einer Hefe (Schiz.-Sacch. ochosporus und Pombe). Zur Hydrolyse der Polysaccharide müssen die Enzyme besonders hergestellt werden, so z. B. zu der am weitesten angewendeten Überführung der Stärke in vergärbaren Zucker wird das notwendige Enzym (Diastase), das auch im Speichel und Pankreassaft, Schimmel- und Mucorarten enthalten ist, durch Keimenlassen der Gerste, des Weizens u. a. im großen hergestellt.

a) Als direkt vergärungsfähig mit den geeigneten Hefen sind zu nennen von tierischen Erzeugnissen Milch und Honig; von pflanzlichen Erzeugnissen die Säfte von Palmen (Palmenwein), Agavearten (Pulque fuerte), Zuckerrohr bzw. dessen Melasse (Rum), Ananas, Bananen, Feigen, Orangen, Obst-, Beerenfrüchte und Weintrauben. Einer vorherigen Verzuckerung bedürfen die stärkereichen Rohstoffe, die Getreidearten (Gerste, Roggen, Mais, Reis, Hirse), Kartoffeln, Maniok, Bataten u. a.

B. Hefe. Die Hefe besteht nur aus einer Zelle, deren Haut durch die Pilzcellulose gebildet und deren Inneres durch Protoplasma ausgefüllt wird.

Die meisten Hefen pflanzen sich durch Sprossung, einige auch durch Spaltung, andere durch Sporen fort. Vom gärungstechnischen Standpunkte teilt man sie auch ein in Kulturhefen (Bäckerei-, Brennerei- und Weinhefe), die jetzt vielfach durch besondere Kulturen rein gezüchtet werden, und wilde Hefen (Kahm-, Torula-Exiguushefen), die als Schädlinge der Kulturhefe gelten und meistens keine Gärung verursachen.

Als chlorophyllfreie Pflanze verlangt die Hefe fertig gebildete Nahrung, welche sie meistens in den gärenden Flüssigkeiten in ausreichender Menge findet. Als Stickstoffverbindungen kann die Hefe verwerten: Proteosen, Peptone — Proteine erst nach Abbau und durch das in der Hefe selbst enthaltene Enzym Peptase —, Amine (besonders Asparagin, auch Purinbasen u. a.), Harnstoff und Ammoniak — aber keine Nitrate. Sie vermag aus Harnstoff und Ammoniumsalzen in Zuckerlösungen unter Durchleiten von einem starken Luftstrom so stark zu wachsen, daß sie in kürzester Zeit große Mengen Protein (Nährhefe, S. 53) neben Alkohol erzeugt. — Alkohol und große Mengen Kohlensäure sind ihrem Wachstum schädlich. Bei 2—3 Vol.-% Alkohol wird die Vermehrung schon träge, bei 6 Vol.-% hört sie ganz auf, während die Gärung noch fortgeht.

Bei reichlicher Ernährung mit Stickstoff und Kohlenhydraten sowie bei reichlicher Durchlüftung kann durch eine besondere Hefenart auch viel Fett erzeugt werden.

Als besondere Bestandteile sind zu nennen: das Protein, das 40—60% der Hefentrockensubstanz ausmacht, wovon etwa $^1/_3$ Albumin und $^1/_4$ Nuclein sind, welches letztere bei der Hydrolyse Xanthinbasen liefert; ferner Lecithin (2%), Glykogen, dem Leberglykogen ähnlich (8—36%), und Hefengummi (6—7% der Trockensubstanz).

Besonders wichtig für die verschiedenartigen durch die Hefe bewirkten Umsetzungen sind die vielerlei Enzyme derselben, nämlich:

1. Hydrolysierende Enzyme: a) zuckerspaltende: Invertase, Glykase (Maltase), Lactase, Melibiase, Raffinase, Trehalase, Diastase (Amylase), Dextrinase (dextrinvergärendes Enzym), glykogenspaltendes Enzym; b) proteolytische: Peptase, Endotryptase und Ereptase; c) Lipasen, fettspaltende; d) Gerinnungsenzyme: Lab.

2. Oxydierende Enzyme: Oxydase, Katalase (?). 3. Reduzierende Enzyme. 4. Gärungsenzyme: Zymase.

Die Zymase selbst besteht wiederum aus mehreren Enzymen, die nur in Gemeinschaft miteinander die Gärung bewirken (S. 13).

Die Hefe ist reich an Vitamin B, das sich auch in der Trockenhefe und im Hefenextrakt erhält.

C. Wesen der Gärung. Über die vielumstrittene Frage, wie die Zersetzung des Moleküls Zucker bei der Gärung zustande komme, herrscht noch immer keine Klarheit. Die frühere Annahme, daß die Hefenzelle den Zucker gleichsam als Nährstoff aufnehme, ihm Sauerstoff entziehe und in Kohlensäure + Alkohol zerlege, konnte schon deshalb nicht richtig sein, weil der Alkohol für die Zelle ein Gift ist, andererseits auch Hefen-Preßsaft allein (E. Buchner) Gärung hervorrufen kann. Ebensowenig einleuchtend ist eine Spaltung durch einfache Hydrolyse oder über Dioxyaceton $CH_2OH \cdot CO \cdot CH_2OH$, weil derartige Spaltungserzeugnisse nicht nachgewiesen werden können. Neuerdings aber haben besonders C. Neubergs Untersuchungen wesentlich neue Aufklärungen über diese Frage gebracht. Zunächst hat er nach seinem Abfangverfahren[1]) als Zwischenerzeugnis bei der alkoholischen Gärung Acetaldehyd festgestellt; dann hat er nachgewiesen, daß die leicht vergärende Brenztraubensäure durch das Enzym der Hefe, durch die Carboxylase, zu Acetaldehyd und Kohlensäure gespalten wird ($CH_3 \cdot CO \cdot COOH = CH_3 \cdot CHO + CO_2$). Weiter hat C. Neuberg nachgewiesen, daß bei der Gärung oxydative und reduzierende Umsetzungen gleichzeitig nebeneinander verlaufen; es kann aktiver Wasserstoff an einen Acceptor, meistens O, angelagert werden; der Acceptor wird hydriert oder reduziert, der dehydrierte Stoff ist dann oxydiert. Dieser Vorgang kann nach Cannizaro z. B. durch Dismutation (S. 13) bei einem Gemisch zweier Aldehyde gleichzeitig verlaufen:

$$\left.\begin{matrix} CH_3 \cdot CHO \\ CH_3 \cdot CHO \end{matrix}\right\} + \begin{matrix} H_2 \\ O \end{matrix} = \left\{\begin{matrix} CH_3 \cdot CH_2OH \text{ (Alkohol)} \\ CH_3 \cdot COOH \text{ (Essigsäure).} \end{matrix}\right.$$

Unter Berücksichtigung dieser Tatsachen denkt sich C. Neuberg den Gärungsverlauf 1. bei der alkoholischen Gärung wie folgt:

$2\,C_6H_{12}O_6$ (Glykose) sollen bilden $4\,CH_3 \cdot CO \cdot CHO$ (Methylglyoxal); daraus sollen durch Dismutation (Übertragung von $4\,H_2O$) entstehen:

$$\left\{\begin{matrix} 2\,C_3H_5(OH)_3 \text{ (Glycerin)} \\ 2\,CH_3 \cdot CO \cdot COOH \xrightarrow{\text{(Brenztraubensäure)}} \left\{\begin{matrix} 2\,CO_2 \text{ (Kohlendioxyd)} \\ 2\,CH_3 \cdot CHO \text{ (Acetaldehyd)} \rightarrow \end{matrix}\right. \end{matrix}\right.$$

$$CH_3 \cdot CH_2OH \text{ (Alkohol)} + CH_3 \cdot COOH \text{ (Essigsäure).}$$

Bis auf die erste noch unbekannte Spaltung wäre der Ring der Umsetzungen geschlossen.

2. Aldehyd-Glyceringärung. Wenn man den Aldehyd durch Natriumsulfit[1]) während der Gärung abfängt (bindet), so hat man eine Glyceringärung:

$$C_6H_{12}O_6 = CO_2 + CH_3 \cdot CHO + C_3H_5(OH)_3.$$

Man kann auf diese Weise Flüssigkeiten bis über 30% Glycerin erzeugen.

3. Äthylalkohol-Essigsäure-Glyceringärung. Läßt man die Gärung in alkalischer Lösung ($NaHCO_3$ u. a.) vor sich gehen, so verläuft die Umsetzung wie folgt:

$$2\,C_6H_{12}O_6 + H_2O = \underset{\text{Alkohol}}{CH_3 \cdot CH_2OH} + \underset{\text{Essigsäure}}{CH_3 \cdot COOH} + \underset{\text{Glycerin}}{2\,C_3H_5(OH)_3} + \underset{\text{Kohlensäure}}{2\,CO_2}.$$

Daß die alkoholische Gärung nicht nach dem Schema unter 1 verläuft, ist schon daraus zu schließen, daß bei ihr bei weitem nicht soviel Glycerin im Verhältnis zum Äthylalkohol entsteht, als es nach diesem Schema notwendig sein müßte. Es müssen also noch andere Umsetzungen nebenher verlaufen. Zwei davon kennt man schon nach F. Ehrlich, z. B. die

[1]) Setzt man zu einer gärenden Flüssigkeit Natriumsulfit, so wird der entstandene Acetaldehyd gebunden und vor weiterer Zersetzung geschützt.

Bildung von höheren Fettalkoholen aus Aminosäuren wie die von Amylalkohol aus Isoleucin:

$$\frac{CH_3}{CH_3}\!>\!CH{-}CH_2{-}CH\!<\!\frac{NH_2}{COOH} + H_2O = \frac{CH_3}{CH_3}\!>\!CH{-}CH_2{-}CH_2OH + NH_3 + CO_2.$$

Isoleucin Amylalkohol

Ebenso kann aus Glutaminsäure durch Wasseraufnahme, Spaltung und Oxydation Bernsteinsäure entstehen:

$$HOOC \cdot CH_2 \cdot CH_2 \cdot CH(NH_2) \cdot COOH + H_2O = NH_3 + HOOC \cdot CH_2 \cdot CH_2 \cdot CHOH \cdot COOH \rightarrow$$
$$HCOOH + HOOC \cdot CH_2 \cdot CH_2 \cdot CHO + O \rightarrow HOOC \cdot CH_2 \cdot CH_2 \cdot COOH.$$

Außer Essigsäure und Bernsteinsäure entstehen bei der Gärung fast regelmäßig Milchsäure, Buttersäure u. a. Die Esterverbindungen des Alkohols mit den Säuren müssen ebenfalls auf die Wirkungen von Hefen zurückgeführt werden.

Die mancherlei Nebenerzeugnisse werden auch öfters durch fremde, den Hefen beigemengte Pilz- und Bakterienkeime oder durch krankhafte Hefen gebildet. Deshalb sucht man durch Reinzucht der Hefen den einzelnen Rohstoffen angepaßte, tunlichst reine Gärungen zu erzielen.

Die Reinzüchtung der Hefe erfolgt in der Weise, daß von Aufschwemmungen der Betriebshefe in Wasser geringe Mengen in Würzegelatine verteilt und auf Deckgläser ausgestrichen werden, so daß die einzelnen Zellen völlig getrennt voneinander liegen. Diese Deckgläser werden dann auf kleine feuchte Kammern gelegt, und es wird unter stetiger mikroskopischer Kontrolle die Entwicklung der einzelnen Zellen zu einer Kolonie verfolgt. Von solchen Kolonien werden dann kleine Teilchen in Würze übertragen. Die nach diesem Grundsatz der Einzelkultur erhaltenen vollständigen Reinkulturen werden auf ihr Verhalten in Würze geprüft und die dann geeignetsten Arten oder Varietäten für die Verwendung in der Praxis bestimmt.

D. Physiologische und diätische Bedeutung des Alkohols. Wenn schon von den alkaloidhaltigen, so muß noch mehr von den alkoholischen Genußmitteln besonders hervorgehoben werden, daß nur mäßige Mengen als zulässig angesehen werden können, daß bei Kindern der Genuß jeglichen alkoholischen Getränkes ausgeschlossen werden muß und ständiger übermäßiger Genuß ein großes Gift auch für den gesunden erwachsenen Menschen bildet. C. von Noorden glaubt, daß gesunde erwachsene Personen eine tägliche Menge von 25—40 g Alkohol ohne Nachteil vertragen, und diese können im allgemeinen vielleicht als Genußmittel erlaubt erscheinen. Die Mengen Alkohol würden, je nach dem schwankenden Gehalt, enthalten sein in rund 0,70—1,0 Liter Bier, 0,3—0,5 Liter Wein, 70—100 ccm Branntwein. Die höchste als zulässig bezeichnete Menge erscheint indes schon reichlich hoch. Die niedrigsten Werte, 25 g Alkohol täglich entsprechend, dürften das zulässige Maß für Gesunde in vielen Fällen schon erreichen.

Der Alkohol wird vom Körper schnell aufgenommen — nur kleine Mengen gelangen bis in den Darm — und schnell zu Kohlensäure und Wasser verbrannt; 1—2% werden durch Lunge und Haut sowie 1—2% durch den Harn ausgeschieden. Was man im Atem des Trinkers riecht, ist nicht Äthylalkohol, sondern sind Ester und höhere Alkohole. Das menschliche Blut enthält ohne Alkoholgenuß 0,03—0,07 g Alkohol in 1000 g Blut.

Als vorteilhafte Wirkungen bei mäßigem Genuß von alkoholischen Getränken können angegeben werden:

1. Die Verbrennungswärme. Je 1 g Alkohol liefert rund 7,0, 1 g Fett 9,3 Cal. (Wärmeeinheiten); es kann daher 1 g Fett durch 9,3/7 = 1,33 g Alkohol vertreten werden, was unter Umständen bei Diabetikern, die neben Protein besonders viel Fett verzehren, ferner auch bei kurzweiligen starken Kraftleistungen von Vorteil sein kann.

Das Wärmegefühl nach Genuß von Alkohol beruht nicht auf einer erhöhten Herztätigkeit, sondern auf einem erhöhten Blutstrom zur Haut, Erweiterung der Blutgefäße und größerer Wärmeabgabe. Bei den meisten alkoholischen Getränken wirken auch noch Extraktivstoffe (Zucker u. a.) als Wärmelieferer.

2. Förderung der Verdauung. Als Säurelocker. Geringe Mengen Alkohol, vor dem Essen genommen, können die Säureabsonderung im Magen erhöhen und die Verdauung unterstützen.

3. Nervenerregende Wirkung. Mäßige Mengen Alkohol lassen nach geleisteter Anstrengung das Müdigkeitsgefühl vergessen und befähigen aufs neue zur körperlichen wie geistigen Arbeit bzw. rufen das Gefühl des Wohlbehagens (Euphorie) hervor.

Diese vorteilhaften Wirkungen verwandeln sich aber in das Gegenteil bei übermäßigem Alkoholgenuß.

Schon der vereinzelte Rausch kann individuell große Gesundheitsschädigungen im Gefolge haben, sicher aber der regelmäßige Genuß von großen Mengen Alkohol. Der ständige übergroße Reiz auf die Magen- und Darmschleimhaut hat eine Erschlaffung der die Verdauungssäfte absondernden Organe zur Folge, die Tätigkeit der Muskeln, des Herzens wie des Gehirns wird geschwächt, in allen Organen (Leber, Nieren u. a.) findet eine Fettablagerung und Schrumpfung statt. Die Trunksucht vermehrt die Ursachen und den tödlichen Verlauf von Krankheiten. Die verderblichen Folgen treten um so schneller und schlimmer auf, je geringer die gleichzeitige Nahrungszufuhr ist. Für sie kann nur der Äthylalkohol verantwortlich gemacht werden, wenn auch die in geringen Mengen vorkommenden sonstigen Alkohole (Methylalkohol, Amylalkohol bzw. Fuselöl u. a.) noch schädlicher sein mögen.

1. Bier.

Bier ist ein durch Gärung aus Gerstenmalz — oder zum geringen Teil für bestimmte Sorten aus Weizenmalz —, Hopfen, Hefe und Wasser hergestelltes, meist noch in schwacher Nachgärung befindliches Getränk, welches neben unvergorenen, aber meist zum Teil noch vergärbaren Extraktstoffen als wesentliche Bestandteile Alkohol und Kohlensäure enthält.

Man unterscheidet:

1. Obergärige Biere, bei denen die Gärung bei höherer Temperatur in kürzerer Zeit verläuft und die Hefe oben abgeschieden wird (Berliner Weißbier, Grätzer Bier, hannoverisches Broyhan, Leipziger Gose, westfälisches Altbier; ferner von ausländischen Bieren: Lambic, Mars, Faro in Belgien, Porter, Stout, Ale in England).

2. Untergärige Biere, bei denen die Gärung bei niedriger Temperatur verläuft, länger dauert und die Hefe sich unten absetzt (Münchener oder bayerisches, böhmisches oder Pilsener, Dortmunder Bier u. a., die je nach der Bereitung des Malzes dunkel oder hell gefärbt sind).

Malzbier ist ein durch obergärige Hefe schwach vergorenes Bier mit höherem Gehalt an Extrakt von süßem Geschmack.

Salvator, Märzenbier sind ebenfalls extraktreicher als die gewöhnlichen Schänkbiere, aber durch untergärige Hefe auch gleichzeitig stärker vergoren.

Kwaß (russischer) ist ein durch alkoholische und saure Gärung aus Malz, Mehl oder Brot hergestelltes Getränk von geringem Alkohol- (0,5—1,0%) und hohem Säuregehalt (0,2—0,4%). (Vgl. Tabelle Nr. 848—860.)

a) Rohstoffe für die Bierbereitung.

1. Gerste. Zur Bierbereitung dient meistens die zweizeilige Sommergerste. Als eigenartige Bestandteile der Gerste sind nur zu nennen das alkohollösliche Hordein und das in den Keimen sich bildende Alkaloid Hordenin (wirksamer Stoff gegen Durchfall, Ruhr u. a.).

Eine gute Braugerste soll gelblichweiß bis hellgelb — nicht braun — gefärbt sein; der Wassergehalt soll 12% nicht übersteigen, der Proteingehalt nur 7,5—9,0%, der Spelzengehalt nur 7,0—8,0%, die Keimfähigkeit nach 48 Stunden 80%, im ganzen 95%, die Extraktausbeute 70—78% (letztere in der Trockensubstanz) betragen. Auch ist die Gerste für Brauzwecke um so besser, je größer die Mürbigkeit, d. h. der Gehalt an mehligen und durch Einweichen in Wasser mehlig gewordenen Körnern ist.

2. Hopfen. Als Hopfen für Brauereizwecke werden die weiblichen, unbefruchteten Blütendolden (Kätzchen, Zäpfchen) der Urticacee Humulus Lupulus L. verwendet. Die Blütendolden bestehen aus rund 12% Hopfenmehl (auch Lupulin genannt), 73% Deckblätter, 12% Rippen und 3% Perigonen; Samen fehlt meistens bzw. soll fehlen.

Als eigenartige Bestandteile sind im Hopfen anzuführen: unter den 10—18% Stickstoffsubstanz reichlich Asparagin (1,5%), Cholin (1,5%), Hexonbasen u. a.; Hopfenöl (0,3 bis 0,4%, das Aroma bedingend, vorwiegend aus Terpenen, Estern und Valeriansäure bestehend), Harze (rund 20%, aus 2 Weichharzen α und β und einem Hartharz γ bestehend, von denen die ersten beiden durch Oxydation in die Hopfenbittersäure α und β übergehen); Gerbsäure (2,0—9,0%).

Die Wirkungen des Hopfens bei der Bierbereitung bestehen darin, daß

1. die Gerbsäure des Hopfens einerseits Eiweißstoffe, wenn auch nur in geringem Grade, aus der Würze ausfällt und dadurch frischhaltend auf das Bier wirkt, andererseits den Geschmack des Bieres günstig beeinflußt;
2. das Hopfenharz die Spaltpilz- (Milchsäure-) Gärung hintanhält;
3. das Hopfenöl dem Bier einen angenehmen, feinen Hopfengeruch, das Harz bzw. das Hopfenbitter demselben einen angenehmen, bitteren Geschmack erteilen.

3. Hefe. Für die Bierbrauerei hat sich besonders die Anwendung von Reinzuchthefen bewährt (S. 113).

4. Wasser. An das Brauereiwasser sind ebenso große Anforderungen zu stellen wie an ein Trinkwasser (S. 132); es muß hell, klar und geruchlos sein, darf kein Ammoniak und keine salpetrige Säure enthalten, es muß tunlichst frei von Eisen sein, der Gehalt an Mikrophytenkeimen, an Chloriden und Nitraten darf eine mäßige Menge nicht überschreiten. Die Härtegrade bewegen sich in weiten Grenzen, sind aber von Einfluß auf die Beschaffenheit des Malzes; ein hoher Gehalt an Bicarbonaten verlangsamt den Einweichvorgang, vermindert aber die Auslaugung von Proteinen und Phosphorsäure, ein mäßiger Gehalt an Calciumsulfat (etwa 200 mg für 1 l) soll die Extraktausbeute und die Klärung der Würze begünstigen. Ein hoher Gehalt an Alkalisalzen, besonders an Alkalicarbonaten, gilt dagegen als schädlich.

b) Brauereivorgang.

1. Malzbereitung. Die sortierte und vielfach unter Verwendung von Kalkwasser geputzte Gerste wird etwa 70 Stunden in Wasser eingeweicht, dann in Naßhaufen oder nach dem mechanisch-pneumatischen Verfahren der Keimung überlassen.

Die Keimung gilt als vollendet, wenn der Wurzelkeim die gleiche Länge wie das Korn, der Blattkeim dagegen $^2/_3$—$^3/_4$ der Kornlänge erreicht hat.

Der Hauptzweck der Keimung ist die Erzeugung und Vermehrung der „stärkeverzuckernden Diastase"; aber es gehen auch sonstige Veränderungen vor sich.

Die Cystase löst die Zellhäute und legt die Stärkekörnchen frei; die Peptase baut die Proteine zu Amiden (Asparagin, Leucin, Tyrosin u. a.) ab; die Lipase spaltet die Fette. Gleichzeitig wird im Keimling reichlich Vitamin B gebildet.

Die gekeimte Gerste (Grünmalz) wird rasch vom Wasser befreit, dann gedarrt bei Temperaturen, die zwischen 50—100° schwanken. Je nach der Höhe der Darrtemperatur erhält man helle bis dunkle Biere.

Das Darrmalz wird durch Putzen von Keimen befreit und bleibt dann noch 6—8 Wochen bis zu seiner Verwendung lagern. Das fertige Malz enthält ebenso wie die Gerste reichliche Mengen Vitamin B, frisches Malz auch Vitamin C, gedarrtes Malz dagegen nicht.

2. Das Brauen. Das von Keimen befreite Darrmalz wird geschrotet, mit Wasser angerührt (Maische) und dann bis 75° erwärmt, indem jedesmal ein Anteil der Maische gekocht und dem nicht gekochten Anteil wieder zugefügt wird (Dekoktionsverfahren), oder indem die ganze Maische auf die gewünschte Temperatur gebracht wird (Infusionsverfahren). Die Einwirkungsdauer (einige Stunden) wird so gewählt, daß für die Bierbereitung noch ein Teil des Dextrins unverzuckert bleibt. Das Verhältnis von Maltose : Dextrin schwankt zwischen 3,2 : 1 und 2 : 1.

Die Würze wird abgeseiht oder abgepreßt (Abläutern), dann 1,5—2,0 Stunden mit Hopfen gekocht (auf 1 hl Würze 0,15—0,85 kg Hopfen oder auf 100 kg Malz 0,75—2,0 kg Hopfen). Die Würze wird mit dem Hopfen so lange gekocht, bis der Bruch klar ist, dann abgeseiht und auf Kühlschiffen oder in Kühlapparaten abgekühlt, und zwar für die untergärigen Biere auf 5—8°, für die obergärigen auf 12—20°.

Die mit Hopfen gekochte Würze wird die „Hopfekesselwürze", die abgekühlte, zur Vergärung reife Würze die „Anstellwürze" genannt. Diese haben je nach dem zu erzielenden Bier einen verschiedenen Gehalt; man rechnet Ballingsche Saccharometergrade durchschnittlich bei:

Leichten (Abzug-) Bieren	Schank- (Winter-) Bieren	Lager- (Sommer-) Bieren	Bock-, Salvator-, Doppelbieren	Tafelbieren
9—10%	12—13%	13,0—14,5%	15—20%	25%

Man kann bei einem fertigen Bier die ursprüngliche Stammwürze (E) auch dadurch berechnen, daß man den Alkoholgehalt (A) des Bieres mit 1,93 multipliziert und das Produkt zu dem Extraktgehalt (C) des Bieres hinzuaddiert, nämlich: $E = C + 1{,}93\,A$.

3. Die Gärung. a) Die Untergärung zerfällt in eine Haupt- und Nachgärung.

Für die Hauptgärung gibt man zu der auf Bottiche von 20—35 hl Inhalt abgefüllten Würze 0,4—0,6 l dickbreiige untergärige Hefe für 1 hl, hält die Temperatur durch Eisschwimmer oder Kühltaschen auf 5—8° und läßt so lange — 6 bis 12 Tage — gären, bis die Saccharometeranzeige nur 0,1—0,5% in 24 Stunden abnimmt. Den scheinbaren Vergärungsgrad (V) erhält man dann nach der Gleichung $\frac{E-e}{E}\,100 = V$, worin E = Saccharometeranzeige der ursprünglichen Stammwürze und e = Stammwürze des vergorenen Bieres (Jungbier) bedeutet.

Den „wirklichen Vergärungsgrad" erhält man, wenn man aus dem Jungbier (in einem abgewogenen Teile desselben) den Alkohol entfernt, durch

Wasser ersetzt (d. h. mit Wasser auf das ursprüngliche Gewicht auffüllt) und von dieser Flüssigkeit die Saccharometeranzeige (e) ermittelt. Wenn der wirkliche Vergärungsgrad beträgt:

weniger als	50	50—60	über 60
so gilt er	als niedriger	als mittlerer	als hoher Vergärungsgrad.

Für vollmundige (Münchner) Biere wird ein niedriger (bis 45), für norddeutsche und lichte Biere ein mittlerer und selbst hoher Vergärungsgrad beliebt.

Das Jungbier wird aber erst durch die Nachgärung genußreif; es wird nach der Hauptgärung auf größere Lagerfässer abgefüllt (geschlaucht), bzw. mehrere Sude werden auf eine größere Anzahl Lagerfässer verteilt, um die Hefe zum Absetzen zu bringen. Enthält das Jungbier noch viel Hefe, so verläuft die Nachgärung und Klärung des Bieres in einigen Wochen, bei wenig vorhandener Hefe nimmt sie 3—4 Monate in Anspruch. Man bedient sich zur Beschleunigung der Klärung auch der Einfüllung von ausgekochten Buchen- oder Haselnußspänen, des Zusatzes von Hausenblase usw. Das reife geklärte Bier wird durch Luftdruck-Abfüllungsapparate und Filtriervorrichtungen auf Versandfässer abgefüllt.

b) Die Obergärung zerfällt ebenfalls in eine Haupt- und Nachgärung. Die Hauptgärung — 0,2 bis 0,4 l breiige Hefe auf 1 hl Würze — wird indes bei 10—15° vorgenommen und verläuft infolgedessen in 2—5 Tagen, während die Nachgärung in ähnlicher Weise wie bei untergärigem Bier bei niedrigen Temperaturen (5—6°) und auf Flaschen bzw. in kleinen Fässern vorgenommen wird.

c) Zusammensetzung des Bieres.

Die Unterschiede zwischen der Zusammensetzung von unter- und obergärigem Biere treten durch folgende Gehaltswerte und Gewichtsprozente hervor:

Bier	Alkohol	Kohlensäure	Säure = Milchsäure	Extrakt	Glycerin
Untergäriges oder Lager-	2,5—4,5	0,35—0,40	0,10—0,18	4,5—7,5	0,20—0,30
Obergäriges oder Schank-	1,7—3,0	0,35—0,60	0,25—0,50	3,0—4,0	0,15—0,20

Höhere Alkohole neben Äthylalkohol, ferner Bernsteinsäure sind im Bier kaum anzunehmen. Die Essigsäure beträgt durchweg $^1/_{10}$ der Gesamtsäure. Ein großer Teil der Säuren des Bieres ($^1/_4$—$^1/_2$) entfällt auch auf saure Phosphate. Die Stickstoffverbindungen des Bieres bestehen nur aus abgebauten Proteinen, Proteosen, Aminosäuren und sonstigen Stickstoffverbindungen, als welche Hypoxanthin, Guanin, Vernin und Cholin erkannt sind.

Es wird angenommen, daß das Bier aus dem Malz und der Hefe geringe Mengen Vitamin A und C, dagegen größere Mengen Vitamin B aufnimmt. Nach anderen Angaben soll aber aus dem Malz kein Vitamin B in das Bier übergehen.

d) Gute Eigenschaften und Fehler des Bieres.

Ein gutes Bier soll neben einem angemessenen Gehalt an Alkohol ein natürliches „Aroma" und bei vollkommener Klarheit, feurigem Glanze und hinreichendem Schäumen eine gute Schaumhaltigkeit und eine genügende „Vollmundigkeit" sowie einen erfrischenden, weinartigen, süßlich-bitteren Geschmack besitzen.

Der erfrischende Geschmack und die Schaumbildung wird vorwiegend durch die Kohlensäure bedingt, die Schaumhaltigkeit (die Schaumdecke) dagegen durch schleimige Proteine der Hefe, durch Hopfenbitter, Pektine und Anhydride der Hexosen und Pentosen, die als Kolloide im Bier vorhanden sind.

Unter „Vollmundigkeit" versteht man die Eigenschaft des Bieres, wonach es nicht wässerig oder leer schmeckt, sondern beim Trinken auf der Zunge ein Gefühl hinterläßt, welches sich in der Annahme eines gewissen Extraktgehaltes im Bier äußert. Neben dem Extrakt wirken auch die Stoffe, welche die Schaumhaltigkeit verursachen, und die dunkle Farbe mit auf die Vollmundigkeit.

Die harntreibende Wirkung des Bieres wird vorwiegend dem Alkohol und der Kohlensäure zugeschrieben, wird aber auch zweifellos durch die Hopfenbitterstoffe mitbedingt. Als Geschmacksfehler unterscheidet man: bitteren und Hefengeschmack, leeren und schalen, Pechgeschmack; als Trübungen: Kleistertrübung (von ungenügender Aufschließung der Stärke), Eiweiß- und Glutintrübung (von ausgeschiedenen Proteinen), Hopfenharztrübung (von mangelhafter Gärung), Metalleiweißtrübung (von Berührung mit Zinn), Bakterien- und Hefentrübung, von denen letztere am häufigsten ist.

2. Wein.

Wein ist das durch alkohlische Gärung aus dem Saft der frischen Weintrauben hergestellte Getränk.

Die Begriffserklärung erfährt aber durch mancherlei Verordnungen, betreffend die Herstellung von Weinen, noch gewisse Erweiterungen oder Beschränkungen. Im Sinne des Weingesetzes und auch der Herstellung unterscheidet man:

1. herbe oder trockene Weine (Tisch- oder gewöhnliche Trinkweine), die nur einen geringen Extrakt und keinen süßen Geschmack besitzen; 2. Süß-, Dessert-, Likörweine (auch Südweine genannt) mit ausgeprägtem süßen Geschmack; 3. Schaumweine (Champagner); 4. weinhaltige Getränke; 5. weinähnliche Getränke; 6. nachgemachte oder Kunstweine.

a) Herbe oder trockene Weine.

Die Beschaffenheit des Weines hängt mehr noch als die anderer alkoholischen Getränke von der Beschaffenheit des Rohstoffs und seiner Behandlung, also von der Weintraube, der Gärführung und der Kellerbehandlung ab.

A. Weintrauben. Die Beschaffenheit der Weintrauben wird durch die Sorte — für Weißwein gelten Riesling, Traminer u. a., für Rotwein Blauer Muskateller, Müllerrebe u. a. als gut —, durch den Boden, seine Bearbeitung und Düngung, vor allem auch durch die sonnige Lage und durch die Witterung bedingt. Die mittlere Wintertemperatur soll etwa 0,5°, die Sommertemperatur 22° betragen. Von 100 Jahrgängen sind rund 37% schlecht, 21% mittelgut, 31% gut und 11% vorzüglich (z. B. 1921). Der Ertrag schwankt zwischen 25—100 hl Wein für 1 ha. Derselbe wird häufig beeinträchtigt durch:

a) pflanzliche Schädlinge: schwarzer Brenner, Schwarzfäule, echter Meltau (Oidium Tuckeri Bark, bekämpft durch Schwefelpulver), falscher Meltau (Peronospora viticola, bekämpft durch Kupferkalkbrühe). Der Schimmelpilz Botrytis cinerea bewirkt die Edelfäule; er verringert den Wassergehalt und verzehrt die Säure mehr als den Zucker. b) Tierische Schädlinge: Sauerwurm, Springwurm, Rebenstecher und vor allem Reblaus (Phylloxera vastatrix, die durch Desinfektion des Bodens mit Petroleum oder Schwefelkohlenstoff bekämpft wird).

Die Weintrauben sind reif, wenn die Beeren weich sind, die Haut der Beeren dünn und der Saft dick, süß und klebend ist.

Der Gehalt der einzelnen Traubensorten an den vier Rebteilen ist sehr verschieden und schwankt in Prozenten der Trauben z. B. für:

Kämme	Hülsen	Fruchtfleisch	Kerne in 100 Beeren
2,6—6,4%	4,5—24,1%	70,0—88,0%	160—290 Stück.

Die Kämme, die noch zu den grünen Teilen der Rebe gehören, beeinträchtigen im unreifen Zustande wegen des hohen Gehaltes an Gerbsäure und schlechten Geschmacksstoffen sehr die Güte des Weines. Die Hülsen enthalten außer Wachs und Gerbsäure hauptsächlich den Farbstoff, die Kerne Gerbstoff und Fett, das Fruchtfleisch entspricht dagegen bis auf das Zellgewebe (2—4%) in seiner Zusammensetzung dem Most.

B. Gewinnung von Maische und Most. Bei Weißweinen werden die Weintrauben häufig mit den Kämmen, Hülsen und den Kernen zerquetscht und abgepreßt; bei den besseren Weißweinen und bei den Rotweinen werden wohl stets die Beeren vorher von den Kämmen getrennt (abgerebbelt). Die zerquetschten Beeren liefern bei den Weißweinen die Trester und den Most, während bei den Rotweinen die zerquetschten Beeren (die Maische) nicht gepreßt, sondern mit bzw. auf den Trestern vergoren werden, um den in den Hülsen befindlichen Farbstoff mit in Lösung zu bringen.

Die Beschaffenheit der Maische bzw. Moste ist je nach dem Jahrgang, der Lage und Rebsorte sehr verschieden; so schwankte nach der deutschen Weinstatistik 1911 und 1912 der Gehalt an Zucker zwischen 5,0—49,0%, der an Säure zwischen 2,80—0,39 g in 100 ccm; selbst in derselben Lage, z. B. für Forster Most, wurden in 100 ccm Most gefunden:

Jahrgang		Extrakt	Gesamtzucker	Glykose	Fructose	Säure = Weinsäure
1893	gut	29,94 g	26,86 g	12,92 g	13,04 g	0,54 g
1896	schlecht	20,38 g	17,98 g	9,09 g	8,89 g	1,07 g

Hiernach müssen auch die Weine je nach Jahrgang, Lage und Traubensorte sehr verschieden ausfallen.

C. Die Gärung und Reifung. Die Gärung zerfällt bei Weiß- wie Rotwein in eine Haupt- und Nachgärung. Erstere, eine Obergärung, dauert bei 15—18° 8—12 Tage, bei niederen Temperaturen 2—3 Wochen, die Nachgärung und Reifung monatelang. Wenn der Wein anfängt sich zu klären (Dezember bis Januar), wird er auf frische Fässer — bei Weißweinen auf geschwefelte Fässer — abgezogen und dieses so lange fortgesetzt, bis er sich völlig beruhigt und geklärt hat. Dann beginnt die Veredlung des Weines. Hierzu gehört

1. die Zuckerung, die schon mit dem Most vorgenommen wird, wird

a) mit Zucker ausgeführt, wenn der Most einen Mangel an Zucker, aber keinen Überschuß an Säure hat. Will man z. B. einen Most von 65 auf 80° Öchsle bringen, so berechnet sich die zuzusetzende Menge Zucker, da 1° Öchsle fast genau $^1/_4$ kg Zucker auf 100 l Most ist, dadurch, daß man die Differenz zwischen gefundenen und gewünschten Graden Öchsle durch 4 dividiert, also $\frac{80-65}{4} = \frac{15}{4} = 3{,}75$ kg Zucker auf 100 l Most (Trockenzuckerung).

b) Zuckerung mit Zuckerwasser, wenn Zucker zuwenig und Säure zuviel vorhanden ist; es dürfen nur bis zu 20% der gesamten Flüssigkeit an Zuckerwasser zugesetzt werden.

c) Auch eine Umgärung von fehlerhaftem, aber vorher noch nicht gezuckertem Wein ist gestattet. Der Zucker muß stets von der reinsten Beschaffenheit sein.

2. Entsäuerung mit reinem, gefälltem, kohlensaurem Kalk.

3. Schwefeln (Einbrennen) der Fässer, wozu man auf ein 1 hl-Faß 1,4—5 g Schwefel verwendet. Hierdurch nimmt der Wein einen Gehalt an freier und aldehydschwefliger Säure $CH_3 \cdot C\!\begin{cases}OH\\SO_3H\end{cases}$ (auch glykoseschwefliger Säure) an.

Daß die Weine häufig nicht bekommen, liegt vielfach daran, daß sie durch übermäßiges Schwefeln zu früh reif gemacht werden. Durch das Schwefeln dürfen nur „kleine“ Mengen schwefliger Säure und Schwefelsäure in den Wein gelangen.

4. Klären, Schönen. Hierzu sind erlaubt: Hausenblase, Gelatine, Eiweiß, Milch, Papier, Asbest, Klärerden, die Filtration durch Sack-, Asbestfilter, Knochenkohle.

Auch gehört zu den Kellerbehandlungen das Gipsen, Pasteurisieren, Elektrisieren des Weines.

D. Zusammensetzung. Durch die Gärung und Reifung gehen namhafte Veränderungen mit den Bestandteilen der Weintraube bzw. des Mostes vor sich. Der Zucker (Glykose und Fructose) verschwindet bei Trockenweinen in der Regel bis auf Spuren (etwa 0,1%) und geht in Äthylalkohol (5—12 g in 100 ccm Wein), Spuren höherer Alkohole (0,01—0,05 g) und Glycerin (0,4—1,2 g) über. Die Weinsäure erfährt durchweg durch Ausscheidung eine Abnahme (bis auf 0—0,15 g), die Äpfelsäure (0,2—1,0 g im Most) geht mehr und mehr in Milchsäure (0,2—0,5 g) über (Säurerückgang) nach der Gleichung: $HOOC \cdot CH_2 \cdot CH(OH) \cdot COOH = CH_3 \cdot CH(OH) \cdot COOH + CO_2$. Bernsteinsäure (S. 113) nimmt von 0,05 auf 0,13 g, Essigsäure von 0,02 auf 0,09 g zu, während die Gerbsäure bei Weißwein sich auf 0,02—0,04 g, bei Rotwein auf 0,15—0,25 g in 100 ccm Wein hält. Der rote Weinbeerfarbstoff (Önin), ein Glykosid, das durch Hydrolyse in Zucker und Anthocyanidin gespalten wird (Willstätter), nimmt regelmäßig ab, dagegen nehmen die Bukettstoffe, d. h. Ester, die sich mit Hilfe von Kleinwesen aus den Alkoholen und Säuren bilden, beim Lagern regelmäßig zu. Die Stickstoffsubstanz (etwa 0,1—0,2 g), die teils aus den Trauben, teils aus der Hefe herrührt, hat keine Bedeutung; indes werden in den trockenen Weinen Vitamin B (aus Weintrauben und Hefe) und Vitamin C (aus Weintrauben herrührend) angenommen.

Die Mineralstoffe (0,1—0,3%) bestehen aus rund 40% Kali, 15% Phosphorsäure, je 8% Kalk und Magnesia. Durch das Schwefeln der Fässer können 0,025 bis 0,200 g Gesamt- und 0,001—0,075 g freie schweflige Säure in den Wein gelangen.

Der Wein ist vielen Fehlern und Krankheiten ausgesetzt, z. B. dem Trübwerden oder Umschlagen, dem Kahmigwerden, dem Rahn- oder Fuchsigwerden (bei Weißweinen), dem Bitterwerden (bei Rotweinen); Essigstich ist hoher Essigsäuregehalt (0,15—0,20 g Essigsäure in 100 ccm verursachen schon kratzenden, scharfen Geschmack), Zickendwerden oder Milchsäurestich (von hohem Milchsäuregehalt), Böckser (von Schwefelwasserstoff herrührend).

Häufige Verfälschungen sind: unrichtige Herkunftsbezeichnung, Überzuckerung, Überstreckung (mit Zuckerwasser S. 119), Rückverbesserung[1]), Überschwefelung, künstliche Färbung (Rotwein), verbotene Zusätze[2]).

b) Dessert-, Süß-, Süd- bzw. Likörweine.

Dessertweine (Süß-, Südweine) sind Weine, die durch einen hohen Extrakt- und Zuckergehalt und in der Regel auch durch einen hohen Alkoholgehalt von

---

[1]) Unter Rückverbesserung versteht man das Verschneiden ungesetzlich hergestellter Weine mit Weinen von entgegengesetzten Eigenschaften, z. B. eines durch Überzuckerung an Alkohol zu reich gewordenen Weines mit einem alkoholärmeren.

[2]) Zu den verbotenen Zusätzen gehören: lösliche Aluminiumsalze (Alaun u. dgl.), Ameisensäure, Bariumverbindungen, Benzoesäure, Borsäure, Eisencyanverbindungen (Blutlaugensalze, jetzt eigentümlicherweise erlaubt), Farbstoffe mit Ausnahme von kleinen Mengen gebranntem Zucker (Zuckercouleur), Fluorverbindungen, Formaldehyd und solche Stoffe, die bei ihrer Verwendung Formaldehyd abgeben, Glycerin, Kermesbeeren, Magnesiumverbindungen, Oxalsäure, Salicylsäure, unreiner (freien Amylalkohol enthaltender) Sprit, unreiner Stärkezucker, Stärkesirup, Strontiumverbindungen, Wismutverbindungen, Zimtsäure, Zinksalze, Salze und Verbindungen der vorbezeichneten Säuren sowie der schwefligen Säure (Sulfite, Metasulfite u. dgl.).

den gewöhnlichen Weinen unterschieden sind und durchweg einen eigenartigen, aromatischen angenehmen Geruch wie Geschmack besitzen.

Sie werden in der Weise hergestellt, daß man entweder Traubensaft von hohem Gehalt vergären läßt (konzentrierte Süßweine) oder Alkohol zu hinreichend weit in der Vergärung vorgeschrittenem Most setzt (gesprittete Dessert- bzw. Likörweine).

1. Konzentrierte Süßweine. Hierzu gehören:

a) Tokaieressenz, aus dickflüssigem Most gewonnen, der aus den zu Zibeben vertrockneten Trauben freiwillig oder durch schwachen Druck ausfließt. Infolge des hohen Zuckergehaltes (30—38%) vergärt der Most nur schwer und erreicht einen Alkoholgehalt von meistens nur 3—4%.

b) Rheinische Ausbruch- (Auslese-, Stroh-) Weine, entweder aus den wasserarmen edelfaulen (S. 92, 118) Trauben oder den auf Stroh künstlich eingetrockneten reifen Trauben gewonnen.

c) Szamorodner aus Most durch gleichzeitige Kelterung von gewöhnlichen Trauben und Trockenbeeren.

d) Ausbruchweine (Tokaier, Ruster, Meneser), entweder durch Ausziehen von Trockenbeeren mit Most und Vergärenlassen des Auszuges oder durch Ausziehen von Trockenbeeren mit fertigem Wein.

e) Malaga aus Trauben, die man durch Knicken der Stiele am Stock überreif werden läßt und dann noch an der Erde trocknet.

f) Arrope aus eingekochtem Most.

2. Gesprittete Dessert- (Likör-) **Weine.** Durch Zusatz von Alkohol zu stark vergorenem Most geklärte (stumm gemachte) Süßweine, wobei entweder Moste gewöhnlicher Trauben (Portwein) oder Moste von Trockenbeeren (ohne absichtliche Knickung der Stiele eingetrocknet) oder von getrockneten Beeren (aus Trauben der letzten Ernte nach absichtlicher Knickung der Stiele) verwendet werden. Hierzu gehören Sherry, Madeira, Marsala, Samos u. a.

Der Zuckergehalt dieser Weine — die Fructose waltet meistens etwas vor — schwankt zwischen weiten Grenzen (vgl. Tabelle Nr. 873—880), der zuckerfreie Extraktrest zwischen 2—4 g in 100 ccm Wein. Wegen Gipsens der Trauben vor dem Keltern oder zu gärendem Moste enthalten diese Weine meistens verhältnismäßig viel Schwefelsäure. Ihr Gehalt an Stickstoffsubstanz, Mineralstoffen, Phosphorsäure und zweifellos auch an Vitaminen ist höher als bei den Trockenweinen.

c) Schaumwein, Sekt, Champagner.

Unter „Schaumweinen" (Sekt, Champagner) versteht man versüßte und mit Likör aromatisierte Weine, welche unter starkem Druck mit Kohlensäure gesättigt sind und letztere bei Aufhebung des Druckes nicht mehr in ihrer Gesamtheit gelöst enthalten können, sondern in Form von Gasbläschen unter Schaumbildung entweichen lassen.

Der Schaumwein ist ein aus Wein hergestelltes Getränk. Meistens verwendet man dazu Klarettweine, die aus blauen und roten Trauben durch schwaches Mahlen und schnelles Pressen gewonnen werden. Der völlig vergorene Jungwein wird auf Flaschen abgezogen, mit einer Zuckermischung (Cuvée) versetzt und in den stark verschlossenen Flaschen einer nochmaligen Gärung unterworfen, um die nötige Kohlensäure zu erzeugen. Die weitere Behandlung erfordert viel Geschick. Je nach dem Zuckergehalt unterscheidet man süßen und trockenen (dry, brut oder sec) Schaumwein. Statt Übersättigen mit Kohlensäure durch Gärung wird auch wohl flüssige Kohlensäure angewendet. Hierfür, für die Kenntlichmachung des Landes der Flaschenfüllung sowie der Obstschaumweine sind im Weingesetz eingehende Ausführungsbestimmungen gegeben.

d) Weinhaltige Getränke.

Unter „weinhaltigen Getränken" versteht man solche Erzeugnisse, die unter Verwendung von fertigen Naturweinen bzw. verkehrsfähigen Weinen (im Sinne des § 13 des Weingesetzes vom 7. April 1909) hergestellt sind.

Man zieht Pflanzen, Kräuter, Gewürze und Drogen entweder mit dem Wein aus, indem man Säckchen mit den Pflanzenstoffen in den Wein oder gärenden Most so lange eintauchen läßt, bis die gewünschte Würzung erfolgt ist, oder man fertigt einen weinigen bzw. alkoholischen Auszug aus den Pflanzenstoffen, gegebenenfalls unter Mitverwendung von Zucker, an und setzt diesen dem verkehrsfähigen Weine zu. Es dürfen keine Pflanzenstoffe verwendet werden, deren Verkauf nur den Apotheken vorbehalten ist.

Man erhält auf diese Weise die gewürzten bzw. aromatischen Weine, wozu u. a. gehören:

1. der Wermutwein (auch einfach Wermut, Vermouth, Vino Vermouth genannt), aus Wein, Wermut und sonstigen Kräutern;
2. Rhabarberwein, desgleichen aus Rhabarberwurzeln und Gewürzen (Cardamomen);
3. Chinawein, aus Süßwein und Chinarinde;
4. Maiwein aus Wein, Waldmeister und Zucker;
5. Ingwerwein, aus Wein, Ingwer, sonstigen Gewürzen und Zucker;
6. Pepsinwein, aus Wein, Pepsin und etwas Salzsäure;
7. Weinpunsch, Weinbowlen, aus Wein, Citronensaft oder Ananas, oder Pfirsichen, oder Erdbeeren, Zucker, evtl. unter Mitverwendung von Rum und Arrak.

e) Weinähnliche Getränke.

Zu den weinähnlichen Getränken gehören nach § 10 des Weingesetzes vom 7. April 1909 die durch alkoholische Gärung aus frischen Fruchtsäften (Obst- und Beerenfrüchten, auch Heidelbeeren), frischen Pflanzensäften (z. B. Rhabarber) und Malzauszügen (Malzweine) hergestellten Getränke.

1. Obst- und Beerenweine. a) Herstellung von Obstweinen. Die Obst- und Beerenweine (Fruchtweine) werden aus den Säften der Obst- und Beerenfrüchte in ähnlicher Weise wie der Wein aus dem Safte der Weintrauben gewonnen. Die gesunden, vollreifen Früchte — von Äpfeln und Birnen verwendet man meistens die säurereichen Sorten — werden gewaschen, zerkleinert, zerquetscht bzw. gemahlen, und die so erhaltene Maische (Troß) wird sofort oder nach einigem Stehen mehrere Male auf einer Kelter abgepreßt.

Die Maische wird der Selbstgärung bei 15—20° überlassen. Jedoch macht man auch hier von rein gezüchteten Weinhefen vorteilhaften Gebrauch. Auf die Hauptgärung folgt auch hier die Nachgärung und kellermäßige Behandlung wie bei Traubenwein. Ebenso findet hier ein Säurerückgang (S. 120) statt. Auch die Obstschaumweine werden in ähnlicher Weise wie die Traubenschaumweine hergestellt.

Die Beerentischweine (herbe) erhalten auf 1 l Saft 130—160 g Zucker, die Beerenlikörweine (süße) entsprechend mehr (bis etwa 330 g).

Auch enthalten die Obst- und Beerenweine bis auf Weinsäure bzw. saures weinsteinsaures Kalium, die in den Rohstoffen nicht vorkommen, alle die Bestandteile, die auch im Traubenwein vorhanden sind.

2. Holunder- und Rhabarberwein, durch Vergären der eingekochten Preßsäfte unter Zusatz von Zucker hergestellt.

3. Malz- und Maltonweine. Unter „Malzwein" versteht man die aus Malzaufguß, gegebenenfalls unter Zusatz von Zucker hergestellten weinähnlichen Getränke, die den gewöhnlichen Trink- bzw. Tischweinen im Gehalt an Extrakt und Alkohol gleichen; unter „Maltonwein" dagegen solche, welche wegen ihres höheren Gehaltes an Extrakt und Alkohol den Süß- bzw. Dessertweinen gleichkommen sollen.

Die Würze wird durch Zusatz von Milchsäurebakterien erst der Milchsäuregärung und weiter nach Eindampfung im Vakuum und Anreicherung mit Zucker durch Reinzuchthefen der betreffenden Weinsorten der Gärung unterworfen.

f) Nachgemachte oder Kunstweine.

Nicht in den Verkehr gebracht, sondern nur im eigenen Haushalt verwendet oder ohne Entgelt an die im Betrieb beschäftigten Personen dürfen abgegeben werden:

1. Tresterweine, dadurch erhalten, daß die Trester, mit Zuckerwasser übergossen, der Gärung unterworfen werden.

2. Hefenwein, dadurch erhalten, daß man die Weinhefe mit Zuckerwasser nochmals der Gärung unterwirft.

3. Trockenbeerwein, durch Vergärung der wässerigen Auszüge von Trockenbeeren (Rosinen, Zibeben, Korinthen) erhalten.

4. Sonstige Kunstweine, aus Wasser, Sprit, Zucker, Wein- oder Citronensäure, Essenzen, Gewürzen aller Art hergestellt.

3. Branntweine und Liköre.

Die Branntweine sind alkoholische Getränke, die durch Destillation vergorener alkoholhaltiger Flüssigkeiten gewonnen werden. Die Liköre sind Branntweine, die neben dem Alkohol noch verschiedene andere Stoffe (vorwiegend Zucker) enthalten, welche ihnen einen besonderen eigenartigen Geruch und bald süßen, bald bitteren Geschmack verleihen.

Zur Herstellung der Branntweine dienen verschiedene Rohstoffe, nämlich:

a) Stärkemehlartige Rohstoffe.

Die verwendeten Rohstoffe, vorwiegend Kartoffeln und Getreidearten, werden

1. durch Dämpfen unter gespanntem Wasserdampf aufgeschlossen oder wie Roggen und Mais auch unter geringem Zusatz von Schwefelsäure eingeweicht.

2. Die Verzuckerung der Stärke, das Maischen, erfolgt überall durch Gerstenmalz (Grünmalz) bei 50—55°, zuletzt bei 60—65°.

3. Die Maische wird auf 14—20° abgekühlt und durch Hefe — meistens Reinhefe — der Gärung unterworfen; sie zerfällt in Vorgärung (Vermehrung der Hefe), Hauptgärung und Nachgärung (tunlichst volle Vergärung der Dextrine; Gesamtdauer 72—96 Stunden). Die Milchsäuregärung wird durch Zusatz von Flußsäure oder löslichen Fluoriden vermieden.

4. Für die Gewinnung des Alkohols aus der Maische durch Destillation benutzt man jetzt meistens Kolonnenapparate, welche in ununterbrochenem

Betriebe einen Spiritus von gewünschter Stärke (bis höchstens 96%) und Reinheit zu liefern vermögen.

5. Zur Reinigung des Äthylalkohols von Verunreinigungen (Acetaldehyd) Ester, Fuselöl) wird der Rohspiritus noch der Raffination unterworfen. Man verdünnt, um Fuselöl abzuscheiden, mit 50% Wasser, unterwirft der abermaligen Destillation und sammelt das Destillat in 3 Stufen, nämlich: Vorlauf (vorwiegend Acetaldehyd), Feinsprit und Nachlauf (vorwiegend höhere Fettalkohole). Zur Entfuselung werden auch Filtration durch Holzkohle, Oxydationsmittel usw. vorgeschlagen.

Den reinsten Feinsprit vermag der Kartoffelspiritus zu liefern. Er ist aber zur Trinkbranntwein-Herstellung weniger beliebt als der unreinere Kornbranntwein. Dieser ist ein ausschließlich aus Roggen, Buchweizen, Hafer oder Gerste gewonnener, aber nicht im Würzeverfahren, d. h. nicht nach dem Hefelüftungsverfahren, hergestellter Trinkbranntwein. Der süddeutsche Dinkel (Spelzweizen), im entspelzten Zustand Kernen genannt, ist dem nackten Weizen gleichzuachten.

Für Branntweine, welche die Bezeichnung „Kornbranntwein“ führen, darf also Mais und der bei der Herstellung der „Lufthefe“ gewonnene Sprit nicht verwendet werden.

Zu den Kornbranntweinen werden gerechnet: Nordhäuser, Münsterländer, westfälischer Korn, Breslauer, Steinhäger, Dornkaat u. a. Bei letzteren beiden Sorten und dem Genever werden Wacholderbeeren entweder mit vermaischt oder der Sprit über Wacholderbeeren abdestilliert.

Vielfach werden die sog. Kornbranntweine, so angeblich auch der sog. „Nordhäuser“, aus Kartoffelfeinsprit und sog. Nordhäuser- (oder Korn-) Essenz hergestellt.

DieKornbranntweine sind im allgemeinen wie an Fuselöl, so auch an Estern und sonstigen Beimengungen reicher als die Kartoffelbranntweine und werden infolgedessen wegen des volleren und schärferen Geschmackes den letzteren vorgezogen.

Der im Nordosten Deutschlands viel getrunkene Gilka gilt ebenfalls als Kornbranntwein, welchem etwas Kümmelöl zugesetzt ist.

Der weitverbreitete, zuerst in Schottland hergestellte Whisky wird in der Weise gewonnen, daß man Gerste über einem Torf- oder Koksfeuer darrt und das Rauchmalz entweder für sich oder unter Mitverwendung von Roggen oder Mais wie üblich maischt und die Maische vergären läßt. Die Destillation erfolgt über Herdfeuer in einer einfachen Destillierblase mit langem Hals und einer Rührvorrichtung. Zur Entfernung von vielfachen Beimengungen bedarf der Whisky mehrjährigen Reifens; er enthält dann 40—50 Vol.-% Alkohol.

b) Branntweine aus zuckerreichen Rohstoffen.

Die Branntweine dieser Art sind gesuchter als vorstehende und werden auch wohl (außer Nr. 3) „Edelbranntweine“ genannt. Als Rohstoffe kommen die Preßsäfte von Zuckerrüben, Obst- und Beerenfrüchten, Zuckerrohrmelasse und anderen zuckerreichen Pflanzensäften in Betracht. Die Säfte bedürfen keiner weiteren Aufschließung, sondern unterliegen meistens der Selbstgärung oder der Gärung mit Bier- oder Preßhefe bzw. mit Reinhefen. Die Destillation der alkoholhaltigen Maische wird meistens mit einfachen Blasenapparaten vorgenommen, weil der gewonnene Spiritus keiner so weitgehenden Rektifikationen wie die Spiritussorten der vorstehenden Art bedarf. Zu Branntweinen aus zuckerreichen Säften gehören:

1. die Branntweine aus **Obst und Beerenfrüchten**, von denen besonders der Kirschbranntwein (Kirschwasser, Kirschgeist aus der schwarzen Vogelkirsche) und der Zwetschenbranntwein (Sliwowiz, Slibowitz aus Zwetschen durch langsame Gärung) bekannt sind. Beide sind durch einen geringen Gehalt

an Blausäure (wenig bis 7,2 mg freie und wenig bis 7,5 mg gebundene) ausgezeichnet; der Alkoholgehalt schwankt zwischen 22—66 Vol.-% und wird meistens auf 45 Vol.-% (Trinkstärke) gebracht.

2. Enzianbranntwein, durch Selbstgärung der zerstoßenen Wurzelstöcke von Gentiana lutea L. erhalten, aber nur mehr sehr selten; alkoholische Auszüge aus Enzianwurzeln bilden den bitteren Enzianlikör.

3. Zuckerrüben- und Melassebranntwein. Bei der Vergärung der Melasse wird etwas Schwefelsäure (bis 0,1%) angewendet. In beiden Fällen dient Bier- oder Preßhefe zur Vergärung.

4. Rum. Rum ist der in Westindien (Jamaica, Demerara, Cuba usw.) aus dem Saft und den Abfällen bei der Zuckergewinnung aus Zuckerrohr durch Gärung und Destillation gewonnene Branntwein, der im Originalzustande meistens 74—77 Vol.-% Alkohol sowie kleine Mengen Zucker enthält und in der Regel mit Zuckerfarbe braun gefärbt ist; der Cuba-Rum pflegt farblos (hell) zu sein und nur Spuren von Extrakt zu enthalten.

Zur Herstellung des Rums verwendet man dreierlei Arten Rohstoffe, nämlich: 1. den beim Kochen des ausgepreßten Zuckerrohrsaftes entstehenden Schaum (scum, skimminy), 2. die Zuckerrohrmelasse und 3. den Dunder, d. h. den Destillationsrückstand der Maische von früheren Rumherstellungen. Alle 3 Abfälle werden vermischt und mit dem Waschwasser von der Rohrzuckergewinnung so verdünnt, daß die Maische 18—22% Zucker enthält. Man unterscheidet einfachen oder „Negerrum", der aus Schaum- und Zuckerabfällen ohne Dunder bzw. Melasse hergestellt wird, und Rum für die Ausfuhr, der sich durch hohen Gehalt an Estern und Aromastoffen auszeichnet. Diese werden um so höher und besser, je länger der Rum lagert. Bayrum ist doppelt destillierter Rum. Der Rum enthält im ursprünglichen Zustande 3,0—5,0 mg freie und ebensoviel in Esterform gebundene Ameisensäure in 100 ccm.

5. Arrak. Unter Arrak (gegorener Saft) versteht man den in Ostindien, auf Java (Batavia), an der Küste von Malabar, in Ceylon und Siam aus Reis und Zuckerrohrmelasse oder aus dem Saft der Blütenkolben der Cocospalme durch Gärung und Destillation hergestellten Branntwein, der im Originalzustand 55,0—76 Vol.-% Alkohol enthält und farblos ist.

Auf Ceylon verwendet man den Saft der Cocospalme, deren Blütenkolben man während 3 aufeinanderfolgenden Tagen preßt, dann am Grunde mit Rundschnitten versieht, den ausfließenden zuckerreichen Saft sammelt und gären läßt. Auf Java (Batavia) und anderen tropischen Inseln verwendet man Reis und Zuckerrohrmelasse mit und ohne Palmensaft.

c) Branntweine aus alkoholhaltigen Rohstoffen.

Aus alkoholhaltigen Rohstoffen werden die feinsten Branntweine erhalten; an der Spitze steht

1. Der Kognak. Kognak ist ein aus reinem Weindestillat hergestellter Branntwein, der den Vorschriften des Weingesetzes vom 7. April 1709 genügen, also u. a. mindestens 38 Vol.-% Alkohol enthalten muß. Er ist von hellbrauner Farbe und enthält meist etwas Zucker.

Der Name stammt von der kleinen Stadt „Kognac" im französischen Departement Charente her, dem Hauptort der Erzeugung dieses Branntweins. Nur aus Frankreich stammende Erzeugnisse dürfen jetzt bei uns den Namen Cognak führen. Erzeugnisse aus deutschen Weinen führen die unterschiedliche Bezeichnung „Weinbrand". Der Kognak kann durch Destillation aus jedem verkehrsfähigen Wein hergestellt werden; das französische Gebiet Charante ist aber von alters her auf die Herstellung besonders eingestellt. Die Weine werden aus einer besonderen weißen

Traubensorte gewonnen, die hohen Ertrag liefert und deren Saft durch Zertreten mit den Füßen gewonnen wird — der durch Pressen gewonnene Saft liefert geringwertigeren Kognak. Die Gärung verläuft bei ziemlich hoher Temperatur, die Destillation geschieht mit den einfachsten Blasenapparaten. Zur Gewinnung von 1 hl Kognak gehören je nach dem Alkoholgehalt 5—8 hl Wein. Er wird aber erst durch längeres Lagern auf eichenen Fässern zu wirklichem Kognak, indem er Stoffe (auch Farbstoffe) aus der Faßwandung aufnimmt und neue bildet; der Verlust an Alkohol wird hierbei im Mittel auf $^1/_2$ Vol.-%[1]) für das Jahr angenommen.

Für den Verkehr mit Kognak bzw. Weinbrand sind im Weingesetz besondere Vorschriften vorgesehen; ein Branntwein darf nur Kognak heißen, wenn sämtlicher Alkohol aus Wein herrührt, Kognakverschnitt muß mindestens $^1/_{10}$ des Alkohols aus Wein enthalten; bei beiden müssen in 100 Raumteilen mindestens 38 Raumteile Alkohol vorhanden sein.

2. Trester- und Hefenbranntwein. Der Tresterbranntwein (oder auch Franzbranntwein genannt) wird wie der Hefenbranntwein dadurch gewonnen, daß man die Weintrester, Weinhefe, welche noch etwas unvergorenen Zucker enthalten, entweder für sich oder nach Zusatz von Zucker und Wasser weitergären läßt und der Destillation unterwirft. Die Weintrester wie Weinhefe müssen von guter Beschaffenheit sein.

d) Bittere und Liköre.

Bittere und Liköre sind im allgemeinen gefärbte Mischungen von Branntweinen bzw. Alkohol (Feinsprit) und Wasser mit Zucker, Fruchtsäften, mit Auszügen aus Pflanzengewürzen, mit aromatischen Destillaten bzw. Stoffen aller Art, deren Alkohol- und Zuckergehalt eine bestimmte Grenze erreichen bzw. nicht unterschreiten soll.

Bittere enthalten Pflanzenauszüge von ausgeprägtem bitteren Geschmack und nur wenig Zucker; Liköre dagegen sind durch aromatische Stoffe und höheren Zuckergehalt ausgezeichnet.

Sherry-Brandy ist u. a. eine gewürzte Zubereitung aus Kirschwasser oder Kirschwasserverschnitt und Kirschsirup.

Der hierher gehörige Eierkognak ist eine gewürzte Zubereitung aus echtem Kognak, frischem Eigelb und Zucker. Eierlikör, auch Eicreme genannt, kann an Stelle von Kognak auch Alkohol anderer Art enthalten.

Das Branntweinmonopolgesetz bezeichnet nur solche Branntweine als Liköre, die mindestens 20% Extrakt und einschließlich der Bitterliköre in 100 Raumteilen mindestens 30 Raumteile Alkohol enthalten; für Eier- und Schokoladenliköre sind 20, für Kakao-, Tee- und Kaffeelikör sowie für schwedischen Punsch 25 Raumteile Alkohol vorgeschrieben; ferner für gewöhnliche Branntweine 35, für Arrak, Rum, Obstbranntweine, Kognak und Verschnitte davon sowie Steinhäger 38 Raumhundertteile.

Die häufigsten Verfälschungen bestehen in einer unrichtigen Bezeichnung und Verschneiden von hochwertigen mit minderwertigen Branntweinen oder Sprit (ohne Angabe), bzw. mit Methylalkohol, von dem ganz geringe Mengen, von den Pektinen (S. 26, 91) her-

[1]) Diese Angabe aus früherer Zeit, die wohl absolute Verlustmenge von 35 bzw. 38 Vol.-% Alkohol bedeuten soll, muß nach hiesigen Versuchen von Dinslage und Windhausen dahin ergänzt werden, daß aus Kognak wie aus jedem anderen Branntwein, der im Faß in einem feuchten und kühlen Raum lagert, verhältnismäßig mehr Alkohol als Wasser verdunstet, der Alkohol daher sowohl eine absolute als prozentuale Abnahme erfahren, daß dagegen bei Lagerung des Fasses in einem trockenen und warmen Raum mehr Wasser als Alkohol verdunstet, daher der Alkohol auch absolut — und sogar mehr als im ersten Falle — abnehmen, aber prozentual zunehmen kann.

rührend, in den Branntweinen (besonders in Tresterbranntweinen) vorkommen, größere Mengen aber giftig wirken. Auch größere Mengen Fuselöl und Aldehyd gelten als gesundheitsschädlicher denn der Äthylalkohol.

XI. Essig und Essigessenz.

Man unterscheidet 2 Sorten Essig im Handel, den durch Gärung und den auf künstlichem Wege (durch Holzdestillation und aus Acetylen) gewonnenen Essig. Ersterer ist der ursprüngliche und eigentliche Essig. Er wird aus Alkohol durch die Essigbakterien erzeugt, die in ähnlicher Weise wie Hefe das alkoholbildende Enzym „Zymase", das säurebildende Enzym „Alkoholoxydase" enthalten, welches wie die Bakterien selbst wirkt. Die Oxydation wird bei der Schnell-Essigherstellung in den Essigbildnern vorgenommen.

Dieses sind Fässer, die oben 10 cm unter dem Rand und unten 30 cm über dem unteren Boden mit siebartig durchlöcherten Zwischenböden für den Durchfluß der alkoholischen Flüssigkeit versehen sind. Der Zwischenraum zwischen den beiden Siebböden ist mit Buchenspänen (bzw. porösen Stoffen) angefüllt. Man läßt durch ein erstes Faß so lange fertigen Gärungsessig laufen, bis die Bildner eingearbeitet, d. h. mit Essigsäurebakterien von der gewünschten Erzeugungsstärke versehen sind, setzt dann Alkohol zu, läßt durch einen zweiten Bildner laufen, bis dieser einen Essig von einigen höheren Prozenten liefert und so fort bis hinauf zu etwa 12%. Statt der Fässer wendet man jetzt auch abgeschlossene Kammern von Zement an, die eine geregelte Zufuhr von Luft und Wärme erhalten. Als alkoholische Flüssigkeiten verwendet man Sprit, Bier u. a.

Bei dem langsamen Orleansverfahren lagert die alkoholische Flüssigkeit (Wein) in eichenen, mit Spundöffnung versehenen Fässern, deren Wände über der Flüssigkeitsschicht zur Förderung des Luftwechsels mehrfach durchlöchert sind. Man gibt in ein noch nicht eingearbeitetes Faß fertigen Weinessig, bis die Faßwandung genügend von diesem durchdrungen ist, setzt dann stufenweise nach je 8 Tagen steigende Mengen Wein zu, bis die gewünschte Stärke erreicht ist; der fertige Weinessig wird abgelassen und das Faß mit neuem Wein versehen. Ein einmal eingearbeitetes Faß kann bis 8 Jahre in Betrieb bleiben.

Die Oxydation des Alkohols verläuft hierbei in zwei Stufen:

$$\underset{\text{Alkohol + Sauerstoff}}{2\,CH_3\cdot CH_2OH + O_2} = \underset{\text{= Aldehyd + Wasser}}{2\,CH_3\cdot CHO + 2\,H_2O} \quad \text{und} \quad \underset{\text{Aldehyd + Sauerstoff}}{2\,CH_3\cdot CHO + O_2} = \underset{\text{= Essigsäure.}}{2\,CH_3\cdot COOH.}$$

Der Holzessig bzw. die Essigessenz wird durch trockene Destillation des Holzes gewonnen. Es bilden sich hierbei neben Essigsäure in geringer Menge Ameisensäure, sonstige niedere Fettsäuren, Methyl-, Äthylalkohol, Acetaldehyd, Furfurol und andere Stoffe, von denen er durch besondere Reinigungsverfahren befreit wird, bis man eine Essigessenz von 60—80% Essigsäure erreicht hat, die für den Haushalt entsprechend verdünnt werden muß. Aus Acetylen (von Calciumcarbid herrührend) erhält man durch Anlagerung von Wasser (Auffangen in wässeriger Schwefelsäure unter Zufügen von Quecksilbersalz als Katalysator) Acetaldehyd und weiter durch Oxydation Essigsäure:

$$C_2H_2 + H_2O = CH_3\cdot CHO + O = CH_3\cdot COOH\,.$$

Nach der Herstellungsweise unterscheidet man folgende Sorten Essig im Handel:

1. „Essig (Gärungsessig) ist das durch die sog. Essiggärung aus alkoholhaltigen Flüssigkeiten gewonnene Erzeugnis mit einem Gehalt von mindestens 3,5 g Essigsäure in 100 ccm."

2. „Essigessenz ist gereinigte wässerige, auch mit Aromastoffen versetzte Essigsäure mit einem Gehalt von etwa 60—80 g Essigsäure in 100 g."

3. **„Essenzessig“** ist verdünnte Essigessenz mit einem Gehalt von mindestens 3,5 g und höchstens 15 g Essigsäure in 100 ccm.“

4. **„Kunstessig** ist mit künstlichen Aromastoffen versetzter oder mit gereinigter Essigsäure (auch Essenzessig oder Essigessenz) vermischter Essig mit einem Gehalt von mindestens 3,5 g und höchstens 15 g Essigsäure in 100 ccm.“

5. **„Kräuteressig“** (z. B. Estragonessig), Fruchtessig (z. B. Himbeeressig), Gewürzessig und ähnlich bezeichnete Essigsorten sind durch Ausziehen von aromatischen Pflanzenteilen mit Essig (d. i. Gärungsessig) hergestellte Erzeugnisse.“

6. Nach den verwendeten **Rohstoffen** des Essigs oder der Essigmaische unterscheidet man: Branntweinessig (Spritessig, Essigsprit), Weinessig (Traubenessig), Obstweinessig, Bieressig, Malzessig, Stärkezuckeressig, Honigessig, Molkenessig u. a.

7. Nach dem **Gehalte** an Essigsäure spricht man von Speise- oder Tafelessig mit mindestens 3,5 g Essigsäure, Einmacheessig mit mindestens 5 g Essigsäure, Doppelessig mit mindestens 7 g Essigsäure und Essigsprit sowie dreifachen Essig mit mindestens 10,5 g Essigsäure in 100 ccm.

Die Gärungsessige unterscheiden sich von dem Essenzessig durch Aromastoffe, besonders durch einen flüchtigen, Fehlingsche Lösung schon in der Kälte reduzierenden Stoff. Wein-, Obst-, Frucht-, Bier- bzw. Malzessig enthalten häufig noch geringe Mengen solcher Stoffe, wodurch diese gekennzeichnet sind, z. B. Weinessig: Weinsäure, Kali, Phosphorsäure und Glycerin; Obst- und Fruchtessige: Äpfelsäure; Bier- und Malzessig: Dextrin u. a. Der Essenzessig kann, obschon die Essigessenz jetzt sehr weitgehend gereinigt wird, unter Umständen noch geringe Mengen empyromatischer Stoffe, Methylalkohol und Ameisensäure, der Acetylen-Essig unter Umständen Acet-, Krotonaldehyd, Schwermetalle u. a. (G. Reif) enthalten.

Der Essig wird zum Würzen oder zur Haltbarmachung von Nahrungsmitteln angewendet; die der Nahrung zugefügten oder anhaftenden Mengen sind so gering, daß er als Nährstoff nicht in Betracht kommt.

XII. Sonstige Nahrungs- und Genußmittel.

1. Kochsalz.

Das Kochsalz, dessen physiologische Bedeutung schon S. 30 auseinandergesetzt worden ist, kommt auch als Würz- und Frischhaltungsmittel im Haushalt in Betracht.

Das Kochsalz kommt, fertig gebildet, in allen mittleren Gebirgsformationen vom Tertiär bis zum Zechstein (Staßfurt) vor und wird aus diesen Lägern als Steinsalz — fast reines Kochsalz — gefördert. Meistens aber wird das im Haushalt verwendete Kochsalz (Salinen- oder Siedesalz) aus den salzhaltigen Wässern der Gebirgsschichten (den sog. Solen) und dem Meerwasser dadurch gewonnen, daß man einen großen Teil des Wassers bei den Solwässern in den Salinen durch Herabtröpfeln an Gradierwerken oder (bei Meerwasser) durch Aufstauen in flachen Behältern beseitigt, den Rest durch Eindunsten entfernt und das Salz auskrystallisieren läßt.

Das grobkörnige Salinen- oder Siedesalz hat einen salzigeren Geschmack als das feinkörnige Stein- bzw. Tafelsalz, obschon ersteres nur 90—95%, letzteres 97—99% Natriumchlorid enthält. Die Ursache liegt wohl darin, daß das lockere Salinen- oder Siedesalz bei 3—5% hygroskopischem und Krystallwasser leichter löslich (dissoziierbar) ist und auch mehr leicht lösliche Magnesiumsalze (z. B. 0,3—0,5% Magnesiumchlorid und 0,2—0,4% Magnesiumsulfat) enthält als das Steinsalz. Das Meeressalz ist meistens noch reicher an Magnesiumsalzen und vielleicht deshalb zum Einsalzen von Fischen besonders beliebt.

2. Wasser.

a) Häusliches Gebrauchswasser.

Das tägliche Bedarfswasser wird von dem Menschen meistens nur als durststillendes Mittel oder nur in Fällen von ansteckenden Krankheiten, deren Ursache es sein soll, nicht aber als allgemeines Nahrungsmittel besonders bewertet, weil es die Natur im allgemeinen umsonst bietet oder weil es zu äußerst mäßigem Preise beschafft werden kann.

Es hat aber nicht nur als Trinkwasser, sondern auch für sonstige häusliche Gebrauchszwecke eine nicht geringe Bedeutung. Der erwachsene Mensch scheidet täglich 1—2 l Wasser durch den Harn, $^2/_3$ l durch die Haut und $^1/_3$ l als Wasserdampf durch die Lungen aus, verbraucht also täglich im ganzen Stoffwechsel 2—3 l Wasser, die wieder ergänzt werden müssen. Das Wasser ist der Träger der sonstigen Nährstoffe im Körper und vermittelt deren Umsetzung. Bei weitem größer aber sind noch die Mengen Wasser, die der Mensch zum Kochen, Waschen, Baden, Spülen und Reinigen von Eß- und Trinkgeschirr, von Wohnung und Kleidung notwendig hat. Man schätzt die gesamte Gebrauchsmenge, wo der Vorrat ausreicht, auf durchschnittlich 100 l für den Tag und Kopf der Bevölkerung, mit Schwankungen von 50—150 l und mehr. Zur Deckung des Wasserbedarfs wird Regen-, Grund-, Quell-, Fluß- oder Seewasser benutzt.

1. Regen- (Meteor-) Wasser. In Gegenden, in denen sich aus dem Meteorwasser kein See-, Fluß- bzw. Grundwasser oder nicht in genügender Menge bildet, da pflegt man dasselbe auch direkt in Teichen (Zisternen) oder Brunnen aufzusammeln.

Das Regenwasser ist kein reines Wasser, wie meistens angenommen wird, sondern enthält außer den regelmäßigen Luftgasen (Sauerstoff, Stickstoff, Kohlensäure) noch wechselnde geringe Mengen Ammoniak, Salpetersäure, Schwefelsäure und vor allem Staub organischer und unorganischer Art sowie Bakterien. Für die Benutzung als Trinkwasser soll es daher vorher filtriert oder gekocht werden — im letzten Falle auch unter Zusatz von Kaffee oder Tee.

2. Fluß-, See- und Stauseewasser. Sie können als „Oberflächenwasser" zusammengefaßt werden, weil sie auf ähnliche Weise aus dem Meteorwasser[1]) durch oberirdisches Abfließen von dem Gelände gebildet werden.

Sie enthalten außer den im Meteorwasser vorkommenden Verunreinigungen noch zahlreiche andere schwebende[2]) und gelöste Stoffe, die auch gesundheitlich bedenklich sein können. Zwar schlägt sich ein Teil dieser Stoffe beim Fließen in den Flüssen oder beim Stehen in den Seen nieder, indes empfiehlt sich für Flußwasser behufs Verwendung als Trinkwasser wohl stets und für Seewasser meistens eine vorherige Filtration. Das Stauseewasser, d. h. das künstlich in Talsperren aufgestaute Wasser, wird vielfach vorher über Wiesen gerieselt.

3. Grundwasser. Unter Grundwasser versteht man das im Boden auf einer undurchlässigen oder wenig durchlässigen Schicht ruhende oder auf ihr sich langsam weiter bewegende, alle capillaren und nichtcapillaren Hohlräume ausfüllende und sich in einem gewissen Ruhe- und Gleichgewichtszustande befindende Wasser (A. Gärtner).

Das durch den Boden sickernde Regenwasser nimmt aus dem Boden noch mehr und je nach der Bodenart auch verschiedenartigere Stoffe auf als das oberirdisch abfließende

---

[1]) Von dem Meteorwasser wird im Durchschnitt des Jahres rund $^1/_3$ verdunstet, $^1/_3$ fließt in die Flüsse und Seen ab, $^1/_3$ dringt in den Boden, Grund- und Quellwasser bildend.

[2]) Die schwebende, lebende Flora und Fauna eines Wassers heißt „Plankton", die unbelebten Stoffe „Pseudoplankton", beide vereint auch „Seston".

Wasser. Aber bei einigermaßen genügend geschlossenen Bodenschichten ist das Grundwasser in 5 m und größerer Tiefe frei von Bakterien und besitzt während des ganzen Jahres eine gleichmäßige, 8—11° und weniger betragende Temperatur. Freilich ist der Gehalt des Grundwassers an den Oxyden von Eisen und Mangan wegen des Trübwerdens bzw. der Pilzwucherung und an freier Kohlensäure wegen ihrer lösenden Wirkung auf Metalle (Bleiröhren) störend und schädlich, indes lassen sich diese Bestandteile durchweg unschwer entfernen, und dann gehört Grundwasser aus gewaschenen, nicht verunreinigten Bodenschichten auch für Zentralwasserversorgungen zu den besten Versorgungsquellen.

4. Quellwasser. Quellwasser ist das in besonderen unterirdischen Kanälen, Spalten, Rissen und Klüften sich bewegende, aus einer oder mehreren Öffnungen zutage tretende Wasser.

Von ihm gilt im allgemeinen dasselbe wie vom Grundwasser. Wenn aber das Wasser beim Versickern keiner genügenden Filtration unterliegt, sondern in offenen Spalten und Rissen schnell versickert und abfließt, so kann es einem Oberflächenwasser gleichkommen. Die Schnelligkeit der Bewegung des Quellwassers in den Gebirgsschichten kann man durchweg an den häufigen Schwankungen der Temperatur und dem klareren oder trüberen Aussehen nach lange unterbrochenen Regenfällen beurteilen.

α) Reinigung des Wassers.

Die vorstehend genannten Wasserversorgungsquellen können einerseits durch menschliche und tierische, andererseits durch industrielle Abgänge aller Art verunreinigt werden. In gesundheitlicher Hinsicht sind die ersteren Abgänge die schlimmsten, weil hierdurch ansteckende Krankheiten verbreitet werden können. Aus dem Grunde muß das für den öffentlichen Gebrauch bestimmte Wasser vielfach gereinigt werden. Das kann auf natürliche und künstliche Weise geschehen. Zu den natürlichen Reinigungsvorgängen gehört die Reinigung durch die Flüsse bzw. Seen (Selbstreinigung) und die Reinigung durch den Boden.

Natürliche Reinigung des Wassers.

1. Selbstreinigung der Flüsse. Unter Selbstreinigung der Flüsse ist die bleibende Unschädlichmachung der zugeführten verunreinigenden Stoffe, sei es durch mechanische oder chemische Vorgänge, sei es durch Umwandlung toter organischer Stoffe in unschädliche Lebewesen oder in sich verflüchtigende Gase, zu verstehen.

Unter Umständen genügt zur dauernden Unschädlichmachung eine starke Verdünnung, bei welcher die Stoffe nicht mehr schädlich wirken. Weiter beginnt die Selbstreinigung mit dem Zerkleinern und Zerreiben der Stoffe, die mit einer Niederschlagung der Schwebe- oder Sinkstoffe verbunden sein kann. Wenn diese aber bei Hochfluten wieder aufgespült werden und dann wieder schädlich wirken, so ist das keine Selbstreinigung mehr. Die Zersetzung geht nach Kolkwitz und Marsson in 3 Zonen vor sich:

a) Zone der Polysaprobien, worin vorwiegend Schizomyceten die organischen Stoffe (Proteine, Fette, Kohlenhydrate) abbauen.

b) Zone der Mesosaprobien, worin Schizophyceen, Flagellaten, Fadenpilze die weitere Verarbeitung der organischen Stoffe besorgen, die Mineralisierung beginnt und schon Fische vorkommen.

c) Zone der Oligosaprobien, worin die Mineralisierung zu Ende geführt, Chlorales auftreten und auch empfindliche Fische fortkommen.

2. Reinigung durch den Boden (Berieselung). Die Zersetzung der organischen Stoffe eines Schmutzwassers verläuft im Boden in derselben Stufenfolge wie im Wasser, nur noch beschleunigt durch erhöhten Luftzutritt.

Außerdem können hier mit den Bestandteilen des Bodens sonstige reinigende Umsetzungen stattfinden; Phosphorsäure, Schwefelsäure, Fettsäuren werden von Basen des Bodens gebunden, schwefelsaure Schwermetalle oder fettsaures Alkali erleiden mit Calcium- und Magnesiumsalzen Umsetzungen.

Künstliche Reinigung.

Das zu Wasserversorgungen im großen bestimmte Wasser erfährt je nach seinem Ursprunge noch eine verschiedene Reinigung, nämlich:

1. In Aufstau- und Absatzbehältern, wenn mineralische Schwebestoffe vorhanden sind; die Niederschlagung wird unter Umständen durch Zusatz von Aluminiumsulfat unterstützt.

2. Durch Sandfilter. Das Wasser wird — häufig in Staubecken vorgeklärt oder gröblich filtriert — auf Feinfilter geleitet, die von unten auf 1 m hoch aus Sandsteinen oder aus immer feiner werdendem Kies bis zu feinem Sand aufgebaut sind. Die Filter liefern erst ein keimfreies oder -armes Wasser, wenn sich auf ihnen eine Schleimschicht gebildet hat. Die Filter müssen nach durchschnittlich 20—30 Tagen gereinigt und erneuert werden. Neben langsam wirkenden Filtern hat man auch Schnellfilter, bei denen entweder weniger hohe Sandschichten oder höherer Druck angewendet werden.

3. Durch Hausfilter. Die aus Holzkohle oder Asbest oder Kieselgur oder Kaolinmasse, oder Sandsteinen oder Cellulose u. a. bestehenden Hausfilter wirken nur unsicher oder nur kurze Zeit reinigend; sie durchwachsen nicht selten rasch mit Bakterien und sind dann eher nachteilig als vorteilhaft.

4. Enteisenung des Wassers. Das häufig im Grundwasser vorhandene Ferrocarbonat, welches das Auftreten von Eisenbakterien (Leptothrix ochracea, Gallionella ferruginea u. a.) hervorrufen kann, kann durch Zuführung von Luftsauerstoff — Ausfällung als Ferrihydroxyd und Filtration — entfernt werden; die Luft wird entweder offen durch sprühregenartige Verteilung oder durch Einpressung in geschlossene Behälter zugeführt. Humussaures Eisenoxydul läßt sich auf diese Weise nicht oder nur teilweise entfernen.

5. Entmanganung des Wassers. Das Mangan, welches den Eisenbakterien ähnliche Bakterien im Wasser erzeugt, kann durch Braunstein- und Permutitfilter entfernt werden. Enthält das Wasser gleichzeitig Eisen, so muß der Entmanganung die Enteisenung vorangehen.

6. Entsäuerung. Die häufig im Wasser vorkommende freie bzw. aggressive Kohlensäure greift Zement und bei gleichzeitiger Anwesenheit von Sauerstoff auch Metalle (Eisen, Blei u. a.) an. Sie kann bei hartem Wasser durch einfache regenartige Verteilung, bei weichem Wasser durch Rieselung über Kalkstein- oder Marmorgrus oder auch durch Zusatz genau zugemessener Mengen Natronlauge entfernt werden. Das gilt auch, wenn ein Wasser aus zersetztem Schwefelkies (Markasit) freie Schwefelsäure oder durch Verdunsten von Regenwasser in basenfreiem Sande freie Salpetersäure angenommen haben sollte.

7. Enthärtung des Wassers. Diese kommt für häusliches Gebrauchswasser nicht in Frage, um so mehr aber für Kesselspeisewasser und sonstige technische Zwecke. Man unterscheidet: Gesamthärte, die sich auf natürliches ungekochtes Wasser bezieht, vorübergehende oder temporäre oder Carbonathärte, die durch Calcium- und Magnesiumbicarbonat gebildet wird und durch Kochen beseitigt wird, und bleibende oder permanente oder Mineralsäurehärte, die nach dem Kochen des Wassers verbleibt und die Sulfate, Chloride und Nitrate von Calcium und Magnesium umfaßt[1]).

Die Carbonathärte kann schon durch anhaltendes Kochen des Wassers entfernt werden. Meistens aber benutzt man zur Enthärtung:

a) Das Kalksodaverfahren. Die zuzusetzende Menge Kalkhydrat (oder statt dessen auch Natronlauge) und Soda muß genau dem Gehalt des Wassers an Carbonat- und Mineralsäurehärte angepaßt werden.

b) Barytverfahren. Die Carbonathärte wird durch Barythydrat, die Mineralsäurehärte durch Bariumcarbonat abgeschieden.

c) Permutitverfahren. Das Natrium des Permutits (Silicat) wird durch das Calcium und Magnesium ersetzt; letztere werden also aus dem Wasser entfernt. Nach Erschöpfung wird das Calcium bzw. Magnesium durch Chlornatrium verdrängt und von neuem Natriumpermutit erhalten.

8. Entkeimung bzw. Sterilisation des Wassers. Zu Zeiten ansteckender Krankheiten oder auch neben der Filtration sucht man ein Trinkwasser noch tunlichst von Keimen zu befreien, nämlich:

a) Durch Kochen. Hierfür sind besondere Apparate eingerichtet, die auch den faden Kochgeschmack des Wassers wieder beseitigen; das Verfahren ist aber verhältnismäßig teuer.

b) Durch technische Hilfsmittel. Als solche kommen α) Fällungsmittel (z. B. Eisenchlorid, Eisensulfat, Alaun, alle drei mit und ohne Anwendung von Kalk oder Natriumbicarbonat oder Kochsalz allein zur Beseitigung von Schwebestoffen, welche die Bakterien mit niederreißen); β) Oxydationsmittel (Wasserstoffsuperoxyd, Natriumsuperoxyd, Permanganat); γ) bakterienvernichtende Mittel: z. B. Essigsäure (0,2—0,30%), besonders Chlor (1,0—30,0 mg in Form von Chlorkalk oder 5,0—40,0 mg unterchlorigsaures Natron); das Chlor ist sehr wirksam, aber es erteilt in einer Verdünnung von 1 : 2 Mill. dem Wasser noch einen Chlorgeschmack; δ) Ozon; ozonreiche Luft wird dem regenartig verteilten Wasser in Türmen entgegengeführt; sehr wirksam, das Wasser muß nur völlig frei von Schwebestoffen und ganz klar sein; ε) ultraviolette Strahlen: Bedingungen und Wirkungen wie von Ozon; es fehlen aber noch praktische Erfahrungen.

β) Anforderungen an ein häusliches Gebrauchswasser.

Das Wasser für menschliche Gebrauchszwecke soll klar, farblos, geruchlos, tunlichst gleichmäßig kühl, wohlschmeckend und erfrischend sein, es soll keinerlei Bestandteile enthalten, welche diese Eigenschaften beeinträchtigen oder gar gesundheitsnachteilig wirken können. Außerdem soll es in genügender Menge vorhanden und tunlichst billig sein.

Im einzelnen können noch folgende Werte als Anhaltspunkte für die Beurteilung dienen:

1. Der Abdampfrückstand soll tunlichst 500 mg in 1 l nicht überschreiten — ein über 300 mg in 1 l liegender Gehalt ist schon ungünstig für ein Kesselspeise- und Waschwasser —; er soll sich beim Glühen — infolge Gehaltes an organischen Stoffen — nicht stark bräunen oder gar schwarz färben.

2. Kaliumpermanganatverbrauch darf 12 mg für 1 l nicht überschreiten; für Moorwässer müssen unter Umständen größere Mengen zugestanden werden.

3. Gesamthärte (deutsche) soll tunlichst 7—12° betragen.

---

[1]) Deutsche Härtegrade bedeuten je 10 mg CaO + MgO × 1,4 für 1 l Wasser; französische Härtegrade in gleicher Weise je 10 mg $CaCO_3$ für 1 l; 1 deutscher Härtegrad = 1,79 französische = 1,25 englische Härtegrade.

4. Freie aggressive Kohlensäure, die in Mengen von einigen Milligramm bis 40 mg in 1 l vorkommt, kann in jeglicher Menge und um so schädlicher wirken, je weicher das Wasser ist.

5. Eisen und Mangan sollen je 0,1 mg in 1 l nicht übersteigen.

6. Chlor pflegt in guten Trinkwässern meistens nicht über 35 mg in 1 l vorhanden zu sein. Größere Mengen deuten auf Verunreinigungen durch menschliche und tierische Abgänge, wenn gleichzeitig der Gehalt an Salpetersäure, Schwefelsäure, Kali und der Kaliumpermanganatverbrauch erhöht ist, und noch mehr, wenn gleichzeitig Ammoniak und salpetrige Säure vorhanden sind.

7. Salpetersäure (N_2O_5) kann in natürlichen Wässern bis zu 30 mg in 1 l als zulässig angesehen werden; größere Mengen zeigen außergewöhnliche Verunreinigungen an (vgl. unter 6).

8. Ammoniak und salpetrige Säure kommen in einem guten Wasser nicht vor oder höchstens spurenweise in Grundwässern mit einem Gehalt an Eisenoxydulverbindungen.

9. Von Schwefelsäure kommen in natürlichen Wässern als Gipshärte selten mehr als 80 mg in 1 l vor; größere Mengen sind wie Chlor (6.) zu beurteilen.

10. Phosphorsäure und Schwefelwasserstoff dürfen in einem Wasser nicht vorkommen.

11. Die Keimzahl kann wie der Gehalt an einzelnen chemischen Bestandteilen für ein brauchbares Trinkwasser zwischen ziemlich weiten Grenzen (0 bis mehreren Tausend) schwanken. Grundwasser aus 4—5 m Tiefe eines gut filtrierenden Bodens (aus Rohrbrunnen) enthält in der Regel keine und nur dann Bakterien, wenn die Wasserförderungseinrichtung fehlerhaft ist. Wasser aus offenen Kessel- oder Schachtbrunnen, Quell- und Oberflächenwasser zeigen naturgemäß sehr schwankende und hohe Keimzahlen. Oberflächenwasser darf überhaupt ohne Filtration nicht verwendet werden, und die Keimzahl des Filtrats soll 100 in 1 ccm nicht überschreiten. Aber für sonstige Wasserversorgungen kann eine Grenze nicht festgelegt werden.

Auch das Vorkommen von Colibakterien gewährt nur einen beschränkten Anhalt für die Beurteilung des Wassers.

12. Phreatobionten, typische Brunnentiere (wie Brunnenkrebs, Niphargus puteanus, Flohkrebs, Gammarus pulex, Höhlenassel, Asellus cavaticus u. a.), die sämtlich durch Blindheit gekennzeichnet sind, sind hygienisch unbedenklich; desgleichen phreatophile, brunnenliebende Tiere, die auch in Oberflächenwasser vorkommen, zwar Lichtsinnesorgane, aber nur schwach ausgebildete oder keine Pigmente besitzen (Wurmarten Euporobothria, Gyratrix, Cyclopsarten u. a.). Dagegen zeigen die Phreatoxene, zufällige Glieder der Brunnentiere, z. B. von Protozoen Amoeba, von Würmern Stenostomum, von Crustaceen Canthocamptus, wenn sie in größerer Individuenanzahl auftreten, an, daß die Anlage des Brunnens Fehler besitzt.

b) Mineralwasser, Tafelwasser.

Unter Mineralwasser im Sinne der Balneologie sowie im Sinne von Handel und Verkehr versteht man solche Wässer, deren Gehalt an gelösten festen Stoffen mehr als 1 g in 1 kg Wasser beträgt, oder die sich durch ihren Gehalt an gelöstem Kohlendioxyd oder an gewissen, seltener vorkommenden Stoffen von den gewöhnlichen Wässern unterscheiden, und endlich auch solche Wässer, deren Temperatur dauernd höher liegt als 20°.

Hier kommen nur die Mineralwässer als Erfrischungsmittel, auch Tafelwässer genannt, in Betracht.

Nach den Vereinbarungen deutscher Nahrungsmittelchemiker werden die Tafelwässer in natürliche, veränderte bzw. halbnatürliche und künstliche Tafelwässer eingeteilt.

1. Natürliche Tafelwässer. „Als rein natürliches Mineralwasser (Heil- oder Tafelwasser) darf nur solches Mineralwasser bezeichnet werden, welches keiner willkürlichen Veränderung unterzogen wurde. Das abgefüllte Wasser darf also in seiner Zusammensetzung gegenüber dem Wasser der Quelle nur insofern Abweichungen zeigen, als dies durch die Natur ihrer Bestandteile bedingt ist.“

„Die Benutzung von reiner Kohlensäure beim Abfüllen soll dann nicht beanstandet werden, wenn diese lediglich zur Verdrängung der Luft aus den Füllgefäßen dient.“

„Wird abgefülltes rein natürliches Mineralwasser als Wasser einer bestimmten benannten Quelle in den Handel gebracht, so muß es in seiner Zusammensetzung derjenigen der benannten Quelle entsprechen; es sind ihm aber auch die Schwankungen zugute zu halten, welche die natürliche Quelle aufweist.“

Zu den Tafelwässern dieser Art sind nur wenige zu rechnen; nämlich Biliner, Gießhübler, Fachingen, Niederselters, Oberbrunnen in Salzbrunn und Staufenbrunnen in Göppingen.

Einfache Säuerlinge (z. B. Apollinaris, Birresborn u. a.) enthalten nur wenig feste Bestandteile, aber viel freie Kohlensäure (498—1539 ccm in 1 l Wasser).

Alkalische Säuerlinge oder auch Natronsäuerlinge zeichnen sich durch gleichzeitigen Gehalt an doppeltkohlensaurem Natrium (0,7792—3,5786 g in 1 l Wasser) aus. Andere enthalten gleichzeitig viel Kochsalz (0,0400—2,2346 g in 1 l) und wiederum andere Natriumsulfat (0,0184—3,5060 g in 1 l Wasser).

2. Veränderte oder sog. **halbnatürliche Tafelwässer.** Unter „halbnatürlichen Tafelwässern“ sind solche Mineralwässer zu verstehen, die behufs Hebung des Wohlgeschmackes entweder einen Zusatz von Kohlensäure oder eine Entfernung von geschmack- oder wertvermindernden Stoffen (Eisen, Mangan, Schwebestoffen) bzw. durch beide Behandlungen eine Veränderung erfahren haben.

Die Behandlungsweise muß aber ausdrücklich gekennzeichnet werden; es muß also z. B. heißen: „Natürliches Mineralwasser mit Kohlensäure versetzt“ oder „Natürliches Mineralwasser enteisent und mit Kohlensäure versetzt“ od. dgl.

Jeder andere Zusatz als Kohlensäure oder jeder andere Entzug als Eisen (und Mangan) ist bei dieser Gruppe Tafelwässer nicht gestattet. Durch Zusatz von z. B. Kochsalz oder Soda werden sie zu künstlichen Mineralwässern.

3. Künstliche Tafelwässer sind Erzeugnisse, die aus destilliertem Wasser, aus Trinkwasser, aus Gemischen von süßem Wasser und Mineralwasser sowie aus verändertem Mineralwasser unter Zufügung von Kohlensäure hergestellt werden.

Sie werden meistens aus gewöhnlichem Brunnenwasser ohne und mit Zusatz von etwas Natriumcarbonat und -chlorid durch Sättigen mit Kohlensäure aus kondensierter Kohlensäure in Bomben hergestellt. Auf die Reinheit des verwendeten Wassers wie der flüssigen Kohlensäure ist besonders zu achten.

Physiologische Wirkung der Mineralwässer. Die Mineralwässer wirken sowohl durch ihre Salze wie durch die Kohlensäure einerseits erfrischend, andererseits vorteilhaft auf die Verdauung. Die Kohlensäure bewirkt eine vermehrte Magensaftabsonderung, das Natriumbicarbonat dagegen eine Neutralisation zuviel abgesonderter Magensäure und eine Lösung der bei Katarrhen von Schleimhäuten abgesonderten Schleime. Andere Salze wirken günstig auf die Entleerung.

D. Zubereitung der Nahrungsmittel.

Nur wenige Nahrungsmittel werden wie die reifen Obst- und Beerenfrüchte von uns im natürlichen Zustande ohne weitere Zubereitung genossen. Die meisten bedürfen, einerseits um einen ihnen anhaftenden, uns nicht zusagenden Geruch und Geschmack zu entfernen, andererseits um die Sperrigkeit, Zähigkeit oder Härte zu beseitigen, d. h. sie überhaupt in einen aufnehmbaren Zustand überzuführen, einer besonderen Zubereitung und Aufschließung. Einige dieser Zubereitungen, z. B. das Würzen, Backen u. a., sind schon vorstehend behandelt. Hier mögen noch das Kochen, Dünsten, Dämpfen, Braten und Rösten erwähnt werden, die allgemein ausgeübt werden, obschon sie mit Verlusten und nachteiligen Veränderungen verbunden sind.

1. Das Kochen.

Das Kochen geschieht auf zweierlei Weise: entweder man erhitzt die Nahrungsmittel direkt mit dem Wasser auf freiem Feuer bis zur Siedehitze oder erwärmt die Gefäße, welche dieselben enthalten, indirekt mittels umspülenden Wasserdampfes nur auf 70—90°. Auch wird es bei den einzelnen Nahrungsmitteln verschieden ausgeübt.

a) Milch. Die Milch wird im allgemeinen nur aufgekocht, und das wirkt zur Entkeimung von schädlichen Bakterien geradeso gut wie das Pasteurisieren. Durch das Kochen gehen namhafte Veränderungen mit der Milch vor; Albumin und Globulin gerinnen; das Casein wird z. T. abgebaut, worauf der schwache Geruch von Schwefelwasserstoff hindeutet; Enzyme und Vitamine werden, wenigstens z. T., zerstört usw. Die nachteiligen Wirkungen können auf ein geringes Maß beschränkt werden, wenn die Milch nur kurze Zeit aufgekocht, dann gleich abgekühlt und an einem kühlen Ort aufbewahrt wird.

b) Ei. Das Ei erleidet durch Kochen, wie aus dem auch hier auftretenden Schwefelwasserstoff hervorgeht, ähnliche Veränderungen wie Milch, jedoch in geringerem Grade. Am bekömmlichsten gilt ein frisches rohes, gut verrührtes Ei. Meistens wird es in einem kernweichen Zustande genossen (vgl. Sättigungswert S. 2).

c) Fleisch. Das Fleisch wird entweder mit dem kalten Wasser bis zum Kochen erwärmt und einige Zeit im Kochen erhalten, oder das Fleisch wird in bereits kochendes Wasser eingetragen. Im ersteren Falle dringt das kalte Wasser durch das Fleischstück und bringt den flüssigen Fleischsaft, auch das Albumin, in Lösung, das sich beim Kochen z. T. in Form von Schaum auf der Fleischbrühe ansammelt. Im zweiten Falle wird nur wenig Albumin ausgezogen; es gerinnt dasselbe und schützt durch eine undurchlässige Haut die inneren

Teile des Stückes vor dem Auslaugen. Will man daher eine starke, kräftige Fleischbrühe (Bouillon, Suppe), so wird man nach dem ersten Verfahren kochen, soll aber der Fleischrückstand tunlichst saftig bleiben, so nach dem zweiten Verfahren.

Von den 4—8% löslichen Stoffen des Fleisches geht ungefähr die Hälfte in die Fleischbrühe über, und davon besteht ungefähr ein Viertel aus den Fleischbasen; auch das Wasser im Fleisch nimmt ab; es geht von 70—80% des natürlichen Fleisches auf 50—60% durch das Kochen herunter.

Grindley bestimmte die Verluste in Prozenten des natürlichen Fleisches mit folgendem Ergebnis:

Kochen von	Gesamtverlust	Wasser	Stickstoffsubstanz	Fett	Salze
fettärmerem Fleisch	35,17%	32,15%	1,84%	0,64%	0,51%
fettreichem Fleisch	21,38%	18,74%	0,88%	1,52%	0,24%

Bei fettreichem Fleisch sind daher die Verluste geringer als bei fettarmem Fleisch.

Beim Fischfleisch, welches durchweg nur geringe Zeit gekocht wird, sind die Verluste im allgemeinen ebenfalls geringer. Von 100 g Schellfischfleisch gingen z. B. 0,091 g Stickstoff = 0,57% Stickstoffsubstanz und 0,45 g Mineralstoffe in Lösung.

Die Brühe von Warmblüterfleisch bildet wegen der vorhandenen Fleischbasen ein geschätztes nervenerregendes Genußmittel, besonders in Schwäche- und Ermüdungszuständen, oder wird zur Bereitung von Tunken oder Gemüsen[1]) verwendet. Im übrigen gehören gekochter Rückstand und Brühe zusammen und müssen nebeneinander genossen werden, um alle Nährstoffe des Fleisches dem Körper zuzuführen. Die Fischbrühe wird wegen des nicht zusagenden Geschmackes meistens weggegossen.

d) Pflanzliche Nahrungsmittel, Gemüse u. a. Bei den pflanzlichen Nahrungsmitteln hat das Kochen nicht nur den Zweck, einen nicht zusagenden Geschmack zu entfernen, sondern in erster Linie die Sperrigkeit zu beseitigen, sie aufzuschließen und überhaupt aufnahmefähig zu machen. Die pflanzlichen Nährstoffe sind nämlich in Zellen mit mehr oder weniger dicken Zellhäuten und Zellwänden eingeschlossen und in diesem Zustande den Verdauungssäften nur wenig zugänglich. Werden aber die pflanzlichen Nahrungsmittel gekocht oder erhitzt, so dehnt sich der Inhalt der Zellen aus, infolgedessen die Zellwände platzen und zerreißen. Der Inhalt der Zellen wird frei, die wohlriechenden und wohlschmeckenden Stoffe gelangen zur Geltung, herbe und bitter schmeckende erfahren eine teilweise Abstumpfung oder verflüchtigen sich, andere werden durch den Wasserzusatz gelöst oder erleiden eine teilweise Umwandlung. So nimmt ein wesentlicher Bestandteil der pflanzlichen Nahrungsmittel, die Stärke, Wasser auf und geht in den kleisterartigen Zustand über, in den sie erst übergeführt werden muß, ehe sie in den löslichen und aufnahmefähigen Zustand des Dextrins und des Zuckers umgewandelt werden kann. Auf die Erreichung dieses Zustandes sind alle Zubereitungsverfahren der stärkemehlhaltigen Nahrungsmittel gerichtet.

Bei den Hülsenfrüchten ist zu berücksichtigen, daß hartes (kalkreiches) Wasser das Weichwerden erschwert oder ganz verhindert. Das sollte nach früherer Annahme darauf beruhen, daß das Legumin derselben mit dem Kalk des Wassers eine unlösliche Verbindung eingeht; nach van der Marel beruht

---

[1]) Die vollkommenste Verwertung finden die Fleischnährstoffe, wenn das Fleisch gleichzeitig mit dem Gemüse und den Kartoffeln gekocht wird.

es aber darauf, daß die Mittellamelle, die vorwiegend aus Pektinstoffen besteht, durch kalkreiches Wasser nicht gelöst wird. Dagegen beschleunigt Alkali (Soda oder ebenso zweckmäßig Ammoniak) das Weichwerden (S. 64).

Wenn die Härte eines Wassers von Magnesiumchlorid mitbedingt wird, so nehmen die Speisen auch leicht einen bitteren, kratzenden Geschmack an und haben Verdauungsstörungen und dünnbreiige Kotentleerungen zur Folge.

Die Gemüse werden meistens zur Befreiung von Schmutz erst mit Wasser eingeweicht und dann mit neuem Wasser gekocht, welches nach dem Kochen ebenso wie letzteres weggegossen wird. Hierdurch gehen meistens beachtenswerte Mengen Nährstoffe verloren.

Je 1 l Wasch- und Abkochwasser von Kartoffeln ergaben z. B.:

Kartoffel-Waschwasser			Kartoffel-Abkochwasser		
Organische Stoffe	Mit Stickstoff	Unorganische Stoffe	Organische Stoffe	Mit Stickstoff	Unorganische Stoffe
0,724 g	0,041 g	0,571 g	14,235 g	0,622 g	18,547 g

Von 1 kg grünem frischen Gemüse gingen in das Abkochwasser über:

Gemüse	Feste Stoffe im ganzen	Stickstoff-substanz	Stickstofffreie Extraktstoffe	Mineralstoffe im ganzen	Kali	Phosphor-säure
1. Spinat . . .	8,578 g	1,684 g	3,519 g	3,375 g	2,326 g	0,322 g
2. Rübenstengel	15,252 g	3,312 g	5,609 g	6,331 g	4,196 g	0,34 g

Hier gingen 9—18% der Nährstoffe ins Abkochwasser über. R. Berg fand noch höhere Verluste, nämlich in Prozenten der Trockensubstanz bei Spinat 19,2%, Rosenkohl 24,0%, Grünkohl 34,1%, Weißkohl 48,1%. Es geht daher unter Umständen fast die Hälfte der Nährstoffe der Gemüse, besonders die Amide, löslichen Kohlenhydrate und Mineralstoffe — letztere bis 90% der vorhandenen Menge — in das Abkochwasser über, und es ist daher wohl erklärlich, daß die der leichtlöslichsten Nährstoffe, auch der Vitamine, beraubte Zellmembranmasse nur in geringem Grade verdaut wird und nur einen geringen Nährwert besitzt (vgl. unter Verdaulichkeit S. 143 u. 145). Wo es daher eben angeht, soll man Kochbrühe bei den Gemüsen überhaupt vermeiden oder sie zu Suppen oder Tunken verwenden.

Das Kochen mit umspülendem Wasserdampf wird zwar das Abbrühen, wo es nötig ist, nicht entbehrlich machen, aber infolge der gleichmäßigen und niederen Temperatur die Aromastoffe und besonderen Geschmackstoffe besser erhalten.

Statt der Kochtöpfe bedient man sich für das Kochen, z. B. von Fleisch im Dampf auch geschlossener, dampfdicht gemachter Papiertüten, wodurch die Saftigkeit des Kochgutes erhalten bleibt, ein besonderer Wohlgeschmack erzielt und auch der Vitamingehalt besser vor Verlusten geschützt wird.

Auch beim Einmachen in Weckschen Gläsern oder beim Sterilisieren der Kindermilch in Flaschen nach Soxhlet wird von dem Erhitzen mit Wasserdampf Gebrauch gemacht.

Ebenso hat das Fertigkochen in den Kochkisten, das vorwiegend bei Fleisch, Reis, Hülsenfrüchten und Mischgerichten (Fleisch, Kartoffeln und Gemüse u. a.) angewendet wird, große Vorzüge vor dem Garkochen auf offenem Feuer, weil es nicht nur Brenngut und Arbeit erspart, sondern auch gleichmäßige Durchweichung und Schmackhaftigkeit der Speisen gewährleistet. Beide Kochweisen haben auch den Vorteil, daß der Luftzutritt mehr als beim Kochen auf offenem Feuer abgehalten und dadurch die Zerstörung von Vitaminen herabgemindert wird.

2. Dünsten und Dämpfen.

Dem Kochen steht das Dünsten oder Dämpfen nahe; bei dieser Zubereitung werden die Rohnahrungsmittel nur mit wenig Wasser versetzt und das Kochen bzw. Erhitzen bei Luftabschluß vorgenommen; das Dünsten oder Dämpfen ist ein Kochen in wenig Wasser bzw. Flüssigkeit bei Luftabschluß. Letzteren erreicht man für gewöhnlich nur durch aufgelegten Deckel, vollkommen natürlich im Papinschen Topf (bei Fleisch). Das Dünsten hat große Vorzüge vor dem Kochen, da die Verluste durch Abbrühwasser fortfallen und Eigengeschmack sowie wohl auch Vitamingehalt weniger beeinträchtigt wird.

3. Schmoren und Backen.

Unter Schmoren versteht man ein Anbraten, indem man z. B. Fleisch, Kartoffeln u. a. unter Zusatz von Fett und sonstigen Zutaten in einer Pfanne oder einem Topf unter häufigem Wenden erhitzt. Das Backen wird außer bei Mehlteig im Backofen (S. 74) auch bei anderen Nahrungsmitteln, z. B. ungeschälten Kartoffeln, Bataten, Kastanien, Topinamburknollen, Mohrrüben u. a. im Backofen, in heißer Asche, auf dem Rost u. a. so ausgeübt, daß eine harte, schwer durchlässige Außenschicht entsteht und der im Innern sich entwickelnde heiße Wasserdampf die Aufschließung des Inhaltes bewirkt.

Das Schmoren und Backen steht daher in der Mitte zwischen Dünsten und Dämpfen einerseits und zwischen Braten und Rösten andererseits. Die Veränderungen und Verluste sind im allgemeinen geringer als bei letzteren Zubereitungen.

4. Braten und Rösten.

Unter Braten versteht man ein Erhitzen ohne Wasser-, aber mit Fettzusatz in trockener Wärme bei 120—130°, unter Rösten ein Erhitzen auf noch höhere Grade, nämlich auf 160—190°.

Diese Zubereitungsweisen sind vorwiegend bei Fleisch in Gebrauch, werden aber auch bei pflanzlichen Nahrungsmitteln, z. B. Kartoffeln und anderen Wurzelgewächsen, die mit Brotstreuseln umgeben zu werden pflegen, bei Pfannekuchen (Schmarren) angewendet. Auch hier bewirkt der im Innern sich entwickelnde Wasser- und Fettdampf eine Lockerung der Fleischfaser bzw. eine Sprengung der Zellmembrane. Auch hier tritt vorerst ein Gewichtsverlust ein; 100 g rohes und mageres Fleisch liefern, mäßig gebraten, 62—85 g, dagegen stark gebraten, nur 50 bis 60 g Rückstand; ersteres pflegt noch 65—72%, letzteres 55—65% Wasser zu enthalten. Fettes Fleisch und Fischfleisch erleiden meistens keine so hohen Verluste an Wasser. Während beim Braten von magerem Fleisch in Fett ein kleiner Teil des letzteren in das Fleisch eindringen kann, geht beim Rösten von fettem Fleisch unter Umständen viel Fett in das Bratenfett über, so betrug der Verlust nach Grindley in Prozenten der im Fleisch vorhandenen Bestandteile:

Rösten von	Gesamtverlust	Wasser	Stickstoffsubstanz	Fett	Salze
Rindsrippen . . .	23,49%	14,68%	0,16%	8,52%	0,13%
Schweineschinken	31,82%	20,53%	0,41%	10,76%	0,12%

Beim Braten des Fleisches in Fett waren nach H. Grindley 0,09—0,60% Stickstoffsubstanz in das Bratenfett übergegangen.

A. Schwenkenbecher fand in verschiedenen Bratensaucen folgenden Gehalt: Stickstoffsubstanz 0,7—5,0%, Fett 2,4—16,9%, stickstofffreie Extraktstoffe 2,2—10,2%.

Das Fett wird beim Braten z. T. in Fettsäure und Glycerin gespalten und verflüchtigt sich. Auch bei der Krustenbildung entsteht ein geringer Verlust an Kohlenstoff und Stickstoff; noch mehr Einbuße aber erleiden die Vitamine, die wie Vitamin A gegen Erhitzen unter Zutritt von Luftsauerstoff sehr empfindlich sind. Dagegen hat das Braten und Rösten gegenüber dem Kochen die Vorteile, daß der Fleisch- bzw. Zellsaft im Fleisch bzw. in den gerösteten Pflanzenstoffen größtenteils erhalten bleibt und sich neue Rösterzeugnisse bilden, welche einen angenehmen Geruch und Geschmack bewirken, sowie den Sättigungswert erhöhen (S. 2).

E. Ernährungslehre.

I. Verdaulichkeit (Ausnutzbarkeit) der Nahrungsmittel.

1. Verdauungsvorgang.

Der Wert der Nahrungsmittel für die Ernährung des Menschen hängt wesentlich von ihrer Verdaulichkeit, d. h. dem Grad ihrer Ausnutzbarkeit ab. Die Nahrungsmittel erleiden nämlich auf dem Wege durch die Verdauungsorgane sehr tiefgehende Zersetzungen und verursachen größere oder geringere Beschwerden, so daß sie schon im praktischen Leben als leicht oder schwer verdaulich unterschieden werden.

1. Wirkung des Speichels bei der Verdauung. Die Verdauung beginnt mit der Zerkauung und Einspeichelung im Munde. Der Speichel, die Absonderung der Ohrspeichel-, Unterkiefer- und Unterzungendrüse (beim Erwachsenen täglich 1000—2000 g), enthält Albumin, Mucin, Rhodankalium oder -natrium und das Ferment Ptyalin, welches Stärke in Dextrine, diese in Maltose und z. T. auch in Glykose überführt. Lösliche Stoffe werden an sich gelöst, die Bissen werden schlüpfrig gemacht und mit Luft vermengt (schaumig).

2. Wirkung des Magensaftes. Der Magensaft (tägliche Menge $^1/_{10}$ des Körpergewichtes) wirkt:

a) durch die Salzsäure, das Erzeugnis der Belegzellen der Fundusdrüsen, die aus den Chloriden des Blutes gebildet wird, 0,45—0,55% ausmacht und die Proteine in Acidproteine überführt. Letztere werden in Gemeinschaft

b) mit dem Pepsin, dem Erzeugnis der Hauptzellen der Fundusdrüsen, weiter zu Peptonen umgewandelt. Die Hauptzellen scheiden nur Zymogen aus, aus dem die Salzsäure Pepsin frei macht.

c) Das Labferment (Chymosin) ist ein Erzeugnis der Pylorusdrüsen; es spaltet Casein in Paracasein und lösliches Protein (Molkenprotein).

Außerdem wird im Magensaft noch eine Lipase angenommen. Milchsäure kommt im normalen Magensaft nicht vor[1]).

3. Wirkung der Galle. Die Galle besteht aus der von den Leberzellen[2]) abgesonderten Lebergalle (3—4% feste Stoffe) und der in der Blasengalle angesammelten Flüssigkeit (8—10% feste Stoffe). Tägliche Absonderungsmenge etwa 300—900 ccm. Sie reagiert alkalisch und enthält als kennzeichnende Stoffe die Natriumsalze der Glyko- und Taurocholsäure sowie die Farbstoffe

[1]) Nach Versuchen v. Noordens scheint die Salzsäure-Pepsinverdauung für die Ausnutzung der Nahrung ausgeschaltet werden zu können; nur die Nahrungsaufnahme leidet dadurch, infolgedessen Unterernährung auftritt.

[2]) Die Leber ist auch der Hauptsitz für das im Körper als Kohlenhydratvorrat aufgespeicherte Glykogen (im Mittel etwa 400 g Vorrat im Körper des Erwachsenen).

Bilirubin und Biliverdin. Die Galle erteilt dem sauren Speisebrei eine alkalische Reaktion und übt einen Haupteinfluß auf Emulsion und Resorption der Fette aus. Auch wird ihr eine schwache diastatische und tryptische Wirkung zugeschrieben.

4. Wirkung des Pankreassaftes. Der von den kernführenden Zellen der Pankreasdrüse abgesonderte Saft ist infolge des Gehaltes an Natriumbicarbonat alkalisch; seine Menge, die vom Pflanzenfresser beständig, vom Fleischfresser nach jeder Nahrungsaufnahme abgesondert wird, beträgt 500—800 ccm im Tage. Der Pankreassaft führt dem Speisebrei die wichtigsten Verdauungsfermente zu, nämlich:

a) Trypsin oder Pankreatin, welches die Peptone zu Di-, Tri- oder Polypeptiden abbaut. Es ist im ursprünglichen Pankreassaft als Trypsinogen enthalten, aus welchem das Trypsin erst durch die von den Epithelien der Dünndarmschleimhaut ausgeschiedene Enterokinase frei gemacht (aktiviert) wird.

Auch durch Liegenlassen der Pankreasdrüsen an der Luft, durch Einwirkung von Sauerstoff, Säuren, Platinmohr, Alkohol u. a. wird das Trypsin aus dem Trypsinogen aktiviert.

b) Lipase oder Steapsin. Die Fette werden zunächst durch den Pankreassaft wie durch die Galle weiter emulgiert und dann durch die Lipase in Fettsäuren und Glycerin gespalten. Denn nur gespaltene Fette können im Darm resorbiert werden; die Fettsäuren als neutrale oder saure Seifen (Pflüger).

c) Diastase. Die Pankreasdiastase (oder auch Pankreasptyalin genannt) wirkt viel stärker als das Ptyalin des Speichels; es verwandelt Stärke in Glykogen, weiter in Maltose und auch z. T. in Glykose. Mäßige Mengen Kochsalz unterstützen die Wirkung.

Auch wird im Pankreassaft als viertes Ferment ein Labferment wie im Magensaft angenommen. Auch wird das von den Langerhansschen Inselzellen der Pankreasdrüse ausgeschiedene Insulin als wichtig für den Glykosestoffwechsel angesehen (S. 6).

5. Wirkung des Darmsaftes. Mit der Einwirkung des Pankreassaftes hat die Verdauung der Nahrung ihren Höhepunkt erreicht; sie wird zwar durch den Dünndarmsaft, der vorwiegend von den Lieberkühnschen Drüsen der Darmschleimhaut abgesondert wird und durchweg eine alkalische Reaktion besitzt, fortgesetzt, aber die verdauende Wirkung desselben auf Fette und Polysaccharide ist nur gering; nur das in ihm vorhandene Ferment Erepsin hat eine besondere Bedeutung insofern, als es die von Pepsin und Trypsin gebildeten Peptide (Antipeptone) weiter zu Aminosäuren abbaut; auf die ursprünglichen Proteine ist es ohne Einwirkung.

6. Fäulnisvorgänge im Dünn- und Dickdarm. Neben den fermentativen Vorgängen verlaufen im Dünndarm, mehr aber noch im Dickdarm Fäulnisvorgänge.

a) Aus den Abbauerzeugnissen der Proteine entstehen durch Anaerobier (Bac. putrificus) weitere Spalterzeugnisse, z. B. aus Tryptophan (S. 8) u. a. Skatol und Indol, aus Tyrosin Phenol und Kresol; die Diaminosäuren werden unter pathologischen Verhältnissen (Cystinurie, Cholera, Dysenterie, Enteritis u. a.) zu Diaminen abgebaut, z. B. Ornithin und Lysin in Putrescin (Tetramethylendiamin) und Cadaverin (Pentametylendiamin) (S. 9) usw. übergeführt.

b) Die Kohlenhydrate werden durch Bacterium coli commune und B. lactis aerogenes, auch die Cellulose durch besondere Bakterien (nach Khonvine größtenteils durch den anaeroben Bacillus cellulosae dissolvens) vergoren, wobei sich außer organischen Säuren (Essigsäure, Buttersäure, Milchsäure) die Darmgase (Wasserstoff, Methan, Kohlensäure) bilden. Das Mengenverhältnis ist verschieden. Bei Milchnahrung bestanden 100 Vol. Darmgase aus 43,3 Vol.-% H und 0,9 Vol.-% CH_4; bei Hülsenfruchtnahrung aus 4,0 Vol.-% H und 55,9 Vol.-% CH_4.

7. Vorgänge im Dickdarm. Neben den Fäulnisvorgängen überwiegt im Dickdarm die aufsaugende Tätigkeit der Dickdarmwandung. Der Darminhalt nimmt stetig an Wasser ab, wird fester und im unteren Teil des Dickdarmes zu den Faeces geformt. Den fäkalen Geruch besitzt der Inhalt schon vom unteren Teil des Dünndarmes und dem Coecum an. Die Farbe rührt von Gallenfarbstoffen (z. T. auch von der Nahrung) her. Reaktion oft sauer. Der erwachsene Mensch scheidet bei gemischter Kost im Durchschnitt täglich 150—175 g frischen = etwa 35—45 g wasserfreien Kot aus. Die Menge der Kot-Trockensubstanz aber schwankt je nach der Nahrung:

bei vorwiegender Fleischkost	gemischter Kost	Pflanzenkost
zwischen 15—25 g	35—45 g	80—120 g

Bei gemischter Nahrung enthält der Kot im Durchschnitt etwa 75% Wasser und 1,3% Stickstoff.

a) Als unverdaute Reste findet man Gewebe tierischer oder pflanzlicher Nahrungsmittel:

Haare, Horngewebe, Holzfaser, Obstkerne, Spiralgefäße von Pflanzenzellen, ferner Bruchstücke sonst wohl verdaulicher, aber durch Kauen zu wenig zerkleinerter Stoffe, wie Bruchstücke von Muskelfasern, Sehnen, Knorpelstückchen, Flocken von Fettgewebe, Stücke von hartem Eiweiß, Pflanzenzellen und etwas rohe Stärke, ferner unverändertes Mucin, vereinzelte Fetttröpfchen und Kalkseifen in Krystallnadeln.

b) Dazu gesellen sich reichliche Mengen Spaltpilze aller Art, Hefe u. a.; die Anzahl der Mikrophytenkeime in 1 mg Kot wird zu 1000—2 000 000 und mehr angegeben. Etwa $^1/_3$ der Kot-Trockensubstanz soll aus Bakterien bestehen.

c) Die Mineralstoffe (3—11%) bestehen durchweg aus unlöslichen Phosphaten, Carbonaten, Kieselsäure und Sand.

d) Diesen Bestandteilen gesellen sich aber noch mehr oder weniger Epithelien und Säfte der Schleimhäute der Verdauungsorgane bei; ja, die im Kot vorhandenen Mengen an Stickstoffverbindungen und Fetten können unter Umständen die in den unverdauten Speiseresten vorhandenen Mengen hiervon sogar übersteigen, so daß es richtiger erscheint, von mehr oder weniger kotliefernden als von unverdaulichen Nahrungsmitteln zu sprechen (Prausnitz, Rubner). Das ist theoretisch zwar richtig; aber weil die Epithelien und Säfte der Verdauungsorgane doch letzten Endes von der Nahrung herrühren, so behält in jedem Falle der Satz „Nahrungsmittelbestandteile minus Kotbestandteile“ gleich dem, was dem Körper zugute gekommen ist, für Zwecke der Ernährung seine Richtigkeit. Denn wenn ein Nahrungsmittel (oder eine Nahrung) z. B. 30% Kot-Trockensubstanz, ein anderes Nahrungsmittel (oder eine andere Nahrung) nur 10% liefert, so muß von ersterem, um dem Körper gleiche Mengen Nährstoffe zuzuführen, zur Deckung des größeren Verlustes im Kot eine entsprechend größere Menge in der Nahrung wieder zugeführt werden.

2. Verdauung der einzelnen Nahrungsmittel.

Über die Verdauung (Ausnutzung) der einzelnen Nahrungsmittel liegen bis jetzt nur verhältnismäßig wenig Versuche vor. Es hat das vorwiegend darin seinen Grund, daß der erwachsene Mensch eine gemischte Kost verlangt und sich nur für einige Tage mit einem einzelnen Nahrungsmittel ernähren läßt. Es hält daher, weil Nahrungsbestandteile minus Kotbestandteile = ausgenutzte Bestandteile bilden, schwer, die dem betreffenden Nahrungsmittel entsprechende Kotmenge zu gewinnen. Dabei sind die von den wenigen geprüften Nahrungsmitteln erhaltenen Ergebnisse noch recht unsicher, weil ein Nahrungsmittel häufig nur ein- oder zweimal auf Ausnutzung untersucht wurde und das Verdauungsvermögen der einzelnen Menschen sehr verschieden sein kann.

Die bis jetzt angestellten Versuche lieferten folgende Ergebnisse[1]):

Ausnutzungskoeffizienten der Nahrungsmittel.

1. Tierische Nahrungsmittel.

Nr.	Nähere Angaben	Ausgenutzt in Prozenten der verzehrten Mengen				
		Trocken-substanz %	Stickstoff-substanz %	Fett %	Kohlen-hydrate %	Mineral-stoffe %
1	Milch bei Kindern (7)	95,5	95,0	96,0	98,5	69,5
	Milch „ Erwachsenen (11)	94,0	93,5	94,5	99,0	64,0
	1024 g Milch + 302 g Hafermehl bei Kindern (1)	—	95,3	98,4	93,7	60,9
	2,2 l Milch + 200 g Käse bei Erwachsenen (1)	93,0	96,2	92,7	—	62,5
2	Käse (1)	93,0	93,5	95,5	97,0	71,0
3	Eier[2]), hart gesotten (1)	94,8	97,1	95,0	—	81,6
4	„ gekocht (1)	95,0	97,0	95,8	—	70,4
5	Fleisch Rindfleisch (4)[3])	95,6	95,7	93,5	97,0	81,8
	Fleisch Fischfleisch (3)	95,1	96,0	91,0	97,0	77,5
6	Kaviar	—	93,8	95,0	98,0	—
7	Zunge, Bries, Hirn[4])	—	97,0	95,0	98,0	—
8	Sonstige Schlachtabgänge (2)	90,0	88,5	90,5	—	70,0
9	Butter (1) als Teile einer gleichmäßigen Nahrung	—	89,7	95,5	97,0	—
10	Margarine (1) als Teile einer gleichmäßigen Nahrung	—	87,9	94,2	97,0	—

a) Für die Ausnutzung (Verdaulichkeit) einzelner Fette wurden folgende Ergebnisse erhalten:

Butter (6)	96,6%	Schmalz (1)	96,4%	Kunstspeisefett (1)	96,3%
Margarine (5)	95,2%	Speck (1)	92,2%	Palmin	96,4%

b) Einige Proteinnährmittel ergaben gleiche Verdaulichkeitskoeffizienten wie Fleisch und Käse, nämlich 85,0—98,9%.

[1]) Die hinter dem Nahrungsmittel eingeklammerten Zahlen bedeuten die Anzahl der angestellten Versuche.

[2]) Aufrecht und Simons fanden, daß rohe Eier etwas höher ausgenutzt werden als gekochte, nämlich:

	Stickstoffsubstanz	Fett
Rohe Eier	96,9%	95,9%
Gekochte Eier	96,2%	93,8%

Von anderer Seite wird aber das Gegenteil behauptet.

[3]) Von Kranken, die an Salzsäuremangel im Magen leiden, wird nach v. Noorden rohes Fleisch etwas schlechter (92,6%) ausgenutzt als gekochtes oder gebratenes Fleisch (94,0% der Stickstoffsubstanz).

[4]) Nach Schall - Heisler.

2. Pflanzliche Nahrungsmittel.

Nr.	Nähere Angaben	Ausgenutzt in Prozenten der verzehrten Mengen					
		Trockensubstanz %	Stickstoffsubstanz %	Fett %	Kohlenhydrate %	Mineralstoffe %	Cellulose %
	Weizenbrot bzw. Weizenmehl: feines (10)	95,1	80,8	(75,1)	98,5	60,6	—
1	mittelfeines (1)	93,3	75,4	(37,1)	97,4	69,8	—
	grobes oder Ganzbrot (3)	89,8	73,2	(53,5)	92,5	55,0	—
2	Spätzel und Makkaroni (3)	95,0	83,7	93,6	98,3	77,6	—
	Roggenbrot bzw. Roggenmehl: feines (7)	93,0	78,0	(95,2)	96,5	59,3	—
3	mittelfeines (Soldatenbrot) (6)	88,5	68,0	(95,3)	93,2	57,4	—
	grob. (dekortic., Pumpernick.) (22)	86,0	63,0	(90,7)	89,3	38,3	—
	ganzes Korn (9)	83,5	58,7	—	88,0	54,3	—
	Roggenbrot: hartes (1)	84,4	70,6	—	91,1	39,3	—
	weiches (1)	84,1	65,6	—	90,4	42,7	—
4	Reis (2)	95,9	79,6	92,9	99,1	85,0	—
5	Maismehl (3)	93,5	78,2	61,2	96,6	67,9	—
6	Haferflocken	92,5	86,4	92,0	(ca. 100,0)	—	—
7	Hafermehl (Brot und Brei) (4)	84,1	74,7	—	—	—	—
8	Gerste, geschält und gekocht (1)	84,9	(43,3)[1]	—	—	—	—
9	Buchweizenmehl (1)	90,0	68,8	—	—	—	—
10	Erbsen und Bohnen: mit Schale (1)	81,7	69,8	30,0	84,5	71,7	—
11	als Mehl (4)	90,8	84,5	38,8	96,0	63,2	—
12	Heeresmehle: Bohnenmehl (1)	88,3	79,5	—	90,1	—	—
13	Erbsenmehl (1)	91,4	85,7	—	93,1	—	—
14	Linsemehl (1)	85,8	78,4	—	87,7	—	—
15	Erbsen, gekocht: mit destilliertem Wasser (1)	92,9	89,8	87,6	—	81,1	—
16	„ hartem „ (1)	91,1	83,2	58,9	—	51,7	—
17	Kartoffeln (14)	96,3	82,0	(97,4)	99,0	88,1	76,5
18	Möhren (1)	85,0	61,0	(93,6)	81,8	—	66,2
19	Wirsing (1)	85,1	81,5	(93,9)	84,6	—	80,7
20	Kohl (1)	—	—	—	82,0	—	77,0
21	Kohl und Sellerie	73,7	—	—	—	—	55,8
22	Runkelrüben (1)	—	—	—	72,0—97,0	—	84,0
23	Steckrüben[2]	83,9	33,8	—	88,3	—	82,6
24	Weintrauben[3]	89,5	44,5	67,8	94,8	46,1	42,8
25	Bananen[4]	94,5	76,0	18,9	97,0	78,4	89,4
26	Nüsse und Mandeln[5]	94,1	84,8	90,9	97,5	71,2	84,9
27	Champignon (4)	61,0	50,0	—	55,0	—	—
28	Boletusarten (3)	47,3	57,2	—	(18,8)	—	—
29	Kakao (4)	72,4	42,3	96,1	68,7	61,5	—

[1]) Vom Protein der geschälten Hirse wurden ähnliche geringe Mengen, nämlich nur 46,4% ausgenutzt.

[2]) Bei Verzehr von 1500—2000 g gebrauchsfähiger Masse und etwas Fett, Mehl und Zucker (M. Rubner).

[3]) Bei Verzehr von 2436,5 g Weintrauben, dazu 13 g Olivenöl, 14,5 g Tomaten und 38 g Oliven im Tage (M. E. Jaffa).

[4]) Bei alleinigem Verzehr von 2173 g Bananen im Tage (M. E. Jaffa).

[5]) Walnüsse und Mandeln neben Bananen genossen; die Ausnutzung der ersteren unter der Voraussetzung berechnet, daß die vorher für sich bestimmte Ausnutzung der Bananen durch die Beigabe der Nüsse und Mandeln keine Änderung erlitten hat.

3. Gemischte Nahrung.

Nr.	Nähere Angaben	Ausgenutzt in Prozenten der verzehrten Mengen: Trocken-substanz %	Stickstoff-substanz %	Fett %	Kohlen-hydrate %	Mineral-stoffe %	Cellulose %
	a) Tierische Kost	95,5	95,0	96,0	98,5	80,0	—
	b) Gemischte Pflanzenkost (8)	92,7	72,9	75,1	90,0	—	75,0
	c) Desgl. mit mittelmäßigen Mengen Fleisch und Milch	93,1	85,1	89,8	94,0	83,6	64,2
	d) Desgl. mit reichlichen Mengen Fleisch und Milch.	94,7	90,3	95,0	97,0	67,0	71,0
	Fleisch, Milch, Kartoffeln, Fett, Zucker, Kaffee mit Weizenbrot	95,3	87,8	—	95,9	83,5	—
	Fleisch, Milch, Kartoffeln, Fett, Zucker, Kaffee mit Roggenbrot	90,5	76,5	—	91,4	77,0	—

Aus vorstehender Übersicht erhellt, daß die tierischen Nahrungsmittel, besonders ihr Protein, höher ausgenutzt werden als die pflanzlichen Nahrungsmittel bzw. deren Protein. Da die tierischen Proteine (Milch und Fleisch) vollwertig (S. 5 u. 6) sind, die pflanzlichen dagegen nicht, so folgt daraus erst recht die Überlegenheit der ersteren gegenüber letzteren. Auch gemischte Nahrung wird um so höher ausgenutzt, je mehr tierische Nahrungsmittel sie enthält. Im einzelnen sei noch folgendes bemerkt:

α) Tierische Nahrungsmittel.

1. **Milch.** Der Erwachsene nutzt die Milch weniger gut aus als das Kind; natürliche Milch scheint höher ausnutzbar zu sein als gekochte. Über sonstige Einflüsse auf die Nährwirkung der Milch vgl. S. 33. Auch Käse ist hoch ausnutzbar.

2. Die **Vogeleier** sind zwar in allen Zubereitungen hoch verdaulich, aber im allgemeinen im kernweich gekochten Zustande am bekömmlichsten. Die Fischeier (Kaviar) gleichen in der hohen Ausnutzbarkeit den Vogeleiern. Beide Eiersorten sind wie die Milch purinbasenarm und daher bei harnsaurer Gicht dem Fleisch vorzuziehen.

3. Das **Fleisch** von Kaltblütern (Fischen) ist gleich hoch ausnutzbar wie das Fleisch von Warmblütern aller Art; ersteres ist nur wasserreicher, hat ferner einen geringeren Sättigungswert (S. 2) und erscheint deshalb geringwertiger. Die inneren Organe, die Schlachtabgänge der Schlachttiere, werden wegen ihres hohen Gehaltes an Bindegewebe durchweg weniger hoch verdaut als das Muskelfleisch; da sie außerdem reicher an Kernen und Nucleinen sind, so sollen sie bei harnsaurer Gicht vermieden werden. Das Fleisch von Crustaceen (Hummer, Flußkrebs, Garnelen) gilt wegen seiner derben, zähen Faser als schwer verdaulich.

4. **Butterfett** wird wegen seiner leichten Verseifbarkeit von allen Fetten am höchsten ausgenutzt und ist am wertvollsten (vgl. S. 39 u. 54); im übrigen werden Fette vom Menschen bis zu 200 g und mehr (S. 39) im Tage verdaut, dadurch aber die Menge und prozentuale Ausnutzung der Kohlenhydrate entsprechend herabgesetzt. Das in Zellen eingeschlossene Speck- oder Schinkenfett wird etwas weniger ausgenutzt als freies Fett.

5. Die aus Milch, Eiern, Fleisch oder Blut hergestellten **Proteinnährmittel** werden zwar ebenso ausgenutzt wie die Rohstoffe, aus denen sie gewonnen sind; sie sind aber nur dann für Ernährungszwecke empfehlenswert, wenn sie billiger sind als ihre Rohstoffe.

β) Pflanzliche Nahrungsmittel.

1. Mehl und Brot. Die Mehle und Gebäcke bzw. Zubereitungen von Weizen, Reis und Mais gelten als leichter und höher verdaulich als die von Roggen, Gerste, Hafer (einschließlich Buchweizen). Im übrigen hängt die Ausnutzbarkeit mehr von dem Grad der Ausmahlung und der Art der Zubereitung (Backen, Kochen) als von der Art des Getreides ab. Je feiner ein Mehl ist, um so leichter und höher wird es bzw. das Brot daraus ausgenutzt. Die äußeren Schichten um den inneren feinen Kern des Getreidekornes sind aber am reichsten an Protein (Kleber), Fett und Vitaminen; diese gehen also, wenn nur der innere Kern, das feinste Mehl, verwendet wird, für die Ernährung des Menschen verloren. Deshalb wird vielfach die Verwendung des nur von der äußeren Haut befreiten Ganzkornes (Ganzkornbrot, Schwarzbrot u. a.) trotz seiner geringeren Ausnutzbarkeit angestrebt. Nach neuesten ausgedehnten Versuchen, über welche M. Rubner berichtet[1]), werden indes die Nährstoffe in den Kleien von landwirtschaftlichen Nutztieren naturgemäß höher ausgenutzt (d. h. zur Fleisch- und Fettbildung verwendet) als vom Menschen, so daß, wenn je nach der Ausmahlung, die jedesmaligen Mehle vom Menschen, die Abfälle (Kleie) vom Tiere verzehrt werden, die Summe der ausgenutzten Calorien nahezu gleich ist[2]). Man wird daher unter normalen Verhältnissen zweckmäßig nur schwach ausgemahlenes, cellulosearmes Getreidemehl zur menschlichen Ernährung verwenden, weil es bzw. das Brot daraus, den Darmkanal weniger belastet, dagegen nur in der bittersten Not (zu Hungersnotzeiten) von dem stark ausgemahlenen, kleiereichen Mehl oder Ganzbrot Gebrauch machen, wenn es darauf ankommt, den Magen zu füllen.

Die diätetische Wirkung des groben, kleiereichen Brotes, die Entleerung zu befördern, läßt sich auch durch Gemüse und Obst erreichen. Im übrigen spielen auch Gewohnheit und Angewöhnung für die Ausnutzung und Bekömmlichkeit des Brotes eine gewisse Rolle.

2. Hülsenfrüchte. Die Hülsenfrüchte sind schwer verdaulich; die Verdaulichkeit kann durch Vermahlung zu feinstem Mehl oder durch Kochen zu Brei und Durchschlagen desselben durch ein feines Sieb wesentlich gehoben werden. In hartem Wasser gekochte Hülsenfrüchte sind angeblich geringer ausnutzbar als in weichem Wasser gekochte (vgl. S. 143 Nr. 15 u. 16).

3. Kartoffeln und Gemüse. a) Die Kartoffeln nehmen unter den Gemüsen eine besondere Stelle ein, insofern als sie nach oder mit dem Brot einen erheblichen Teil der menschlichen Nahrung ausmachen (vgl. S. 83). Die Ausnutzung

[1]) Vgl. Naturwissenschaften 1925, S. 645.

[2]) So wurden durchweg bei verschiedenen Ausmahlungsgraden des Roggens vom Brot durch den Menschen, von den Abfällen durch Tiermast (Fleisch und Fett) ausgenutzt:

Ausmahlung	Aus Brot ausgenutzt	Aus Kleie durch Tiermast	Summe
65%	247,6 Cal.	99,2 Cal.	346,8 Cal.
82%	296,4 „	30,7 „	327,4 „
95%	343,7 „	7,2 „	350,9 „

des Stickstoffs schwankte in 14 Versuchen zwischen 67,8—91,8%, kann aber bei zweckmäßiger Zubereitung auf 82—85% geschätzt werden; die Ausnutzung der Kohlenhydrate ist stets hoch gefunden worden und kann zu 98—99% angenommen werden.

Die Art der Zubereitung hat nach v. Noorden den Einfluß, daß bei Anwendung von:

			Stickstoffsubstanz	Calorien
Kartoffeln in Stücken	verlorengehen	20—30%	Mittel 25%	Mittel 7%
„ als Brei	„	8—20%	„ 15%	„ 2%

In das Waschwasser gehen nur wenig Nährstoffe über; auch das Abkochwasser (S. 137), wenn es wie durchweg 130 g (125—250 g) von je 1 kg Kartoffeln beträgt, enthält nur 1,5 bis 3,0 g organische Stoffe und 0,08—0,15 g Stickstoff, Mengen, die ebenfalls vernachlässigt werden können. Dagegen ist der Schälabgang zu berücksichtigen; er schwankt für die im Keller gelagerten Kartoffeln zwischen 20—30%, im Durchschnitt etwa 25%[1]). Wenn man daher 1 kg verzehrfähige gekochte Kartoffeln erzielen will, so muß man 1333 g der kellergelagerten Kartoffeln abwiegen. Für die gekochten Kartoffeln kann man folgende Gehalte und Ausnutzungs-Koeffizienten annehmen:

Gehalt an Rohnährstoffen						Ausnutzungs-Koeffizienten				
Wasser	Stickstoffsubstanz	Fett	Kohlenhydrate	Rohfaser	Mineralstoffe	Stickstoffsubstanz	Fett	Kohlenhydrate	Rohfaser	Mineralstoffe
%	%	%	%	%	%	%	%	%	%	%
75,00	1,85	0,10	21,12	0,90	1,03	82,0	70,0	98,0	70,0	88,0

Gehalt an verdaulichen Nährstoffen						Ausnutzbare Calorien in 1 kg gekochter Kartoffeln	
						Wasserhaltig	Wasserfrei (Trockensubstanz)
—	1,52	0,07	20,50	0,63	0,91	985 Cal.	3940 Cal.

b) Gemüse. Die eigentlichen Gemüse erleiden bei der Zubereitung zu Speisen erheblich höhere Verluste als die Kartoffeln. Zunächst schwankt der Abfall der auf dem Markt eingekauften Gemüse zwischen 5—50% und mehr, der eßbare Anteil beträgt also nur 95—50% und weniger. Dazu kommen aber die Abgänge beim Kochen des eßbaren Teiles, weil nur bei wenigen Gemüsen (Möhren, unreifen Erbsen, Rotkohl, Meerrettich) das Abkochwasser nicht weggegossen wird. Die mit letzterem verlorengehenden Verluste können rund 10—48% betragen (S. 137) und betreffen gerade die wichtigsten, leicht verdaulichen Nährstoffe (Stickstoffsubstanz, lösliche Kohlenhydrate und Mineralstoffe)[2]).

Nimmt man die durch Weggießen[3]) des Abkochwassers auftretenden Verluste zu durchschnittlich 25% an, so würden von dem eßbaren Anteil der Gemüse noch 75% verbleiben, und man kann nach den bis jetzt vorliegenden Versuchen annehmen, daß hiervon Protein und Fett (d. h. Ätherextrakt) rund 68%, von den Kohlenhydraten rund 88% ausgenutzt werden. Von dem eßbaren Anteil der eingekauften Gemüse, bei denen das Kochwasser entfernt wird, würden daher, weil sich die Analysen in der Tabelle auf den eßbaren, nicht den gekochten Rückstand beziehen, dem Körper nur zugute kommen rund:

---

[1]) Bei Zubereitung als Pellkartoffeln erhält man nur etwa 10—14%, also nur die Hälfte Abfall.

[2]) Einige Gemüse, wie Radieschen, Rettich, Melone, auch Möhren u. a. werden direkt genossen; für diese können daher die im eßbaren Zustande vorhandenen Nährstoffe zur Berechnung herangezogen werden in derselben Weise, wie bei den Gemüsen, bei denen das Abkochwasser nicht entfernt wird. Gemüse, die wie Zwiebel gebraten werden, erleiden annähernde Verluste wie durch Abkochen.

[3]) In vielen Fällen wird das Abkochwasser auch zur Bereitung von Suppen und Brühen verwendet.

Stickstoff-Substanz	Fett (Ätherauszug)	Kohlenhydrate
50%[1])	50%	66%

Die so berechneten verdaulichen Calorienwerte sind bei den Gemüsen mehr noch als bei den sonstigen Nahrungsmitteln nur Wahrscheinlichkeitswerte, aber immerhin noch richtiger für die Bemessung des Nährwertes als die Rechnung mit Rohwerten.

Die Gemüse bringen Wechsel in die Nahrung und sind vorwiegend als Reizmittel und wegen ihres Gehaltes an Vitaminen geschätzt, sofern diese nicht durch die Art der Zubereitung vernichtet werden.

4. Obst. Bei Verzehr von 2500—3000 g roher Äpfel ohne Schalen und Kerngehäuse wurden nach M. Rubner 88,3% der Calorien verdaut; von den 11,7% Verlust entfielen 9% auf Darmausscheidungen und nur 2,7% auf Unverdautes. Die Versuche mit Weintrauben, Bananen, Nüssen und Mandeln sprechen ebenfalls für eine hohe Ausnutzung der Obst- und Beerenfrüchte, übereinstimmend wenigstens bezüglich ihrer Kohlenhydrate. Auch von einem Hunde, der kein besseres Ausnutzungsvermögen als der Mensch besitzt, wurden Nüsse neben Fleisch hoch ausgenutzt.

5. Pilze und Kakao. Die Stickstoffsubstanz von Pilzen und Kakao wird noch weniger ausgenutzt als von Gemüsen (vgl. S. 90 u. 108 und Tafel S. 143).

6. Die Unterschiede in der Ausnutzung der tierischen und pflanzlichen Nahrungsmittel machen sich naturgemäß in der Weise geltend, daß die gemischte Nahrung um so höher ausgenutzt wird, je mehr tierische Nahrungsmittel sie enthält und umgekehrt.

γ) Besondere Einflüsse auf die Ausnutzung der Nahrung.

1. Daß die **Individualität** bei der Verdauung eine große Rolle spielt, bedarf kaum einer Erwähnung. Der jugendliche Magen nutzt alle wertvollen Stoffe der Nahrung aus, im Alter verlangt der Mensch eine leicht ausnutzbare Nahrung.

2. **Stark vermehrte,** über das erforderliche Kostmaß hinausgehende Mengen Nährstoffe können ebenso hoch ausgenutzt werden wie die übliche Menge, sie bewirken aber eine Schwere im Unterleib und beeinträchtigen die Eßlust.

3. Lang anhaltende unzureichende (Fasten-) Nahrung beeinträchtigt das Ausnutzungsvermögen und bedingt Substanz- (Protein-) Verlust vom Körper.

4. Die Nahrung soll tunlichst auf mindestens drei Mahlzeiten verteilt werden (meistens mit zwei geringen Zwischenmahlzeiten (S. 163).

5. **Arbeit** beeinträchtigt die Verdauung nicht.

6. **Große** Mengen Alkohol, besonders während des Essens, beeinträchtigen die Verdauung, mäßige Mengen wirken proteinersparend und können als Brennstoff Fett ersetzen (O. Neumann).

7. Borax und Borsäure in täglichen Mengen von 3—5 g scheinen die Ausnutzung der Nahrung nicht zu beeinflussen. Über die Bedeutung der sonstigen Mineralstoffe in der Nahrung vgl. S. 30.

---

[1]) In Wirklichkeit 51%, denn $\frac{75 \times 68}{100} = 51\%$. Der einfacheren Rechnung wegen mag aber nur die Hälfte der Stickstoffsubstanz und des Fettes als nutzbar angenommen werden.

3. Der Wärmewert der Nahrungsmittel.

Der Bedarf des Menschen an Nahrung bzw. Nährstoffen wird jetzt meistens in „Wärmewerten“ oder „Calorien“ angegeben. Wir verstehen unter Wärmeeinheit oder Calorie die Wärmemenge, die notwendig ist, um 1 kg Wasser um 1° C zu erhöhen (1 Kilocalorie oder einfach 1 Cal. geschrieben); wenn die Wärmemenge bezeichnet werden soll, die notwendig ist, um 1 g Wasser um 1° zu erwärmen, so spricht man von Grammcalorie und schreibt diese als 1 cal.

Der Mensch hat die Zufuhr von Brennstoffen in der Nahrung zur Erzeugung von Wärme notwendig, einerseits, um die Körperwärme, die beständig Verluste erleidet, auf gleicher Höhe zu erhalten, andererseits, um die innere wie äußere Arbeit zu verrichten. Die ständigen Wärmeverluste vom Körper betragen z. B. für den Erwachsenen:

1. Zur Erwärmung der 10 000 l oder 13 000 g Einatmungsluft von durchschnittlich 12° auf 37° = 13 000 × 25 × 0,26[1]) = 84 500 cal.

2. Zur Erwärmung der Nahrung (im ganzen etwa 2000 g) von durchschnittlich 12° auf 37° = 2000 × 25 = 25 000 cal.

3. Wasserverdunstung von der Haut 660 g; Wärmeverlust 660 × 582[1]) = 384 120 cal.

4. Wasserverdunstung durch die Lungen 330 g; Wärmeverlust 330 × 582[2]) = 192 060 cal.

Da die Gesamtwärmeabgabe vom erwachsenen Körper rund 2 400 000 g-cal. oder 2400 kg-Cal. beträgt, so verbleiben für den Wärmeverlust durch Strahlung von der Haut 1 689 320 cal. oder 70%.

Der erwachsene Mensch von durchschnittlich 70 kg Körpergewicht bedarf daher bei Ruhe zur Deckung des täglichen Wärmeverlustes von 2400 Cal., für 1 kg in 24 Stunden $\frac{2400}{70} = 34{,}3$ Cal. oder für 1 kg und 1 Stunde $\frac{34{,}3}{24} = 1{,}429$ Calorien.

Es müssen daher dem erwachsenen Menschen bei Ruhe in der Nahrung so viel Nährstoffe zugeführt werden, daß dadurch die angegebenen notwendigen Calorien gedeckt werden. Wenn der Mensch dagegen noch Arbeit verrichtet, so müssen entsprechend der Höhe der Arbeitsleistung mehr Calorien zugeführt werden. Einer Calorie entsprechen 425 mkg (Meterkilogramm oder Kilogrammmeter) Arbeit, d. h. mit der Wärme, die notwendig ist, um 1 kg Wasser um 1° zu erhöhen, sind wir imstande 425 kg 1 m hoch oder 1 kg 425 m hoch zu heben. Für eine Arbeitsleistung von 42 500 mkg würden daher 100 Cal. erforderlich sein. Weil aber der Mensch bzw. seine Muskelmaschine wie jede von ihm erbaute Maschine nur einen kleinen Teil der Verbrennungswärme (Energie), etwa höchstens 25%[3]), in Arbeit umsetzt, während der größte Teil in Form von Wärme verloren geht, so müssen die aus dem Arbeitsäquivalent berechneten Calorien mit mindestens 4 multipliziert werden; es müssen daher zur Leistung von 42 500 mkg Arbeit in der Nahrung nicht 100, sondern 100 × 4 = 400 Cal.[3]) in der Nahrung mehr als bei Ruhe verabreicht werden.

---

[1]) 0,26 = Wärmekapazität der Luft.

[2]) 582 = notwendige Calorien zur Verdunstung von 1 g Wasser.

[3]) Von anderen Seiten wird eine Ausnutzung der Verbrennungswärme durch die Muskeln von nur 20% angenommen; dann würden 100 × 5 = 500 Calorien in der Nahrung mehr erforderlich sein.

Nimmt man mit M. Rubner an, daß der Mensch täglich eine mittlere Arbeit von 201 600 mkg leistet, so entsprechen diese 201 600/425 = 474 Cal. oder sie erfordern eine Nahrungsmenge, daß dadurch 474 × 4 = 1896 Cal.[1]) gedeckt werden. Da der Mensch bei mittlerer Arbeit im ganzen nur rund 2900—3000 Cal. verbraucht, so verbleiben für die innere Arbeitsleistung (Blutbewegung, Atmung) nur 2900 — 1896 = rund 1000 Cal., also nicht einmal die Hälfte des Kraftumsatzes eines hungernden, ruhenden Menschen (2100 Cal.). Die bei der Arbeit entwickelte Wärme hilft den Wärmeverlust vom Körper mit decken, indem die ursprünglich (vorwiegend durch Verbrennung von Kohlenhydraten) entwickelte Wärme nach Umsetzung in Arbeit wieder in Wärme übergeht.

Mit Rücksicht auf diese Beziehungen wird der Nahrungsbedarf des Menschen je nach Alter, Körpergewicht und Arbeitsleistung allgemein in Wärmewerten (Calorien) angegeben, zu welchem Zweck der Wärmewert der einzelnen Nahrungsmittel bekannt sein muß. Dieser könnte allgemein durch direktes Verbrennen der Nahrungsmittel im Calorimeter bestimmt werden, da sich herausgestellt hat, daß die einzelnen Nährstoffe bei der Verbrennung im menschlichen Körper dieselbe Wärmemenge liefern als beim Verbrennen im Calorimeter außerhalb des Körpers. Weil aber die Nahrungsmittel außer den eigentlichen Nährstoffen (Protein, Fett und Kohlenhydraten) auch noch brennbare Stoffe, wie Cellulose, Lignin, Wachs, Kohlenwasserstoffe, enthalten, die entweder nicht ausgenutzt werden oder wie die Cellulose einen anderweitige Umsetzung (Darmgase) erfahren, ohne in Wärme umgesetzt zu werden, so pflegt man den Wärmewert allgemein in der Weise zu berechnen, daß man die Gehalte der Nahrungsmittel an den wirklichen Nährstoffen (Protein, Fett und Kohlenhydraten) mit ihren durchschnittlichen Wärmewerten multipliziert, die Produkte addiert und diese Summe als den Wärmewert der Nahrungsmittel ansieht.

Die Proteine der Nahrungsmittel haben im Durchschnitt einen Wärmewert von 5,711 Cal. für 1 g. Die Proteine werden aber nicht restlos im Körper umgesetzt und verbrannt, sondern 19,5% derselben werden nach M. Rubner in Form von Harnstoff (mit einem Wärmewert von 2,537 Cal.) und sonstigen Stickstoffverbindungen unverwertet im Harn ausgeschieden, gehen als Wärmequelle für den Körper verloren und müssen daher von dem im Calorimeter ermittelten Wärmewert abgezogen werden; es verbleiben daher von den 5,711 Cal. nur $\frac{5{,}711 \times 80{,}5}{100} = 4{,}597$ oder rund 4,6 Cal. für 1 g verzehrtes Protein. Hiervon nimmt Rubner durch höhere Verdauungsarbeit oder durch Abstoßen von proteinreichen Hautteilchen, Haaren oder Nägeln noch einen weiteren Verlust von 10% an, so daß als nutzbarer Wärmewert für den Körper vom Protein nur $\frac{4{,}597 \times 90}{100} = 4{,}137$ oder rund 4,1 Cal. übrigbleiben. Tatsächlich fand M. Rubner[2]) in Respirationsversuchen für tierische Proteine eine Wärmewertsausnutzung von 4,23 Cal. und für pflanzliche Proteine eine solche von 3,96 Cal. je 1 g, während bei Fett und Kohlenhydraten kein Abzug gemacht zu werden braucht; hier entsprechen die im Calorimeter gefundenen Wärmewerte den im

[1]) Bzw. 474 × 5 = 2370 Cal.

[2]) Rubner, M.: Gesetze des Energieverbrauchs bei der Ernährung.

Körper ermittelten, nämlich 9,3 Cal. für 1 g Fett und 4,1 Cal. für 1 g Kohlenhydrate (hauptsächlich Stärke)[1]).

Außer Protein, Fett und Kohlenhydraten kommt bei den pflanzlichen Nahrungsmitteln auch die Cellulose als Nährstoff in Betracht; denn sie wird in jugendlichem Zustand der Pflanze bis zu 90%, die Hemicellulose (Pentosane und Hexosane) bis zu 93% und mehr auch vom Menschen ausgenutzt. Aber sie wird bei der Darmgärung durch besondere Bakterien größtenteils in Methan, Wasserstoff, Kohlensäure — ein kleiner Teil vielleicht in organische Säuren — zersetzt und spielt daher als Wärmequelle für den Körper zweifellos keine Rolle, zumal die Vergärung auch einen gewissen Wärme- (Kraft-) Aufwand erfordert. Sie pflegt daher bei der Berechnung des Wärmeinhaltes der Nahrungsmittel nicht besonders berücksichtigt zu werden.

Indem man den Gehalt der Nahrungsmittel an rohen Nährstoffen mit obigen Faktoren multipliziert, erhält man die Rohcalorien und durch Multiplikation der verdaulichen Nährstoffe hiermit die Reincalorien, z. B. für 1 kg Erbsen:

Rohnährstoffe		Verdauliche Nährstoffe	
Stickstoffsubstanz . .	$233{,}5 \times 4{,}1 = 957{,}2$	Stickstoffsubstanz . .	$169{,}8 \times 4{,}1 = 696{,}2$
Fett	$18{,}8 \times 9{,}3 = 174{,}8$	Fett	$6{,}0 \times 9{,}3 = 55{,}8$
Kohlenhydrate . . .	$526{,}5 \times 4{,}1 = 2152{,}6$	Kohlenhydrate . . .	$458{,}5 \times 4{,}1 = 1879{,}8$
Summe der Rohcalorien	3284,7	Summe der Reincalorien	2631,8

In der Übersichtstafel am Schluß habe ich nur den Gehalt an verdaulichen Nährstoffen und die aus diesen berechneten Wärmewerte aufgeführt.

Auf diese Weise erhält man wenigstens einen annähernden Ausdruck für den Calorieninhalt der Nahrungsmittel, aber auch nur einen annähernden; denn abgesehen davon, daß die Verdaulichkeit nur bei einigen wenigen Nahrungsmitteln direkt bestimmt ist und bei den anderen (meisten) mit größerer oder geringerer Wahrscheinlichkeit angenommen werden muß, setzen sich auch die einzelnen Nährstoffgruppen (Stickstoffsubstanz, Fett und Kohlenhydrate) nach ihrer jetzigen analytischen Bestimmung aus so mancherlei Komponenten mit

---

[1]) Daß das Protein außer durch die Abgabe von Harnstoff u. a. im Harn auch noch durch Verdauungsarbeit usw. allein eine Einbuße erfahren, das Fett und die Kohlenhydrate dagegen mit ihrem ganzen Wärmeinhalt dem Körper zugute kommen sollen, erscheint nicht sehr wahrscheinlich, weil einerseits zu ihrer Lösung bzw. Verdauung (durch Verseifung oder Hydrolyse) ebenfalls Kraft (Wärme) erforderlich ist, andererseits ein Teil derselben — wenigstens der Kohlenhydrate — durch Bildung von Darmgasen (Methan, Wasserstoff und Kohlensäure) für den Körper verlorengeht. Auch fand O. Kellner, daß für die Fettbildung im Tierkörper 100 Teile Erdnußöl = 178 Teile Kleber isodynam waren, also 1 g Kleber $\frac{9{,}30}{1{,}78}$ = 5,2 Cal. entsprach. Ich glaube daher, daß zur Berechnung des Wärmewertes des Proteins der Faktor 4,6, den ich früher gegenüber 9,3 bei Fetten und 4,0 bei Kohlenhydraten angewendet habe, richtiger wäre als 4,1. Weil aber in den Lehrbüchern allgemein für 1 g:

	Protein	Fett	Kohlenhydrat
der Faktor . . .	4,1	9,3	4,1

zugrunde gelegt ist und es sich nur um annähernde, nur relativ richtige Werte handelt, so habe ich mich in den Zahlentafeln u. a. jetzt bis zur Gewinnung sicherer und richtigerer Werte dem allgemeinen Gebrauch angeschlossen.

verschiedenem Wärmewert zusammen, daß die Multiplikation des Gesamtausdrucks mit einer Wertzahl als recht unvollkommen erscheint[1]).

Immerhin können die nach verdaulichen Nährstoffen berechneten Wärmewerte, die Reincalorien genannt werden mögen, bei Berechnung von Kostsätzen nach Inhalt von Wärmewert-Einheiten richtigere Anhaltspunkte liefern als die Zugrundelegung von Rohnährstoffen.

II. Der Nahrungsbedarf des Menschen.

Der Nahrungsbedarf des ruhenden oder nur mäßig arbeitenden erwachsenen Menschen kann einschließlich Wasser auf rund $^1/_{40}$ des Körpergewichtes, also bei 70—80 kg Körpergewicht auf rund 2 kg Nahrung veranschlagt werden, wovon rund $^1/_4$ oder 500 g feste Nährstoffe und $^3/_4$ oder 1500 g Wasser bilden. Diese Regel erfährt aber je nach Alter und Beschäftigung der Personen verschiedene Abweichungen. Auch bezüglich der Herkunft der Nahrung, der Menge und des Verhältnisses der Nährstoffe zueinander machen sich verschiedene Umstände geltend. Als solche sind zu beachten:

1. Die Nahrung des Menschen muß eine gemischte sein, d. h. aus Nährstoffen des Tier- und Pflanzenreiches bestehen. Bei den Tieren unterscheidet man zwischen Fleischverzehrern (Carnivoren) und Pflanzenverzehrern (Herbivoren), während die Tiere, die von Tieren und Pflanzen leben können, als Allesverzehrer (Omnivoren) bezeichnet werden. Die drei Gruppen unterscheiden sich durch das Gebiß und die sonstigen Verdauungsorgane, besonders Magen und Darm.

Der Fleischverzehrer, bei dem die Verdauungsorgane im ganzen nur 5—6% des Körpergewichtes ausmachen, besitzt scharfe Reiß- und Schneidezähne, einen einheitlichen Magen und einen kurzen Darm, der keine Cellulose zu verarbeiten, zu lösen vermag. Die Speiseröhre führt direkt in den Magen.

Bei dem Pflanzenverzehrer, dessen Verdauungsorgane 15—20% des Körpergewichts ausmachen, z. B. bei den Wiederkäuern, besteht das Gebiß aus flachen Zähnen mit breiter Kaufläche, die sowohl auf und ab als auch behufs ausgiebiger Zerquetschung und Zerreibung der Nahrung seitwärts bewegt werden können; dem Magen (Blätter- bzw. Labmagen) sind zwei Magenabteilungen, der Netzmagen (vorwiegend zur Aufnahme von Flüssigkeiten) und der Vormagen (vorwiegend zur Aufnahme der nur gröblich zermahlenen Pflanzennahrung), vorgelagert; in letzterem wird die Nahrung der Wärme, Bakterientätigkeit sowie der Speichelwirkung ausgesetzt und aus diesem wieder in die Mundhöhle befördert, um weitergekaut zu werden; das wiederholt sich so lange, bis der Bissen fein genug zermahlen ist; letzterer geht dann behufs Aufsaugung der gelösten Nährstoffe in den Blättermagen, an den sich ein langer Dünndarm anschließt, in welchem die Flora noch geraume Zeit auf die cellulosehaltige Nahrung einwirkt.

Der Allesverzehrer steht bezüglich der Verdauungsorgane zwischen dem Fleisch- und Pflanzenverzehrer; er besitzt scharfe Schneide- und flache Kauzähne, zwar auch nur einen einfachen Magen, aber einen längeren Dünndarm zur teilweisen Ausnutzung der Cellulose.

[1]) Die Stickstoffsubstanz z. B. wird durch Multiplikation des gefundenen Stickstoffs — unter Annahme von 16% N darin — mit 6,25 berechnet. Die Amide, Basen u. a. enthalten aber durchweg viel mehr Stickstoff und kommen für die Energieabgabe im tierischen Körper vielfach überhaupt nicht in Betracht. Betain z. B. verläßt nach Völtz bei Hunden den Körper bis zu 89% als solches im Harn, Asparagin wird nach O. Kellner vom Wiederkäuer ganz in Harnstoff umgesetzt, während die Basen des Fleischextrakts den Körper ohne Energieabgabe verlassen (M. Rubner) oder die Gesamtstoffe des Fleischextrakts nur zu $^2/_3$ dem Körper zugute kommen (Frentzel und Toryama). Auch die Gruppe der Kohlenhydrate schließt in der Nahrung des Menschen viele Stoffe, z. B. Zuckerarten, organische Säuren ein, die einen niedrigeren Wärmewert als 4,1 besitzen.

Der Mensch gehört nun nach seinen Verdauungsorganen, die 7—8% des Körpers ausmachen, zu den Allesverzehrern[1]). Er kann zwar, wie z. B. die Jäger- und Hirtenvölker (Samojeden, Kirgisen und Eskimos), ausschließlich von Erzeugnissen der Tierwelt, andererseits, wie ganze Negerstämme und die Vegetarier, ausschließlich[2]) von Pflanzenkost leben, indes ist eine aus tierischen und pflanzlichen Stoffen bestehende gemischte Kost[3]) für den Menschen am naturgemäßesten, und wir haben schon S. 6 und S. 16 gesehen, daß diese auch wegen der verschiedenen Wertigkeit der Proteine sowie des verschiedenen Gehaltes an Vitaminen erforderlich ist.

2. Mengenverhältnis zwischen tierischen und pflanzlichen Nährstoffen in der Nahrung des Menschen. Die aus dem Tierreich stammenden Nahrungsmittel werden von dem Menschen bevorzugt, weil sie weniger Beschwerden bei der Verdauung verursachen, höher verdaulich sind und auch wegen der Vollwertigkeit ihrer Proteine einen höheren Nährwert besitzen. Sie sind besonders geeignet für die geistigen Arbeiter mit sitzender Lebensweise, die bei gleichem Proteinbedarf nur 2200—2500 Cal. notwendig haben und eine verhältnismäßig protein- und fettreiche Kost (reich an Fleisch, Milch und deren Erzeugnissen) verlangen, während die körperlich Arbeitenden bei einem Bedarf von 3000—5000 Cal. mit einer kohlenhydratreichen, umfangreichen Nahrung (reich an Brot und Kartoffeln oder Reis- oder Maiserzeugnissen u. a.) vorliebnehmen können, und zwar um so mehr, je höher die Muskelarbeit ist. Weil die geistig Arbeitenden mit sitzender Lebensweise gegenüber den körperlich Arbeitenden an Zahl zunehmen und die Muskelarbeit in der Industrie wie auf dem Lande immer mehr durch Maschinenkraft ersetzt wird, so ist die Ernährungsweise jetzt naturgemäß mehr als früher auf stärkere Beschaffung von tierischen Nahrungsmitteln gerichtet. Dieser stehen aber die höheren Preise der tierischen Nahrungsmittel, deren Nährstoffe für gleiche Menge 3—4 mal mehr kosten als in pflanzlichen Nahrungsmitteln, entgegen, so daß die Beschaffung der wünschenswerten tierischen Nahrungsmittel meistens nur den bemittelten Volkskreisen vorbehalten bleibt.

C. Voit forderte seinerzeit in der täglichen Nahrung eines Erwachsenen 230 g Fleisch (mit etwa 18 g Knochen, 21 g anhängendem und 191 g schierem Fleisch). Diese Menge wird aber im Deutschen Reiche noch nicht erreicht, da nach den Erhebungen des Reichsgesundheitsamtes auf den Kopf der Bevölkerung, einschließlich der Mengen aus der Fleischeinfuhr, rund entfielen:

Jahr	Ohne Hausschlachtungen	Mit Hausschlachtungen	Im ganzen für den Kopf und Tag
1912	44 kg	52 kg	142 g
1923	23 „	33 „ [4])	90 „

Wenn man die Kinder abrechnet, so würde die für 1912 (Friedensjahr) berechnete Menge ungefähr die Forderung Voits annähernd erreichen, im Jahre 1923 aber infolge des durch den verlorenen Krieg eingetretenen Rück-

---

[1]) Die Verdauungsorgane des Menschen stehen denen des Hundes am nächsten.

[2]) Ein Teil der Vegetarier (Pflanzenkostverzehrer) gestattet auch den Genuß solcher tierischen Erzeugnisse, die wie Milch, Käse, Eier, Butter u. a. ohne Schlachten der Tiere gewonnen werden.

[3]) Nur in den ersten 6 Lebensmonaten bedarf der Mensch ausschließlich der Milch als tierischen Erzeugnisses; von da an sind auch pflanzliche Nahrungsmittel für ihn angezeigt.

[4]) Die auf Hausschlachtungen entfallende Menge ist zu 10 kg angenommen.

ganges der wirtschaftlichen Verhältnisse um die Hälfte gegen dieselbe zurückbleiben. Man sieht hieraus, welchen Einfluß die besseren wirtschaftlichen Verhältnisse auf den Fleischverbrauch ausüben; noch mehr geht das aus einer Statistik über Ernährung von 2567 amerikanischen, in günstigen Verhältnissen lebenden Arbeiterfamilien durch Atwater und Chittenden[1]) hervor, wonach von dem täglichen Calorienverbrauch gedeckt wurden durch:

Fleisch, Geflügel, Fisch	Eier	Milch, Käse, Butter, Speck	Brot, Mehl, Kartoffel, Reis	Zucker
24%	2%	22%	40%	12%

Von den Calorien waren 48%, von dem Protein 59% tierischen Ursprungs. Von solchen günstigen Ernährungsverhältnissen in deutschen Arbeiterfamilien sind wir noch weit entfernt. Wenn man den täglichen Proteinbedarf für einen Erwachsenen auf 80—100 g (siehe folgenden Abschnitt) veranschlagt, so würde man durch folgende tägliche Gaben:

	Schieres Fleisch	Milch	Ei	Im ganzen
Menge	150 g	250 g	50 g	—
Mit Protein . . .	30,0 g	7,5 g	6,2 g	43,7 g

ungefähr die Hälfte des erforderlichen Proteins tierischen Ursprungs erhalten, und das wäre angemessen. Statt des Fleisches kann man auch selbstverständlich Fleischwurst oder unter Einschränkung von Fleisch mehr Milch (z. B. 100 g Fleisch und 330–340 g Milch) verwenden, ein Ei durch 20–25 g Fett- oder Halbfettkäse ersetzen.

3. Bedarf an den einzelnen Nährstoffen. a) Protein. Über den Bedarf an Protein (Stickstoffsubstanz bzw. Stickstoff) in der täglichen Nahrung liegen je nach Persönlichkeit, Alter, Ernährungsweise und -gewohnheit, weniger je nach der Arbeit[2]), sehr verschiedene Angaben vor, aus denen erhellt, daß es eine dem Körpergewicht, der Arbeitsleistung u. a. entsprechende allgemeingültige Niedrigst- und Höchstmenge für Protein (bzw. Stickstoff) nicht gibt, daß sich der Mensch, obschon das Protein (bzw. Stickstoff) als Baustoff und Träger der Zelltätigkeit eine hervorragende Rolle spielt, bei genügendem Vorrat von Brennstoffen (Fett und Kohlenhydraten) mit verschiedenen Mengen Protein in ein sog. Stickstoffgleichgewicht, d. h. in einen Ernährungszustand versetzen kann, in welchem die Stickstoffeinnahme gleich der Stickstoffausgabe in den Entleerungen (Kot + Harn) ist.

Angenommen, ein erwachsener Mensch erhält in der täglichen Nahrung 10 g Stickstoff (= 62,5 g Protein) und scheidet im Harn 8,5 g, im Kot 1,5 g Stickstoff, also zusammen 10 g aus, so ist er im Stickstoffgleichgewicht. Verabreicht man alsdann eine Nahrung mit nur 8 g Stickstoff (= 50 g Protein), so braucht man daraus noch nicht zu folgern, daß die Person nun 2 g Stickstoff (oder 12,5 g Protein) von ihrem Körperbestande hergibt, sie kann auch unter entsprechender Erhöhung des Fettes oder der Kohlenhydrate und bei Vollwertigkeit des Proteins nur 7,0 g Stickstoff umsetzen, also 7,0 g im Harn und 1,0 g als unausgenutzt im Kot ausscheiden, so daß wieder Stickstoffgleichgewicht eintritt.

Umgekehrt würde, wenn man statt der 10 g der Person täglich 12 g Stickstoff (= 75 g Protein) in der Nahrung zuführen würde, noch nicht gefolgert werden können, daß die Person täglich 12,5 g Protein am Körper ansetzt. Diese werden zunächst unter entsprechender Schonung von Fett und Kohlenhydraten umgesetzt und oxydiert — es erscheinen im Harn etwa 10,25 g, im Kot 1,75 g Stickstoff —, so daß ebenfalls wieder Stickstoffgleichgewicht eintritt. Und das kann noch höher hinaufgehen, da der Stickstoffumsatz im Körper im all-

[1]) Vgl. Kestner und Knipping: Die Ernährung des Menschen, S. 30. Berlin 1924.

[2]) Der tägliche Bedarf an Protein ist bei Ruhe und mäßiger Arbeit meistens nicht sehr verschieden; nur die Brennstoffe (Fett und Kohlenhydrate) pflegen bei Arbeit vorwiegend erhöht zu werden.

gemeinen der Stickstoffeinnahme parallel geht. Man wird aber über eine gewisse Höchstmenge nicht hinausgehen, da die Proteine in der Nahrung teurer sind als Fett und Kohlenhydrate.

Darauf, daß sich bei dem erwachsenen Menschen der Stickstoff- (Protein-) Umsatz auch nach der Einnahme richtet und durch Gewohnheit mitbedingt wird, beruhen zweifellos z. T. die großen Schwankungen[1]) in den Angaben über den täglichen Proteinbedarf. Im übrigen aber ist eine bestimmte Mindestmenge an Stickstoff in der Nahrung erforderlich und diese sollen wir eher über- als unterschreiten[2]), weil eine dauernde Zehrung vom Proteinbestande des Körpers verhängnisvoll werden kann. Und wenn auch bei gleichmäßiger, mittlerer Arbeit, sei es sitzender Geistes-, sei es Muskelarbeit, nahezu gleiche Mengen Protein erforderlich sind, so verlangen doch die Schwerstarbeiter, besonders wenn sie stoßweise außergewöhnlich hohe Kraft aufwenden müssen, neben einer Erhöhung von Fett auch eine solche von Protein. Im Durchschnitt werden jetzt für Erwachsene von 70 kg Körpergewicht als tägliche Mindestmenge an Protein angesehen:

Bei Ruhe	mäßiger	mittelschwerer	sehr schwerer Arbeit
50—60 g	80 g	100 g	120—150 g und mehr

Davon soll jedesmal die Hälfte in Form von vollwertigem (tunlichst tierischem) Protein vorhanden sein. Für Jugendliche im wachsenden Alter gelten andere Mengen (vgl. S. 159).

b) Fett und Kohlenhydrate. Fett und Kohlenhydrate dienen gleichmäßig als Brennstoffe zur Erzeugung und Erhaltung der Körperwärme sowie der Arbeitsleistungen. Bei der Muskelarbeit werden vorwiegend Kohlenhydrate verbraucht[3]). Diese (z. B. Glykogen) werden zunächst

[1]) So fanden (Protein) als ausreichend in der täglichen Kost von Erwachsenen bei Ruhe bzw. mittlerer Arbeit: C. Voit 118 bzw. 120 g, C. A. Meinert 72 g, Rechenberg 65 g, Demuth 55 g, Hirschfeld an sich selbst 43,5 g, 38,9 g und 38,4 g; Klemperer und Mitarbeiter konnten sich mit 33—40 g Protein ins Stickstoffgleichgewicht setzen, und Chittenden hält 48,75 g Protein in der Kost von Studenten und Athleten für genügend. Nach M. Hindhede kamen Arbeiter in Kopenhagen bei fast ausschließlicher Kartoffelnahrung und mittlerer Arbeit mit 31,25—37,50 g Protein in der täglichen Nahrung aus, und der Proteinumsatz — gemessen an der Stickstoffausscheidung im Harn — ging bei ihm selbst von einem Höchstbetrage von 35 g bei schwerer Arbeit auf 18 g bei leichter Arbeit ohne Nachteil herunter. Dagegen fanden Hultgren und Landergren für schwedische, Atwater für amerikanische Arbeiter bei guten Arbeitslöhnen täglich folgende Proteinmengen in der täglichen Kost:

Schweden		Amerika			
Mittlere	schwere Arbeit	Geringe	mittlere	angestrengte	sehr schwere Arbeit
134 g	188,6 g	125 g	150 g	175 g	200 g

[2]) Ähnlich wie man nach M. Rubner eine Brücke stets stärker baut, als je ihre Tragkraft in Anspruch genommen wird; oder die Menschen sollen, wie C. v. Noorden sagt, mit solchen Mengen Protein ernährt werden, daß sie nicht immer gleichsam am Rande des Abgrundes wandeln und in Gefahr sind, Körperprotein zu verlieren.

[3]) Die Art der im Körper umgesetzten Nährstoffe läßt sich einerseits für Protein aus der in der Nahrung aufgenommenen und der in den Entleerungen (Harn + Kot) ausgeschiedenen Menge Stickstoff, andererseits für Fett und Kohlenhydrate aus dem respiratorischen Quotienten $\frac{CO_2}{O_2}$ ermessen, welcher letzterer durch Bestimmung des eingeatmeten Sauerstoffes und der ausgeatmeten Kohlensäure im Respirationsapparat ermittelt wird. Wenn der Quotient $\frac{CO_2}{O_2}$ nahezu = 1 ist, so sind vorwiegend Kohlenhydrate verbraucht, ist er dagegen kleiner als 1 (etwa 0,7—0,8), so sind vorwiegend entweder Fette oder Proteine

in Glykose übergeführt, aus welcher nach Embden, Meyerhofer u. a. durch gleichzeitige Anwesenheit von Phosphorsäure Glykose- bzw. Hexosediphosphorsäure entstehen soll, die dann weiter ohne Sauerstoffaufnahme in 2 Moleküle Milchsäure und 2 Moleküle Phosphorsäure zerfällt. Die Milchsäure bewirkt (wahrscheinlich durch Quellung der kleinsten Teilchen der Muskelfibrillen) eine Verkürzung des Muskels (anaerobe Kontraktionsphase). Indem die Milchsäure dann von den contractilen Teilchen in das Sarkoplasma diffundiert, tritt eine Entquellung und Erschlaffung des Muskels ein, und erst in dieser Erholungspause wird die Milchsäure z. T. oxydiert, während ein anderer Teil derselben zu Glykogen bzw. Kohlenhydrat zurückgebildet wird, um zu erneuter Arbeitsleistung verwendet zu werden.

Ob auch der nach Abtrennung der Harnstoffmenge verbleibende stickstofffreie Rest des Proteins[1]) und das Fett über die Zwischenstufe „Milchsäure" zur Muskelarbeit Verwendung findet, ist noch nicht bekannt.

Jedenfalls dienen Fett wie Kohlenhydrate als Brennstoffe zur Lieferung von Wärme und können sich auch im Verhältnis ihrer Wärmewerte vertreten. Da der Wärmewert von 1 g Fett (auch im Körper) = 9,3 Cal., der von 1 g Kohlenhydraten im Durchschnitt = 4,1 Cal. ist, so sind zur Erzeugung gleicher Wärmemengen auf 1 g Fett 2,3 g Kohlenhydrate erforderlich. In diesem Verhältnis können sich beide Nährstoffe weitgehend vertreten[2]); aber das Fett, welches in allen natürlichen pflanzlichen wie tierischen Nahrungsmitteln vor-

abgebaut bzw. oxydiert, weil sie zur Oxydation einer größeren Menge Sauerstoff als die Kohlenhydrate bedürfen. Dabei läßt sich die Zersetzung der Proteine zum Unterschiede von Fett aus der Menge der Stickstoffeinnahme und -ausgabe ermessen.

[1]) Die Proteine zerfallen bei ihrer Zersetzung zum größten Teil in Harnstoff, zum geringen Teil in Harnsäure (Fleischfresser) oder Hippursäure (Pflanzenfresser) und sonstige Stickstoffverbindungen. Aus 100 Teilen Protein können theoretisch 33,45 Teile Harnstoff entstehen, nämlich:

	C	H	N	O
100 Gewichtsteile Protein enthalten	53,53	7,06	15,61	23,80%
33,45 „ daraus entstehender Harnstoff	6,69	2,23	15,61	8,92%
Stickstofffreier Rest	46,84	4,83	—	14,88%

Dieser „stickstofffreie Rest" der Proteine kann entweder direkt verbrannt oder erst in Fett umgewandelt werden und auf diese Weise ebenfalls Wärme liefern, während die Verbrennungswärme des ausgeschiedenen Harnstoffs, 2542 cal. für 1 g, für tierische Energiezwecke verlorengeht.

[2]) Wenn C. Pirquet (vgl. C. Pirquet: System der Ernährung, Berlin 1919/20, und C. Schick: Das Pirquetsche System der Ernährung, Berlin 1922) das Fett, welches durchweg teurer als Kohlenhydrate ist, als Luxusnährstoff bezeichnet, der ganz durch Kohlenhydrate ersetzt werden könne, so ist das aus obigen Gründen völlig irrig, und wenn C. Pirquet auf Grund von Versuchen, in denen Säuglinge 12 Monate lang mit zentrifugierter (fettloser) Magermilch unter Ersatz des Fettes durch Rohrzucker ernährt wurden, behauptet, daß die Säuglinge sich normal entwickelt und keine Herabsetzung der Immunität gegen Infektionskrankheiten gezeigt hätten, so kann eine solche Behauptung geradezu verhängnisvoll wirken. Denn einerseits widerspricht sie jahrhundertlangen und tagtäglichen Erfahrungen, nach denen das Kind nur mit Vollmilch normal ernährt werden kann, weil, wie wir jetzt wissen, gerade das Fett der eigentliche Träger des Wachstumsfaktors (des Vitamins A) ist, andererseits läßt sich ein solcher Versuch nicht nachprüfen, weil die verderblichen Folgen einer unrichtigen Ernährung der Säuglinge erst nach Jahren in die Erscheinung treten können. Weiter aber führen die voreiligen Schlußfolgerungen aus nicht nachahmbaren Versuchen zu unabsehbaren Verwirrungen in der Kontrolle des Verkehrs mit Milch und Milcherzeugnissen.

kommt, hat neben seiner Eigenschaft als Brennstoff noch manche sonstige Bedeutung für die Ernährung, nämlich:

1. Das Fett in dem wichtigsten Nahrungsmittel des Menschen, der Milch und den Milcherzeugnissen (Butter, Käse), ferner das Fett in Eiern, Leber, Nieren, verschiedenen Nüssen u. a. ist vorwiegend der Träger des Wachstumsfaktors, des Vitamins A, oder es wird überall von mehr oder weniger Lipoiden (Phosphatiden und Sterinen) begleitet, denen ebenfalls eine besondere Nährwirkung zugeschrieben wird.

2. Es ist notwendig für die Zubereitung wohlschmeckender Speisen und erhöht die Gleitbarkeit der Nahrungsbissen.

3. Es bildet wegen seines höheren Verbrennungswertes als Kohlenhydrate eine anhaltendere Wärmequelle, die besonders wichtig ist für Personen mit ständigen Fiebererscheinungen, wie z. B. die Tuberkulösen.

4. Es verringert das Volumen der Nahrung. Aus dem Grunde pflegt die Nahrung der geistigen Arbeiter bei sitzender Lebensweise, die keine voluminöse (kohlenhydratreiche) Nahrung bewältigen können, fettreicher zu sein als die Nahrung der Muskelarbeiter und steigt auch bei diesen mit der Höhe der Arbeitsleistung, des Calorienverbrauchs an, je höher letztere Größen sind, denn auch der Muskelarbeiter sucht entsprechend den Mitteln den Umfang (das Volumen) der Nahrung tunlichst zu verringern. Man kann den täglichen Verbrauch der Erwachsenen an Fett wie folgt im Durchschnitt veranschlagen:

Bei Ruhe	mäßiger	mittlerer	starker Muskelarbeit
50 g	60 g	75 g	100 g

Auch bei geistiger Arbeit und sitzender Lebensweise pflegen durchweg 100 g und mehr Fett in der täglichen Nahrung des Erwachsenen zu sein; die Menge desselben geht bei den schwersten Muskelarbeiten täglich bis zu 200 g und mehr hinauf, während der Rest des Calorienbedarfs durch Kohlenhydrate gedeckt wird.

c) Cellulose. Die Cellulose ist als Nährstoff für den Menschen entbehrlich und wird von ihm auch nur mäßig ausgenutzt (S. 143). Sie befördert aber durch ihren mechanischen Reiz auf die Darmwandung eine schnellere Entleerung des Darminhaltes, für welchen Zweck besonders kleiehaltiges (Grau- und Schwarzbzw. Ganz-) Brot und Gemüse beliebt sind.

Auch den Kindern pflegt man mit 6—9 Monaten cellulosehaltige pflanzliche Nahrung (auch Gemüse) in feinster Verteilung zu geben, damit sich die zur Lösung der Cellulose erforderlichen Darmbakterien frühzeitig bilden.

Über den Einfluß cellulosehaltiger Pflanzenkost auf die ausgeschiedene Kotmenge vgl. S. 141.

d) Mineralstoffe. Von großer Bedeutung für die Ernährung, besonders des wachsenden Menschen, sind auch die Mineralstoffe, die 4—5% des menschlichen Körpers ausmachen. Man schätzt den Bedarf des erwachsenen Menschen im Tage annähernd wie folgt:

Kali	Kalk	Eisen	Phosphorsäure	Natriumchlorid
6,0—8,0 g	1,0—1,5 g	0,02—0,03 g	2,0—3,0 g	10—20 g

Diese Mineralstoffmengen pflegen mit Ausnahme des Kochsalzes bei einer gemischten Nahrung in genügender Menge vorhanden zu sein; nur beim wachsenden Menschen sind unter Umständen künstliche Zusätze von Salzen, die besonders Kalk, Phosphorsäure und Eisen enthalten, wünschenswert. Vgl. hierüber und über die Notwendigkeit des Zusatzes von Kochsalz zur Nahrung S. 30.

d) Wasser. Der mittlere Wasserbedarf eines Erwachsenen von 1500—2000 g bei Ruhe und mäßiger Arbeit kann durch starke Arbeit infolge größerer Wasserverdunstung durch die Haut um 1000 g erhöht werden; auch ist der Wasserverbrauch im Sommer für den Tag durchschnittlich um 500 g höher als im Winter, während die Harnausscheidung im Winter etwa 1500—1800 g, im Sommer dagegen rund 300 g weniger beträgt.

e) Vitamine. Daß in einer richtigen Nahrung alle Vitamine vorhanden sein müssen und daß wir, um dieses zu erreichen, eine gemischte Nahrung zu uns nehmen müssem, ist schon wiederholt gesagt (vgl. S. 6 u. 16).

4. Ausdrucksweise des Nahrungsbedarfs. Hierbei handelt es sich um zwei Fragen, nämlich: a) einerseits darum, ob der Nahrungsbedarf in Calorien oder Nährstoffmengen, andererseits b) ob er für Körperkilo oder Körperoberfläche ausgedrückt werden soll.

a) Es ist jetzt fast allgemein Gebrauch geworden, den Nahrungsbedarf nur in Calorien, d. h. in Verbrennungswerten, anzugeben, ohne die Menge der einzelnen Nährstoffe — höchstens noch die des erforderlichen Proteins — mit zu berücksichtigen. Dadurch können aber leicht fehlerhafte Ermittelungen der Kostsätze entstehen, weil der Gehalt der Nahrungsmittel an Nährstoffen wie an Calorien außerordentlich verschieden ist.

	Fleisch	Butter	Kartoffeln
So sind in 1 kg enthalten verdauliche Calorien	1446 Cal.	7671 Cal.	904 Cal.
Zur Deckung von 2400 Cal., täglichem Bedarf eines Erwachsenen, sind erforderlich	1660 g	312 g	2655 g

Von keinem dieser Nahrungsmittel allein würde der Mensch die angegebenen Mengen auf die Dauer bewältigen können. Andererseits sind, um die gleiche Menge verdaulichen Proteins wie in 1 kg Fleisch, nämlich 190 g, zu erhalten,

	Fleisch	Milch	Kartoffeln
erforderlich	1,0 kg	6,0 kg	12,5 kg
Darin sind außer im Protein enthalten verdaul. Calorien	667 Cal.	2966 Cal.	10475 Cal.

Das Verhältnis von Gehalt an Nährstoffen — hier Protein zu Fett und Kohlenhydraten — und an Calorien ist daher so verschieden, daß die Berücksichtigung nur des Caloriengehaltes keine richtige Beurteilung für die Ernährung gewährt.

Für Protein verlangt man allgemein eine besondere Angabe neben der Calorienmenge im Nahrungsbedarf; aber auch für Fett ist sie aus den S. 17 u. 156 angegebenen Gründen sehr erwünscht. Denn es ist je nach Geistes- oder Muskelarbeit (S. 154) oder je nach Gesundheitszustand gewiß nicht gleichgültig, ob dieselbe Calorienmenge einmal durch 115 g Fett + 332 g Kohlenhydrate, das andere Mal durch 179 g Fett + 192 g Kohlenhydrate erreicht wird.

Einen richtigen Einblick in den Wert eines gegebenen oder zu berechnenden Kostmaßes erhält man daher nur durch die gleichzeitige Angabe des Gehaltes an Calorien und an den drei wesentlichen Nährstoffen[1]) Protein, Fett und Kohlenhydraten.

[1]) C. Pirquet in Wien geht von 1 g Frauen- oder Kuhmilch (beide von gleichem Calorieninhalt) als Einheit aus und bezeichnet diese als „Nem" (= 0,67 Cal.) von Nahrungs-Einheits-Milch oder auch von Nutritionis elementum abgeleitet. Der Nahrungsbedarf des

b) **Angabe des Nahrungsbedarfes für Körpergewicht oder Körperoberfläche?** Die Angabe des Nahrungsbedarfes für das Körpergewicht wird für ungenau bzw. fehlerhaft gehalten, weil er für die Gewichtseinheit (1 kg) je nach Alter, Geschlecht, Art der Arbeit usw. verschieden ist; die Angabe des Bedarfs für die Einheit der Körperoberfläche[1]) (1 qm) wird zwar für besser, aber auch noch für mangelhaft gehalten. Bei gutgenährten, homoiothermen Tieren schwankt nach C. Voit der Calorienverbrauch für 1 qm zwischen 943 bis 1078 Cal.; beim Menschen ist er höher und richtet sich wesentlich nach der Arbeitsleistung; so fand M. Rubner die für verschiedene Arbeitsleistung eines 65,5 kg schweren Arbeiters benötigte Energiemenge wie folgt:

Wärmemenge	Ruhe- (Hunger-) Zustand	Sehr mäßige Arbeit	Mittlere Arbeit	Angestrengte Arbeit	Sehr schwere Arbeit
Im ganzen . . .	2303	2445	2864	3362	4410 Cal
Für 1 qm	1180	1220	1420	1830	2400 „

Je nach dem Alter entspricht je 1 kg Körpergewicht rund folgenden Quadratzentimeter Oberfläche:

	Beim Neugeborenen	1/2 Jahr alt	1 Jahr alt	4 Jahre alt	Beim Erwachsenen, 70 kg schwer
qcm. . .	810	620	530	500	300

Benedict und Harris haben daher Tabellen berechnet, von denen eine die Grundzahl für den Calorienbedarf je nach dem Körpergewicht, eine zweite die Grundzahl je nach Alter und Körpergröße enthält; durch Addition beider Werte erhält man den nötigen Gesamtbedarf an Calorien.

G. Oeder mißt den Höhenunterschied vom Scheitel bis zur Mitte der Symphyse in Zentimetern, verdoppelt die Zahl und nennt diese die „proportionale Länge“; sie ist meistens etwas größer als die wirkliche Länge. Indem man von der „proportionalen Länge“ 100 abzieht, erhält man das „Normalgewicht“[2]).

C. v. Noorden glaubt aber, daß man das Normalgewicht auch genügend genau findet, wenn man die Körperlänge in Zentimetern mit dem Faktor

Menschen wird also in „Nem“ ausgedrückt und beträgt für den ruhenden Erwachsenen etwa 3500 Nem oder 3500 g Milch oder gleich rund 2345 Cal. Man würde den Kostsatz für den Erwachsenen statt = 3500 Nem ebenso verständlich bzw. bekannt = 3500 Mi statt Milch oder = 2345 Cal (Calorien) setzen können; denn im Grunde genommen ist die Rechnung mit Nem- (oder Milch-) Werten nichts anderes als die Rechnung mit Wärmewerten. Für die Einheitsbezeichnung „Nem“ mag vielleicht der Umstand mit maßgebend gewesen sein, daß viele Menschen ein neues Fremdwort für bedeutsamer halten als ein alltägliches wie Milch oder ein schon bekanntes wie Calorien. Als einziger Grund für die Zugrundelegung von Milchwerten als Einheit statt Wärmewerten (Calorien) als Einheit kann angeführt werden, daß mit dem Wort „Milch“ die Vorstellung des unterschiedlichen Gehaltes an den notwendigen drei verschiedenen Nährstoffen (Protein, Fett und Kohlenhydraten) verbunden werden kann, die Bezeichnung „Wärmewerte“ aber solche unterschiedliche Forderung nicht zum Ausdruck bringt, sondern sich auch auf nur einen Gesamtwert beziehen kann.

[1]) Für die Berechnung der Körperoberfläche dient die Vierordt-Meehsche Formel O (qcm) $= k\sqrt[3]{g^2}$, worin g = Körpergewicht in Gramm, k eine Konstante (beim Menschen = 12,3) bedeutet. Setzt man nach Pirquet diesen Faktor = 10, so erhält man die Ernährungsoberfläche. Die Konstante wird aber auch sonst verschieden angegeben.

[2]) Bei einem fettleibigen Mann fand Oeder z. B.

Wirkliche Länge	Proportionale Länge	Wirkliches Gewicht	Normalgewicht (182−100)	Gewichtsüberschuß
175 cm	182 cm	102 kg	82 kg	20 kg

455 (als Mittelwert) multipliziert; man erhält auf diese Weise das Normalgewicht in Gramm. Als zulässige obere Grenze soll man den Faktor 480, als untere Grenze den Faktor 420 anwenden[1]).

Weil es sich aber bei der Berechnung des Nahrungsbedarfs meistens um Massenernährung von Muskelarbeitern handelt, unter denen sich keine Fettleibigen befinden und die Unterschiede der einzelnen Personen sich ausgleichen, weil andererseits die Unterschiede im Gehalt der anzuwendenden Nahrungsmittel viel größer sind als die aus dem Körpergewicht und der Körperoberfläche sich ergebenden Unterschiede im Bedarf an Nährstoffen und Calorien, so dürfte es für praktische Zwecke ausreichen, für den Bedarf nur das Körpergewicht zugrunde zu legen, indem man die für die Körpergewichtseinheit je nach Alter und Arbeitsleistung ermittelten mittleren Bedarfswerte für die Berechnung heranzieht. Gewünschtenfalls kann man eine Kontrollierung des wirklichen Körpergewichts durch Berechnung des Normalgewichts je nach der Länge der Personen nach den vorstehenden Verfahren von G. Oeder oder C. v. Noorden vornehmen.

5. Nahrungsbedarf der Kinder und Wachsenden. Die naturgemäßeste und zweckmäßigste Ernährung des Säuglings ist die mit Muttermilch; sie gewährleistet ein ungestörtes Gedeihen und auch einen gewissen Schutz vor Infektionskrankheiten. Wenn die Milch zur vollen Ernährung nicht ausreicht, dann soll die Mutter doch tunlichst morgens und abends das Kind stillen. In Ermangelung von Muttermilch muß zu anderweitiger Ernährung (Ammen- oder Kuhmilch) geschritten werden. In beiden Fällen ist zunächst auf die völlige Gesundheit und richtige Ernährung der erwählten Milcherzeuger Rücksicht zu nehmen; bei Wahl von Kuhmilch weiter auch auf saubere Gewinnung, sachkundiges Kochen[2]) und Aufbewahren, Reinlichkeit der Saugflaschen u. dgl. Die Kuhmilch muß auch bis zum 6. oder 7. Lebensmonat entsprechend verdünnt werden, wozu man entweder eine Schleimabkochung (1 Eßlöffel voll = 25 g Reis oder Haferflocken oder Gerstengrieß werden mit $^1/_4$ l Wasser gekocht und durchgeseiht) oder eine 5 proz. Zuckerlösung (am besten Milchzucker oder Malzzucker) verwendet, und zwar unter Berücksichtigung der in den ersten Lebenswochen erforderlichen Mengen, etwa in folgendem Verhältnis:

		1. Woche	2. Woche	3. u. 4. Woche	2. u. 3. Monat	4. u. 5. Monat
Muttermilch		300 g	400 g	600 g	900 g	1000 g
Mischung	Kuhmilch	150 g	200 g	400 g	600 g	800 g
	5 proz. Zuckerlösung	150 g	200 g	200 g	300 g	200 g

Vom 6. Lebensmonat an kann natürliche Kuhmilch verwendet werden, indem gleichzeitig feste Nahrungsmittel mit verabreicht werden, z. B. in 200 g Milch 1—2 Zwiebacke aufgeweicht, oder 10 g Grieß- oder Hafermehl und etwa 5 g Zucker zu einem Brei gekocht in 100 g Milch. Dazu kommen auch schon fein durchgerührte Breie von Gemüse[3]) [Mohrrüben, Kohlrabi, Blumenkohl,

[1]) Bei einer Körperlänge von 180 cm würde also betragen:

Normalgewicht	Obere Grenze	Untere Grenze
180 × 455 = 81,9 kg	180 × 480 = 86,4 kg	180 × 420 = 75,6 kg

[2]) Beim Kochen der Milch kann in manchen Fällen auch ein Zusatz von 1 Löffel voll Kalkwasser von Vorteil sein.

[3]) Das Kochwasser soll vorwiegend wegen der Nährsalze nicht weggegossen, sondern dem Gemüsebrei tunlichst wieder zugefügt werden.

Spinat[1]), Kartoffeln] oder Obstsäfte und Fruchtbrei (Kompotte bzw. Marmeladen), vereinzelt auch Fleischbrühebrei (etwa 5 g Grießmehl aufgekocht in einer Tasse Fleischbrühe).

Unter allmählicher Steigerung der festen Nahrungsmittel vollzieht sich im zweiten Lebensjahre der Übergang zur Nomalkost der Erwachsenen, worin aber die Milch immer noch einen Hauptbestandteil (etwa $^1/_2$ l) ausmacht und wozu weiter etwas Fleisch sowie Eier in Form von Mehlspeisen hinzutreten.

Hierbei ist indes zu berücksichtigen, daß Kinder wegen des ständigen Wachstums und lebhafteren Stoffwechsels[2]) für die Körpergewichtseinheit einer größeren Nährstoff- und Calorienzufuhr bedürfen als Erwachsene. Man kann den Bedarf ungefähr wie folgt bemessen:

Alter	Körper-		Ausnutzbare (verdauliche) Nährstoffe für						Calorien, ausnutzbare für	
			1 Körperkilo			Gesamtgewicht				
	Gewicht	Länge	Protein	Fett	Kohlenhydrate	Protein	Fett	Kohlenhydrate	1 Körperkilo	Gesamtgewicht
	kg	cm	g	g	g	g	g	g	Cal.	Cal.
2—3 Mon.	5,0	56	3,0	5,5	9,8	15,0	27,5	49	103	515
1 Jahr	10,0	75	3,5	4,7	9,5	35,0	47,0	95	97	970
2—4 Jahre	15,0	94	3,2	3,5	10,0	48,0	52,5	150	87	1305
5—6 „	20,0	108	2,7	2,5	10,6	54,0	50,0	212	78	1560
10—11 „	30,0	130	2,0	1,5	10,0	60,0	45,0	300	63	1890
16—18 „	50,0	155	1,5	1,0	7,5	75,0	50,0	375	46	2300

In letzterem Verhältnis kann mit der Nährstoffgabe fortgefahren werden, bis das Wachstum bei mittelmäßiger Arbeit vollendet ist.

6. Nahrungsbedarf der Erwachsenen. Der Nahrungsbedarf für den Erwachsenen richtet sich einerseits nach dem Körpergewicht und der Körperoberfläche[3]), andererseits wesentlich nach der Art und Größe der Arbeitsleistung. Die geistige Arbeit erfordert, wie schon S. 152 gesagt, nicht so viel Calorien als Muskelarbeit, und diese bei sitzender Lebensweise wieder weniger als bei gleichzeitiger Körperbewegung. Am genauesten würde man den Mehrbedarf an Nährstoffen infolge der Arbeitsleistung nach S. 148 berechnen können, wenn sich die Größe der letzteren in kgm (Kilogrammeter) angeben ließe. Da die Gewinnung dieser Größe durchweg schwierig ist, so hilft man sich auch wohl mit folgenden runden Wahrscheinlichkeitswerten, nämlich Mehrverbrauch an Calorien für 1 Stunde über den Grundumsatz bei Ruhe hinaus:

Geistige Arbeit	Schreiben mäßig	Schreiben angestrengt	Nähen mäßig	Nähen angestrengt	Waschen	Gehen	Häusliche Arbeit	Schreiner-arbeit	Stein-hauer-arbeit	Holzsäge-arbeit
7—8	20	30	25—30	30—60	150	150	110	150	300	400 Cal.

---

[1]) Spinat wird von den Kindern anfänglich nicht verdaut.

[2]) So scheiden z. B. nach Camerer für 1 Körperkilo in 24 Stunden aus:

	Harnstoff	Kohlensäure	Wasser durch die Haut und Lunge
Kinder von 10 kg Gewicht	1,40 g	32,0 g	47,0 g
Erwachsene von 70 kg Gewicht . . .	0,50 g	13,0 g	14,0 g

[3]) Falls die Körperoberfläche mit berücksichtigt werden soll, so kann man unter normalen Verhältnissen annehmen:

Für Körpergewicht . .	40	50	60	70	80 kg
Körperoberfläche . . .	1,438	1,670	1,885	2,088	2,283 qm

Indem man diese Grundwerte mit der Stundenzahl (8 oder 10) multipliziert und zu dem Grundumsatz addiert, ferner auch etwa 10% für die Nahrungsaufschließung hinzurechnet, erhält man den täglichen Calorienbedarf für den Kopf und Tag.

Im allgemeinen rechnet man für den Erwachsenen von mittlerem Körpergewicht (70 kg) folgenden Verbrauch an Calorien bei:

Ruhe	mittelmäßiger	schwerer	sehr schwerer Arbeit
2400 Cal.	3000 Cal.	3800 Cal.	4900 Cal. und mehr.

Diese Calorien können durch folgende Mengen Nährstoffe erreicht werden:

70 kg Körpergewicht	Bedarf an Calorien	Ausnutzbare (verdauliche) Nährstoffe für: 1 Körperkilo			Gesamtgewicht			Calorien, ausnutzbare für	
		Protein g	Fett g	Kohlenhydrate g	Protein g	Fett g	Kohlenhydrate g	1 Körperkilo Cal.	Gesamtgewicht Cal.
Bei Ruhe	2400	0,9	0,8	5,5	63	56	385	34	2380
Muskelarbeit mittlerer	3000	1,3	1,0	6,7	91	70	469	42	2947
Muskelarbeit schwerer	3800	1,6	1,4	8,5	142	98	595	54	3780
Muskelarbeit sehr schwerer	4900 und mehr	2,0	2,5	9,5	140	175	665	70	4900
Bei geistiger Arbeit	2500	1,4	1,4	4,2	98	98	294	36	2520

Bei erwachsenen und arbeitenden Frauen, welche wegen des geringeren Körpergewichts und auch wegen der geringeren Arbeitsleistung weniger Nährstoffe als die erwachsenen männlichen Arbeiter bedürfen, rechnet man durchweg mit $^4/_5$ des Kostsatzes des letzteren bei mittlerer Arbeit.

Den Nahrungsbedarf im Alter, welches eine leicht verdauliche, gut zubereitete Kost verlangt, kann man auf $^5/_6$—$^4/_5$ des Satzes für Geistesarbeit veranschlagen. Dieselbe Kost kann für Kranke gewählt werden, die davon je nach dem Krankheitszustande $^1/_4$, $^2/_4$ oder $^3/_4$ erhalten.

Bei Mastkuren (Überernährung) führt man dem Körper tunlichst viel Fett zu, z. B. in einem derartigen Kostsatz (250 g Fleisch, 1 l Milch, $^1/_4$ l Sahne, 350 g Roggen-Weizenbrot, 40 g Zucker, 150 g Butter, 50 g Kognak, Gemüse, Suppen usw.) 127 g Protein, 234 g Fett und 325 g Kohlenhydrate mit über 4000 Calorien.

Umgekehrt sucht man durch Unterernährung bei Fettleibigen eine Entfettung herbeizuführen. Man wendet dabei drei Verfahren an. Bei der sog. Bantingkur werden neben verhältnismäßig viel Protein tunlichst wenig Kohlenhydrate verabreicht, z. B. für Erwachsene tunlichst viel mageres Fleisch oder Käse, wenig Brot ohne Kartoffeln, etwa 122 g Protein, 40 g Fett und 100 g Kohlenhydrate mit 1333 Cal.; die Örtel- (oder Schweninger-) Kur schreibt ähnliche Kostsätze vor, gleichzeitig aber eine gesteigerte Muskeltätigkeit (durch Bergbesteigen usw.); bei der Ebsteinschen Entfettungskur wird die gewöhnliche Menge Protein, weniger Kohlenhydrate, aber tunlichst viel Fett vorgeschrieben, z. B. 102 g Protein, 85 g Fett und 47 g Kohlenhydrate mit 1448 Cal. Am zweckmäßigsten dürfte die Entfettung nach Landois durch folgende Maßregeln zu erreichen sein, nämlich durch: 1. gleichmäßige Enthaltung aller Nahrungsmittel; jede einseitige Kostbeschränkung ist nachteilig; 2. Enthaltung des Genusses von Flüssigkeiten während der Mahlzeiten; 3. Steigerung der Muskeltätigkeit durch Arbeit; 4. Beförderung der Wärmeabgabe durch kühle Bäder, leichte Bekleidung, kühle und kurze Bettruhe; 5. Anwendung schwacher Abführmittel.

7. Ermittelung der Kostsätze. Hier handelt es sich um zwei Fälle, entweder es soll festgestellt werden, ob in einem gegebenen Kostsatz, z. B. einer gemeinsamen Speiseanstalt, genügend Nährstoffe und Calorien vorhanden sind, oder es sollen für eine einzelne Person oder für eine zu errichtende gemeinsame Speiseanstalt neue Kostsätze aufgestellt werden. In beiden Fällen ermittelte man das Körpergewicht und die Körperlänge sowie die Arbeitsleistung der einzelnen Personen und berechnet daraus den Durchschnittswert.

Im ersten Falle einer bereits bestehenden Speiseanstalt entnimmt man alsdann einer der Durchschnittsperson zufallende gleiche Nahrungsmenge, wägt, durchmischt, trocknet und untersucht sie in üblicher Weise auf Gehalt an Nährstoffen bzw. Calorien.

Handelt es sich um den zweiten Fall, um Aufstellung eines neuen Kostsatzes für eine einzelne Person oder eine zu errichtende gemeinsame Speiseanstalt, so ermittelt man zunächst, wieviel der Grundnahrungsmittel (Brot, Kartoffeln, Fleisch oder Wurst, Milch, Gemüse) unter Entfernung der nicht eßbaren Teile im Durchschnitt für den Tag zur Verfügung stehen, bestimmt oder berechnet darin den Nährstoff- und Caloriengehalt und legt hierzu so viel sonstige Nahrungsmittel (Mehl zu Suppen, Käse, Fett, Kaffeeaufguß, Bier u. dgl.) zu, daß die gewünschte Summe an Nährstoffen bzw. Calorien herauskommt. Da bei der Zubereitung (Kochen, Braten usw.) noch Verluste auftreten können, so wägt man von den dieser Zubereitung zu unterwerfenden Nahrungsmitteln zweckmäßig die doppelte Menge ab, bereitet sie vorschriftsmäßig zu und verwendet die eine Hälfte zur Ernährung, die andere zur Untersuchung.

So würde man durch folgende Gaben die dem Alter, dem Körpergewicht und der Arbeitsleistung entsprechenden Kostsätze erhalten:

Alter, Gewicht, Arbeitsleistung	Fleisch (mittelfett) g	Eier[1]) g	Milch g	Halbfettkäse g	Brot g	Kartoffeln g	Gemüse[2]) (und Obst) g	Mehl[3]) Getreide g	Mehl[3]) Erbsen oder Bohnen g	Fett[4]) g
Kind von 6—8 Jahren (22—25 kg schwer)	75	47	300	12	300	300	150	75	—	30 Bu.
Erwachsener (70 kg schwer): bei Ruhe . . .	75	—	200	20	450	500	300	60	—	45 Ma.
bei Muskelarbeit: mittelmäßiger	150	—	250	20	500	600	300	75	50	25 Bu. 25 Sm.
bei Muskelarbeit: schwerer	200	—	250	30	550	800	300	120	50	40 Bu. 35 Sm.
bei Muskelarbeit: sehr schwerer	fettes 250	47	250	50	650	900	300	150	50	40 Bu. 100 Sp.
bei geistiger Arbeit	200	94	250	25	350	350	200	50	—	50 Bu. 25 Sp.

[1]) 47 g entsprechen dem durchschnittlichen Inhalt von 1 Ei.

[2]) Die Mengen Gemüse verstehen sich für den eßbaren Teil. In diesem sind im Mittel verschiedener Sorten 0,85% ausnutzbares Protein, 0,1% ausnutzbares Fett und 5,0% ausnutzbare Kohlenhydrate angenommen.

[3]) Mehle zur Bereitung von Mehlspeisen.

[4]) Von den Bezeichnungen der Fette bedeuten Bu. = Butter, Ma. = Margarine, Sm. = Schweineschmalz, Sp. = Speck.

In vorstehenden Mengen Nahrungsmitteln sind folgende Mengen Nährstoffe und Calorien enthalten:

Alter, Gewicht, Arbeitsleistung	Ausnutzbare (verdauliche) Nährstoffe für						Calorien (ausnutzbare) für	
	1 Körperkilo			Gesamtgewicht				
	Protein g	Fett g	Kohlenhydrate g	Protein g	Fett g	Kohlenhydrate g	1 Körperkilo Cal.	Gesamtgewicht Cal.
Kinder von 6—8 Jahren [24 kg Gewicht[1])]	2,45	2,21	11,57	58,8	53,0	277,7	77,2	1853
Erwachsener [70 kg schwer[1])]:								
bei Ruhe	0,9	0,8	5,5	63,0	57,0	383,0	34	2380
bei Muskelarbeit mittlerer . . .	1,3	1,0	6,6	99,0	70,0	463,0	42	2926
bei Muskelarbeit schwerer	1,6	1,45	8,3	113,0	102,0	559,0	55	3854
bei Muskelarbeit sehr schwerer .	2,1	2,6	9,3	144,5	182,0	649,0	71	4940
bei geistiger Arbeit	1,33	1,40	4,24	93,5	98,0	297,0	36	2502

Selbstverständlich können vorstehende Kostsätze verschiedentlich abgeändert werden, ohne daß der Gehalt an Nährstoffen und die Nährwirkung dadurch beeinträchtigt werden. Fleisch der landwirtschaftlichen Schlachttiere kann durch Fischfleisch, wechselweise an einzelnen Tagen durch Milch und Milcherzeugnisse, Wurst, Eier usw.; Halbfettkäse, wechselweise durch Fett- und Magerkäse ersetzt werden; die Gemüse (Möhren, Kohlrübe, Kohlrabi, Spinat, die Kohlarten) bieten an sich viel Wechsel; auch Brot, Kartoffeln, Mehle u. a. können je nach dem vorhandenen Vorrat in anderem als dem angegebenen Mengenverhältnis herangezogen werden und sich teilweise vertreten; indes empfiehlt es sich, die Kostsätze nicht zu einseitig, sondern aus mehreren Nahrungsmitteln zusammenzusetzen und damit tunlichst jeden Tag wenigstens für je eine Woche zu wechseln, weil dadurch die Lust zum und der Genuß am Essen erhöht wird.

Auch ist es nicht erforderlich, daß die täglichen Speisemengen genau jeden Tag die angegebenen Nährstoffmengen enthalten; es genügt, wenn das, was an einem Tage von einem Nährstoff fehlt, an dem anderen Tage mehr verabreicht wird, weil geringe Unterschiede von einem Tage zum andern sich im Körperbestande ausgleichen.

8. Verteilung der Nahrungsmittel auf die einzelnen Mahlzeiten. In der Regel pflegt die Nahrung in drei Mahlzeiten eingenommen zu werden; hierzu kommen bei Arbeitern noch Zwischenspeisen (zweites Frühstück und Vesper). Die Nährstoffmengen verteilen sich dann zu etwa $^2/_{10}$ auf Frühstück, zu $^4/_{10}$ auf Mittagessen, zu $^1/_{10}$ auf Zwischenspeisen und zu $^3/_{10}$ auf Abendessen. Von dem Fett wird im allgemeinen die Hälfte im Mittagessen eingenommen. Von nicht unwesentlichem Belang ist es auch, daß das Mittag- und auch tunlichst das Abendessen warm eingenommen wird; als zweckmäßigste Temperaturen werden 40—50° C — bei Kindern nicht über 38° C — bezeichnet.

[1]) Weicht das Körpergewicht von den angenommenen Durchschnittswerten um einige Kilo nach oben oder unten ab, so multipliziert man die für je 1 Körperkilo sich ergebenden Grundwerte an Nährstoffen mit diesen Körpergewichten an Stelle von 24 bzw. 70.

Nährstoffgehalt der Nahrungs- und Genußmittel.

Nahrungs- und Genußmittel aus dem Tierreich.

Milch- und Milcherzeugnisse.

Natürliche Milch.

Nr.	Nahrungsmittel	Wasser	Organische Stoffe	Mineralstoffe	Ausnutzbare Nährstoffe[1]			Ausnutzbare Calorien in 1 kg[2]		Vitamine[3] im natürlichen Zustande		
		%	%	%	Stickstoffsubstanz %	Fett %	Kohlenhydrate %	Frische Substanz Cal.	Trockensubstanz Cal.[2]	A	B	C
1	Frauenmilch	87,62	12,13	0,25	1,38	3,60	6,73	667	5387	+++	++	+
2	Kuhmilch { Niederungsvieh .	87,97	11,32	0,71	3,08	3,07	4,73	606	5037	+++	++	+
3	Kuhmilch { Höhenvieh . . .	87,08	12,20	0,72	3,20	3,73	4,79	675	5221	+++	++	+
4	Ziegenmilch	87,05	12,14	0,81	3,33	3,71	4,60	680	5250	+++	++	(+)[4]
5	Schafmilch	82,82	16,29	0,89	5,05	5,78	4,68	936	5450	+++	++	+
6	Eselinmilch	89,90	9,68	0,42	1,74	1,18	6,51	448	4434	++	++	+
7	Stutenmilch	89,96	9,66	0,38	1,97	0,83	6,60	428	4268	++	++	+
8	Renntiermilch	65,40	33,14	1,46	9,39	18,00	4,00	2223	6425	+++	++	+

Milcherzeugnisse.

Nr.	Nahrungsmittel	Wasser %	Organische Stoffe %	Mineralstoffe %	Stickstoffsubstanz %	Fett %	Kohlenhydrate %	Frische Substanz Cal.	Trockensubstanz Cal.[2]	A	B	C
9	Kondensierte Vollmilch mit Rohrzucker	69,95	28,34	1,71	7,48	8,76	10,77	1503	5165	wenig bis +	+	0
10	Kondensierte Vollmilch ohne Rohrzucker	23,19	74,59	2,22	9,45	9,77	53,00	3469	4522	desgl.	+	0
11	Kondensierte Magermilch mit Rohrzucker	67,60	29,44	2,96	11,54	1,28	15,58	1231	3800	wenig	+	0
12	Kondensierte Magermilch ohne Rohrzucker	26,81	70,94	2,25	9,87	1,18	58,54	2914	3982	desgl.	+	0

[1]) Hier sollen nur die ausnutzbaren Nährstoffe aufgeführt werden; es sind zwar nur Wahrscheinlichkeitswerte, weil für die meisten Nahrungsmittel die Ausnutzbarkeit nach verwandten ähnlichen Sorten mehr oder weniger willkürlich angenommen werden mußte. Indes gewähren die Werte für die Beurteilung eines Nahrungsmittels zu Ernährungszwecken einen richtigeren Ausdruck als der Gehalt an Rohnährstoffen (vgl. S. 150).

[2]) Die Calorien sind durch Multiplikation des Proteins mit 4,1, des Fettes mit 9,3, der Kohlenhydrate mit 4,1 berechnet worden (S. 150).

Der Nährstoffgehalt hängt wesentlich vom Wassergehalt ab, der je nach der Aufbewahrung oder Trocknung für die untersuchten Proben vielfach zufällig ist. Einen richtigen Anhalt für die Beurteilung der Gehaltsunterschiede verschiedener Nahrungsmittel bieten daher nur die auf Trockensubstanz berechneten Werte. Da aber die Umrechnung sämtlicher Gehaltszahlen auf Trockensubstanz den Umfang der Tabelle zu sehr erweitert haben würde, so habe ich diese auf Reincalorien (d. h. Calorien der ausnutzbaren Nährstoffe) in 1 kg Trockensubstanz beschränkt. Wenn daher ein Nahrungsmittel nur im Wassergehalt und nicht in dem Gehalt und Verhältnis an einzelnen Nährstoffen (Protein, Fett und Kohlenhydraten) sehr schwankt, so kann man sich auf Bestimmung der Trockensubstanz beschränken und durch Multiplikation derselben mit dem Wert in der Tabelle jedesmal den Gehalt des Nahrungsmittels an „Reincalorien" berechnen.

[3]) Die Zeichen für Vitamine bedeuten: +++ reichlicher Gehalt, ++ guter Gehalt, + mäßiger, aber deutlicher Gehalt, 0 = kein Gehalt an dem Vitamin; — ein Vitamin D ist noch nicht erwiesen.

[4]) Man sagt neuerdings der Ziegenmilch nach, daß sie als Nahrung für Kinder Anämie (Blutarmut) hervorrufe und kein oder nicht genug Vitamin C enthalte. Diese Behauptung bedarf doch noch wohl einer weiteren Prüfung.

Nr.	Nahrungsmittel	Wasser	Organische Stoffe	Mineralstoffe	Ausnutzbare Nährstoffe: Stickstoffsubstanz	Ausnutzbare Nährstoffe: Fett	Ausnutzbare Nährstoffe: Kohlenhydrate	Ausnutzbare Calorien in 1 kg: Frische Substanz	Ausnutzbare Calorien in 1 kg: Trockensubstanz	Vitamine im natürlichen Zustande: A	B	C
		%	%	%	%	%	%	Cal.	Cal.			
13	Vollmilchpulver	5,28	88,96	5,76	23,52	25,36	36,60	4820	5036	+	+	0
14	Halbfettmilchpulver . . .	5,73	87,63	6,64	29,83	13,39	40,95	4447	4717	+	+	0
15	Magermilchpulver	6,71	86,44	7,65	31,30	1,55	49,53	3458	3707	0	0	0
16	Rahmpulver	3,57	92,42	4,01	16,84	41,13	30,58	5770	5983	++	+	0
17	Molkenpulver	1,90	89,40	8,70	12,59	1,22	74,24	3673	3744	0	0	0
	Gärungserzeugnisse aus Milch.											
18	Joghurt	88,31	10,91	0,78	3,12	2,61	4,62[1])	557	4763	++	++	++
19	Kefir	88,86	10,48	0,66	2,93	2,89	3,56[1])	535	4800	++	++	++
20	Kumys aus Stutenmilch .	91,29	8,30	0,41	2,12	1,38	2,80[1])	330	3784	++	++	++
	Erzeugnisse bei der Verarbeitung der Milch auf Butter.											
21	Mager- { Zentrifugen- . .	90,59	8,66	0,75	3,51	0,14	4,81[2])	354	3763	wenig	+	wenig
22	milch { Satten-	90,15	9,10	0,75	3,32	0,76	4,70[2])	402	4079	„	+	0
23	Buttermilch	90,94	8,36	0,70	3,47	0,61	3,96[2])	361	4000	+	+	0
24	Rahm oder Sahne { Kaffee- . . .	81,90	17,50	0,60	3,27	9,45	3,96	1175	6493	+++	+	wenig
25	Doppel- . .	73,00	26,50	0,50	2,81	18,90	3,46	2012	7451	+++	+	„
26	Schlag- . .	68,95	30,65	0,40	2,48	23,62	2,97	2420	7794	+++	+	„
27	Butter aus { ungesalzen .	14,75	85,10	0,15	0,65	79,88	0,74	7486	8769	+++	+	„
28	Rahm { gesalzen . . .	11,88	85,92	2,20	0,47	80,94	0,54	7570	8590	+++	+	+
	Käse aus Kuhmilch.											
	Rahmkäse, Überfettkäse:		Mineralstoffe	Kochsalz						[3])	[3])	[3])
29	Reiner Rahm-Kajmak (Serbien)	31,55	4,50	—	5,84	52,73	1,95	5233	7644	+++	+	wenig
30	Rahm- und { Gervais- und Neufchâteller	46,12	1,10	—	12,62	35,53	1,65	3876	7194	+++	+	„
31	Vollmilch { Brie	49,47	4,54	1,80	17,74	25,39	0,85	3123	6221	+++	+	„

[1]) Die drei Gärungserzeugnisse enthielten folgende Mengen Milchsäure:

Joghurt	Kefir	Kumys
0,82%	0,87%	0,65%

[2]) Die drei Abfallmilche enthalten Milchsäure:

Zentrifugen-Magermilch	Satten-Magermilch	Buttermilch
0,10%	0,14%	0,35%

[3]) Die Werte für den Vitamingehalt der Käse beruhen nicht auf experimentellen Befunden, sondern sind von mir je nach dem Fettgehalt geschätzt worden. Denn man kann annehmen, daß das vitaminhaltige Milchfett bei der Käsebereitung keine wesentliche Abnahme erfährt, daß dagegen durch die Tätigkeit der einzelligen Kleinwesen beim Reifen der Käse aufs neue Vitamine gebildet werden können.

Nr.	Nahrungsmittel	Wasser	Mineralstoffe	Kochsalz	Ausnutzbare Nährstoffe: Stickstoff-substanz	Fett	Kohlen-hydrate	Ausnutzbare Calorien in 1 kg: Frische Substanz	Trocken-substanz	Vitamine im natürlichen Zustande: A	B	C
		%	%	%	%	%	%	Cal.	Cal.	A	B	C
	Fettkäse.											
32	Camembert	52,68	4,10	2,63	17,54	21,53	1,64	2789	5893	++	+	wenig
33	Edamer	37,53	5,11	2,57	24,01	26,59	3,43	3492	5573	++	+	„
34	Emmentaler	33,60	4,23	2,30	25,64	30,51	2,39	3986	6003	++	+	„
35	Gouda	35,98	4,20	2,60	25,64	27,07	3,63	3717	5797	++	+	„
36	Münster	53,11	3,70	1,30	16,36	21,73	2,62	2799	5969	++	+	„
37	Tilsiter	39,27	5,75	3,51	24,45	25,81	1,47	3463	5702	++	+	„
	Halbfettkäse.											
38	Battelmattkäse	47,71	2,87	—	21,49	22,76	2,28	2991	5721	++	++	„
39	Camembert	57,48	4,50	—	20,61	10,99	4,22	2032	4779	+	+	„
40	Edamer oder Gouda	43,66	5,65	2,84	30,39	14,16	3,01	2686	4789	+	+	„
41	Greierzer Käse	36,41	3,99	1,23	28,18	27,14	0,72	3755	5905	++	+	„
42	Limburger	52,02	5,63	3,79	24,96	10,89	4,02	2211	4608	+	+	„
43	Parmesan	27,55	4,55	1,41	33,79	25,94	4,18	3969	5478	++	+	„
44	Romadur	56,12	5,71	3,88	20,92	11,57	3,45	2074	4727	+	+	„
45	Tilsiter	46,35	6,04	3,10	26,45	15,71	2,62	2653	4945	+	+	„
	Einviertelfettkäse.											
46	Dänischer Export-	45,99	3,63	1,86	28,06	12,67	4,95	2532	4689	wenig?	?	?
47	Engadiner (Ober-)	43,99	3,64	—	41,72	7,31	—	2390	4268	„	?	?
48	Kräuterkäse	56,14	3,55	—	26,52	7,18	4,21	1928	4397	„	?	?
49	Limburger	58,25	3,35	—	26,10	6,03	3,99	1794	4298	„	?	?
	Magermilch-(Sauevmilch-) Käse.											
50	Harzer	56,75	4,25	—	32,14	1,29	3,16	1560	3608	wenig?	?	?
51	Kräuterkäse	48,38	5,50	—	33,89	3,02	6,48	1936	3743	„	?	?
52	Mainzer (Handkäse)	53,74	3,38	—	34,90	5,24	—	1918	4147	„	?	?
53	Kochkäse des Handels	68,20	3,09	2,35	20,85	2,36	3,79	1230	3867	„	?	?
	Quarg, Quargeln, Topfen (aus saurer abgerahmter Milch).											
54	Quarg, frisch	76,50	1,25	—	16,04	1,09	3,83	916	3898	wenig	?	?
55	Topfen getrocknet: schwach	60,27	4,02	—	23,23	6,93	3,43	1738	4374	„	?	?
56	Topfen getrocknet: stärker	48,51	6,34	—	36,96	5,23	0,08	2005	3867	„	?	?
57	Topfen getrocknet: sehr stark	9,37	13,65	10,67	69,39	1,30	1,33	3020	3333	„	?	?
	Molkenkäse (Mysost) und Zieger.											
58	Molkenkäse: Sahnen-Molkenkäse	12,74	4,52	—	9,55	29,14	40,47	4761	5443	wenig?	?	?
59	Molkenkäse: Magermilch-	22,74	8,72	—	10,72	0,69	54,65	2744	3552	„	?	?

Nr.	Nahrungsmittel	Wasser	Mineralstoffe	Kochsalz	Ausnutzbare Nährstoffe: Stickstoffsubstanz	Fett	Kohlenhydrate	Ausnutzbare Calorien in 1 kg: Frische Substanz	Trockensubstanz	Vitamine im natürlichen Zustande: A	B	C
		%	%	%	%	%	%	Cal.	Cal.			
60	Käse aus Molken von Vollmilch	25,14	5,57	—	6,35	10,40	49,94	3277	4377	wenig ? ,,	?	?
61	Zieger, Glarner	46,02	10,10	—	34,65	6,24	—	2001	3707	,,	?	?
62	,, Vorarlberger . .	63,78	2,50	—	24,29	4,32	2,98	1520	4196	,,	?	?
	Käse aus sonstigen Milcharten.											
	Käse aus											
63	Büffelmilch	48,56	2,99	0,50	17,56	26,83	1,16	3263	6342	++	+	wenig
64	Ziegenmilch	21,80	9,05	6,26	26,98	34,18	4,00	4449	5689	++	+	,,
	Schafmilch:											
65	Roquefort	33,44	5,88	4,18	22,54	31,36	3,29	3976	5973	++	+	wenig
66	Ungarischer Schafkäse .	41,19	4,60	2,09	23,25	26,45	1,41	3451	5868	++	+	,,
67	Bulgarischer Weißkäse .	40,34	5,25	4,05	20,35	29,56	1,32	3639	6099	++	+	,,
	Margarine- (Kunstfett-) Käse.											
68	Margarinekäse fett . . .	40,85	4,96	2,44	24,44	22,56	4,38	3280	5545	0	0	0
69	Margarinekäse halbfett .	38,61	5,86	1,51	41,86	8,37	1,79	2584	4209	0	0	0
	Molken			Milchsäure								
70	Kuhmilch Käsemilch . . .	93,36	0,60	0,12	0,68	0,36	4,88	262	3938	—	—	—
71	Kuhmilch Molken	93,79	0,44		0,56	0,07	5,05	237	3808	—	—	—
72	Kuhmilch Quargserum . .	93,52	0,78		1,00	0,14	4,43	236	3636	—	—	—
	Eier.											
		Wasser	Organ. Stoffe	Mineralstoffe								
73	Haushuhn	73,67	25,26	1,07	12,19	11,42	0,66	1587	6027	++	+++	?
74	Ente	70,81	28,11	1,08	12,39	14,29	0,29	1849	6334	++	+++	?
75	Gans	69,50	30,50	1,00	13,39	13,68	1,27	1873	6142	++	+++	?
76	Kiebitz	74,43	24,59	0,98	10,43	11,08	2,15	1546	6046	++	+++	?
	Die Teile des Hühnereies im natürlichen Zustande.											
77	Hühnerei Eiklar	85,61	13,72	0,67	12,38	0,24	0,69	558	3865	Spur	Spur	Spur
78	Hühnerei Eigelb	50,93	48,05	1,02	15,57	30,12	0,28	3451	7033	++	+++	?
	Dauerwaren des Handels aus Eiern.											
79	Hühner- Eiweiß . . .	11.65	82,15	6,20	71,00	0,28	8,48	3285	3718	—	—	—
80	Hühner- Eigelb	5,88	90,59	3,53	32,32	48,96	5,61	6008	6386	++	+	?
	Eßbare Vogelnester.											
81	Von Collocalia fuciphaga	16,50	76,46	7,04	52,95	0,33	19,14	2986	3576	—	—	—

Fleisch.

Fleisch von landwirtschaftlichen Schlachttieren.

Nr.	Nahrungsmittel	Wasser	Organische Stoffe[1]	Mineralstoffe	Ausnutzbare Nährstoffe[2]			Ausnutzbare Calorien in 1 kg		Vitamine im natürlichen Zustande		
					Stickstoffsubstanz	Fett	Kohlenhydrate	Frische Substanz	Trockensubstanz	A	B	C
		%	%	%	%	%	%	Cal.	Cal.			
82	Rindfleisch, fett	55,31	43,74	0,95	18,11	22,94	0,28	2887	6460	+	+	+
83	Rindfleisch, mittelfett	70,96	28,14	1,00	19,01	7,25	0,42	1471	5065	+	+	+
	Rindfleisch, mager	74,23	24,62	1,15	19,68	3,27	0,54	1133	4396	+	+	+
85	Kalbfleisch, fett	68,65	30,35	1,00	18,66	9,82	0,34	1692	5397	+	+	+
86	Kalbfleisch, mager	73,72	25,16	1,12	20,72	2,85	0,43	1132	4301	+	+	+
87	Schaffleisch, fett	53,45	46,65	0,90	16,27	26,55	0,24	3146	6759	+	+	+
88	Schaffleisch, mager	72,12	26,68	1,20	19,00	6,01	0,39	1054	4856	+	+	+
89	Ziegenfleisch	73,35	25,40	1,25	19,78	4,02	0,43	1202	4510	+	+	+
90	Schweinefleisch, fett	48,95	43,30	0,75	14,43	32,72	0,24	3644	7138	+	+	+
91	Schweinefleisch, mager	72,30	26,80	0,90	19,23	5,89	0,39	1352	4881	+	+	+
92	Pferdefleisch	74,15	24,79	1,06	20,57	2,34	0,82	1097	4244	+	+	+
93	Hundefleisch, fett	68,64	30,30	1,06	18,96	9,49	0,55	1682	5375	—	—	—
94	Hundefleisch, mager	72,31	26,62	1,07	20,57	4,18	0,63	1258	4543	—	—	—
	Fleisch[3]) von Wild und Geflügel.											
95	Wildschweinkeule	74,50	24,33	1,17	20,84	2,12	0,39	1068	4187	+	+	+
96	Hirschkeule	73,90	25,07	1,03	19,78	3,60	0,54	1168	4475	+	+	+
97	Hase	74,16	24,66	1,18	22,05	1,06	0,47	1027	4081	+	+	+
98	Kaninchen[3]), fett	63,35	35,53	1,12	19,93	13,37	0,39	2076	5664	+	+	+
99	Kaninchen[3]), mager	75,39	23,35	1,26	20,47	1,17	0,69	966	3925	+	+	+
100	Reh	75,76	23,11	1,13	19,88	1,79	0,41	998	4118	+	+	+
101	Huhn, fett	70,06	29,03	0,91	18,46	8,73	0,39	1585	5293	+	+	+
102	Huhn, mager	76,22	22,41	1,37	19,54	1,33	0,55	947	3983	+	+	+
103	Desgl. Fleisch, helles	74,08	24,69	1,23	21,79	1,47	0,34	1044	4028	+	+	+
104	Desgl. Fleisch, dunkles	74,28	24,47	1,25	20,36	2,73	0,26	1099	4270	+	+	+

[1]) Der Gehalt an Nährstoffen bezieht sich auf den eßbaren Teil, also nach Entfernung der Abfälle (Knochen, Sehnen usw.). In Deutschland wird das Fleisch durchweg in 4 Klassen eingeteilt; für diese wurden durchschnittlich folgende Abfälle gefunden:

	Fleisch I. Klasse	II. Klasse	III. Klasse	IV. Klasse
Von Rind	wenig bis 8,5%	12,6—18,6%	19,8—28,4%	30,0—45,0%
„ Kalb	10,6%	18,5%	26,5%	50,0%
„ Schaf	12,0%	19,0%	26,0%	—
„ Schwein	11,0%	16,0%	32,0%	55,0%

[2]) Bei den Fleischsorten ist die Ausnutzbarkeit des Proteins zu 95,7%, die des Fettes zu 93,5% und die der Kohlenhydrate zu 97% angenommen.

[3]) Das Schlachtgewicht, also Körpergewicht nach Abzug von Kopf, Füßen, Darm- bzw. Magen- bzw. Kropfinhalt, Haut bzw. Federn, betrug nach einigen Ermittlungen bei Gänsen 69,5—73,6%, bei Enten 70,2—74,4% des Körpergewichtes. In Prozenten des Schlachtgewichtes wurden u. a. gefunden:

	Gans (fett)	Ente (wilde)	Junger Hahn	Haushuhn (fett)	Kaninchen (zahm)	Hase
Knochen	9,3%	10,5%	18,1%	15,4%	11,9%	—
Fleisch + Fett	81,1%	79,4%	71,4%	74,4%	79,3%	—
Innere eßbare Teile	9,6%	10,1%	10,5%	11,2%	8,8%	7,9%

Nr.	Nahrungsmittel	Wasser	Organische Stoffe	Mineralstoffe	Ausnutzbare Nährstoffe[1]) Stickstoff-substanz	Fett	Kohlen-hydrate	Ausnutzbare Calorien in 1 kg Frische Substanz	Trocken-substanz	Vitamine im natürlichen Zustande A	B	C
		%	%	%	%	%	%	Cal.	Cal.			
105	Fasan { Brust	73,47	25,37	1,16	22,86	0,91	0,48	1042	3926	+	+	+
106	Fasan { Schenkel	75,05	23,86	1,09	19,76	2,63	0,48	1074	4346	+	+	+
107	Ente zahme { Brust	73,26	25,71	1,03	21,53	2,57	0,44	1130	4262	+	++	+
108	Ente zahme { Schenkel	72,80	26,37	0,83	18,79	5,96	0,34	1339	4921	+	++	+
109	Ente, (wilde)	72,54	26,26	1,20	21,68	2,91	0,48	1179	4294	+	+	+
110	Gans (fett)	37,87	61,65	0,48	15,23	42,63	0,14	4595	7235	+	+	+
111	Feldhuhn	72,44	26,17	1,39	23,22	1,34	0,48	1096	3977	+	+	+
112	Taube	75,21	23,64	1,15	21,19	0,93	0,48	975	3933	+	+	+
113	Krammetsvogel	74,04	24,46	1,50	21,23	1,65	0,48	1044	4020	+	+	+
	Schlachtabgänge von landwirtschaftlichen Schlachttieren.											
114	Blut	80,82	18,33	0,85	17,67	0,17	0,03	742	3868	—	—	—
115	Zunge (Hammel, Kalb und Rind)	65,62	33,38	1,00	15,30	16,76	0,04	2188	6364	+	+	—
116	Herz	71,07	27,86	0,95	15,62	9,41	0,30	1523	5282	++	++	wenig
117	Niere	75,55	23,26	1,19	16,40	4,14	0,36	1072	4384	++	++	„
118	Leber	71,55	26,90	1,55	17,73	3,39	3,25	1175	4132	+++	++	„
119	Kalbshirn	80,96	17,66	1,38	8,79	8,21	—	1142	6000	++	++	+
120	Kalbsmilch (Bröschen)	70,00	28,40	1,60	26,79	0,38	—	1134	3780	++	++	+
121	Schweineschwarte	51,75	39,07	9,18	31,43	3,49	—	1613	3343	—	—	—
122	Knorpeln (Kalbsfüße + anhaftendes Fett)	63,84	35,32	0,84	20,47	10,51	—	1817	5024	—	—	—
123	Knochenmark	4,66	93,08	2,26	2,82	84,15	—	7941	8329	++	—	—
124	Fettgewebe	11,88	87,70	0,42	2,02	79,45	—	7472	8479	—	—	—
	Fleischdauerwaren.											
125	Rauch-fleisch { vom Ochsen	47,68	41,73	10,59	25,93	14,35	—	2398	4583	wenig	wenig	wenig
126	Rauch-fleisch { vom Pferd	49,15	38,32	12,53	30,47	6,07	—	1811	3561	„	„	„
127	Zunge vom Ochsen, gesalzen und geräuchert	35,74	55,76	8,50	23,26	29,55	—	3702	5760	„	„	„
128	Schinken { gesalzen	62,58	31,00	6,42	21,36	8,11	—	1630	4356	„	„	„
129	Schinken { desgl. u. geräuch.	28,11	61,35	10,54	23,67	34,08	—	4140	5759	—	—	—

[1]) Das Schlachtgewicht, also Körpergewicht nach Abzug von Kopf, Füßen, Darm-, bzw. Magen- bzw. Kropfinhalt, Haut bzw. Federn, betrug nach einigen Ermittelungen bei Gänsen 69,5—73,6%, bei Enten 70,2—74,4% des Körpergewichtes. In Prozenten des Schlachtgewichtes wurden u. a. gefunden:

	Gans (fett)	Ente (wilde)	Junger Hahn	Haushuhn (fett)	Kaninchen (zahm)	Hase
Knochen	9,3%	10,5%	18,1%	15,4%	11,9%	—
Fleisch+Fett	81,1%	79,4%	71,4%	74,4%	79,3%	—
Innere eßbare Teile	9,6%	10,1%	10,5%	11,2%	8,8%	7,9%

Nr.	Nahrungsmittel	Wasser	Organische Stoffe	Mineralstoffe	Ausnutzbare Nährstoffe			Ausnutzbare Calorien in 1 kg		Abfall	Vitamine im natürlichen Zustande		
					Stickstoff-substanz	Fett	Kohlen-hydrate	Frische Substanz	Trocken-substanz				
		%	%	%	%	%	%	Cal.	Cal.	%	A	B	C
130	Speck { gesalzen	9,15	85,47	5,38	9,30	70,82	—	6968	7690	—	—	—	—
131	Speck { desgl. u. geräuch.	10,21	81,77	8,02	5,87	68,08	—	6572	7319	—	—	—	—
132	Gänsebrust, pommersche	41,35	54,09	4,56	20,53	29,44	1,11	3625	6181	—	wenig	wenig	—
133	Huhn in Gelee	77,28	20,47	2,25	16,03	3,15	0,33	964	4241	—	„	„	—
134	Corned beef { fettreich . . .	51,68	44,83	3,49	24,77	16,78	0,97	2616	5414	—	—	—	—
135	Corned beef { fettarm mit Zusatz von Salzen	55,00	28,68	16,32	20,75	4,38	2,29	1352	3002	—	—	—	—
	Würste.												
136	Rindfleisch-Schlackwurst .	48,24	47,33	4,43	19,46	25,23	—	3144	6074	—	—	—	—
137	Weiche Mett- oder Schlack- oder Knackwurst . . .	35,41	59,83	4,76	18,28	38,14	—	4297	6653	—	—	—	—
138	Zervelat- oder Plockwurst	24,18	69,86	5,96	22,90	42,94		4931	6504	—	—	—	—
139	Salami- oder Hartwurst .	17,01	76,27	6,72	26,64	45,28	—	5303	6389	—	—	—	—
140	Schinkenwurst	46,87	49,82	3,31	12,32	32,19	2,44	3599	6774	—	—	—	—
141	Sülzenwurst	41,50	45,90	12,60	22,11	21,32	—	2889	4939	—	—	—	—
142	Frankfuter Würstchen .	42,80	54,11	3,09	11,97	36,51	2,47	3993	6981	—	—	—	—
143	Wiener Würstchen . . .	68,69	28,03	3,28	13,45	12,78	0,30	1752	5596	—	—	—	—
144	Fischwurst	66,70	30,36	2,94	20,05	8,80	—	1640	4925	—	—	—	—
145	Blutwurst { bessere Sorte .	49,93	48,38	1,69	11,20	10,73	23,81	7433	4859	—	+	+	+
146	Blutwurst { schlechtere „ . .	63,61	34,63	1,76	8,49	8,29	15,04	1736	4770	—	—	—	—
147	Braunschweig. Blutwurst .	39,29	58,85	1,86	13,60	41,57	0,17	4431	7299	—	—	—	—
148	Leberwurst { beste Sorte . . .	42,30	54,51	3,19	15,27	32,99	2,43	3794	6576	—	++	++	+
149	Leberwurst { mittlere „ . . .	47,80	49,99	2,21	11,47	22,84	11,40	3062	5989	—	+	+	—
150	Leberwurst { schlecht. „ . . .	51,66	46,36	1,98	9,03	13,29	20,53	2447	5067	—	—	—	—
151	Trüffelwurst	42,29	55,30	2,41	11,62	37,56	0,92	4007	6943	—	—	—	—
152	Erbswurst	7,07	83,45	9,48	13,82	31,77	30,77	4782	5146	—	—	—	—
153	Kartoffelwurst	60,48	34,24	5,28	13,19	3,61	13,52	1431	3621	—	—	—	—
	Pasteten.												
154	Schinken-Pastete	25,57	67,65	6,78	16,15	47,57	—	5086	6833	—	+	+	+
155	Gänseleber- „	37,47	59,78	2,75	13,75	40,67	1,84	4421	7070	—	++	++	+
156	Salm- „	37,64	55,69	6,67	17,68	34,14	0,68	3928	6298	—	—	—	—
157	Hummer- „ . . .	51,33	43,77	4,90	14,17	23,24	3,92	2903	5963	—	—	—	—
	Fleisch von Fischen. Fettreiche Fische.												
158	Lachs oder Salm (Rhein-)	64,00	34,78	1,22	20,29	12,31	—	1977	5492	35,5	+	+	wenig
159	Elblachs	67,15	31,65	1,20	22,10	8,02	—	1662	5059	31,0	+	+	„
160	Seelachs	76,78	22,15	1,07	14,82	5,26	—	1097	4715	—	+	+	„

Nr.	Nahrungsmittel	Wasser	Organische Stoffe	Mineralstoffe	Ausnutzbare Nährstoffe: Stickstoff-substanz	Fett	Kohlen-hydrate	Ausnutzbare Calorien in 1 kg: Frische Substanz	Trocken-substanz	Abfall	Vitamine im natürlichen Zustande: A	B	C
		%	%	%	%	%	%	Cal.	Cal.	%	A	B	C
161	Flußaal	58,21	40,92	0,87	11,75	25,01	—	2808	6719	24,0	+	+	wenig
162	Meeraal	72,90	26,10	1,00	17,20	7,12	—	1367	5044	30,0	+	+	„
163	Hering	75,09	23,27	1,64	14,82	6,94	—	1253	5030	53,5	+	+	„
164	Makrele (Scomber) . . .	70,80	27,82	1,38	18,17	8,05	—	1494	5116	44,0	+	+	„
165	Knurrhahn	74,22	24,58	1,20	16,80	5,73	0,76	1243	4822	—	+	+	„
166	Heilbutte (Hypoglossus) .	75,24	23,70	1,06	17,89	4,69	—	1170	4724	28,0	+	+	„
167	Karpfen	73,47	25,31	1,22	16,00	7,94	—	1394	5217	55,0	+	+	„
168	Felchen	77,73	21,22	1,05	17,30	2,91	—	980	4405	—	+	+	„
	Fettarme Fische.												
169	Hecht	79,36	19,41	0,96	17,68	0,48	—	770	3782	45,0	Spur	wenig	0 ?
170	Gemeiner Schellfisch . .	81,50	17,19	1,31	16,24	0,24	—	668	3720	48,5	„	„	0 ?
171	Kabeljau oder Dorsch . .	82,42	16,29	1,29	15,33	0,28	—	655	3723	54,0	„	„	0 ?
172	Flußbarsch	79,48	19,23	1,29	18,17	0,64	—	804	3918	63,0	„	„	0 ?
173	Scholle oder Kliesche . .	80,83	18,17	1,00	15,83	1,40	—	662	3453	52,7	„	„	0 ?
174	Seezunge	82,67	15,91	1,42	14,01	0,48	—	619	3572	—	„	„	0 ?
175	Flunder	84,00	14,72	1,28	13,47	0,63	—	611	3819	57,0	„	„	0 ?
176	Saibling oder Forelle . .	77,51	21,28	1,21	18,41	1,08	—	932	4142	49,0	„	„	0 ?
177	Lachsforelle	80,50	18,70	0,80	16,81	0,67	—	752	3856	—	„	„	0 ?
178	Schleie	80,00	18,34	1,66	16,76	0,35	—	710	3550	62,0	„	„	0 ?
179	Steinbutte	77,60	21,66	0,74	17,36	2,07	—	904	4035	—	„	„	0 ?
180	Zander	79,59	19,47	0,94	17,78	0,27	—	754	3694	—	„	„	0 ?

Innere Teile von Fischen.

Nr.	Nahrungsmittel	Wasser	Organische Stoffe	Mineralstoffe	Stickstoff-substanz	Fett	Kohlen-hydrate	Frische Substanz	Trocken-substanz	Koch-salz	A	B	C
	Kaviar (gesalzener Rogen):												
181	Russischer { gepreßter . .	37,20	54,95	7,85	35,27	14,66	1,99	2891	4604	6,37	+	+	wenig?
182	Russischer { sonstiger . .	45,11	47,37	7,52	26,86	12,69	5,29	2498	4550	6,06	+	+	„
183	Elbkaviar	49,83	41,48	8,69	23,21	12,54	3,44	2259	4483	6,63	+	+	„
	Rogen, ungesalzen:												
184	Kabeljau-Rogen	72,15	26,04	1,81	22,25	1,47	1,05	1092	3922	—	+	wenig	wenig
185	Hering- „	69,22	29,40	1,38	24,99	2,97	—	1301	4226	—	+	„	„
186	Karpfen- „	66,15	32,45	1,40	26,29	2,32	4,16	1464	4325	—	+	„	„
187	Hecht- „	63,53	34,41	2,06	26,71	1,30	4,74	1410	3866	—	+	„	„
	Sperma:												
188	Herings-Sperma	75,62	22,71	1,67	18,11	3,38	—	1057	4336	—	—	—	—
189	Karpfen- „	78,47	19,19	2,34	15,22	2,95	—	898	4171	—	—	—	—

Fischdauerwaren.

Nr.	Nahrungsmittel	Wasser	Organische Stoffe	Mineralstoffe	Ausnutzbare Nährstoffe			Ausnutzbare Calorien in 1 kg		Abfall	Vitamine im natürlichen Zustande		
					Stickstoff-substanz	Fett	Kohlen-hydrate	Frische Substanz	Trocken-substanz				
		%	%	%	%	%	%	Cal.	Cal.	%	A	B	C
	Getrocknete bzw. gesalzene und getrocknete Fische.												
190	Schellfisch ⎧ Stockfisch .	14,67	79,64	5,69	78,61	2,42	—	3448	4041	20,0	0	0	0
191	bzw. ⎨ Klippfisch												
	Kabliau ⎨ (Laberdan) .	33,90	45,33	20,77	41,40	1,32	—	1815	2746	20,0	0	0	0
192	als ⎩ Salzfisch . .	58,02	24,95	17,03	23,37	0,98	—	1049	2500	20,0	0	0	0
	Geräucherte bzw. gesalzene und geräucherte Fische.												
193	Schellfisch, gesalzen und												
	geräuchert	71,42	24,00	4,58	21,75	0,46	—	935	3269	30,0	0	0	0
194	Lachs oder Salm (Rhein-)	55,17	34,10	10,73	22,32	9,67	0,21	1823	4067	5,0	+	0	0
195	Seelachs	59,78	31,87	8,35	19,75	8,83	1,53	1694	4212	14,8	+	0	0
196	Bücking, ger. Hering . .	67,45	29,73	2,82	19,82	8,74	—	1624	4990	37,0	+	0	0
197	Sprotten (Kieler)	59,81	39,21	0,98	20,96	15,11	0,75	2296	5712	42,0	+	0	0
198	Makrele (Scomber) . . .	44,45	41,73	13,82	18,40	20,41	0,12	2675	4783	35,4	+	0	0
199	Flußaal	50,26	47,38	2,36	17,91	25,24	0,95	3131	6294	47,0	+	0	0
200	Neunauge	51,21	47,38	1,41	19,37	23,18	1,56	3014	6177	—	+	0	0
201	Heilbutte	49,29	35,72	14,99	19,89	16,35	—	2336	4606	—	+	0	0
	Gesalzene bzw. marinierte und gebratene Fische (in Büchsen).												
202	Hering, gesalzen	48,21	38,14	13,65	19,34	15,20	1,25	2258	4360	31,7	+	+ ?	Spur
203	Desgl., mariniert	60,89	34,25	4,86	18,15	13,28	0,71	2008	5108	23,6	+	+ ?	„
204	Desgl. (Bismarck-) . . .	56,41	40,20	3,39	22,37	14,02	1,36	2277	5224	45,8	+	+ ?	„
205	Desgl. (Matjes-)	62,61	28,69	8,70	18.72	8,37	—	1596	4135	19,2	+	+ ?	„
206	Desgl., Rollmops	62,26	35,55	2,19	18,98	13,49	0,93	2071	5488	2,4	+	+ ?	„
207	Desgl. Brat-, in Essig .	63,55	33,54	2,91	20,92	10,09	0,63	1842	5053	38,2	+	+ ?	„
208	Desgl. in Bouillon . . .	66,07	31,46	2,47	18,56	10,31	—	1720	5069	—	+	+	„
209	Desgl. in Tomatensauce												
	(Imperial-)	59,15	36,70	4,15	16,62	15,72	2,05	2270	5451	27,1	+	+	+
210	Sardellen	46,84	29,82	23,34	25,41	3,04	0,69	1353	2545	18,0	+	wenig	—
211	Sardinen (sauer)	58,31	32,02	9,67	20,64	7,96	1,71	1657	3974	18,2	+	„	—
212	Anchovis (sauer)	62,51	30,54	6,95	21,86	6,29	0,83	1515	4041	28,0	+	„	—
213	Aal in Gelee	63,34	35,76	0,90	17,31	15,68	0,48	2188	5968	47,9	+	wenig ?	0
214	Hering in Gelee	63,37	34,99	1,64	17,94	14,19	0,68	2083	5687	44,0	+	„	0
215	Sardinen in Öl	54,24	39,58	6,18	22,95	13,06	1,28	2208	4825	21,5	0	0	0
216	Sardellenbutter	46,46	34,76	18,78	15,87	16,64	—	2198	4105	—	++	+	Spur

Fleisch von wirbellosen Tieren.

Nr.	Nahrungsmittel	Wasser	Organische Stoffe	Mineralstoffe	Ausnutzbare Nährstoffe: Stickstoff-substanz	Fett	Kohlen-hydrate	Ausnutzbare Calorien in 1 kg: Frische Substanz	Trocken-substanz	Vitamine im natürlichen Zustande: A	B	C
		%	%	%	%	%	%	Cal.	Cal.			
	Im frischen Zustande.											
217	Austern: Fleisch	80,52	17,52	1,96	8,67	1,86	6,16	786	4034	verhalten sich wahrscheinlich wie mageres Fleisch der Warmblüter		
218	Austern: Flüssigkeit	95,76	2,15	2,09	1,42	0,03	0,70	90	2133			
219	Austern: Fleisch + Flüssigkeit	87,36	10,61	2,03	5,71	1,05	3,46	474	3750			
220	Miesmuschel	86,74	11,83	1,43	8,31	1,19	2,09	537	4050			
221	Herzmuschel (Cardium) .	92,00	6,77	1,23	3,99	0,26	2,25	280	3500			
222	Weinbergschnecke (Helix pomatia)	80,50	18,17	1,33	15,52	1,26	0,44	772	3956	desgl.		
223	Burgunderschnecke . . .	79,30	19,15	1,55	15,29	0,98	1,90	796	3845			
224	Hummer (Homarus) . .	81,84	16,45	1,71	13,77	1,67	0,12	725	3992			
225	Flußkrebs (Astacus) . .	81,22	17,47	1,31	15,20	0,42	0,98	703	3743			
226	Krabbe (Carcinus) . . .	78,81	19,57	1,62	15,04	1,20	2,34	824	3888			
227	Garneele (Crangon) . . .	79,29	17,87	2,84	14,14	0,73	2,12	734	3544			
	Dauerwaren aus Weich- und Krustentieren u. a.											
228	Hummer, eingelegt . . .	77,75	19,78	2,47	17,22	0,97	0,55	819	3681	—	—	—
229	Flußkrebs, desgl.	72,74	14,20	13,06	12,95	0,33	0,20	570	2091	—	—	—
230	Krabbe, desgl.	70,80	26,62	2,58	24,11	0,91	0,23	1082	3700	—	—	—
231	Miesmuschel-Paste . . .	70,97	25,35	3,68	21,76	2,57	—	1131	3896	—	—	—
232	Garneele, getrocknet . .	15,66	77,89	6,45	69,58	2,35	2,00	3153	3738	—	—	—

Fleischextrakt, Fleischsäfte, Bouillonwürfel, Suppen- und Speisewürze.

Nr.	Nähere Angaben	Wasser	Organische Stoffe	Gesamtstickstoff	Proteosen	Kreatin + Kreatinin	Xanthinbasen	Fett (Ätherauszug)	Sonstige N-freie organische Stoffe	Salze	Chlor als Chlornatrium	Phosphorsäure	Vitamine im natürlichen Zustande: A	B	C
		%	%	%	%	%	%	%	%	%	%	%			
	Fleischextrakte.					[1]	[2]		[3]						
233	Feste: Liebigs	19,51	60,06	9,25	9,25	5,25	1,58	0,25	12,66	20,43	3,83	6,78	Spur	+	Spur
234	Feste: Neuseeländer u. a. .	18,01	64,93	9,31	12,75	5,82	1,26	0,31	11,57	17,06	3,30	5,80	„	+	„
235	Flüssige: Cibils	66,24	17,70	3,04	8,96	1,37	0,33	0,51	—	16,06	10,52	3,30	„	+	„
236	Flüssige: Amour	57,46	30,55	4,61	7,44	1,44	(1,48)	0,36	—	11,99	3,05	2,91	„	+	„

[1]) Kreatin-N × 3,12 + Kreatinin-N × 2,7.

[2]) Xanthin-N × 2,43.

[3]) Rest von 100 — (Wasser + Stickstoffverbindungen + Fett + Salze). Unter den sonstigen stickstofffreien Stoffen des Liebigschen Fleischextrakts werden 8,13% Säure, auf Milchsäure berechnet, 0,8% Bernsteinsäure, 0,3% Essigsäure, 0,7% Glykogen und 0,36% Inosit, für Neuseeländer Fleischextrakt 11,57% Milchsäure angegeben.

Nr.	Nähere Angaben	Wasser %	Organische Stoffe %	Gesamtstickstoff %	Proteosen %	Kreatin + Kreatinin %	Xanthinbasen %	Fett (Ätherauszug) %	Sonstige N-freie organische Stoffe %	Salze %	Chlor als Chlornatrium %	Phosphorsäure %	Vitamine im natürlichen Zustande A	B	C
	Fleischsäfte.										Chlor				
237	Kalt gepreßt	86,31	11,99	1,91	0,41	—	—	0,28	0,29	1,70	0,16	0,34	+	+	+
238	Meat bzw. Beef Juice { Brand & Co.[1])	77,25	13,36	1,83	0,75	—	—	—	—	9,39	5,76	1,28	—	—	—
239	Meat bzw. Beef Juice { John Wyeth[1])	59,56	23,95	3,02	0,39	0,95	—	—	—	16,49	7,84	3,26	—	—	—
	Bouillonwürfel.										Chlornatrium				
240	Bouillonwürfel, gute . .	4,38	27,07	2,82	3,49	0,86	0,24	7,53	—	68,55	64,64	1,08	—	—	—
241	Desgl. Maggi	5,38	29,62	2,89	—	—	—	5,88	—	65,00	58,03	—	—	—	—
242	Desgl. Knorr I u. a. . .	5,87	31,05	3,42	—	—	—	6,01	3,66	63,08	60,28	0,74	—	—	—
	Suppen- und Speisewürze.														
243	Maggis Suppenwürze . .	51,78	29,31	4,48	0,68	—	—	—	—	18,91	16,25	0,92	—	—	—
244	Knorrs „Sos"	56,72	24,04	3,35	—	—	—	—	—	19,24	17,08	0,63	—	—	—
245	Cibus	77,07	7,31	0,71	0,68	—	0,15	0,18	—	15,62	14,39	0,28	—	—	—
246	Herkules-Kraftbrühe . .	58,23	20,05	1,65	0,63	—	0,07	0,21	9,74	21,72	18,20	0,74	—	—	—
247	Gemüse-Bouillon Nägeli .	74,36	10,72	0,88	1,31	—	1,19	0,29	5,22	14,92	13,11	0,38	—	—	—
									Zucker						
248	Soja[2]), japanische . . .	70,55	12,42	1,12	0,69	—	—	0,49	3,80	17,03	12,47	0,34	—	—	—
249	„ chinesische . .	57,12	24,12	1,19	—	—	—	—	15,00	18,76	17,11	—	—	—	—
250	Beefsteak--Sauce	78,55	14,02	0,19	0,17	—	—	1,18	10,48	7,43	3,94	0,22	—	—	—
251	Trüffel- „	80,52	9,72	0,42	0,66	—	—	0,57	2,54	9,76	5,31	0,21	—	—	—
	Hefenextrakte:														
252	Feste { Ovos	24,90	50,22	5,75	7,50	—	4,59	0,31	13,96	24,88	14,04	5,62	—	+	—
253	Feste { Siris	28,41	52,31	6,97	3,12	—	1,87	0,30	8,28	19,28	5,24	6,18	—	+	—
254	Feste { Bios u. a. . . .	27,92	50,50	6,68	6,35	—	1,26	0,24	8,58	21,58	8,47	5,15	—	+	—
255	Flüssige { Obron	63,84	16,72	2,43	1,87	—	0,85	0,32	1,22	19,44	12,95	2,15	—	+	—
256	Flüssige { Ovos	71,09	11,72	2,97	1,80	—	1,01	0,22	17,49	17,19	10,70	3,29	—	+	—
257	Flüssige { Beduin u. a. .	55,81	22,69	2,67	2,06	—	1,26	0,27	6,00	21,50	15,17	2,68	—	+	—

Gemischte Suppentafeln.

Nr.	Nähere Angaben	Wasser %	Rohfaser %	Mineralstoffe %	Ausnutzbare Nährstoffe: Stickstoffsubstanz %	Fett %	Kohlenhydrate %	Ausnutzbare Calorien in 1 kg: Frische Substanz Cal.	Trockensubstanz Cal.	Vitamine im natürlichen Zustande A	B	C
	Gemische von Fleisch mit Fett, Mehl und Gemüse.											
258	Erbsenfleischsuppe (Erbsenfleischtafel) . .	17,01	1,47	9,04	19,03	17,08	30,97	3638	4383	—	++	—
259	Fleischbiskuits	6,62	0,74	2,65	12,78	1,02	70,52	3510	3759	—	+	—

[1]) Beide Fleischsäfte enthalten offenbar einen Zusatz von Kochsalz.

[2]) Soja oder Shoya und Miso enthalten geringe Mengen Alkohol und flüchtige Säuren (vgl. S. 52).

Nr.	Nähere Angaben	Wasser	Rohfaser	Mineralstoffe	Ausnutzbare Nährstoffe			Ausnutzbare Calorien in 1 kg		Vitamine im natürlichen Zustande		
					Stickstoff-substanz	Fett	Kohlen-hydrate	Frische Substanz	Trocken-substanz			
		%	%	%	%	%	%	Cal.	Cal.	A	B	C
260	Fleischzwieback	6,55	0,47	2,99	23,39	15,25	44,70	4210	4505	+	+	—
261	Suppenpulver (German army food)	11,23	1,71	17,33	16,97	2,03	44,17	2696	3037	—	+	—
262	Rumfordsuppe	11,73	1,15	12,74	14,38	7,35	47,51	3221	3638	—	—	—
263	Gulyas mit Kartoffeln .	57,25	0,81	3,86	15,33	5,09	14,34	1690	3953	—	+	—
264	Fleisch, Erbsen, Möhren	15,93	1,90	8,73	28,33	25,71	13,13	4091	4866	+	+	+
265	Krebssuppe	10,72	1,07	15,85	10,97	11,91	44,85	3396	3803	—	—	—
	Gemische von Fleischextrakt mit Fett, Mehl und Gemüse.											
266	Bohnensuppe	10,76	1,69	12,28	16,46	17,65	35,88	3788	4245	—	+[1])	—
267	Erbsensuppe	9,11	1,45	12,26	17,06	17,00	37,70	3826	4209	—	+	—
268	Linsensuppe	10,91	1,23	11,64	17,29	16,73	36,80	3764	4225	—	+	—
269	Grießsuppe	10,67	0,92	13,93	9,40	10,44	50,05	3508	3927	—	—	—
270	Reissuppe	9,80	0,79	13,86	7,83	9,59	53,64	3412	3783	—	—	—
271	Gerstensuppe	8,31	0,76	14,71	9,19	10,67	51,71	3489	3805	—	—	—
272	Tapioka-Julienne-Suppe .	10,65	1,82	13,19	3,70	10,08	56,47	3404	3809	—	—	—
273	Grünkernsuppe	6,54	1,43	16,48	9,08	11,44	50,42	3503	3748	—	—	—
274	Schildkröten-(Mock-Turtl-) Suppe	4,97	3,23	15,85	15,98	16,44	38,26	3753	3949	—	—	—
	Gemische von Fett, Mehl und Gemüse u. a.											
275	Bohnensuppe	7,00	2,09	13,33	15,12	11,59	42,11	3424	3682	—	+[1])	—
276	Erbsensuppe	9,24	1,05	12,16	16,65	12,31	40,28	3479	3838	—	+	—
277	Linsensuppe	9,38	2,15	14,49	17,82	9,23	38,85	3182	3511	—	+	—
278	Gersten- bzw. Grießsuppe	10,12	0,37	13,82	9,22	3,92	57,59	3104	3455	—	—	—
279	Grünkernsuppe	9,22	0,82	13,38	8,66	6,92	55,97	3292	3626	—	—	—
280	Hafergrütze oder Schleimsuppe	9,22	0,88	12,25	9,73	9,57	53,11	3466	3818	—	—	—
281	Kartoffelsuppe	10,02	1,58	14,35	6,24	8,58	56,24	3360	3732	—	—	—
282	Reis-Julienne	10,75	1,57	16,44	6,34	4,38	57,42	3021	3385	—	—	—
283	Tapioka-Julienne	10,55	0,31	15,84	2,05	3,84	59,39	2876	3215	—	—	—
284	Reissuppe	9,78	1,00	18,68	5,48	4,57	57,64	3013	3332	—	—	—
285	Sagosuppe	11,38	0,16	12,46	1,78	2,65	69,51	3169	3576	—	—	—
286	Tomatensuppe	16,13	1,06	16,73	4,94	4,12	52,96	2757	3286	+	++	+
287	Pilzsuppe	10,70	0,99	14,64	8,51	7,94	51,76	3210	3595	—	—	—

[1]) Die Leguminosenmehle enthalten ohne Zweifel Vitamin B, wenn die Samen vor dem Mahlen nicht mit Natriummono- oder -bicarbonat gekocht oder gedämpft wurden.

Protein-Nährmittel.

Nr.	Nähere Angaben	Wasser	Organische Stoffe	Mineralstoffe	Ausnutzbare Nährstoffe: Stickstoff-substanz	Fett	Kohlen-hydrate	Ausnutzbare Calorien in 1 kg: Frische Substanz	Trocken-substanz	Vitamine im natürlichen Zustande: A	B	C
		%	%	%	%	%	%	Cal.	Cal.	A	B	C

Protein-Nährmittel mit unlöslichen Proteinen.

Aus tierischen Nahrungsmitteln.

Nr.	Nähere Angaben	Wasser %	Organische Stoffe %	Mineralstoffe %	Stickstoff-substanz %	Fett %	Kohlen-hydrate %	Frische Substanz Cal.	Trocken-substanz Cal.	A	B	C
288	Tropon } aus Fleisch- . .	8,41	90,72	0,87	83,23	0,12	—	3424	3759	0	0	0
289	Soson } rückständen . .	4,82	94,10	1,08	86,25	0,32	—	3566	3747	0	0	0
290	Plasmon od. Caseon } aus Milch	11,94	80,52	7,54	67,41	0,61	9,51	3211	3646	0	0	0
291	Kalk-Casein . . . } aus Milch	7,69	70,13	22,18	54,98	1,89	11,17	2888	3128	0	0	0
292	Eulactol . . . . . } aus Milch	6,90	88,80	4,30	28,67	13,57	43,12	4205	4517	0	0	0
293	Euprotan . . . . } aus Blut	3,60	94,63	1,77	89,43	0,45	—	3708	3846	0	0	0
294	Protoplasmin . . . } aus Blut	6,09	92,72	1,19	88,51	0,20	0,30	3660	3896	0	0	0
295	Hämose . . . . . } aus Blut	11,70	87,04	1,26	83,16	0,40	—	2447	2771	0	0	0
296	Hämatin-Albumin } aus Blut	8,71	90,13	1,16	84,10	0,28	2,12	3561	3901	0	0	0
297	Roborin . . . . . } aus Blut	6,74	80,90	12,36	74,28	0,14	3,20	3190	3421	0	0	0
298	Hämogallol . . . } aus Blut	10,06	88,82	1,12	84,27	0,99	—	3547	3944	0	0	0
299	Hämol . . . . . } aus Blut	8,85	80,94	9,21	71,93	0,72	5,98	3261	3578	0	0	0
300	Hämoglobin . . . } aus Blut	5,17	88,75	6,08	83,87	0,50	0,81	3518	3710	0	0	0
301	Sanguinin . . . . } aus Blut	9,69	89,54	0,77	85,86	0,09	—	3529	3907	0	0	0
302	Myogen . . . . . } aus Blut	12,20	86,60	1,20	80,08	0,18	—	3300	3758	0	0	0
303	Prothämin . . . . } aus Blut	8,50	90,40	1,10	90,20	0,20	—	3717	4062	0	0	0

Aus pflanzlichen Nahrungsmitteln.

Nr.	Nähere Angaben	Wasser %	Organische Stoffe %	Mineralstoffe %	Stickstoff-substanz %	Fett %	Kohlen-hydrate %	Frische Substanz Cal.	Trocken-substanz Cal.	A	B	C
304	Aleuronat . . } aus Weizenkleber	8,79	90,32	0,89	76,17	0,50	7,06	3460	3793	0	0	0
305	Roborat . . } aus Weizenkleber	9,46	89,15	1,39	76,49	2,20	2,89	3452	3812	0	0	0
306	Weizen-Protein } aus Weizenkleber	8,59	90,31	1,10	78,19	0,84	4,60	3472	3798	0	0	0
307	Energin aus Reis	8,05	90,98	0,97	80,77	1,72	1,05	3515	3822	0	0	0
308	Hefenprotein bzw. Nährhefe	7,50	85,46	7,04	47,73	2,13	21,82	3050	3297	+	++	—
309	Mineralhefe	7,34	80,16	12,50	41,08	2,11	12,70	2401	2591	+	++	—

Protein-Nährmittel mit vorwiegend löslichen Proteinen.

Durch chemische Hilfsmittel löslich gemachte Proteine.

Nr.	Nähere Angaben	Wasser %	Protein Gesamt- %	Protein löslich %	Mineralstoffe %	Stickstoff-substanz %	Fett %	Kohlen-hydrate %	Frische Substanz Cal.	Trocken-substanz Cal.	A	B	C
310	Nutrose . . . . } aus Casein	10,07	82,81	78,67	3,68	80,33	0,24	2,91	3435	3819	0	0	0
311	Sanatogen . . . } aus Casein	8,82	80,87	73,18	5,57	78,44	0,53	3,66	3415	3746	0	0	0
312	Eucasin . . . . } aus Casein	10,71	77,60	65,63	5,16	75,27	0,06	6,11	3339	3739	0	0	0
313	Galaktogen . . } aus Casein	8,18	75,67	72,59	6,14	73,40	0,67	8,45	3418	3712	0	0	0
314	Eulactol . . . . } aus Casein	5,93	30,41	18,18	4,31	29,50	12,58	42,83	4135	4396	0	0	0
315	Nikol (Milcheiweiß) . . .	13,84	77,28	49,10	6,14	74,96	0,35	1,95	3186	3698	0	0	0
316	Sanitätseiweiß „Nikol“ .	12,74	78,48	55,19	6,25	76,12	0,15	2,14	3223	3694	0	0	0

Nr.	Nähere Angaben	Wasser	Protein		Mineralstoffe	Ausnutzbare Nährstoffe			Ausnutzbare Calorien in 1 kg		Vitamine im natürlichen Zustande		
			Gesamt-	löslich		Stickstoff-substanz	Fett	Kohlen-hydrate	Frische Substanz	Trocken-substanz			
		%	%	%	%	%	%	%	Cal.	Cal.	A	B	C
317	Fersan	7,98	84,01	71,39	3,52	81,49	0,16	4,01	3420	3717	0	0	0
318	Sicco . . . . . aus	8,49	88,32	82,12	2,87	85,67	0,19	—	3530	3857	0	0	0
319	Ferratin . . . . Blut	8,24	68,50	64,75	14,17	66,44	0,08	8,51	3080	3356	0	0	0
320a	Hämalbumin . .	10,87	81,56	70,06	2,01	79,11	0,32	4,76	3469	3891	0	0	0
320b	Hämoglobin-Albuminat	46,70	9.50	8,61	0,34	9,21	—	40,43[1]	2031	3810	0	0	0
321	Mutase	9,81	54,36	17,75	8,07	52,09	1,09	23,88	3316	3677	0	0	0

Durch überhitzten Wasserdampf mit und ohne Zusatz von chemischen Lösungsmitteln löslich gemachte Protein-Nährmittel.

Nr.	Nährmittel (aus Fleisch hergestellt)	Anzahl der Analysen	Wasser	Gesamtstickstoff	Von den Stickstoffverbindungen			Fett	Stickstofffreie Extraktstoffe	Phosphorsäure	Chlornatrium	Vitamine im natürlichen Zustande		
					unlösliche und gerinnbare Proteine	Proteosen	Pepton und Basen							
			%	%	%	%	%	%	%	%	%	A	B	C
322	Leube-Rosenthals Fleischlösung	3	73,44	2,86	—	10,00	4,15	1,51	6,56	0,46	—	—	+	—
323	Fleischsaft „Karsan" . .	1	52,36	4,63	3,31	6,59	2,10	—	—	2,22	6,04	—	+	—
324	Toril	2	27,55	6,64	0,19	12,75	33,16	—	—	4,50	16,03	—	+	—
325	Johnstones Fluid beef .	8	44,27	6,19	—	18,14	18,57	2,04	7,94	2,04	—	—	+	—
326	Valentines Meat juice . .	2	62,07	2,75	—	2,01	15,17	5,76	4,97	3,76	—	—	+	—
327	Savory & Moores Fluid beef	1	27,01	8,77	—	5,42	2,74	52,73		1,49	—	—	+	—
328	Brand & Co.s Fluid beef	1	89,19	1,48	—	2,25	6,21	1,04		0,19	—	—	+	—
329a	Kemmerichs (Liebigs) Fleischpepton a) fest . .	7	32,28	9,95	1,28	27,84	26,79	0,31	2,61	2,65	—	—	+	—
329b	Kemmerichs (Liebigs) Fleischpepton b) flüssig .	-	62,19	3,17	0,18	9,67	7,76	0,97	1,56	1,63	12,66	—	+	—
330a	Kochs Fleischpepton . .	4	39,75	7,86	1,45	30,46	14,65	0,79	6,11	—	—	0	0	0
330b	Boleros ,, . .	1	27,29	10,21	1,70	24,77	37,44	1,36	0,69	2,46	—	0	0	0
331a	Mietose	1	9,94	14,31	—	82,00	3,95	—	—	—	—	0	0	0
331b	Somatose	4	10,91	12,94	0	76,59	4,28	2,13		0,10	—	0	0	0
332	Bios	1	26,52	7,05	0,15	1,10	39,00	—	9,10	5,82	8,57	0	0	0

[1]) Davon 32,11% Zucker und 8,13% Alkohol.

Durch proteolytische Enzyme löslich gemachte Enzyme.

Nr.	Nähere Angaben	Wasser	Gesamt-stickstoff	Unlösliche Proteine (Stickstoff × 6,25)	Proteosen (Stickstoff × 6,25)	Pepton (Stickstoff × 6,25)	Fett = Ätherextrakt	Mineralstoffe	In den Salzen: Phosphorsäure	In den Salzen: Chlor bezw. Chlornatrium	Vitamine im natürlichen Zustande: A	B	C
		%	%	%	%	%	%	%	%	%			
333	Wittes Pepton	6,37	14,37	—	47,93	39,80	—	6,48	—	—	0	0	0
	E. Mercks Peptone:												
334	a) Sirupform	32,42	9,01	Spur	10,75	27,94	0,39	3,83	1,46	—	0	0	0
335	b) Pulverform	6,91	13,26	0,63	23,00	32,49	0,61	6,33	2,42	—	0	0	0
336	c) Casein-(Milch-)Pepton, Weyl-Merck . .	3,87	12,59	Spur	Spur	68,44	—	12,69	—	—	0	0	0
	Cibils:									Cl			
337	a) Papaya-Fleischpept.	26,77	9,51	0,27	5,27	39,45	0,35	14,97	3,23	4,55	0	0	0
338	b) flüssige Fleischlösung	62,33	3,16	0,09	2,64	14,45	—	19,31	1,72	8,91	0	0	0
339	c) feste Fleischlösung .	23,75	8,45	0,43	3,52	34,76	—	26,98	6,11	5,34	0	0	0
340	Antweilers Pepton, pulverförmig	6,92	12,85	3,22	14,54	60,15	0,54	13,31	0,50	NaCl 9,63	0	0	0
341	H. Finzelberg Nachfolgers Peptonpulver, trockenes	6,44	11,81	0,53	9,19	64,23	0,14	17,02	0,31	Cl 9,14	0	0	0

Speisefette und -öle.

Nr.	Nähere Angaben	Wasser	Mineralstoffe	Kochsalz	Ausnutzbare Nährstoffe: Stickstoffsubstanz	Fett	Kohlenhydrate	Ausnutzbare Calorien in 1 kg: Frische Substanz	Trockensubstanz	Vitamine im natürlichen Zustande: A	B	C
		%	%	%	%	%	%	Cal.	Cal.			
	Kuhbutter:											
342	Aus süßem Rahm, ungesalzen	14,10	0,15	—	0,62	81,68	0,54	7644	8897	+++	wenig	0
343	Aus saurem Rahm, gesalzen	13,15	1,95	1,84	0,57	80,95	0,49	7573	8719	+++	„	0
344	Vorbruchbutter	16,85	0,16	—	0,81	78,67	0,69	7381	8875	+++	„	0
345	Dauerbutter	10,25	2,75	2,60	0,68	82,81	0,54	7754	8639	+++	„	0
346	Ziegenbutter, gesalzen	13,54	1,94	—	0,96	79,95	0,73	7505	8669	+++	„	0
			(Nichtfett)									
347	Lebertran	0,50	3,50		—	92,50	—	8602	8630	+++	+	?
348	Schweineschmalz 1. Sorte .	0,15	Spur	—	0,09	95,96	—	8928	8941	wenig	0	0
349	Schweineschmalz 2. „ .	1,25	Spur	—	0,38	94,61	—	8799	8910	„	0	0
350	Talg guter	0,70	0,07		0,14	93,14	—	8668	8729	+	0	0
351	Talg schlechterer . . .	1,95	0,08		0,71	91,39	—	8532	8702	+	0	0

Nr.	Nähere Angaben	Wasser %	Mineralstoffe %	Kochsalz %	Ausnutzbare Nährstoffe: Stickstoff-substanz %	Ausnutzbare Nährstoffe: Fett %	Ausnutzbare Nährstoffe: Kohlen-hydrate %	Ausnutzbare Calorien in 1 kg: Frische Substanz Cal.	Ausnutzbare Calorien in 1 kg: Trocken-substanz Cal.	Vitamine im natürlichen Zustande: A	B	C
352	Margarine, gesalzen	12,25	2,35	2,15	0,43	80,49	0,38	7521	8571	0 bis wenig	0	0
353	Sana	7,05	—	—	—	87,21	1,89	8187	8808	0	0	0
354	Kunstspeisefett	0,50	0,10	—	—	94,05	0,38	8762	8836	0	0	0
355	Pflanzenbutter (Cocosbutter)	10,15	2,66	2,43	0,67	82,67	0,62	7744	8619	0	0	0
356	Cocosfett	0,15	—	0,05	—	96,10	—	8937	8950	0	0	0
357	Olivenöl und sonstige Pflanzenöle[1]	0,35	0,10	—	—	95,92	—	8921	8952	Spur bis wenig	0	0

Nahrungsmittel aus dem Pflanzenreich.

Mehle und ihre Rohstoffe.

Hülsenfrüchte.

Nr.	Nähere Angaben	Wasser %	Rohfaser %	Mineralstoffe %	Ausnutzbare: Stickstoff-substanz %	Ausnutzbare: Fett %	Ausnutzbare: Kohlen-hydrate %	Frische Substanz Cal.	Trocken-substanz Cal.	A	B	C
358	Erbsen	13,80	5,56	2,76	16,34	0,56	44,75	2557	2965	+	++	0
359	Puff- oder Feldbohnen	14,00	8,25	3,10	17,98	0,50	40,19	2431	2826	+	++	0
360	Schmink- oder Vitsbohnen	11,24	3,88	3,16	16,56	0,59	46,98	2660	2996	+	++	0
361	Linsen	12,33	3,92	3,04	18,16	0,58	44,65	2629	2998	+	++	0
362	Lablabbohnen	11,68	4,53	3,15	15,15	0,44	48,89	2667	3019	+	++	0
363	Heilbohne (Dolichos)	16,10	4,41	3,12	15,01	0,54	45,16	2517	3000	+	++	0
364	Sojabohne, gelbe	10,14	4,68	5,24	23,63	17,23	22,99	3514	3911	++	+++	0
365	Lupinen, gelbe	14,71	14,23	3,54	26,95	2,13	21,66	2191	2569	—	—	—
	Ölsamen und einige sonstige Samen, Früchte, u. a.											
366	Mohnsamen	8,15	5,58	7,23	13,68	36,71	15,82	4624	5034	—	—	—
367	Erdnuß (enthülst)	7,48	2,37	2,49	19,26	40,04	13,22	5061	5470	+	++	?
368	Cocosnuß (Samenkern)	5,81	4,06	1,81	6,22	60,30	10,51	6294	6682	+	++	?
369	Bucheckern (entschält)	9,80	3,69	3,99	15,99	28,62	23,56	4282	4747	—	—	—
370	Haselnußkerne, lufttrocken	7,11	3,17	2,49	12,19	56,34	6,10	6026	6487	wenig	++	—
371	Walnuß, lufttrocken	7,18	2,97	1,65	11,72	52,62	10,98	5824	6275	„	++	—
372	Hikorynußkerne	3,95	2,30	2,20	12,43	61,67	6,38	6507	6774	„	++	—
373	Pekannußkerne	2,85	2,10	1,70	7,04	64,53	9,86	6694	6891	„	++	—
374	Mandeln, süße	6,27	3,65	2,30	14,98	47,84	11,17	5521	5678	„	++	—
375	Paranuß	5,94	3,21	3,89	10,84	60,98	3,24	6248	6643	„	++	—
376	Kastanien, eßbare, frisch	47,03	1,61	1,43	4,30	3,71	33,52	1897	3581	Spur	++	—
377	Johannisbrot	15,36	6,35	2,48	3,95	0,34	58,68	2599	3071	—	—	—
378	Banane, Fruchtfleisch, unreif	74,95	0,80	0,89	0,95	0,10	18,49	806	3219	+	++	+++

[1] Nur in Baumwollesaat-, Erdnuß-, Sesam-, Mais- und Leinöl sind anscheinend deutliche Mengen Vitamin A nachgewiesen worden. Gehärtete Öle sind frei von Vitaminen.

Mehle.

Getreidearten.

Nr.	Nähere Angaben		Wasser	Rohfaser	Mineralstoffe	Ausnutzbare Nährstoffe: Stickstoff-substanz	Fett	Kohlen-hydrate	Ausnutzbare Calorien in 1 kg: Frische Substanz	Trocken-substanz	Vitamine im natürlichen Zustande: A	B	C
			%	%	%	%	%	%	Cal.	Cal.			
379	Weizen-mehl	feinstes . .	12,50	0,15	0,50	8,47	0,64	74,53	3463	3958	Spur	Spur	Spur
380		feines . . .	12,50	0,35	0,85	9,19	0,77	72,18	3407	3894	„	„	„
381		gröberes . .	12,50	0,85	1,25	10,35	1,08	66,55	3253	3718	„	++	„
382	Weizengrieß		13,00	0,70	0,82	8,46	0,80	70,21	3300	3800	„	Spur	„
383	Roggen-mehl	feinstes . . .	13,00	0,10	0,42	4,29	0,28	78,16	3407	3961	wenig	++	„
384		gewöhnliches	13,00	1,05	1,15	7,26	0,77	70,06	3242	3770	+	++	„
385	Roggen, geschält	schwach . .	11,50	2,45	1,56	7,59	0,87	67,32	3152	3561	+	++	„
386		stark	9,50	1,50	1,40	7,31	0,80	72,86	3361	3714	+	++	„
387	Gerste	geschält . .	10,50	1,55	2,15	7,69	1,57	69,54	3312	3813	+	+	„
388		Grieß bzw. Grießmehl.	12,50	0,85	1,70	9,40	1,61	68,06	3326	3802	wenig	wenig	Spur
389		Schleimmehl	12,50	0,75	1,52	7,56	1,01	71,37	3330	3805	„	„	„
390	Hafer	geschält . . .	12,75	1,35	2,02	10,59	6,73	60,64	3546	4064	+	+	„
391		Grütze . . .	9,65	1,85	2,10	10,75	5,33	64,36	3575	3957	—	—	—
392		Mehl,(Flocken, Oats) . . .	9,75	0,95	1,65	12,26	6,10	65,12	3740	4144	+	+	„
393	Mais-	Mehl	12,99	1,41	1,14	7,49	1,92	69,26	3325	3822	wenig	+	„
394		Grieß	11,03	0,36	0,68	6,89	0,63	75,39	3432	3857	—	+	„
395	Reis	geschält, Kochreis	12,55	0,47	0,78	6,30	0,48	76,23	3428	3920	0	0	0
396		Mehl, feinstes . .	12,29	0,10	0,58	5,91	0,62	77,37	3472	3958	0	0	0
397	Darimehl		13,15	4,61	2,27	6,37	2,10	65,55	3144	3620	—	—	—
398	Buch-weizen	geschält. . .	12,68	1,65	1,86	8,14	1,33	68,14	3251	3723	+	+	0
399		Grieß . . .	13,97	1,03	1,91	8,47	1,04	66,61	3175	3691	0	0	0
400		Mehl . . .	13,84	0,70	1,11	6,62	1,50	70,85	3192	3706	0	0	0

Hülsenfrucht- und sonstige Mehle.

Nr.	Nähere Angaben	Wasser	Rohfaser	Mineralstoffe	Stickstoff-substanz	Fett	Kohlen-hydrate	Frische Substanz	Trocken-substanz	A	B	C
401	Bohnenmehl	10,57	1,78	3,36	19,63	0,86	55,97	3180	3556	+	++	0
402	Erbsenmehl	11,28	1,26	2,78	21,73	0,71	54,32	3184	3588	+	++	0
403	Linsenmehl	10,96	2,10	2,58	21,72	0,74	53,95	3171	3562	+	++	0
404	Sojabohnenmehl	10,28	2,75	4,36	21,71	16,95	36,21	3951	4403	++	++	0
405	Desgl., entfettet	11,64	2,10	5,02	43,61	0,20	27,66	2941	3328	+	++	0
406	Erdnußmehl, entfettet .	6,67	3,91	4,90	41,34	13,15	21,84	3813	4085	+	++	0
407	Erdnußgrütze „ .	6,26	3,90	3,87	40,10	15,75	19,96	3927	4136	+	++	0
408	Kastanienmehl	9,21	2,45	2,37	2,37	1,36	71,98	3175	3497	—	—	—
409	Bananenmehl	13,41	1,31	2,71	2,97	0,36	74,61	3213	3710	—	—	—

Besonders zubereitete Mehle.

Kindermehle[1]).

Nr.	Nähere Angaben	Wasser	Kohlenhydrate unlösliche[2])	Mineralstoffe	Ausnutzbare Nährstoffe: Stickstoffsubstanz	Fett	Kohlenhydrate: lösliche	unlösliche	Ausnutzbare Calorien in 1 kg: Frische Substanz	Trockensubstanz	Vitamine im natürlichen Zustande: A	B	C
		%	%	%	%	%	%	%	Cal.	Cal.			
410	Anglo Swiss & Co. in Cham	6,48	26,95	1,87	9,55	5,36	46,07	24,25	3773	4034	—	—	—[1])
411	K. Ehrhorn-Harburg . .	6,35	18,23	3,13	14,96	7,49	44,25	16,49	3800	4057	—	—	—
412	Faust & Schuster in Göttingen	6,54	32,99	1,92	9,17	4,09	42,35	29,69	3610	3863	—	—	—
413	H. Epprecht	10,51	Spur	3,01	12,91	9,42	59,58	—	3848	4289	—	—	—
414	Dr. N. Gerbers Lactoleguminose	6,33	24,46	2,78	14,17	5,02	42,31	22,01	3685	3934	—	—	—
415	C. Heinroth-Berlin . . .	5,63	10,89	1,72	8,42	5,07	64,26	9,80	3853	4083	—	—	—
416	W. Nestle in Vevey . . .	6,01	34,70	1,75	8,45	4,08	41,89	31,23	3724	3961	—	—	—
417	Oettli, Vevey & Co. in Montreux	6,89	33,29	1,75	8,59	4,64	41,45	29,96	3711	3985	—	—	—
418	Dr. W. Stelzer-Berlin . .	6,96	24,49	2,41	8,72	3,75	50,40	22,04	3676	3952	—	—	—
419	Dr. Theinhardts lösliche Kindernahrung	4,65	16,87	3,54	13,90	4,66	51,55	15,18	3739	3921	—	—	—
420	Th. Timpe, Magdeburg .	7,32	29,11	2,82	16,97	4,90	34,63	26,20	3645	3933	—	—	—
421	Wiener Kindermehl . . .	3,18	30,00	3,82	9,67	3,22	46,07	27,00	3692	3813	—	—	—
	Kinderzwieback.												
422	Huntley & Palmers . .	6,53	3,64	0,88	5,90	10,98	71,87		4210	4504	—	—	—
423	Ed. Löfflund, Milchzwieb.	5,65	40,02	2,79	11,00	5,84	67,11		3746	3971	—	—	—
424	Mellins Biskuits	11,66	33,89	1,34	8,47	5,63	66,32		3590	4052	—	—	—
425	Nährbiskuits	6,70	22,59	1,29	12,39	5,94	66,11		3771	4042	—	—	—

Back-, Pudding-, Suppenmehle und Mehlextrakte.

Nr.	Nähere Angaben	Wasser	Rohfaser	Mineralstoffe	Ausnutzbare Nährstoffe: Stickstoffsubstanz	Fett	Kohlenhydrate	Ausnutzbare Calorien in 1 kg: Frische Substanz	Trockensubstanz	Vitamine im natürlichen Zustande: A	B	C
		%	%	%	%	%	%	Cal.	Cal.			
426	Backmehl, Liebigs . . .	12,82	0,50	1,88	7,14	0,26	71,57	3252	3730	—	—	—
427	Puddingmehl, Vanille . .	12,54	3,63	0,50	1,47	1,84	75,31	3319	3795	—	—	—
428	Himbeer-Creme-Pulver. .	4,43	wenig	0,18	4,50	0,33	85,71	3729	3902	—	—	—
429	Citronen-Creme-Pulver .	4,43	„	0,15	4,86	0,25	85,44	3716	3888	—	—	—
430	Tapioka-Julienne (Knorr)	11,92	1,81	1,53	2,88	0,42	75,61	3257	3648	—	—	—

[1]) Man kann annehmen, daß Kindermehle, die in sachgemäßer Weise aus diastasierten Mehlen und Vollmilch hergestellt sind, wenig bis genügend Vitamine enthalten werden.

[2]) Die unlöslichen Kohlenhydrate schließen auch die Rohfaser mit ein; sie beträgt durchschnittlich 0,5%.

Nr.	Nähere Angaben	Wasser	Rohfaser	Mineralstoffe	Ausnutzbare Nährstoffe			Ausnutzbare Calorien in 1 kg		Vitamine im natürlichen Zustande		
					Stickstoffsubstanz	Fett	Kohlenhydrate	Frische Substanz	Trockensubstanz			
		%	%	%	%	%	%	Cal.	Cal.	A	B	C
431	Tapioka-Julienne (Maggi)	7,33	0,88	15,03	2,62	7,29	58,29	3175	3426	—	—	—
432	Grünkernsuppe	9,53	1,80	1,68	7,29	1,97	69,63	3337	3688	—	—	—
432	Grünkernextrakt	8,81	0,53	16,19	6,72	1,04	61,86	2907	3188	—	—	—
434	Grünerbsen-Kräutersuppe	14,43	1,50	14,56	8,82	6,74	48,90	2993	3388	—	—	—
435	Grünerbsen mit Grünzeug	9,87	1,70	2,88	21,34	0,66	55,48	3211	3452	—	—	—
436	Golderbsen mit Reis . .	11,19	0,76	1,57	14,63	0,40	64,61	3286	3700	—	—	—
437	Klopfers Kraftsuppenmehl	8,82	0,67	1,00	24,66	0,45	56,25	3359	3684	—	—	—
438	Disqués desgl.	9,03	0,53	2,46	24,09	0,26	55,87	3303	3631	—	—	—
439	Amthor & Co.s Eiweißsuppenmehl	6,46	0,79	1,30	22,09	0,42	61,04	3447	3685	—	—	—
440	Leguminose-Maggi { A, mager . .	11,46	1,05	3,67	21,86	0,80	53,15	3150	3558	—	—	—
441	Leguminose-Maggi { AA, fett . . .	10,65	1,60	4,09	25,01	5,88	45,01	3418	3825	—	—	—
442	Leguminose-Maggi { AAA, fett . .	12,00	1,12	5,22	24,17	13,14	36,54	3711	4217	—	—	—
443	Revalesciére von de Barry	10,56	62,02	2,31	19,91	0,62	58,92	3284	3672	—	—	—
444	Sparsuppenm. v. H. Knorr	10,54	61,84	2,42	19,43	0,88	58,75	3287	3675	—	—	—
445	Sog. Kraft und Stoff . .	10,00	64,22	3,19	17,78	0,62	61,00	3288	3644	—	—	—
446	Leguminose (Malto-) . .	11,62	1,25	3,86	18,62	0,60	56,74	3216	3639	—	—	—
447	Leguminosen-Malzmehl v. Gebhard	12,00	1,80	2,02	16,33	0,60	60,19	3193	3619	—	—	—
448	Dr. Theinhardts Hygiama	4,27	1,49	3,52	18,49	8,65	56,27	3870	4044	—	—	—
449	Odda	5,0	—	2,10	14,00	5,50	70,10	3960	4168	—	—	—
450	Hafermaltose	10,51	1,47	1,66	9,73	5,25	66,99	3634	4061	—	—	—
451	Gerstenmehl-Extrakt . .	2,02	—	1,64	6,53	0,13	86,24	3816	3894	—	—	—
452	Malzextrakt	26,32	—	1,04	3,11	—	67,68	2902	3939	+	++	++
453	Malzmehl bzw. -extrakt mit Diastase	25,39	—	1,01	3,37	—	70,65	3035	4067	+	++	++
454	Weizenmehl-Extrakt . .	4,06	—	2,10	6,07	0,12	83,51	3684	3839	—	—	—
455	Reismehl-Extrakt	17,41	—	0,45	1,43	—	78,91	3294	3939	—	—	—
456	Leguminosenmehl-Extrakt	1,95	—	5,30	12,51	0,18	74,51	3584	3656	—	—	—
457	Getreide-Dextrinmehl . .	6,46	Kohlenhydrate unlösl. 23,84	1,03	7,77	0,45	79,46	3618	3868	—	—	—
458	Stärke-Dextrinmehl . . .	9,18	Dextrin 68,33	—	—	—	71,38	—	—	—	—	—

Stärkemehle.

Nr.	Nähere Angaben	Wasser	Rohfaser	Mineralstoffe	Stickstoffsubstanz	Fett	Kohlenhydrate	Frische Substanz	Trockensubstanz	A	B	C
459	Weizenstärke	13,94	0,17	0,46	0,79	0,08	(Stärke) 81,59	3385	3933	0	0	0
460	Maisstärke (Maizena, Mondamin)	13,31	Spur	0,37	0,84	—	82,56	3419	3944	0	0	0
461	Reisstärke	13,71	Spur	0,30	0,57	—	82,62	3413	3956	0	0	0

Nr.	Nähere Angaben	Wasser	Rohfaser	Asche	Ausnutzbare Nährstoffe: Stickstoffsubstanz	Fett	Kohlenhydrate (Stärke)	Ausnutzbare Calorien in 1 kg: Frische Substanz	Trockensubstanz	Vitamine im natürlichen Zustande: A	B	C
		%	%	%	%	%	%	Cal.	Cal.	A	B	C
462	Kartoffelstärke bzw. Kartoffelmehl	17,76	0,06	0,57	0,62	0,02	78,26	3236	3934	0	0	0
463	Arrowrootstärke (Tapioka	14,47	0,06	0,21	0,52	0,06	81,83	3381	3965	0	0	0
464	Sagostärke bzw. Sagomehl	15,85	—	0,48	1,51	—	79,06	3323	3949	0	0	0
	Teigwaren.											
465	Makkaroni	11,82	0,42	0,64	10,94	0,37	70,61	3378	3831	—	—	—
466	Wassernudeln	13,50	0,55	0,65	10,57	0,38	69,86	3333	3853	—	—	—
467	Eiernudeln[1])	13,50	0,50	0,76	12,06	1,65	65,76	3344	3866	+	+	—
	Brot und Brotwaren[2]).											
468	Weizenbrot: feineres	33,66	0,31	0,88	5,52	0,38	56,64	2584	3895	Spur	wenig	0
469	Weizenbrot: gröberes . . .	37,27	1,12	1,27	6,33	0,55	49,46	2339	3727	„	„	0
470	Weizenbrot: Graham- (Vollkornbrot) . .	41,08	1,02	1,52	5,83	0,39	43,99	2179	3698	wenig	+ +	Spur
471	Weizenzwieback: gewöhnlicher . .	9,54	0,85	1,70	7,61	1,79	73,23	3511	3881	Spur	+	„
472	Weizenzwieback: feinerer	9,28	0,58	1,20	10,15	3,33	70,54	3618	3988	„	+	„
473	Weizenzwieback: feinster (Biskuits, Cakes) m. Milch oder Butter .	7,48	0,39	0,82	7,48	7,71	71,97	3975	4296	+	+ +	wenig
474	Roggenbrot: feineres (Graubrot) .	39,70	0,80	1,49	4,69	0,57	47,92	2210	3665	wenig	+	Spur
475	Roggenbrot: Kommißbrot	38,88	1,55	1,57	4,11	0,20	47,95	2153	3522	„	+	„
476	Roggenbrot: Vollkornbrot (Pumpernickel)	42,22	1,48	1,40	4,70	0,45	41,79	1898	3285	„	+ +	„
477	Roggen-Zwieback	11,54	3,02	1,74	7,92	0,53	68,20	3170	3572	„	+	„
478	Weizen-Roggen-(Grau-) Brot	38,46	0,58	1,41	5,82	0,15	48,68	2248	3653	„	+	„
479	Desgl. zubereitet mit Wasser .	35,46	2,18	0,87	5,65	0,33	50,09	2316	3589	„	+	„
480	Desgl. zubereitet mit Magermilch	35,06	2,17	1,10	6,82	0,41	50,76	2409	3709	„	+ +	„
481	Maisbrot, 1/4 Maismehl, 3/4 Roggenm.	40,44	0,60	0,94	5,47	0,56	46,47	2182	3663	„	+	„
482	Maisbrot, 1/4 Maismehl, 3/4 Weizenm.	37,19	0,50	1,45	5,85	0,18	50,63	2332	3713	„	+	„
483	Roggenbrot: reines	44,10	0,63	0,55	3,84	0,34	45,45	2052	3671	„	+	„
484	Roggenbrot: mit 20% Kartoffelwalzmehl	51,80	0,75	0,61	3,37	0,27	39,00	1762	3655	„	+	„
485	Weizenbrot: reines	27,80	0,37	0,85	7,50	0,14	57,72	2687	3722	—	+	—
486	Weizenbrot: mit 20% Reismehl	27,70	0,32	0,90	7,40	0,13	57,91	2689	3719	—	+	—

[1]) Auf 1 kg Mehl 4 Eier.

[2]) Während nach Ansicht vieler Fachmänner Brot soviel Vitamin B enthält, daß alle brotessenden Völker an keiner Mangelkrankheit leiden, die durch Fehlen von Vitamin B hervorgerufen wird, legt M. Rubner dem Vitamingehalt des Brotes, weder des kleiefreien noch des kleiehaltigen, eine Bedeutung bei.

Nr.	Nähere Angaben	Wasser	Zucker	Rohfaser	Mineralstoffe	Ausnutzbare Nährstoffe: Stickstoffsubstanz	Ausnutzbare Nährstoffe: Fett	Ausnutzbare Nährstoffe: Kohlenhydrate	Ausnutzbare Calorien in 1 kg: Frische Substanz	Ausnutzbare Calorien in 1 kg: Trockensubstanz	Vitamine im natürlichen Zustande: A	Vitamine im natürlichen Zustande: B	Vitamine im natürlichen Zustande: C
		%	%	%	%	%	%	%	Cal.	Cal.	A	B	C
487	Zwieback mit Wasser	6,30	—	73,96	2,17	8,18	3,33	59,17	3071	3277	—	—	—
488	Zwieback mit Magermilch	6,69	—	71,58	2,62	10,37	4,31	61,56	3350	3590	—	—	—
489	Armee-Fleisch-Zwieback mit wenig Fleisch . .	10,80	—	1,24	3,04	11,57	3,83	61,32	3345	3750	—	—	—
490	Armee-Fleisch-Zwieback mit viel Fleisch	5,81	—	0,64	2,19	20,98	7,33	57,76	3910	4151	+	+	—
491	Fleisch-Biskuits	6,62	—	0,74	2,65	13,37	0,86	71,26	3550	3802	+	+	—
492	Mandelbrot für Diabetiker	20,45	—	2,95	2,05	16,53	38,80	7,04	4585	5764	+	+	—
493	Kleberbrot	6,54	—	0,84	1,64	19,43	5,17	57,17	3621	3874	—	—	—
494	Gluten-Biskuits	9,41	—	0,22	1,17	28,14	0,80	47,57	3179	3509	—	—	—
495	Albumin-Kraft-Brot	31,50	—	1,12	1,50	14,19	0,18	46,39	2501	3800	—	—	—
496	Albumin-Kraft-Zwieback . .	8,68	—	0,46	1,28	14,99	6,67	60,94	3733	4088	—	—	—
497	Degeners Kraftbrot[1]) . .	26,87	—	1,57	2,99	9,56	0,16	55,29	2774	3793	—	—	—

Feinbackwaren, Zuckerwaren.

Zucker- und fettreiche Feinbackwaren.

Nr.	Nähere Angaben	Wasser	Zucker	Rohfaser	Mineralstoffe	Stickstoffsubstanz	Fett	Kohlenhydrate	Frische Substanz	Trockensubstanz	A	B	C
498	Tee-Biskuits	11,70	51,33	0,50	0,60	7,45	4,03	71,80	3604	4082	+[2])	—	—
499	Waffeln englische . . .	5,70	44,38	—	0,40	7,14	0,80	81,49	3708	3932	—	—	—
500	Waffeln gefüllte	9,50	29,41	0,11	0,50	6,19	34,29	43,06	5227	5776	+	—	—
501	Leibniz-Cakes	6,72	19,22	0,98	1,15	6,09	9,38	70,46	4011	4300	+	—	—
502	Leibniz-Waffeln	6,95	36,45	1,07	1,15	7,25	16,19	62,28	4357	4672	+	—	—
503	Pumpernickel-Cakes . . .	7,03	40,19	1,47	0,66	5,65	3,05	77,85	3707	3987	+	—	—
504	Runde Füllhippe	5,74	42,01	1,08	1,20	6,12	22,06	58,52	4702	4989	+	—	—
505	Flache Fürstenwaffeln .	2,50	30,64	1,71	1,22	4,89	30,43	53,16	5210	5354	+	—	—
506	Champagner-Waffeln . .	7,01	45,33	0,31	0,56	7,85	4,17	75,67	3812	4098	+	—	—
507	Pangani- oder Wiener Mischung	10,17	32,22	0,83	0,87	4,47	17,56	62,74	4389	4886	+	—	—
508	Marienburger Mischung .	6,75	31,87	0,82	0,85	8,99	12,14	65,09	4166	4467	+	—	—
509	Steinhuder „ .	9,80	30,38	0,78	0,76	6,43	7,81	69,71	3848	4266	+	—	—
510	Kaiser- „	5,80	27,28	0,95	0,68	6,22	10,84	70,36	4148	4403	+	—	—
511	Figaro- „ .	3,94	17,06	0,31	0,91	6,32	5,53	77,71	3960	4122	+	—	—
512	Blätterteigwaren	6,30	16,45	0,94	1,31	5,35	31,57	48,09	5127	5472	+	—	—
513	Speculatius bessere	4,71	28,05	0,43	0,75	7,32	12,34	69,04	4278	4489	+	—	—
514	Speculatius billigere	5,33	24,98	0,55	0,91	7,27	9,01	71,67	4075	4315	—	—	—
515	Stollen[3])	23,80	7,69	0,35	1,26	7,07	17,06	45,00	3722	4884	+	—	—
516	Mandelkuchen	2,10	54,60	1,10	0,96	9,16	21,33	59,93	4816	4919	+	—	—
517	Marzipan	13,75	44,35	0,87	0,90	7,93	25,65	45,64	4582	5312	+	—	—
518	Makronen	10,10	51,20	0,80	1,20	9,42	21,47	51,86	4509	5014	+	—	—

[1]) Getreide-Hülsenfruchtmehl, eingeteigt mit Braunschweiger Mumme.

[2]) Die fettreichen Feinbackwaren können als Vitamin A-haltig angesehen werden, wenn sie mit Butter hergestellt sind.

[3]) Mehl, Milch, Eier, Zucker, Butter, Rosinen.

Nr.	Nähere Angaben	Wasser	Zucker	Rohfaser	Mineralstoffe	Ausnutzbare Nährstoffe			Ausnutzbare Calorien in 1 kg		Vitamine im natürlichen Zustande		
						Stickstoffsubstanz	Fett	Kohlenhydrate	Frische Substanz	Trockensubstanz			
		%	%	%	%	%	%	%	Cal.	Cal.	A	B	C
	Zuckerreiche Feinbackwaren.												
519	Schaumkuchen[1]), gefüllt .	10,10	82,90	—	0,60	5,26	0,39	81,24	3583	3985	—	—	—
520	Krinolinkuchen	10,39	38,91	0,50	1,04	5,86	0,60	77,47	3472	3873	—	—	—
521	Honigkuchen	14,55	34,35	0,44	1,55	5,30	0,77	73,34	3296	3857	—	—	—
522	Lebkuchen, feinste (Nürnberger)	3,87	52,14	1,38	1,06	7,68	2,98	77,95	3788	3940	—	—	—
523	Printen, Aachener { braune . . .	5,36	41,71	0,58	1,26	5,04	0,46	83,14	3658	3865	—	—	—
524	Printen, Aachener { Prinzeß- . . .	3,66	40,93	1,22	1,24	7,85	5,15	76,21	3925	4074	—	—	—
525	Pfeffernüsse, Borgholzhauser	5,18	39,42	0,33	1,96	6,04	0,43	81,75	3639	3838	—	—	—
	Zuckerreiche Feinkostwaren ohne Backvorgang.												
				Säure Äpfelsäure									
526	Creme-Eis (Milch, Eier) .	79,18	5,93	—	0,74	5,46	3,86	9,63	977	4693	++	++	+
527	Vanille-Eis ohne Eigelb und Gelatine	77,30	15,45	0,33	0,41	1,64	1,28	18,25	945	4119	—	—	—
528	Schokolade-Eis (mit Eiereiweiß)	75,94	13,53	0,36	0,47	1,79	1,24	19,27	979	4069	—	—	—
529	Sahne-Eis	77,08	6,16	—	0,54	2,15	1,73	17,35	946	4117	++	+	+
530	Himbeer-Eis (mit Eiereiweiß)	78,68	9,01	0,42	0,28	0,82	0,69	18,26	844	3959	—	—	—
	Zuckerwaren und Kanditen.												
			Saccharose	Stärke usw. (in Wasser unlösl.)									
531	Karamellen, ungefüllte .	4,53	94,25	0,83	0,11	—	—	93,11	3819	4000	—	—	—
532	Desgl., gefüllt { Punsch-	5,92	90,08	3,83	0,17	—	—	91,84	3765	4002	—	—	—
533	Desgl., gefüllt { Himbeermarmel.	7,89	91,06	0,78	0,27	—	—	89,23	3658	3971	—	—	—
534	Frucht-Bonbons	2,63	96,63	0,24	0,12	0,24	—	94,69	3892	4000	—	—	—
535	Brust- „ . . .	4,63	94,25	0,16	0,33	0,40	—	92,36	3810	3963	—	—	—
536	Gummi- „ . . .	7,24	87,62	0,38	2,09	1,69	0,38	84,21	3557	3834	—	—	—
537	Bonbons { bessere	5,86	81,69	10,16	0,58	1,30	—	89,70	3731	3963	—	—	—
538	Bonbons { gewöhnliche . . .	4,66	72,86	21,03	0,56	0,54	—	91,37	3768	3952	—	—	—
539	Fondant-Bonbons . . .	6,31	92,15	1,43	0,11	—	—	91,21	3740	3952	—	—	—
540	Konserve- „ . . .	2,12	97,35	0,37	0,16	—	—	95,74	3925	4010	—	—	—
541	Punsch-Plätzchen	15,88[2])	83,86	0,24	0,02	—	—	82,37	3374	4014	—	—	—
542	Pfefferminzpastillen . . .	0,93	95,80	3,21	0,06	—	—	96,91	3973	4010	—	—	—
543	Eis-Bonbons	8,98	86,93	3,98	0,11	—	—	88,97	3698	4063	—	—	—

[1]) Zucker und Eiweiß.
[2]) Wasser + Alkohol.

Nr.	Nähere Angaben	Wasser	Invertzucker	Saccharose	Sonstige Stoffe	Mineralstoffe	Ausnutzbare Nährstoffe: Stickstoffsubstanz	Ausnutzbare Nährstoffe: Fett	Ausnutzbare Nährstoffe: Kohlenhydrate	Ausnutzbare Calorien in 1 kg: Frische Substanz	Ausnutzbare Calorien in 1 kg: Trockensubstanz	Vitamine im natürlichen Zustande: A	B	C
		%	%	%	%	%	%	%	%	Cal.	Cal.	A	B	C
544	Pralinés: Dessert-Bonbons	7,47	—	64,00	10,75	0,61	2,88	11,12	72,93	4122	4455	—	—	—
545	Pralinés: Schokolade- „	6,41	—	49,60	15,12	1,00	5,25	17,95	62,96	4466	4717	—	—	—
546	Kessel-Dragées	6,09	—	54,50	29,35	0,62	—	—	81,88	3357	3575	—	—	—
547	Sieb- „	11,91	—	81,55	6,33	0,21	—	—	84,92	3482	3953	—	—	—
548	Kandierte: Orangeschalen . .	15,43	—	78,86	3,87	0,36	—	0,20	78,46	3235	3825	—	+	+
549	Kandierte: Citronat . . .	19,73	—	28,77	6,46	0,96	—	—	76,47	3139	3910	—	++	+
	Süßstoffe.													
				Saccharose										
550	Rübenzucker: rein	0,06	—	99,75	0,15	0,04	—	—	97,88	4013	4014	—	—	—
551	Rübenzucker: weniger rein . .	0,20	—	99,35	0,25	0,20	—	—	97,61	4002	4010	—	—	—
552	Rohrzucker	1,15	—	96,10	0,75	0,20	0,28	—	96,41	3964	4011	—	—	—
553	Speise- (Melasse-) Sirup .	22,50	10,15	40,05	14,30	3,50	7,60	—	62,78	2886	3724	—	—	—
554	Invertzucker	19,23	79,00	—	1,60	0,10	0,06	—	78,94	3179	3936	—	—	—
555	Invertzuckersirup (flüssige Raffinade, Kunsthonig)	26,26	36,54	32,62	4,31	0,12	0,12	—	71,87	2952	4039	—	—	—
556	Blüten-Honig	18,46	74,51	1,71	4,73	0,24	0,28	—	79,18	3258	3995	0	0	0
557	Honigtau- „	17,15	66,06	6,28	7,31	0,75	1,16	—	77,83	3239	3909	0	0	0
558	Tannen- „	16,65	60,71	9,75	11,96	0,45	0,38	—	80,41	3312	3974	0	0	0
			Lactose	Milchsäure										
559	Milchzucker (Lactose): reiner . . .	0,20	99,30	Spur	0,25	0,10	0,12	—	97,55	4005	4013	—	—	—
560	Milchzucker (Lactose): roher . . .	1,61	91,66	0,42	2,19	2,10	1,62	—	92,32	3851	3915	—	—	—
			Glykose											
561	Stärkezucker	16,27	68,25	—	14,91	0,57	—	—	81,04	3323	3969	—	—	—
562	Stärkezuckersirup . . .	18,47	44,86	—	35,55	0,99	—	—	77,73	3187	3908	—	—	—
563	Capillärsirup	19,72	32,56	—	47,48	0,24	—	—	77,02	3158	3934	—	—	—

Wurzelgewächse und Gemüse.

Im großen angebaut.

Nr.	Nahrungsmittel	Wasser	Rohfaser	Mineralstoffe	Ausnutzbare Nährstoffe[1]) Protein	Fett	Kohlenhydrate	Ausnutzbare Calorien in 1 kg Frische Substanz	Trockensubstanz	Eßbare Trockensubstanz in 1 kg marktfähigem Gemüse[2])	Vitamine im natürlichen Zustande A	B	C
		%	%	%	%	%	%	Cal.	Cal.	g	A	B	C
564	Kartoffeln, gekocht[2]) . .	75,00	0,90	1,03	1,52	0,07	20,70	918	3672	—	wenig	+	+
565	Topinambur (Helianthus tuberosus)	79,12	1,25	1,16	1,51	0,16	15,74	722	3458	—	—	—	—
566	Bataten (Jgname) . . .	71,66	0,97	1,19	1,26	0,40	23,15	1032	3642	—	+	++	?
567	Japan-(Stachys-)Knollen	78,62	0,73	1,17	1,37	0,06	10,95	561	2622	—	+	++	+
568	Kerbelrüben	65,34	0,94	1,68	1,95	0,16	18,37	838	2418	—	+	++	+
569	Cichorie	78,76	1,09	0,85	0,82	0,28	17,20	765	3600	—	—	—	—
570	Runkelrübe	88,00	0,89	1,04	1,01	0,10	8,33	392	3268	—	+	++	+
571	Zuckerrübe	80,25	1,16	0,99	1,02	0,08	15,36	679	3439	—	+ ?	0	—
572	Möhren (große Varietät)	86,77	1,67	1,03	1,06	0,23	8,70	422	3179	112,00	++	++	+++
573	Kohlrübe { Brassica napus esculenta . . .	88,88	1,44	0,74	0,70	0,09	4,86	236	2126	79,00	+	+	++
574	Kohlrübe { Br. rapa rapifera	90,67	1,11	0,76	0,56	0,12	4,03	199	2136	—	+	+	++
575	Steckrübe, eßbarer Teil .	94,16	0,65	0,46	0,39	0,06	2,54	126	2152	—	+	+	++
	Im kleinen angebaut.												
576	Rote Einmachrübe . . .	89,92	0,98	0,89	0,66	0,05	4,49	216	2141	65,35	wenig	wenig	wenig
577	Kleine Möhre (frühe Sorte)	88,07	0,98	0,73	0,77	0,13	6,86	325	2724	50,25	+++	+++	+++
578	Teltower Rübchen . . .	81,90	1,82	1,28	1,76	0,06	7,48	385	2124	84,84	++	++	++
579	Oberkohlrabi { Knollen . . .	89,33	1,16	1,02	1,23	0,09	3,87	218	2039	35,79	++	++	++
580	Oberkohlrabi { Blätter und Stengel . .	86,13	1,52	2,02	1,71	0,30	4,59	286	2063	36,45	+	+	+
581	Rettich	86,92	1,55	1,07	1,38	0,07	7,07	353	2699	—	wenig	+++	—
582	Radieschen	93,34	0,75	0,74	0,89	0,09	3,18	176	2646	—	„	+	wenig
583	Schwarzwurzel	80,39	2,27	0,99	0,52	0,25	9,77	445	2269	—	++	++	++

[1]) Der Gehalt an ausnutzbaren Nährstoffen versteht sich bei den Gemüsen für den gekochten Rückstand nach Abzug der im Abkochwasser enthaltenen Menge, der an Vitaminen für den frischen, natürlichen Zustand. Über die zugrunde gelegten Ausnutzungs-Koeffizienten vgl. S. 146 u. f.

[2]) Die Abfälle bei den Gemüsen sind durchweg sehr groß. Bei den Kartoffeln beträgt der Abfall an Schmutz und Schalen 20—30%, bei Bereitung von Pellkartoffeln nur 10—12%. Bei den eigentlichen Gemüsen wurden von W. Dahlen und von M. Rubner folgende Mengen Abfälle festgestellt:

Kohlrübe 28,8%
Rote Rübe 21,1 u. 38,0 „
Mohrrübe (Möhre) 19,7 u. 16,7 „
Oberkohlrabi . . . . 31,3 „
Teltower Rübchen . 53,4 „
Sellerie . . . . . . 37,2 „
Meerrettich . . . . 37,7 „
Erbsen, unreife . . . 60,0 „

Pferdebohnen. . . . 64,0%
Spargel . . . . . . 33,0 „
Rhabarber (Stengel) . 22,0 „
Blumenkohl . . . . 38,0 „
Blaukohl . . . . . 26,9 „
Grün- (Winter-) Kohl . . 50,6 u. 59,8 „
Rosenkohl . 11,2 u. 20,3 „

Wirsing- oder Savoyer Kohl 36,9 u. 19,0%
Rotkohl . 31,9 u. 10,2 „
Weißkr. (Kabbes) 25,0 u. 21,0 „
Spinat (ganzer) 26,9 u. 16,1 „
Desgl. (Blätter) . . 0
Mangold . . . . . . 49,9 „
Kopfsalat . 32,2 u. 46,1 „

Nr.	Nahrungsmittel	Wasser	Rohfaser	Mineralstoffe	Ausnutzbare Nährstoffe: Protein	Fett	Kohlen-hydrate	Ausnutzbare Calorien in 1 kg: Frische Substanz	Trocken-substanz	Eßbare Trokkensubstanz in 1 kg marktfähigem Gemüse	Vitamine im natürlichen Zustande: A	B	C
		%	%	%	%	%	%	Cal.	Cal.	g	A	B	C
584	Sellerie, Knollen	87,31	1,21	0,91	0,71	0,17	5,83	284	2246	59,23	++	++	++
585	Sellerie, Blätter	81,57	1,41	2,46	2,32	0,40	6,02	397	2154	—	++	++	++
586	Sellerie, Stengel	89,57	1,24	1,41	0,44	0,17	4,33	211	2026	—	+	+	+
587	Meerrettich	76,72	2,78	1,53	1,97	0,21	13,35	648	2782	—	—	—	—
588	Pastinak	80,68	1,73	1,14	0,64	0,27	9,67	448	2317	—	+	++	?
589	Zwiebeln, Knollen: Perlzwiebel	70,18	0,82	0,53	1,34	0,05	16,95	755	2530	—	++	++	++
590	Zwiebeln, Knollen: Blaßrote Zwiebel	87,84	0,71	0,57	0,65	0,07	6,23	289	2373	65,92	++	++	++
590	Zwiebeln, Knollen: Lauch, Porree	87,62	1,49	1,24	1,42	0,15	4,31	249	2009	—	++	++	++
592	Zwiebeln, Knollen: Knoblauch	64,65	0,77	1,44	3,38	0,03	17,37	854	2415	—	++	++	++
593	Zwiebeln, Blätter: Blaßrote Zwiebel	90,31	1,35	1,14	0,98	0,22	3,17	189	1955	22,62	++	++	++
594	Zwiebeln, Blätter: Lauch, Porree	90,82	1,27	0,82	1,05	0,22	3,01	187	2038	—	++	++	++
595	Zwiebeln, Blätter: Schnittlauch	82,00	2,46	1,66	1,91	0,44	6,00	365	2029	—	++	++	++
596	Kürbis, Fruchtfleisch	90,32	1,22	0,73	0,55	0,07	4,22	202	2088	—	wahrscheinlich alle drei vorhanden		
597	Gurke, ungeschält	97,32	0,43	0,49	0,46	0,10	0,81	61	2291	26,79			
598	Gurke, geschält	97,66	0,30	0,43	0,40	0,10	0,75	57	2415	18,08			
599	Melone, Fruchtfleisch	91,50	0,66	0,52	0,60	0,08	5,33	250	2947	—			
600	Hibiscus esculentus, unreife Frucht	81,74	1,15	1,41	2,91	0,25	10,18	560	3066	—	++	++	++
601	Erbsen, unreife	77,67	1,94	0,85	4,74	0,31	10,44	651	2916	85,70	++	+++	+
602	Puffbohnen, desgl.	81,78	2,45	0,81	4,29	0,23	7,42	502	2752	73,10	++	+++	+
603	Schneid- (Schnitt-)Bohnen	89,06	1,15	0,68	1,31	0,10	4,16	234	2139	102,21	++	+++	+
604	Wachsbohnen	92,61	0,99	0,61	0,89	0,08	2,54	148	2004	70,88	++	++	+
605	Spargel, ungeschält	93,72	1,15	0,64	0,98	0,07	1,58	112	1775	56,60	wahrscheinlich alle drei vorhanden		
606	Spargel, geschält	95,34	0,63	0,54	0,82	0,06	1,15	86	1824	31,28			
607	Artischocke, Blütenboden	86,49	1,27	1,30	1,27	0,05	5,48	281	2083	—			
608	Artischocke, Hüllschuppen, unterer Teil	79,60	3,31	0,84	0,84	0,06	9,54	431	2123	—			
609	Rhabarber, Stengel, ungeschält	94,07	0,84	0,94	0,37	0,05	2,18	108	1821	59,34	Auch A u. B wahrscheinlich vorhand.		++
610	Rhabarber, Stengel, geschält	94,74	0,58	0,88	0,35	0,05	1,99	101	1920	41,18			++
611	Rhabarber, Blattspreite	88,54	1,04	1,37	2,00	0,36	2,87	233	2069	58,27			++
612	Blumenkohl	90,89	0,91	0,83	1,24	0,17	3,00	189	2074	57,77	+	++	+
613	Butterkohl	86,96	1,20	1,10	1,56	0,27	4,75	284	2176	—	+	++	+
614	Winter- (Grün-) Kohl	80,50	1,87	1,56	2,45	0,45	6,78	420	2155	75,44	+++	+++	++
615	Rosenkohl	84,63	1,45	1,51	2,65	0,23	4,40	311	2020	145,10	+++	+++	++
616	Wirsing. Herz-, Savoyerkohl	89,60	1,07	1,20	1,33	0,23	3,31	212	2035	42,1-72,1	+++	+++	++
617	Rotkohl (Rotkraut)	91,61	1,05	0,72	1,20	0,10	4,02	223	2661	40,1-70,9	++	++	+
618	Zuckerhut	92,60	0,97	0,64	0,90	0,10	2,50	149	2011	—	++	++	+
619	Weißkohl (Kabbes)	92,11	1,17	0,89	0,76	0,08	2,75	151	1918	45,54	++	+++	++
620	Steckrübenstengel (Stengelmus)	92,88	1,17	0,94	1,00	0,07	1,89	125	1769	—	—	—	—

Nr.	Nahrungsmittel	Wasser	Rohfaser	Mineralstoffe	Ausnutzbare Nährstoffe: Protein	Fett	Kohlenhydrate	Ausnutzbare Calorien in 1 kg: Frische Substanz	Trockensubstanz	Eßbare Trockensubstanz in 1 kg marktfähigem Gemüse	Vitamine im natürlichen Zustande: A	B	C
		%	%	%	%	%	%	Cal.	Cal.	g	A	B	C
621	Spinat { Blätter	93,34	0,50	1,87	1,14	0,14	1,15	107	1606	48,68	+++	+++	++
622	Spinat { Stiele	95,72	0,53	1,45	0,65	0,04	0,61	55	1294	11,32	—	—	—
623	Mangold { Blätter	91,86	0,75	1,63	1,25	0,21	1,87	147	1811	40,50	+	+++	++
624	Mangold { Stiele	95,01	0,78	0,87	0,41	0,05	1,60	87	1740	24,90	—	—	—
	Salate.												
625	Kopfsalat	94,88	0,64	0,90	1,02	0,17	1,49	118	2299	—	+	++	++
626	Endiviensalat	94,13	0,62	0,78	1,27	0,08	2,17	149	2530	—	+	++	++
627	Feldsalat	93,41	0,57	0,79	1,50	0,25	2,29	179	2710	—	+	++	++
628	Römischer Salat	92,50	1,17	0,98	0,91	0,32	2,98	189	2524	—	+	++	++
629	Löwenzahn	85,54	1,52	1,99	2,02	0,41	6,26	378	2615	—	++	++	+
	Gemüsedauerwaren.												
	Getrocknete Gemüse.												
630	Kartoffel-Schnitte, -Scheiben oder -Grieß	10,15	2,06	2,97	5,79	0,21	73,80	3283	3653	—	Bei sachgemäßem Trocknen, d. h. bei tunlichst niedriger Temperatur und bei nicht zu langem Trocknen dürften noch geringe Mengen Vitamine vorhanden sein (Nr. 630—645)		
631	Lauch	17,19	10,68	8,76	8,04	1,42	29,35	1665	2010	—			
632	Zwiebeln	26,68	4,24	3,09	5,01	0,36	36,33	1728	2357	—			
633	Sellerie- { Wurzeln	12,80	8,73	8,39	6,43	1,09	36,34	1863	2136	—			
634	Sellerie- { Blätter	14,99	9,74	15,78	9,41	2,16	23,98	1570	1846	—			
635	Kohlrabi, Kohlrübe	9,67	10,11	7,25	6,63	0,79	38,37	1919	2124	—			
736	Karotten in Scheiben	14,58	7,93	5,32	6,67	0,90	51,58	2472	2893	—			
637	Grüne Schnittbohnen	14,24	10,37	5,84	9,44	0,86	32,29	1791	2089	—			
638	Spargelbohnen	14,60	8,61	5,83	9,04	0,43	34,35	1819	2129	—			
639	Wirsing	19,47	8,63	7,28	9,74	0,74	28,83	1650	2049	—			
640	Blumenkohl	21,48	8,34	6,78	15,00	1,55	20,08	1582	2015	—			
641	Winter- (Grün-) Kohl	9,76	8,48	9,39	11,27	2,15	30,05	1894	2099	—			
642	Rosenkohl	17,05	8,91	6,35	14,06	1,32	24,38	1799	2048	—			
643	Rotkohl	16,48	10,08	7,67	11,72	1,01	40,16	2221	2659	—			
644	Weißkraut	11,80	11,14	8,03	7,88	0,72	34,20	1793	2033	—			
645	Suppenkräuter	17,44	5,62	2,81	4,12	0,52	36,11	1698	2058	—			
	Eingemachte Gemüse.												
646	Spargel	94,35	0,55	1,22	1,07	0,05	1,94	128	2266	—	wahrscheinlich vorhanden. (Nr. 646—647)		
647	Artischocken	92,46	0,58	1,72	0,57	0,04	3,72	166	2196	—			
648	Tomaten	93,59	0,52	0,66	0,93	0,14	3,12	179	2708	—	+	++	++
649	Kürbis	92,72	1,08	0,51	0,48	0,08	4,11	196	2689	—	wahrscheinlich vorhanden. (Nr. 649—650)		
650	Frucht vom eßbaren Eibisch	94,35	0,66	1,23	0,51	0,06	2,48	128	2266	—			
651	Unreife Erbsen	85,39	1,18	1,21	2,60	0,13	7,06	408	2793	—	+	++	+
652	Schnittbohnen	94,47	0,59	1,21	0,76	0,04	2,19	124	2242	—	+	++	+
653	Salatbohnen	82,44	1,06	1,29	2,97	0,08	9,21	607	2887	—	+	++	+

Nr.	Nahrungsmittel	Wasser	Rohfaser	Mineralstoffe	Ausnutzbare Nährstoffe: Stickstoffsubstanz	Fett	Kohlenhydrate	Ausnutzbare Calorien in 1 kg: Frische Substanz	Trockensubstanz	Vitamine im natürlichen Zustande: A	B	C
		%	%	%	%	%	%	Cal.	Cal.			
	Eingesäuerte Gemüse.		Milchsäure									
654	Sauerkraut	91,41	1,45	1,64	0,97	0,20	3,81	215	2501	+	+	+
655	Gurken (saure)	96,03	0,26	1,73	0,27	0,08	1,10	64	1612	+	+	+
	Meeresalgen, lufttrocken.		Rohfaser									
656	Porphyra-Arten	8,26	3,51	8,23	23,75	0,53	42,90	2722	3032	—	—	—
657	Gelidium-Arten	11,22	13,21	9,69	11,34	0,50	45,84	2391	2693	—	—	—
658	Undaria pinnatifida . . .	9,22	9,23	35,13	10,08	0,39	29,55	1658	1826	—	—	—
659	Euchema spinosum . . .	15,00	5,42	32,10	3,51	0,25	41,10	1852	2179	—	—	—
660	Isingglas (Gelidium cornuum)	22,80	—	3,44	8,43	—	57,71	2712	3513	—	—	—
661	Agar-Agar	20,35	0,45	3,44	2,69	0,39	66,37	2868	3601	—	—	—
	Pilze und Schwämme. Im frischen Zustande.											
662	Feld-Champignon	89,70	0,83	0,82	3,27	0,12	2,39	243	2360	+[1]	+[1]	0[1]
663	Eierschwamm	91,42	0,96	0,74	1,77	0,26	2,55	201	2343	+	+	0
664	Reizker	88,77	3,63	0,67	2,06	0,46	2,07	212	1888	wahrscheinlich wie erstere		
665	Nelkenschwindling . . .	83,37	1,52	1,55	4,58	0,40	4,06	391	2351			
666	Sonstige Agaricus-Arten .	88,77	1,04	0,90	2,04	0,21	3,95	265	2355	+	+	0
667	Steinpilz	87,13	1,01	0,95	3,61	0,24	3,43	311	2414	++	++	0
668	Butterpilz	92,63	1,22	0,45	0,99	0,16	2,65	164	2225	wahrscheinlich wie erstere beiden, nur weniger		
669	Boletus Bellini	91,76	1,00	0,65	0,90	0,25	3,23	193	2342			
670	Sonstige Boletus-Arten .	90,32	0,71	0,60	1,11	0,14	4,34	236	2443			
671	Schafeuter	91,63	1,80	0,76	0,64	0,35	2,86	176	2103			
672	Leberpilz	85,00	1,95	0,94	1,06	0,07	6,97	326	2173			
673	Stoppelschwamm	92,68	1,03	0,69	1,20	0,20	2,32	163	2227			
674	Roter Hirschschwamm .	89,35	0,73	0,66	0,88	0,17	5,13	262	2460			
675	Speise-Morchel	89,95	0,84	1,01	2,19	0,26	3,02	238	2368			
676	Spitzmorchel	90,00	0,87	0,97	2,26	0,09	3,10	228	2280			
677	Speise-Lorchel	89,50	0,71	0,98	2,12	0,13	3,64	248	2362			
678	Riesenstäubling	86,97	1,88	1,03	4,84	0,21	1,67	286	2198			
679	Trüffel.	77,06	6,36	1,92	5,07	0,31	4,41	418	1818			

[1]) Nach den von S. Hara in getrockneten Pilzen gefundenen Ergebnissen (Biochem. Zeitschr. Bd. 142, S. 79. 1923) angenommen. Wahrscheinlich enthalten alle Speisepilze Vitamin B, aber kein Vitamin C.

Nr.	Nahrungsmittel	Wasser	Rohfaser	Mineralstoffe	Ausnutzbare Nährstoffe: Stickstoffsubstanz	Fett	Kohlenhydrate	Ausnutzbare Calorien in 1 kg: Frische Substanz	Trockensubstanz	Vitamine im natürlichen Zustande: A	B	C
		%	%	%	%	%	%	Cal.	Cal.			
	Im getrockneten Zustande.											
680	Feld-Champignon	11,66	7,16	7,03	27,93	1,03	20,60	2086	2361	+	+	0
681	Steinpilz	12,81	6,87	6,45	24,56	1,62	23,12	2108	2418	+	+	0
682	Speise-Morchel	19,04	5,50	7,64	19,08	1,16	25,07	1918	2369	wahrscheinlich wie erstere beiden Pilze		
683	Speise-Lorchel	16,36	5,63	7,84	16,89	0,99	29,01	1974	2360			
684	Gelber Hirschschwamm	21,49	5,45	5,26	12,86	0,98	31,49	1909	2431			
685	Trüffel	4,35	27,07	7,80	22,71	1,21	16,67	1726	1804			

Obst- und Beerenfrüchte, Fruchtfleisch[1]).

Nr.	Nahrungsmittel	Wasser	Säure (= Äpfelsäure[2]))	Invertzucker	Saccharose	Rohfaser[1])	Mineralstoffe	Ausnutzbare Nährstoffe[3]): Stickstoffsubstanz	Kohlenhydrate	Ausnutzbare Calorien in 1 kg: Frische Substanz	Trockensubstanz	Vitamine im natürlichen Zustande: A	B	C
		%	%	%	%	%	%	%	%	Cal.[3])	Cal.[3])			
	Im frischen Zustande.													
686	Äpfel	83,85	0,65	8,35	1,60	1,32	0,41	0,37	13,54	570	3529	0	++	++
687	Birnen	82,75	0,27	9,03	1,28	2,58	0,35	0,35	13,47	567	3287	0	++	++
688	Quitte	81,90	0,93	6,68	0,64	1,86	0,58	0,48	13,79	585	3232	verhalten sich wahrscheinlich wie Äpfel und Birnen		
689	Mispel	73,15	1,15	10,66	0,14	2,85	0,76	0,69	21,14	895	3333			
690	Ebereschenfrucht (süße)	75,43	1,63	7,99	0,51	3,19	0,80	1,30	17,96	790	3215			

[1]) Bei Kernobst bedeutet Fruchtfleisch die Frucht nach Entfernung des Stieles und Kerngehäuses, bei Steinobst die Frucht nach Entfernung der Stiele und Steine, bei Beerenobst die Frucht nach Entfernung der Stiele; bei den vier tropischen Obstfrüchten Nr. 710—713 ist unter Fruchtfleisch die Frucht nach Entfernung der Schale und Kerne zu verstehen. Die frischen Früchte ergaben im Durchschnitt folgende Mengen Abfälle (Stiele, Schalen, Kerne) in Prozenten:

	Äpfel	Birnen	Kirschen süße	Kirschen saure	Kornelkirsche	Zwetschen	Pflaumen	Reineclauden	Mirabellen	Aprikosen	Pfirsiche
Abfall	2,75	4,30	5,55	5,27	32,50	5,64	5,81	3,40	5,25	5,37	6,53

	Weintrauben	Johannisbeeren	Stachelbeeren	Himbeeren	Brombeeren	Erdbeeren	Apfelsinen	Zitronen	Ananas	Bananen
Abfall	2,15	4,57	3,52	6,37	5,21	1,55	29,0	35,7	37,0	32,0

[2]) Die freie Säure ist hier des Vergleiches halber als „Äpfelsäure“ aufgeführt, obschon die meisten Früchte neben dieser noch mehr oder weniger Citronensäure und die Citronen sowie Ananas nur Citronensäure enthalten.

[3]) Der an sich niedrige Fettgehalt der frischen Früchte (0,1—0,3%) kann hierbei unberücksichtigt bleiben, zumal der niedrigere Verbrennungswert (1,8—3,0 Cal.) der als völlig ausnutzbar angenommene Gehalt an Fruchtsäure gleich dem Verbrennungswert der Kohlenhydrate (4,1 Cal.) angenommen worden ist.

Nr.	Nahrungsmittel	Wasser	Säure = Äpfelsäure[1])	Invertzucker	Sacchorose	Rohfaser	Mineralstoffe	Ausnutzbare Nährstoffe: Stickstoff-substanz	Ausnutzbare Nährstoffe: Kohlen-hydrate	Ausnutzbare Calorien in 1 kg: Frische Substanz	Ausnutzbare Calorien in 1 kg: Trocken-substanz	Vitamine im natürlichen Zustande: A	B	C
		%	%	%	%	%	%	%	%	Cal.	Cal.	A	B	C
691	Speierling (Sorbus dom.)	69,38	0,63	12,51	1,12	3,39	0,64	0,58	24,45	1026	3350	verhalten sich wahrscheinlich wie Äpfel und Birnen (691–700)		
692	Kirschen: süße (Knorpel)	81,68	0,68	10,12	0,57	0,33	0,49	0,71	15,91	681	3718			
693	Kirschen: saure (Weichsel)	84,55	1,80	8,43	0,25	0,27	0,50	0,79	13,21	574	3715			
694	Kornelkirsche	78,84	2,44	8,90	—	0,74	0,73	0,34	18,26	763	3606			
695	Zwetschen	81,75	0,80	5,98	2,53	0,56	0,48	0,63	15,56	664	3638			
696	Pflaumen	80,37	0,95	7,51	1,77	0,53	0,51	0,69	16,81	718	3659			
697	Reineclauden	81,88	1,25	6,47	3,64	0,63	0,60	0,65	16,52	704	3885			
698	Mirabellen	80,68	0,88	6,42	3,14	0,74	0,53	0,67	16,37	699	3618			
699	Aprikosen	85,21	1,27	3,13	3,63	0,80	0,67	0,80	11,78	516	3488			
700	Pfirsische	82,70	0,81	3,51	4,25	0,95	0,58	0,66	14,18	608	3514			
701	Weinbeeren[2]) (-trauben)	79,12	0,77	14,96	—	1,23	0,48	0,59	17,88	757	3625	0	+ + +	+ + +
702	Johannisbeeren . . .	83,80	2,35	5,04	0,24	4,33	0,66	1,12	9,51	439	2710	—	—	—
703	Stachelbeeren	85,45	1,90	5,55	0,48	2,70	0,49	0,77	10,04	443	3045	—	—	—
704	Preißelbeeren (Kronsbeeren)	83,69	1,98	8,20	0,53	1,80	0,26	0,59	13,05	559	3427	—	—	—
705	Heidelbeeren	83,64	0,85	5,42	0,22	2,23	0,37	0,68	12,18	527	3221	—	—	—
706	Himbeeren	83,95	1,64	4,51	0,22	5,65	0,58	1,15	8,12	380	2368	0	+ + +	+ + +
707	Brombeeren	84,94	0,86	5,54	0,47	3,97	0,50	0,96	9,06	411	2729	—	—	—
708	Erdbeeren	85,41	1,84	5,13	0,70	4,00	0,74	1,06	9,26	433	2968	0	+ + +	+ + +
709	Feigen	78,93	—	15,55	—	1,50	0,71	1,15	17,00	744	3531	—	—	—
710	Apfelsinen[3]) (Orangen)	84,26	1,35	5,88	2,54	0,45	0,48	0,70	13,40	578	3672	0	+ + +	+ + +
711	Citronen[4]) (Limonen) .	82,64	5,39	3,01	2,97	2,24	0,56	0,63	13,35	573	3301	0	+ + +	+ + +
712	Ananas	83,95	0,67	3,53	7,47	0,42	0,52	0,43	14,09	595	3707	—	—	—
713	Bananen	73,76	0,38	10,78	8,88	0,80	0,89	1,13	22,50	969	3693	+	+ +	+ + +
714	Tomate	93,42	0,86	2,18		0,84	0,54	0,68	19,46	211	3207	+ +	+ + +	+ + +

Getrocknete Früchte.

Nr.	Nahrungsmittel	Wasser	Säure	Zucker (gesamt)	Rohfaser u. Kerne	Mineralstoffe	Ausnutzbare Nährstoffe: Stickstoffsubst.	Fett	Kohlenhydrate	Cal. Frische Substanz	Cal. Trockensubstanz	A	B	C
715	Äpfel, mit Kernen . .	31,28	3,51	44,78	6,10	1,56	1,21	0,45	56,86	2422	3524	0	+	+
716	Birnen, desgl.	29,05	1,01	41,87	6,48	1,66	1,83	0,43	57,38	2468	3478	0	+	+
717	Zwetschen mit Steinen[4])	26,85	1,72	36,92	15,32	2,25	1,65	0,29	50,93	2155	2983	—	—	—
718	Zwetschen ohne Steine	28,07	2,03	42,68	ohne Steine 1,75	2,47	1,93	0,35	61,05	2615	3633	—	—	—

[1]) S. Fußnote 2 vorige Seite.

[2]) Die hohen Rohfasergehalte bei den Beerenfrüchten sind durch die noch vorhandenen Kerne bedingt.

[3]) Die Säuregehalte bei Apfelsinen und Citronen bedeuten Citronensäure. Auch die Schalen von Apfelsinen und Citronen enthalten wie die der Weintrauben in Äther und Alkohol lösliches Vitamin A.

[4]) Mit 13,15% Steinen im Mittel.

Nr.	Nahrungsmittel	Wasser	Säure = Äpfelsäure	Zucker (gesamt)	Rohfaser und Kerne	Mineralstoffe	Ausnutzbare Nährstoffe: Stickstoffsubstanz	Fett	Kohlenhydrate	Ausnutzbare Calorien in 1 kg: Frische Substanz	Trockensubstanz	Vitamine im natürlichen Zustande: A	B	C
		%	%	%	%	%	%	%	%	Cal.	Cal.			
719	Prünellen (enthülst und geschält)	29,90	3,27	44,35	ohne Steine 1,20	2,02	1,46	0,29	61,99	2628	3749	—	—	—
720	Aprikosen	31,37	2,52	40,97	mit Kernen 4,40	3,67	0,24	3,24	54,23	2377	3464	—	—	—
721	Feigen	26,06	1,05	51,43	7,02	2,50	2,80	0,80	58,02	2568	3473	0	—	—
722	Weinbeeren (Rosinen).	24,46	1,16	59,35	7,05	1,71	2,03	0,35	62,26	2668	3532	0	+	+
723	Korinthen (Cibeben) .	25,35	1,52	61,85	2,35	1,82	1,32	0,73	66,02	2859	3829	0	+	+
724	Bananen (reif, geschält)	22,18	1,27	59,86	1,60	2,47	2,93	0,27	67,76	2923	3756	wenig	wenig	0
725	Datteln	18,51	1,26	57,16	3,76	1,83	1,61	0,36	71,74	3041	3731	—	—	—

Muse, Marmeladen und Pasten.

Nr.	Nahrungsmittel	Wasser	Säure = Äpfelsäure	Invert-Zucker	Saccharose	Rohfaser	Mineralstoffe	Ausnutzbare Nährstoffe: Stickstoffsubstanz	Kohlenhydrate	Ausnutzbare Calorien in 1 kg: Frische Substanz	Trockensubstanz	Vitamine im natürlichen Zustande: A	B	C
		%	%	%	%	%	%	%	%	Cal.	Cal.			
	Muse (ohne Zusatz von Zucker und Sirup eingekochtes Fruchtfleisch).													
726	Pflaumen-(Zwetschen-) Mus	39,61	1,54	37,05	0	1,67	0,90	1,30	53,75	2279	3737	—	—	—
727	Preißelbeerenmus . .	55,13	1,42	35,45	wenig	1,45	0,23	0,43	41,70	1747	3893	—	—	—
728	Tomatenmus[1]) ursprüngliche Preßmasse . .	85,26	0,91	2,31	—	1,18	3,08	1,86	7,71	392	2659	++	+++	+++
729	Tomatenmus[1]) eingedickt . .	67,34	3,12	5,12	—	1,93	7,63	4,56	16,61	868	2658	+	++	++
730	Tomatenmus[1]) in Stücken, fest	42,06	3,61	9,07	—	3,11	13,09	7,01	31,16	1565	2701	+	+	+
	Marmelade bzw. Jams (mit Zusatz von Zucker eingedunstetes Fruchtfleisch).													
731	Äpfel - Marmelade . .	40,55	0,71	26,55	28,39	0,58	0,25	0,35	56,84	2345	3946	0	+	+
732	Birnen- „ . .	38,48	0,19	56,48		1,27	0,22	0,24	58,34	2402	3904	0	+	+
733	Hagebutten- „ . .	40,41	0,59	4,07	48,35	0,60	0,61	0,39	56,64	2338	3923	—	—	—
734	Quitten- „ . .	47,06	0,71	34,33	8,34	1,51	0,39	0,25	49,13	2025	3825	—	—	—
735	Kirschen- „ . .	28,68	0,84	35,55	25,25	0,46	0,69	0,83	67,20	2789	3914	—	—	—
736	Pflaumen- „ . . (Zwetschen)	30,16	1,14	39,23	24,11	0,98	0,37	0,64	66,12	2737	3919	—	—	—
737	Reineclaude- „ . .	33,61	0,78	36,48	21,12	0,49	0,41	0,32	63,27	2607	3927	—	—	—
738	Aprikosen- „ . .	29,18	0,94	35,32	29,58	0,47	0,43	0,49	67,67	2795	3946	—	—	—
739	Pfirsich- „ . .	30,73	0,83	30,81	28,81	0,68	0,65	0,64	65,31	2704	3918	—	—	—

[1]) In der Literatur als Tomatensaft angegeben, ist aber wegen des Gehaltes an Rohfaser zweifellos aus Fruchtfleisch hergestellt und daher zu den Fruchtmusen zu rechnen.

Nr.	Nahrungsmittel	Wasser	Säure = Äpfelsäure	Invert-Zucker	Saccharose	Rohfaser	Mineralstoffe	Ausnutzbare Nährstoffe: Stickstoff-substanz	Ausnutzbare Nährstoffe: Kohlen-hydrate	Ausnutzbare Calorien in 1 kg: Frische Substanz	Ausnutzbare Calorien in 1 kg: Trocken-substans	Vitamine im natürlichen Zustande: A	B	C
		%	%	%	%	%	%	%	%	Cal.	Cal.			
740	Johannisbeer-Marmela.	30,05	1,61	46,98	12,29	2,07	0,48	0,39	65,11	2686	3840	—	—	—
741	Stachelbeer- „ . .	29,85	1,59	51,77	10,70	1,50	0,45	0,65	66,27	2744	3897	—	—	—
742	Maulbeer- „ . .	24,63	0,58	17,71	51,05	0,87	0,70	1,16	70,81	2927	3853	—	—	—
743	Himbeer- „ . .	26,51	1,26	43,12	22,38	2,25	0,43	0,89	67,12	2788	3794	0	++	++
744	Brombeeren- „ . .	24,85	0,76	30,56	31,67	2,46	0,45	0,66	69,35	2870	3819	—	—	—
745	Erdbeeren- „ . .	29,33	0,75	41,28	21,89	0,69	0,43	0,50	67,18	2775	3926	0	++	++
746	Apfelsinen- „(Orang.)	26,39	0,72	41,02	24,30	0,56	0,25	0,30	70,49	2902	3942	0	++	++
747	Ananas- „ . .	27,21	0,46	29,65	36,16	0,39	0,27	0,43	69,76	2878	3954	—	—	—
	Gemischte Marmeladen													
748	Äpfel- und Zwetschen-	29,41	0,28	27,17	34,01	0,26	0,71	0,27	67,29	2770	3924	0	+	+
	Pasten (stärker eingedunstete Marmeladen bzw. Jams).													
749	Äpfel - Paste	16,08	0,78	31,41	46,34	0,51	0,22	0,32	80,81	3326	3963	0	+	+
750	Quitten- „ . . .	19,66	0,69	25,65	44,15	1,38	0,46	0,45	75,81	3127	3892	—	—	—
	(Quittenkäse)													
751	Aprikosen-Paste . . .	16,78	0,89	35,00	43,99	0,43	0,34	0,36	80,21	3303	3968	—	—	—

Fruchtsäfte.

Nr.	Nahrungsmittel	Wasser	Säure = Äpfelsäure	Invertzucker	Saccharose	Mineralstoffe	Ausnutzbare Nährstoffe: Stickstoff-substanz	Ausnutzbare Nährstoffe: Kohlen-hydrate	Ausnutzbare Calorien in 1 kg: Frische Substanz	Ausnutzbare Calorien in 1 kg: Trocken-substanz	Durchschnittliches Gewicht einer Frucht	Vitamine im natürlichen Zustande: A	B	C
		in 100 ccm Saft												
		g	g	g	g	g	g	g	Cal.	Cal.	g			
752	Äpfelsaft	82,81	0,99	9,93	3,40	0,50	0,27	15,87	662	3851	50,07	0	++	++
753	Birnensaft	86,55	0,75	7,82	1,95	0,35	0,24	12,38	517	3844	39,43	0	++	++
754	Kirschen-saft süßer . . .	82,44	0,64	11,10	0,26	0,48	0,40	15,91	669	3809	4,75	wahrscheinlich wie erstere beiden		
755	Kirschen-saft saurer . .	83,20	1,40	9,32	0,96	0,48	0,37	15,24	640	3780	3,29			
756	Pfirsichsaft	89,35	0,98	3,43	3,45	0,47	0,29	9,65	407	3822	55,16			
			Citronensäure											
757	Johannisbeersaft . . .	88,35	2,11	6,90	—	0,47	0,29	9,65	407	3493	0,61			
758	Stachelbeersaft . . .	88,95	1,16	6,58	0,38	0,42	0,27	9,47	399	3611	4,51			
759	Preißelbeersaft	88,39	1,92	6,84	0,36	0,32	0,22	9,91	415	3574	0,23			
760	Heidelbeersaft	91,38	0,95	5,14	0,19	0,26	0,19	7,44	313	3631	0,37			

Nr.	Nahrungsmittel	Wasser	Citronensäure	Invertzucker	Saccharose	Mineralstoffe	Ausnutzbare Nährstoffe: Stickstoffsubstanz	Ausnutzbare Nährstoffe: Kohlenhydrate	Ausnutzbare Calorien in 1 kg: Frische Substanz	Ausnutzbare Calorien in 1 kg: Trockensubstanz	Durchschnittliches Gewicht einer Frucht	Vitamine im natürlichen Zustande: A	B	C
		in 100 ccm Saft												
		g	g	g	g	g	g	g	Cal.	Cal.	g	A	B	C
761	Himbeersaft unvergoren	89,61	1,67	6,02	—	0,45	0,33	8,65	368	3542	2,24	0	+ +	+ +
762	Himbeersaft vergoren[1])[2])	96,45	1,24	0,12	—	0,44	0,27	7,08	301	4745	—	0	+ +	+ +
763	Erdbeersaft	92,29	0,71	4,46	0,24	0,43	0,22	6,48	275	3566	7,91	0	+ +	+ +
				Alkohol	Ges.-Zucker									
764	Ananassaft	87,82	0,89	0,25	8,71	0,54	0,39	10,69	454	3727	—	—	—	—
765	Apfelsinensaft	87,48	1,38	1,12	8,74	0,49	0,43	11,62	494	3946	—	0	+ + +	+ + +
766	Citronensaft (rein) ohne Alkohol .	89,69	6,83	—	1,70	0,47	0,29	6,55	280	2716	—	4	+ + +	+ + +
767	Citronensaft (rein) mit 10 Vol.-% Alkohol[3]) . . .	90,48	6,31	6,74	1,55	0,44	0,27	17,83	742	4616	—	0	+ +	+ +
768	Citronensaft (rein) des Handels (schwach vergoren[4])[5])	91,68	5,88	0,47	0,89	0,40	0,24	5,92	253	3041	—	0	+ +	+ +
769	Tomatensaft	96,76	0,56	wenig	2,12	0,61	0,58	2,65	132	3101	—	+	+ +	+ +

Obstkraut, Obstsirupe, Obstgelees bzw. -Sulzen

Nr.	Nahrungsmittel	Wasser	Säure = Äpfelsäure	Invertzucker	Saccharose	Mineralstoffe	Ausnutzbare Nährstoffe: Stickstoffsubstanz	Ausnutzbare Nährstoffe: Kohlenhydrate	Ausnutzbare Calorien in 1 kg: Frische Substanz	Ausnutzbare Calorien in 1 kg: Trockensubstanz	Vitamine im natürlichen Zustande: A	A	C
		%	%	%	%	%	%	%	Cal.	Cal.	A	A	C
	Obstkraut (ohne Zusatz von Zucker eingedunsteter Obstsaft) und andere ähnliche Erzeugnisse.												
770	Äpfelkraut	28,39	1,86	47,63	4,36	1,90	0,70	66,31	2747	3836	0	+ +	+ +
771	Birnenkraut	28,90	0,65	45,28	5,78	1,46	0,43	66,35	2738	3851	0	+ +	+ +
772	Heidelbeerkraut . . .	36,44	1,76	50,61	0	0,59	0,42	60,06	2580	4059	—	—	—
773	Möhrenkraut	16,36	0,44	37,64	21,05	3,56	3,98	72,59	3139	3735	+ +	+ +	+ +
774	Rübenkraut	21,16	0,84	37,87	26,46	2,12	2,66	71,45	3039	3842	+	+	+
775	Malzkraut	24,50	1,23	Maltose 54,75		1,37	2,76	68,26	2912	3857	—	—	—
	Fruchtsirupe (unter Zusatz von Zucker [13 Teilen] eingedunstete Fruchtsäfte).												
776	Kirschsirup	31,49	0,45	17,50	48,47	0,27	0,18	66,54	2735	3992	—	—	—
777	Johannisbeersirup . .	32,40	0,75	16,82	47,25	0,21	0,15	65,67	2699	3992	—	—	—

[1]) Zu dem Wasser 2,83 g Alkohol als flüchtiger Bestandteil.
[2]) Von der Säure 0,126 g flüchtige Säure = Essigsäure und 0,121 g Milchsäure.
[3]) Zu dem Wasser 6,74 g Alkohol als ebenfalls flüchtiger Bestandteil.
[4]) Zu dem Wasser 0,47 g Alkohol als ebenfalls flüchtiger Bestandteil.
[5]) Von der Säure 0,34 g Essigsäure (d. h. flüchtige Säure).

Nr.	Nahrungsmittel	Wasser %	Säure = Äpfelsäure %	Invertzucker %	Saccharose %	Mineralstoffe %	Ausnutzbare Nährstoffe: Stickstoffsubstanz %	Ausnutzbare Nährstoffe: Kohlenhydrate %	Ausnutzbare Calorien in 1 kg: Frische Substanz Cal.	Ausnutzbare Calorien in 1 kg: Trockensubstanz Cal.	Vitamine im natürlichen Zustande: A	B	C
778	Himbeersirup	31,45	0,69	21,04	44,02	0,26	0,13	67,84	2782	4058	0	++	++
779	Erdbeersirup.	36,18	0,32	23,55	36,72	0,22	0,12	61,96	2545	3988	0	++	++
780	Heidelbeersirup . . .	31,27	0,64	13,50	51,53	0,16	0,14	66,83	2736	3981	—	—	—
	Fruchtgelees bzw. -sulzen (stark eingedunstete Fruchtsirupe).												
781	Äpfelgelee	23,62	1,09	38,55	32,22	0,56	0,28	73,95	3043	3979	0	+	+
782	Quittengelee	22,19	0,74	48,14	22,44	0,59	0,33	74,85	3082	3961	—	—	—
783	Aprikosengelee	21,63	0,67	47,21	25,28	0,34	0,20	75,88	3119	3967	—	—	—
784	Pfirsichgelee	30,02	0,41	8,75	56,59	0,21	0,14	67,89	2789	3982	—	—	—
785	Johannisbeergelee . .	20,12	2,62	33,03	39,87	0,50	0,33	76,17	3137	3927	—	—	—
786	Stachelbeergelee . . .	23,16	1,61	55,16	16,38	0,21	0,16	74,01	3041	3957	—	—	—
787	Himbeergelee	19,48	1,76	49,03	25,66	0,47	0,21	77,23	3175	3943	0	+	+
788	Heidelbeergelee . . .	20,61	2,16	46,46	22,25	0,45	0,48	75,35	3109	3916	—	—	—
789	Brombeergelee	33,25	1,05	28,58	31,32	0,55	0,43	63,58	2624	3931	—	—	—
790	Ananasgelee	19,72	0,64	20,15	51,56	0,38	0,29	77,03	3170	3949	—	—	—
	Limonaden und alkoholfreie Getränke.												
		Extrakt (In 100 ccm g)		Alkohol (In 100 ccm g)	Ges.-Zucker (In 100 ccm g)								
791	Äpfelsaft	12,69	0,65	0,14	9,81	0,27	—	12,25	502	3956	0	+	+
			Weinsäure										
792	Traubensaft natürlicher . .	20,53	0,94	0,25	17,76	0,25	—	20,20	828	4033	0	++	++
793	Traubensaft vergoren, entalkoholisiert weniger	11,29	0,64	0,30	7,61	0,16	—	11,19	459	4006	0	+	+
794	Traubensaft vergoren, entalkoholisiert mehr	7,22	0,64	0,24	5,75	0,15	—	7,29	299	4141	0	+	+
			Sonst. Kohlenh.		Maltose								
795	Bierwürze ungehopft . .	16,93	3,86	—	11,67	0,31	0,92	14,94	650	3839	?	++	+
796	Bierwürze gehopft . . .	14,61	4,75	—	9,01	0,26	0,50	13,11	558	3819	?	++	+
797	Bierwürze entalkoholisiert	5,45	3,36	0,22	1,33	0,22	0,46	4,70	212	3908	?	+	?

Alkaloidhaltige Genußmittel.

Kaffee.

Nr.	Nahrungsmittel	Wasser %	Stickstoffsubstanz %	Coffein %	Fett %	Zucker %	Dextrin %	Gerbsäure %	Rohfaser %	Mineralstoffe %	Wasserauszug %
798	Kaffee[1]) (Samen) roh . . .	11,25	12,64	1,18	11,72	7,67	0,84	8,36	23,85	3,77	29,51
799	Kaffee[1]) (Samen) geröstet .	2,65	13,92	1,24	14,35	2,83	1,30	4,65	23,85	3,93	28,80

[1]) Gerösteter Kaffee wird als vitaminhaltig bezeichnet, während ungebrannter Kaffee frei von Vitamin sein soll. Letzteres müßte daher durch das Rösten gebildet werden.

Kaffee-Ersatzstoffe.

Nr.	Nahrungsmittel	Wasser %	Wasserauszug %	Nr.	Nahrungsmittel	Wasser %	Wasserauszug %
800	Kriegsmischung Franck[1])	7,49	59,68	815	Weizenmalzkaffee	6,46	68,72
801	Cola-Kaffee (Cola, Weizen, Zichorien usw.)	6,82	53,94	816	Maismalzkaffee	4,82	66,58
802	Zichorien-Kaffee	12,75	58,35	817	Erdnußsamen-Kaffee natürlicher Sam.	5,05	23,63
803	Rüben-Kaffee	15,42	60,64	818	Erdnußsamen-Kaffee entfetteter „	6,43	25,35
804	Löwenzahnwurzel-Kaffee	8,45	60,18	819	Lupinen-Kaffee Pelkmanns Perl-Kaffee	7,14	23,29
805	Gebrannter Zucker a)	3,97	89,46	820	Lupinen-Kaffee Kaiserschrot-Kaffee (Gemisch)	14,42	30,28
806	Gebrannter Zucker b)	0,85	85,07				
807	Feigenkaffee	20,92	63,54	821	Kongo-Kaffee	4,22	21,54
808	Karobbe-Kaffee	6,72	54,22	822	Sojabohnen-Kaffee	5,27	46,46
809	Wiener Kaffee-Surrogat	9,72	39,52	823	Eichel-Kaffee	10,51	25,77
810	Lindes-Kaffee-Essenz	3,93	70,08	824	Weißdornfrucht-Kaffee	4,65	23,95
811	Gerstenkaffee[2])	5,50	49,57	825	Weintraubenkerne, geröstet	—	3,30
812	Gerstenmalzkaffee[2])	5,50	57,86	826	Dattelkern-Kaffee	6,64	11,86
813	Roggenkaffee[2])	5,31	45,95	827	Wachspalmen-Kaffee	3,76	13,50
814	Roggenmalzkaffee[2])	5,31	33,09	828	Spargelsamen-Kaffee	8,87	8,32

Tee.

Nr.	Nahrungsmittel	Wasser %	Stickstoffsubstanz %	Thein %	Fett %	Ätherisches Öl %	Gerbsäure %	Rohfaser %	Mineralstoffe %	Wasserauszug %
829	Tee grüner	8,46	24,13	2,79	8,24	1,00	15,73	10,61	5,93	39,07
830	Tee schwarzer					0,60	10,98			32,02
831	Paraguay-Tee, Mate	6,92	11,20	0,89	4,19	—	6,89	—	5,58	33,90

Sog. Böhmischer Tee enthält roh etwa 11,48% Wasser und liefert 29,79% Wasserauszug.
„ Kaukasischer „ „ „ „ 6,83% „ „ „ 38,80% „

Kakao und Schokolade.

Nr.	Nahrungsmittel	Wasser %	Stickstoffsubstanz %	Theobromin %	Fett %	Glykose %	Stärke %	Rohfaser %	Mineralstoffe %	Calorien in 1 kg reine Cal.
832	Kakaobohnen roh, ungeschält	7,93	14,19	1,49	45,57	—	5,85	4,78	4,61	4984
833	Kakaobohnen gersötet, ungeschält	6,79	14,23	1,58	46,19	—	6,06	4,63	4,16	5073
834	Kakaobohnen geröstet, geschält	5,58	14,33	1,55	50,09	—	8,77	3,93	3,59	5384

[1]) Bohnenkaffee, Zichorien, Zerealien und Zucker.

[2]) Die Gersten- und Roggenkaffees sowie die entsprechenden Malzkaffees sind nicht aus denselben, sondern aus verschiedenen Sorten Gerste bzw. Roggen gewonnen.

Nr.	Nahrungsmittel	Wasser %	Stickstoffsubstanz %	Theobromin %	Fett %	Glykose %	Stärke %	Rohfaser %	Mineralstoffe %	Calorien in 1 kg reine Cal.
835	Kakaomasse	4,25	13,96	1,58	53,14	1,47	9,00	3,97	3,62	5603
836	Puderkakao mit 28% Fett	5,50	22,31	2,51	26,46	2,71	14,37	6,35	5,77	3916
837	Puderkakao mit 14% Fett	5,50	26,62	3,00	13,23	2,81	17,16	7,57	6,90	3062
838	Puderkakao aufgeschlossen nicht	5,54	20,33	1,88	28,24	—	15,60	5,37	5,24	4056
839	Puderkakao aufgeschlossen Kaliumcarbonat	4,54	19,86	1,74	28,98	—	13,61	5,25	7,06	4043
840	Puderkakao aufgeschlossen Ammoniumcarbonat	5,73	21,72	1,69	28,08	—	14,46	5,68	5,28	4009
841a	Schokolade mit 68% Zucker	1,50	4,43	0,47	16,73	Saccharose 68,00	2,84	1,24	1,12	4428
841b	Schokolade mit 55% Zucker	1,59	6,27	0,68	24,25	55,00	3,75	2,06	1,69	4840
842	Milchschokolade	2,50	6,90	—	31,66	43,15	Laktose 4,80	Milchfett 3,08	1,90	4990
	Kakaogemische.									
843	Somatose-Kakao	4,12	20,71	1,49	15,59	28,42	9,16	2,63	4,34	3820
844	Malz-Kakao	5,79	16,64	0,71	16,70	6,93	29,93	3,42	3,45	3798
845	Hafer-Kakao	8,32	18,10	0,90	17,41	—		3,09	5,01	3707
846	Eichel-Kakao	5,12	13,56	—	15,63	25,73	Gerbstoff 2,99	3,00	3,41	3826
847	Nährsalz-Kakao	8,00	17,50	1,78	28,26	—	Stärke 11,09	4,21	4,70	4324

Alkoholische Getränke.

Bier.

Bezüglich des Vitamingehaltes wird von einigen Seiten angenommen, daß Bier vom Malz her eine geringe Menge Vitamin A und C, von Malz und Hefe her reichliche Mengen Vitamin B enthält. Von anderer Seite wird aber diese Annahme bestritten (S. 117).

Nr.	Nahrungsmittel	Wasser %	Alkohol Gew.-%	Extrakt %	Stickstoffsubstanz %	Maltose oder Zucker %	Gummi + Dextrin %	Säure = Milchsäure %	Mineralstoffe %	Phosphorsäure %	Calorien für 1 l
	Untergäriges Bier:										
848	Leichteres	91,11	3,36	5,34	0,79	1,15	3,11	0,156	0,204	0,055	447
849	Schwereres	90,62	3,69	5,49	0,57	1,08	3,17	0,178	0,207	0,067	475
850	Exportbier (Münchener)	89,00	4,29	6,50	0,66	1,45	3,57	0,174	0,239	0,078	552
851	Bock-, Doppel- oder Märzenbier	86,80	4,64	8,34	0,73	2,77	4,09	0,181	0,276	0,095	656
852	Pilsener Urquell	91,39	3,61	5,00	0,39	4,60		0,085	0,190	0,055	452
	Obergäriges Bier:										
853	Weißbier (Berlin)	93,74	3,07	3,19	0,25	2,43		0,356	0,143	0,030	342
854	Gose, Leipziger	93,41	2,62	3,97	0,32	1,18	1,61	0,385	0,418	0,018	330
855	Altbier, Westfälisches	93,80	2,95	3,15	0,28	0,49	1,76	0,350	0,170	0,045	331
856	Braunbier	94,72	2,62	2,66	0,14	2,40		0,050	0,076	0,009	291

Nr.	Nahrungsmittel	Wasser %	Alkohol Gew.-%	Extrakt %	Stickstoffsubstanz %	Maltose oder Zucker %	Gummi + Dextrin %	Säure = Milchsäure %	Mineralstoffe %	Phosphorsäure %	Calorien in 1 l
857	Kwaß (Rußland)	94,55	0,86	3,81	0,25	0,61	1,69	0,337	0,106	—	210
858	Porter	86,49	5,16	7,97	0,73	2,06	3,08	0,325	0,380	0,096	674
859	Ale	88,54	5,27	5,99	0,61	1,07	1,81	0,284	0,320	0,089	605
860	Malzextraktbier	83,87	3,74	11,74	0,86	5,85	3,93	0,275	0,292	0,094	726

Wein.

Trockene Weine, gewöhnliche Tisch- und Trinkweine.

In den Weinen dürfte Vitamin A nicht, dagegen von Obst- und Beerenfrüchten sowie von Hefe her Vitamin B und von Obst- und Beerenfrüchten her vielleicht auch eine geringe Menge Vitamin C vorhanden sein.

Nr.	Nahrungsmittel	In 100 ccm Wein g										Calorien in 1 l Cal.[1])
		Alkohol	Extrakt	Säure				Zucker	Glycerin	Mineralstoffe	Stickstoff	
				Gesamte, freie	Flüchtige	Milchsäure	Weinsäure (Gesamt-)					
	Weißweine (mittelmäßiger Jahrgang 1908):											
861	Hattenheimer } Rheingau	8,64	2,93	0,78	0,03	0,14	0,18	0,23	0,73	0,230	0,06	712
862	Rüdesheimer } Rheingau	7,66	2,90	0,79	0,02	0,22	—	0,09	0,60	0,311	0,03	638
863	Bernkasteler } Mosel	7,69	2,44	0,64	0,04	0,29	0,19	0,22	0,70	0,206	0,05	628
864	Graacher } Mosel	8,68	2,70	0,68	0,05	0,35	0,22	0,29	0,75	0,202	0,06	708
	Rotweine (mittelmäßiger Jahrgang 1908):											
865	Ahrweiler	8,33	2,76	0,42	0,06	0,23	0,09	0,13	0,60	0,368	0,07	679
866	Walportsheimer	8,55	2,40	0,52	0,07	0,28	0,19	0,14	0,50	0,248	0,07	689
	Obst- und Beerenweine:											
867	Äpfelwein	4,58	3,83	0,82	0,12	—	—	—	0,51	0,355	0,01	447
868	Birnenwein	5,42	4,84	0,61	0,15	—	—	—	0,43	0,370	0,01	539
869	Stachelbeerwein, herb	8,06	1,97	0,81	0,06	—	—	0,08	0,47	0,230	—	638
870	Stachelbeerwein, süß	10,74	10,78	0,77	0,08	—	—	9,79	0,78	0,220	—	1192
871	Schaumwein, herb	10,28	2,69	0,63	0,05	—	0,30	1,00	0,72	0,175	—	824
872	Schaumwein, süß	9,52	13,82	0,66	0,05	—	0,12	12,05	0,68	0,170	—	1199

[1]) Bei den trockenen Weinen setzt sich die Verbrennungswärme des Extraktes (der Extrakt-Mineralstoffe) annähernd zu je $1/2$ aus der des Glycerins (4,317 Cal.), aus der der organischen Säuren: Milch-, Äpfel- und Weinsäure (etwa 1,845 Cal.) und aus der der dextrin- und glykoseähnlichen Stoffe (4,112 Cal.) zusammen, kann also zu rund 3,4 angenommen werden.

Nr.	Nahrungsmittel	In 100 ccm Wein g										Calorien
		Alkohol	Extrakt	Säure				Zucker	Glykose	Mineralstoffe	Stickstoff	
				Gesamte, freie	Flüchtige	Milchsäure	Weinsäure (Gesamt-)					in 1 l Cal.
	Süßweine:											
873	Tokayer Ausbruch, schwach vergoren	9,51	23,09	0,57	0,07	—	—	19,42	0,74	0,328	0,15	1189
874	Tokayer Ausbruch, stark „	13,88	5,31	0,94	0,16	—	—	0,83	1,29	0,190	0,05	1534
875a	Sherry, schwach gespritet	11,98	8,13	0,27	—	—	—	—	—	0,340	0,02	1132
875b	Sherry, stark „	19,01	1,88	0,71	—	—	—	0,25	—	0,920	0,03	1423
876a	Portwein, weiß	15,89	9,68	0,39	—	—	—	7,89	0,60	0,254	0,04	1494
876b	Portwein, rot	15,79	9,74	0,72	—	—	—	7,73	0,58	0,260	0,04	1495
877	Madeira	14,50	6,70	0,57	—	—	—	4,34	0,65	0,275	0,03	1285
878	Malaga	12,50	23,00	0,52	0,14	—	—	19,00	0,62	0,423	0,04	1710
879	Taragona	12,82	11,23	0,54	—	—	—	8,71	—	—	—	1341
880	Samos	11,55	16,95	0,55	0,11	0,28	0,23	13,21	0,50	0,345	—	1477

Branntweine.

Nr.	Nahrungsmittel	Alkohol Vol.-%	In 100 ccm Branntwein mg							Calorien
			Extrakt	Höhere Alkohole	Aldehyde	Furfurol	Freie Säuren = Essigsäure	Ester = Essigsäure-Äthylester	Blausäure	für 1 l
881	Gewöhnlicher Trinkbranntwein	35,0	65,0	150,0	—	1,5	18,5	150,0	—	2021
882	Whisky	49,5	188,0	195,5	5,5	1,4	45,5	185,0	—	2898
883	Kirsch-Branntwein	50,0	91,8	63,8	5,2	0,4	49,8	91,0	4,1	3064
884	Zwetschen- „ (Slivowitz)	48,6	82,5	82,1	8,6	2,2	78,6	114,6	4,6	2970
885	Trester „	46,7	137,6	97,8	9,2	0,5	73,0	185,3	—	2843
886	Kognak, echter	56,1	533,2	162,0	13,6	0,9	45,9	219,4	—	3499
887	Kognak, Verschnitt	49,1	1227,1	38,4	8,5	0,5	26,4	131,2	—	3037
888	Rum, echter	61,1	549,4	151,8	13,0	2,3	101,5	870,7	—	3876
889	Rum, Verschnitt	47,5	486,7	34,9	6,4	0,6	49,7	166,4	—	3908
890	Arrak	58,8	78,8	215,0	—	—	116,2	284,6	—	3691

Bittere und Liköre.

Nr.	Nahrungsmittel	Spez. Gew.	Alkohol		In 100 ccm g				Calorien
			Vol.-%	Gew.-%	Extrakt	Zucker[1])	Sonstige Extraktstoffe	Mineralstoffe	in 1 l
891	Sherry Brandy	1,0412	33,50	—	20,15	19,25	0,79	0,110	2694
892	Absynth[2])	0,9226	55,9	—	0,32	—	0,18	—	3464

[1]) Der Zucker besteht in den meisten Fällen fast einzig aus Saccharose; für Sherry Brandy wird in verschiedenen Proben Invertzucker als Zucker angegeben. Einige Liköre wiesen auch Stärkesirup auf.

[2]) An sonstigen Bestandteilen wurden in 100 ccm einiger Liköre gefunden:

	Säure = Essigsäure	Aldehyde	Ester	Essenzen	Ätherische Öle	Fuselöl
Absynth	9,5 mg	7,2 mg	6,1 mg	243,3 mg	—	—
Centerba (einfache)	5,2 „	—	92,4 „	—	12,8 mg	0,277 Vol.-%

Nr.	Nahrungsmittel	Spez. Gew.	Alkohol Vol.-%	Alkohol Gew.-%	In 100 ccm g Extrakt	Zucker	Sonstige Extraktstoffe	Mineralstoffe	Calorien in 1 l
893	Boonekamp of Maagbitter . . .	0,9426	50,0	42,1	2,05	—	—	0,406	3121
894	Benedictinerbitter	1,0709	52,0	38,5	36,00	32,57	3,43	0,043	4614
895	Ingwer	1,0481	47,5	36,0	27,79	25,92	1,87	0,141	3978
896	Anisette de Bordeaux	1,0847	42,0	30,7	34,82	34,44	0,38	0,040	3901
897	Kümmel-Likör	1,0830	33,9	24,8	32,02	31,18	0,84	0,058	3277
898	Pfefferminz-Likör	1,1429	34,5	24,0	48,25	47,31	0,90	0,068	3955
899	Chartreuse	1,0799	43,18	—	36,11	34,35	1,76	—	4030
			Fett				Stickstoff-Substanz		
900	Eierkognak	—	7,43	13,41	34,89	20,61	3,81	0,43	2744

Sachverzeichnis.

[1]) S. 49 irrigerweise „Aygotarachon".

Die Ernährung des Menschen. Nahrungsbedarf. Erfordernisse der Nahrung. Nahrungsmittel. Kostberechnung. Von Professor Dr. **Otto Kestner,** Direktor des Physiologischen Instituts an der Universität Hamburg, und Dr. **H. W. Knipping,** Assistent des Physiologischen Instituts an der Universität Hamburg. In Gemeinschaft mit dem **Reichsgesundheitsamt** Berlin. Mit zahlreichen Nahrungsmitteltabellen und 8 Abbildungen. Zweite Auflage. Erscheint im März 1926.

Ⓦ **Lexikon der Ernährungskunde.** Herausgegeben von Dr. **E. Mayerhofer,** Professor an der Universität Zagreb, und Dr. **C. Pirquet,** Professor an der Universität Wien.

I. Lieferung: A—B (Aal—Butter). (152 S.) 1923. RM 2.10
II. Lieferung: C—G (Caju—Geflügel). (S. 145 bis 336.) 1925. RM 7.—
III. Lieferung: G—K (Geflügeldünger—Kwass). (S. 337 bis 604.) 1925. RM 12.—
IV. Lieferung: L—R (Lab—Rübenkraut). Mit 9 Textabbildungen. (S. 605 bis 892.) 1926. RM 12.50
V. (Schluß-) Lieferung: S—Z (Saatgans-Zwiebel). (Etwa 20 Bg.) Unter der Presse

Handbuch der Ernährungslehre. Bearbeitet von **C. von Noorden, H. Salomon, L. Langstein.** In drei Bänden. (Aus „Enzyklopädie der klinischen Medizin", Allgemeiner Teil.)

Erster Band: **Allgemeine Diätetik.** (Nährstoffe und Nahrungsmittel, allgemeine Ernährungskuren.) Von Dr. **Carl von Noorden,** Geheimer Medizinalrat und Professor in Frankfurt a. M., und Dr. **Hugo Salomon,** Professor in Wien. (1271 S.) 1920. RM 38.—

Zweiter Band: **Spezielle Diätetik innerer Krankheiten.** Von Dr. **Carl von Noorden,** Geheimer Medizinalrat und Professor in Frankfurt a. M., und Prof. Dr. **Hugo Salomon.** In Vorbereitung.

System der Ernährung. Herausgegeben von Dr. **Clemens Pirquet,** o. ö. Professor für Kinderheilkunde und Vorstand der Universitätskinderklinik in Wien.

I. Teil. Mit 3 Tafeln und 17 Abbildungen. Unveränderter Neudruck. 1921. Vergriffen
II. Teil. Mit Beiträgen von Professor Dr. **B. Schick,** Dr. **E. Nobel** und Dr. **F. von Gröer.** Mit 48 Abbildungen. (374 S.) 1919. RM 10.80
III. Teil. **Nemküche.** Mit Beiträgen von Schwester **Johanna Dittrich,** Schwester **Marietta Lendl,** Frau **Rosa Miriari** und Schwester **Paula Panzer.** (202 S.) 1919. RM 6.—
IV. Teil. Mit Beiträgen von Professor **F. v. Gröer,** Dozent Dr. **A. Hecht,** Dozent Dr. **E. Nobel,** Professor Dr. **B. Schick,** Dr. **R. Wagner** und Dr. **Th. Zillich.** Mit 180 Abbildungen. (420 S.) 1920. RM 10.80

Das Pirquetsche System der Ernährung. Für Ärzte und gebildete Laien dargestellt. Von Professor Dr. **B. Schick,** Assistent der Universitäts-Kinderklinik in Wien. Dritte Auflage. Mit 5 Abbildungen. (53 S.) 1922. RM 1.50

Ⓦ **Die Ernährung gesunder und kranker Kinder auf Grundlage des Pirquetschen Ernährungssystems.** Von Privatdozent Dr. **Edmund Nobel,** Assistent der Universitäts-Kinderklinik in Wien. Mit 11 Abbildungen. („Abhandlungen aus dem Gesamtgebiet der Medizin".) (74 S.) 1923. RM 1.50

Die Ernährung des Menschen mit besonderer Berücksichtigung der Ernährung bei Leibesübungen. Von **Max Rubner,** Geheimer Obermedizinalrat, Professor an der Universität Berlin. (48 S.) 1925. RM 2.40

Hunger und Unterernährung. Eine biologische und soziologische Studie. Von **Sergius Mogulis,** Professor der Biochemie an der Universität Nebraska-Omaha U. S. A. Mit 19 Abbildungen im Text. (330 S.) 1923. RM. 12.60; gebunden RM 14.40

Lehrbuch der Diätetik des Gesunden und Kranken für Ärzte, Medizinalpraktikanten und Studierende. Von Professor Dr. **Theodor Brugsch.** Zweite, vermehrte und verbesserte Auflage. (323 S.) 1919. Gebunden RM 8.40

Die mit Ⓦ bezeichneten Werke sind im Verlag von Julius Springer in Wien erschienen.